W0254494

Studienskripten zur Soziologie

20 E.K.Scheuch/Th.Kutsch, Grundbegriffe der Soziologie
Band 1 Grundlegung und Elementare Phänomene
2. Auflage, 376 Seiten, DM 15,80

21 E.K.Scheuch, Grundbegriffe der Soziologie
Band 2 Komplexe Phänomene und
Systemtheoretische Konzeptionen
In Vorbereitung

22 H.Benninghaus, Deskriptive Statistik
(Statistik für Soziologen, Bd. 1)
280 Seiten, DM 12,80

23 H.Sahner, Schließende Statistik
(Statistik für Soziologen, Bd. 2)
188 Seiten, DM 6,80

26 K.Allerbeck, Datenverarbeitung in der
empirischen Sozialforschung
Eine Einführung für Nichtprogrammierer
187 Seiten, DM 7,80

27 W.Bungard/H.E.Lück, Forschungsartefakte
und nicht-reaktive Meßverfahren
181 Seiten, DM 8,80

31 E.Erbslöh, Interview
(Techniken der Datensammlung, Bd. 1)
119 Seiten, DM 5,80

32 K.-W.Grümer, Beobachtung
(Techniken der Datensammlung, Bd. 2)
290 Seiten, DM 12,80

37 E.Zimmermann, Das Experiment
in den Sozialwissenschaften
308 Seiten, DM 11,80

39 H.J.Hummell, Probleme der
Mehrebenenanalyse
160 Seiten, DM 6,80

41 Th.Harder, Dynamische Modelle
in der empirischen Sozialforschung
120 Seiten, DM 7,80

Fortsetzung auf der 3. Umschlagseite

Zu diesem Buch

Soziologen müssen damit rechnen, daß über den Gegenstand ihres Fachs bereits Meinungen verbreitet sind. Viele der Begriffe der Wissenschaftssprache existieren auch in einer alltäglichen Bedeutung und werden hier mit anderen Bedeutungen verbunden. Die scheinbare Vertrautheit des Gegenstandes der Soziologie und die verbreitete Kenntnis ihrer Worte ist für dieses Fach keine Erleichterung, sonderen bewirkt zusätzliche Schwierigkeiten der Verständigung. Soll die soziale Umwelt wissenschaftlich erklärt werden, so muß das Instrumentarium einer eindeutigen Begriffssprache verfügbar sein. Dieses Instrumentarium soll in den beiden Bänden "Grundbegriffe der Soziologie" vermittelt werden.

Wer sich systematisch mit dem breiten Spektrum von Themen der Soziologie auseinandersetzen will, wird häufig von dem vorwissenschaftlichen Verständnis seiner Erfahrungen ausgehen und von hier aus prüfen, wie sich seine persönlichen Erfahrungen mit wissenschaftlichen Aussagen vereinbaren lassen. Aus dieser Überlegung heraus erschien es didaktisch sinnvoll, nach einer allgemeinen Abgrenzung und Grundlegung zum Verständnis der Soziologie in diesem ersten Band mit den Begriffen und Aussagen zu elementaren Phänomenen zu beginnen, mit solchen also, die zur primären Erfahrungswelt eines jeden gehören. Die so vermittelte Perspektive wird dann im Band 2 der Grundbegriffe auf komplexe Phänomene und systemtheoretische Konzeptionen ausgedehnt.

Studienskripten zur Soziologie

Herausgeber: Prof. Dr. Erwin K. Scheuch
Dr. Heinz Sahner

Teubner Studienskripten zur Soziologie sind als in sich abgeschlossene Bausteine für das Grund- und Hauptstudium konzipiert. Sie umfassen sowohl Bände zu den Methoden der empirischen Sozialforschung, Darstellungen der Grundlagen der Soziologie, als auch Arbeiten zu sogenannten Bindestrich-Soziologien, in denen verschiedene theoretische Ansätze, die Entwicklung eines Themas und wichtige empirische Studien und Ergebnisse dargestellt und diskutiert werden. Diese Studienskripten sind in erster Linie für Anfangssemester gedacht, sollen aber auch dem Examenskandidaten und dem Praktiker eine rasch zugängliche Informationsquelle sein.

Grundbegriffe der Soziologie

1 Grundlegung und Elementare Phänomene

Von Dr.rer.pol. E.K. Scheuch
o.Professor an der Universität
zu Köln

und Dr.rer.pol. Th. Kutsch
Wiss. Assistent an der Universität
zu Köln

2., neubearbeitete und erweiterte
Auflage 1975
Mit 25 Bildern, Schemata
und Tabellen

B. G. Teubner Stuttgart

Prof. Dr. rer.pol. Erwin K. Scheuch

1928 in Köln geboren. Nach journalistischer Tätigkeit von 1949 bis 1956 Studium an der Universität zu Köln und an der University of Connecticut. 1961 Habilitation an der Universität zu Köln für das Fach Soziologie. 1962 bis 1964 Lehrtätigkeit an der Harvard University. Seither Ordinarus für Soziologie an der Universität zu Köln und Direktor des Institutes für angewandte Sozialforschung sowie des Zentralarchivs für empirische Sozialforschung.

Dr. rer.pol. Thomas Kutsch

1943 in Karlsruhe geboren. 1963 bis 1968 Studium der Volkswirtschaftslehre und Soziologie an der Universität zu Köln. Seit 1968 Assistent am Institut für angewandte Sozialforschung der Universität zu Köln. Seither Durchführung verschiedener Forschungsprojekte und Lehrveranstaltungen, unter anderem Übungen zur Vorlesung "Grundbegriffe der Soziologie". 1973 Promotion an der Universität zu Köln.

ISBN 978-3-519-10020-1 ISBN 978-3-322-94049-0 (eBook)
DOI 10.1007/978-3-322-94049-0

Binderei: G. Gebhardt, Schalkhausen/Ansbach
Umschlaggestaltung: W. Koch, Sindelfingen

Vorwort

An einer großen Zahl von Hochschulen in der Bundesrepublik existieren heute Zwischenprüfungen auch für das Fach Soziologie. Die Vermittlung von Grundbegriffen, bisher belegten Gesetzmäßigkeiten sozialen Verhaltens, und die Bekanntschaft mit wichtigen Untersuchungen der empirischen Sozialforschung sind ein zentraler Teil des ersten Studienabschnittes bis zur Zwischenprüfung - oder sollten es sein.
An der Universität zu Köln werden seit dem Sommersemester 1969 entsprechende Lehrveranstaltungen und Colloquia durchgeführt. Die über mehrere Semester hinweg gewonnenen Erfahrungen im Dialog mit den Studenten und in den Prüfungen haben ihren Niederschlag in diesem - zweiteiligen - Text gefunden.

Die einzelnen Bearbeitungen der Begriffe gehen wesentlich über eine lexikalische Darstellung hinaus. Andererseits werden die Abgrenzungen und Anwendungsmöglichkeiten der Begriffe in Orientierung an dem Format der Lehrveranstaltungen in konzentrierter Form vermittelt. Soweit erforderlich, wird sowohl der historische Hintergrund der Begriffsentwicklung berücksichtigt, wie auch die neueste Anwendung in der Forschung dargestellt.

In diesem Text soll ein Überblick über die wichtigsten Begriffe der Soziologie - mit Akzent auf der als strukturell-funktionalistisch bezeichneten Richtung - und wichtiger inhaltlicher Aussagen gegeben werden. Dabei werden einzelne Autoren und konkrete Arbeiten als exemplarisch hervorgehoben. Zugleich soll die Heterogenität der Themen und Ansätze in der Soziologie deutlich werden - ohne daß in einem solchen "survey course" der Versuch einer Integration von einem einzelnen Standpunkt aus unternommen werden soll. Ein solcher Versuch widerspräche der Zielsetzung, daß die persönliche Meinung zugunsten des Referierens zurückzudrängen ist. Allerdings soll als Summe anschaulich werden, daß Soziologie ein bestimmter Stil der Analyse von Umwelt ist, und daß ihre Aussagen nicht lediglich Alltagserfahrungen verfremdet wiedergeben, sondern diese Alltagserfahrung transzendieren. Dabei wird jedoch Soziologie als eine Einzelwissenschaft unter den Erfahrungswissenschaften vom menschlichen Verhalten verstanden - nicht als eine die Einzelwissenschaften übergreifende, synthetische Disziplin.

Dieser Text ist keine bloße Übertragung eines Vorlesungsmanuskripts. Während einer mehrjährigen Entwicklung wurden insbesondere Erfahrungen in den Colloquien gesammelt, die parallel zur Vorlesung durchgeführt wurden. Diese Erfahrungen gehen in diese Schrift mit ein.

Der vorliegende Text unterscheidet sich von den meisten Einführungen und Übersichten dadurch, daß er keine Aneinanderreihung der verschiedenen Bereiche der Soziologie bringt, sondern die diesen verschiedenen Bereichen gemeinsamen Begriffe und Sätze betont - also eine "Allgemeine Soziologie" in Analogie zur "Allgemeinen Volkswirtschaftslehre" darstellen will.

Zugunsten der Lesbarkeit, und um den einheitlichen Charakter des Skriptums zu wahren, wurde auf Fußnoten verzichtet. Autoren und Publikationen, auf die Bezug genommen wird, werden schon gleich im Text selbst angeführt. Darüber hinaus wird im Anhang, nach Themenbereichen geordnet, entsprechend der gesamten Gliederung des Skriptums weiterführende Literatur den entsprechenden Schlüsselbegriffen zugeordnet.

Köln, im August 1972

Erwin K. Scheuch Thomas Kutsch

Vorwort zur zweiten Auflage

Wir freuen uns, daß die erste Auflage dieses Buches in der relativ kurzen Zeit seit seinem ersten Erscheinen schon einen solchen Zuspruch hatte, daß nun eine zweite Auflage notwendig wurde.
Wir haben die Gelegenheit genutzt, um eine größere Zahl von Erweiterungen, Ergänzungen und auch Änderungen einzufügen. Dies geschah insbesondere dort, wo wir aufgrund von Leserzuschriften und -reaktionen die Notwendigkeit sahen, das dieser Schriftenreihe zugrundeliegende Prinzip der gestrafften Beschränkung auf das Notwendigste zugunsten einer ausführlicheren Darstellung etwas weitherziger auszulegen.

Die zweite Auflage enthält ein neues Kapitel, "Soziales Handeln", das ursprünglich bereits vorgesehen war, damals aber aus Zeitgründen entfallen mußte. Das erste Kapitel wurde weitgehend umgeschrieben, wobei wissenschaftstheoretische Erörterungen einen breiteren Raum erhielten.

Für Anregungen von Kollegen, die in dieser zweiten Auflage zum großen Teil berücksichtigt werden konnten, danken wir den Herren Professor R. König und Professor A. Silbermann, sowie Herrn Dipl.Vw. H. v.Alemann, Frau Dipl.Vw. M. Brothun, Herrn Dipl.Vw. K.W. Grümer, Herrn Dipl.Vw. L. Schneider und Herrn Dr. E. Zimmermann. Herrn von Alemann, Herrn Grümer und Herrn Schneider sind wir auch für das Korrekturlesen der zweiten Auflage zu Dank verpflichtet.

Köln, im Januar 1975

Erwin K. Scheuch Thomas Kutsch

Inhaltsverzeichnis

TEIL I

ABGRENZUNG UND GRUNDLEGUNG

1. Soziologie als eine Erfahrungswissenschaft

1. Zur Einführung

Ein Vergleich von Textbüchern der Soziologie zeigt die Spannweite dieses Fachs. Dies ist offensichtlich für die unterschiedlichen - ja gegensätzlichen - Wissenschaftsprogramme und methodischen Grundlagen, wie sie in der Bundesrepublik im sogenannten Positivismusstreit deutlich wurden. Es gilt aber auch für die Unterschiede in der Auswahl von Sachverhalten, die als bedeutsam für Soziologen angesehen werden und für die Art ihrer begrifflichen Verarbeitung. Nicht zuletzt widersprechen sich Autoren in inhaltlichen Aussagen.

Eine Abgrenzung ist notwendig, wenn ein völlig unverbundenes Nebeneinander vermieden werden soll. Die erste dieser Einschränkungen ist, daß hier Soziologie als eine empirische Einzeldisziplin beziehungsweise als Erfahrungswissenschaft vorgestellt wird. Damit verzichten wir auf die Darstellung sozialphilosophischer und generell "geisteswissenschaftlicher" Ansätze. Die Soziologie, die hier vorgestellt wird, will Soziologie sein, die "nichts als Soziologie ist" (R.KÖNIG). Das ist insgesamt das vorherrschende Selbstverständnis der Soziologen.

Innerhalb dieser Grundentscheidung bleibt die Spannweite noch groß genug: eine große Spannweite in den Sachverhalten und in den Begriffsystemen. Diese Vielfalt läßt sich gewiß durch die Wahl einer eindeutig klingenden Definition überspielen, etwa: Soziologie ist die Wissenschaft von den sozialen Beziehungen und den sozialen Gebilden. Aber damit wäre nichts gewonnen als eine zitierfähige Formel, bei bleibender Unbestimmtheit der Abgrenzung. Innerhalb verschiedener möglicher Eingrenzungen betonen wir hier einen bestimmten Theorietyp als "Leitmotiv": den sogenannten strukturell - funktionalistischen Ansatz. Andere Theorietypen - wie etwa der symbolische Interaktionismus - werden ebenfalls berücksichtigt, aber mehrheitlich werden Begriffe ausgewählt und erklärt, die im Zusammenhang mit strukturell - funktionalistischen Analysen ihre hier vorgestellte Bedeutung erhielten.

Diese Richtung der Soziologie hat sicherlich ihre Beschränkungen. So betont sie analytische Erklärungen auf Kosten historischer Ableitungen, bevorzugt Formulierungen ohne Bezug auf kulturelle Überlieferungen oder andere Raum - Zeit - Koordinaten. Dennoch dürfte der hier gewählte Schwerpunkt unter Soziologen nicht sehr kontrovers sein. Von allen Ansätzen ist der strukturell - funktionalistische sicherlich derjenige, der in etwa den Kern eines gemeinsamen Selbstverständnisses darstellt; das ist zu einem Grade der Fall, daß für die USA bemerkt wurde, die Behauptung eines besonderen strukturell - funktionalistischen Ansatzes sei ein Mythos, da der Ansatz gleichbedeutend mit Soziologie sei (K.DAVIS: The Myth of Functional Analysis as a Special Method in Sociology and Anthropology, ASR 1959). Dabei gibt es innerhalb dieser Orientierung so sehr divergierende Ausführungen, daß hier auf den Versuch verzichtet werden mußte, eine nicht vorhandene widerspruchslose Systematik der Darstellung zu entwickeln.

Bei den zu vermittelnden Sachgebieten entschieden wir uns für ein eklektisches Prinzip: Berücksichtigt werden sollte, was in einer Reihe von Ländern als Grundwissen für eine erste Orientierung über Soziologie verlangt wird. Sehr oft wird dabei nebeneinander eine größere Anzahl soziologischer Spezialitäten vorgestellt. Demgegenüber liegt bei diesem Manuskript der Nachdruck auf zentralen Sätzen und Begriffen der "Allgemeinen Soziologie". Diese Bezeichnung ist analog der Begrifflichkeit "Allgemeine Volkswirtschaftslehre" (in Absetzung von "Spezieller Volkswirtschaftslehre") zu verstehen. "Allgemein" steht hierbei für den Kanon von Begriffen und Sätzen, der den verschiedenen Spezialitäten der Soziologie gemein ist, sowie für den Versuch, eine alle verschiedenen Sachgebiete übergreifende Theorie zu entwickeln. Letztere gibt es allerdings in der Soziologie nur als Lehrmeinung einzelner Autoren oder

"Schulen", nicht aber analog zur Modell-Nationalökonomie als allgemein verbindlichen Lehrstoff.
Der größte Teil der soziologischen Literatur befaßt sich mit den verschiedenen Teilgebieten bzw. Spezialitäten der Soziologie - auch "Bindestrich-Soziologien" genannt. Aus diesen Teilgebieten kommen auch bei weitem die meisten empirisch belegten Sätze und Theoreme.
Diese Teilgebiete werden nicht nach allgemeinen Prinzipien abgegrenzt. Sie entwickelten sich durchweg ad hoc (vgl. die Überschneidungen von Stadt-Soziologie und Gemeinde-Soziologie). Hier wurden vornehmlich die Bindestrich-Soziologien berücksichtigt, die für die Entwicklung der allgemeinen Soziologie besonders wichtig waren, sowie diejenigen, die als Minimum bei der Ausbildung von Soziologen gelten. Hinzu kommen noch Begriffe und Aussagen aus verwandten Disziplinen - wie Psychologie und Sozialpsychologie, Ethnologie und Kulturanthropologie, sowie Wissenschaftslehre. In der Forschung ist ohnehin eine interdisziplinäre Orientierung verbreitet; hier werden eher in pragmatischer Weise Aussagen und Begriffe kombiniert, die verschiedenen Disziplinen angehören.Solche Grenzen zwischen Fächern haben primär den einen Sinn, begriffliche Festlegungen, Theorien und Befunde eher systematisierbar und damit lehrbar zu machen. Es ist zwar verbreitet, aber nicht empfehlenswert, im Sinne eines Zuständigkeitsdenkens solche Grenzen zu verabsolutieren. Verständlich ist ein solches Bemühen, wenn sich im Prozeß der weiteren Spezialisierung von Wissenschaft ein Fach aus einer oder mehreren Disziplinen ablöst, wie dies im Verlauf des 19. Jahrhunderts für die Soziologie zutraf. Heute ist der Anlaß für eine solche defensive Betonung der Grenzen eines Faches wie Soziologie entfallen, und es ist der Tatsache Rechnung zu tragen, daß in den Sozialwissenschaften enge Wechselbeziehungen zwischen fachlichen Spezialitäten vorliegen. In diesem Sinne ist der vorliegende Text betont interdisziplinär.
Die Entscheidung, Soziologie als Erfahrungswissenschaft zu betreiben, bedingt nicht nur eine Distanz zu "geisteswissen-

schaftlichen" Fächern - wie Geschichts- und Sozialphilosophie: Die hier gemeinte Soziologie muß zudem gegenüber den praxisorientierten Disziplinen abgegrenzt werden - wie etwa Sozialpolitik oder Sozialethik (bzw. normative Sozialwissenschaft). Die Doktrinen des Sozialismus - was immer darunter verstanden wird - gehören trotz der engen historischen und Wortverwandtschaft nicht in den Rahmen dieser Darstellung. Die Soziologie als Erfahrungswissenschaft ist eben keine sozialreformerische Lehre, wenngleich sie durch Problematisierung oder "Entzauberung" des Selbstverständlichen oft die Bereitschaft zur Sozialreform fördert. Aber dies ist höchstens die Wirkung einer Beschäftigung mit Soziologie und nicht deren Gegenstand. Bei all diesen Erwägungen war für uns die Art, wie Soziologie in der Bundesrepublik gelehrt wird, nur ein Gesichtspunkt und nicht immer der wichtigste. Wir orientierten uns bewußt vorrangig an der internationalen, vorwiegend englischsprachigen, seltener französischsprachigen Literatur.

Nach diesen programmatischen Bemerkungen ist eine erste Vororientierung definitorischer Art möglich, die formelhaft den zugleich umgrenzten und doch eklektischen Charakter des Ansatzes dieser Darstellung wiedergibt. Unter Soziologie als einer Erfahrungswissenschaft unter anderen Erfahrungswissenschaften vom Menschen und seinen Produkten kann verstanden werden die systematische Behandlung der allgemeinen Ordnungen des Gesellschaftslebens, ihre Bewegungsgesetze, ihre Beziehung zur natürlichen Umwelt, zur Kultur im allgemeinen und zu den Einzelgebieten des Lebens (vgl. R.König (Hg.), Soziologie, Fischer-Lexikon, S.8).

Eine solche Orientierung wird in der Bundesrepublik nicht selten "Kölner" Soziologie genannt. Es trifft zu, daß einerseits die Breite hinsichtlich der Berücksichtigung der soziologischen Teilgebiete, der interdisziplinären Orientierung, der Betonung der internationalen Entwicklung und andererseits die Abgrenzung gegenüber geisteswissenschaftlichen und sozialpraktischen Ausrichtungen zugunsten eines erfahrungswissenschaftlichen Vorgehens kennzeichnend für die Veröffentlichungen Kölner Hochschullehrer ist. Übereinstimmend mit den Ausführungen hier wird Soziologie abgegrenzt im Lexikon der Soziologie (Fischer-Lexikon, Hg. R.KÖNIG, Neuausgabe 1967). Der Plan des Handbuchs der empirischen Sozialforschung (Hg. R. KÖNIG, 2 Bände, 2.Aufl., Stuttgart 1969) beruht auf der gleichen Orientierung. Dennoch ist die Bezeichnung "Kölner" Soziologie irreführend. Eine solche erfahrungswissenschaftliche Soziologie ist auch an vielen anderen Hochschulorten in der Bundesrepublik üblich, und international völlig normal.

Die Stilisierung einer erfahrungswissenschaftlichen Soziologie, die den strukturell-funktionalistischen Ansatz akzentuiert, zu einer eigenen "Kölner" Soziologie ist weitgehend Folge eines Schulenstreits in den fünfziger Jahren (vgl. hierzu J.MATTHES: Einführung in das Studium der Soziologie, 1973, S.54-69). Dieser wurde mit schärferer Einengung dann gegen Ende der sechziger Jahre zum sogenannten "Positivismusstreit". In der Bundesrepublik wurde dabei der ganze philosophisch-weltanschauliche Ballast wieder aktiviert, der für die Verselbständigung der Soziologie zur Einzelwissenschaft schon früher so hinderlich war.
In diesem Streit wurden gegensätzliche Positionen so scharf akzentuiert, daß sie dadurch vielleicht in sich schlüssiger wurden, aber - zumindest für die Darstellung des sogenannten Positivismus - nur noch begrenzt das repräsentieren, was die mit dieser Bezeichnung belegte Soziologie tatsächlich tut. Teilweise handelt es sich damit bei diesem Positivismusstreit um ein Schattenboxen. Das könnte noch hingenommen werden als eine bedauerliche, aber letztlich doch unschädliche Verschwendung von Zeit und Worten, wäre nicht im Verlaufe des Positivismusstreits noch mehr verwirrt worden, was auf dem Wege der Klärung war.
Zunächst und vordergründig handelt es sich bei dem vorgeblichen Gegensatz zwischen sogenannter "kritischer" und "positivistischer" Soziologie um eine Konkurrenz darüber, wer zu Recht die Bezeichnung Soziologie für sich in Anspruch nehmen dürfe. Dabei führen die Anhänger der "kritischen" Soziologie

ein im 19. Jahrhundert vorherrschendes Verständnis fort: Sie sehen in der Soziologie eine allgemeine Deutungswissenschaft mit enzyklopädischem Anspruch. In exemplarischer Weise wurde diese Haltung von AUGUSTE COMTE (1798-1857) ausgedrückt, der die Notwendigkeit einer Disziplin Soziologie mit der zunehmenden Komplexität der sozialen Wirklichkeit begründet; Soziologie ist dann sowohl die Folge einer "höheren" Entwicklung menschlicher Existenzbedingungen wie auch die angemessene Weise, diesen Sachverhalt wissenschaftlich zu erfassen.
In der sogenannten "kritischen" Soziologie der Frankfurter Schule des Neo-Marxismus wird daraus der Anspruch, eine die empirische Forschung transzendierende Einsicht in das zu vermitteln, was das Telos der Geschichte ist (= "Emanzipation"). Angesichts dieser Zielsetzung (= "Erkenntnisinteresse") könne man sich nicht auf das einengen lassen (= "verkürztes Erkenntnisinteresse"), was als Befund entsprechend den Regeln der Erfahrungswissenschaften ermittelt werden kann. ADORNO fordert in diesem Zusammenhang, daß eine Art von innerer, intuitiver Erfahrung der bloßen Erfahrung im Sinne der Empirie entgegengesetzt werden müsse (siehe hierzu: Spätkapitalismus oder Industriegesellschaft?, Stuttgart 1969, S.182-193, speziell S.184 und S.192). Damit wird praktisch eine persönliche Gewißheit den interpersonell nachprüfbaren Belegen übergeordnet - getreu dem Postulat, daß man sich die Aussagen nicht von den Begrenzungen dessen her einengen lassen wolle und dürfe, was nachprüfbar sei.
All dies ist höchstens verbal ein neues Programm, in Wahrheit aber die Fortführung des Selbstverständnisses der spekulativen Philosophien. Ginge es nur um Sprachgebrauch, so ist nicht einzusehen, warum es solche Angriffe auf eine erfahrungswissenschaftliche Soziologie gibt, die ja offensichtlich etwas anderes will als die sogenannte "kritische" Soziologie. Wird mit dem Wort "Soziologie" einmal eine enzyklopädische Gelehrsamkeit gemeint mit dem Anspruch, eine allgemeine Orientierung in Gesellschaft und Geschichte liefern zu können, zum anderen eine einzelne Erfahrungswissenschaft, so läge es nahe, für

diese beiden verschiedenen Programme eben zwei verschiedene Worte zu wählen. Das tun wir ja auch sonst in unserem Alltag; es ist offensichtlich unsinnig, sich bei Klarheit in der Sache über Worte zu streiten. So bezeichnen denn auch "Kölner" Soziologen die "kritische" Theorie als Sozialphilosophie - oder mit polemischer Spitze als Gesellschaftstheologie.

Dennoch geht der Streit um das, was dem Sprachsymbol Soziologie zugerechnet werden soll, unvermindert weiter. Das gilt selbst für die USA, wo einem unbefangenen Gebrauch von Worten nicht der gleiche kulturkritische Ballast entgegensteht, wie etwa im deutschen Sprachbereich. Auch hier beanspruchen heute unterschiedliche Richtungen mit den Etiketten "relevante Soziologie", "aktive Soziologie" oder "kritische Soziologie" (im wesentlichen Kulturkritik plus Neomarxismus), <u>die</u> Soziologie im eigentlich legitimen Sinne des Wortes zu sein.

Einer Einigung über den Wortgebrauch für völlig verschiedene Erkenntnisabsichten stehen leider nicht nur lokale Traditionen und Reminiszenzen entgegen; es gibt darüber hinaus strukturelle Gründe, die eine Einigung schwierig werden lassen. Im Spektrum der einzelnen Fächer der Gelehrsamkeit gab es schon immer solche Fächer, die allgemeine Deutungsschemata für Erfahrungswissen entwickelten und mit normativen Orientierungen verbanden. Auf diese Weise konnten sie das außerwissenschaftliche Bedürfnis nach teleologischer Orientierung erfüllen und gaben Maßstäbe für das Handeln. Die wichtigste dieser Deutungswissenschaften war die Theologie. Die Philosophie trat die Nachfolge der so verstandenen Theologie an. Ein Teil des Erkenntnisprogramms dieser Art von Philosophie wurde als Gesellschaftslehre bereits ausgebildet, ehe das Wort Soziologie zur Verfügung stand; es verband sich dann eine Zeitlang mit "Soziologie". Mit der Verselbständigung einer Soziologie als Erfahrungswissenschaft entsteht die Möglichkeit, daß dieses Deutungsinteresse im Spektrum der Fächer der Gelehrsamkeit heimatlos wird. Selbst wenn der Wissenschaftscharakter dieser Disziplinen mit allgemeinem Deutungsanspruch bestritten wird - wie dies hier geschieht - so verschwindet doch dieses elementare Interesse an Teleologien nicht. Da heute teleologische Erklärungen (wie sie in den "emanzipatorischen" Lehren angeboten werden) ohne die Berufung auf die Autorität der Wissenschaft das Deutungsinteresse nicht befriedigen können, wird die Soziologie weiter als möglicher Ort für diese Deutungsinteressen gelten. Auch wenn durch wissenschaftslogische Analysen nachgewiesen werden kann, daß eine Soziologie, die "mehr" sein will als eine Erfahrungswissenschaft, im Sinne der Verläßlichkeit ihrer Sätze in Wirklichkeit "weniger" ist, vermag dies selbstverständlich nicht die Existenz der Deutungsinteressen und ihre Ausrichtung auf Soziologie zu beseitigen. Vielleicht wird einmal ein anderes Fach diese Funktion einer "Wissenschaft der zweiten Potenz" (PICHT) erfüllen - bis dahin jedoch wird das Fach Soziologie diese unerwünschte Vermutung, die Aufgaben einer Deutungswissenschaft erfüllen zu können, nicht los werden.

Der sogenannte "Positivismusstreit" hat diese Sachverhalte noch unklarer werden lassen, als sie es vorher waren. Dafür ist vor allem die irreführende Verwendung von Sprache und die unterschiedliche Zwecksetzung von inhaltlichen Aussagen in der "kritischen" Philosophie verantwortlich. Viele Vertreter der "kritischen" Theorie verwenden Worte in metaphorischer Bedeutung, die bei TH.W.ADORNO zu einer poetischen Umschreibung der Sachverhalte werden. In der daraus folgenden heillosen Sprachverwirrung sind solch scheinbar eindeutige Bezeichnungen wie "Theorie" oder "Wertfreiheit" wieder unklar geworden. Das folgte weitgehend daraus, daß die "kritische" Theorie Worte intentional benutzt und nicht als Bezeichnungen versteht. Damit später nicht bei jedem einzelnen Sachverhalt wieder auf diesen Wortschleier eingegangen werden muß, sei hier noch die Bedeutung der Terme "Theorie", "Wertfreiheit" und "Begriff", sowie die Funktion der Begrifflichkeit in einer Erfahrungswissenschaft angesprochen.

Gerade für den deutschen Sprachbereich ist es nützlich zum Verständnis der durch den Positivismusstreit verunklarten Unterschiede von Erfahrungswissenschaft und Sozialphilosophie, zu unterscheiden zwischen einer "Theorie der Gesellschaft" (TH.W.ADORNO) und einer "soziologischen Theorie" i.e.S. (so z.B. R.KÖNIG (Hg.),Soziologie, Fischer-Lexikon, 1967, S.11). Die "Theorie der Gesellschaft", wie sie insbesondere von der 'Frankfurter Schule' vertreten wurde, will nicht neutral über Sachverhalte informieren. Das würde - in der Sprache dieser Richtung formuliert - bedeuten, daß Erkenntnis auf Information reduziert wäre (wobei "Erkenntnis" z.B. bei HABERMAS durchaus im Sinne der Theologie zu verstehen ist). Ziel dieser 'Theorie' ist die Vermittlung eines Deutungsschemas für das, was unter anderen TH.W.ADORNO unter der Totalität gesellschaftlicher Existenz versteht: Theorie dieser Art soll eine umfassende Seinsorientierung vermitteln. In ihren "Erkenntnisinteressen" (so HABERMAS) führt damit diese 'Theorie' das Anliegen der Soziallehren christlicher Kirchen fort, ist Gesellschaftstheologie.

Die soziologische Theorie bezieht sich dagegen auf abgrenzbare Sachverhalte. Ihre Elemente sind Verknüpfungen von Begriffen und Sätzen, wobei die Aussagen so formuliert sein müssen, daß sie durch empirisch begründete Erkenntnisse beeinflußt werden bzw. selbst zu solchen Erkenntnissen führen. Soziologische Theorie in diesem Sinne hat den gleichen Charakter wie Theorie in anderen Erfahrungswissenschaften.

Eine "allgemeine Theorie" der Soziologie existiert nicht - zumindest nicht als ein weithin akzeptiertes Schema der Integration von Begriffen und Sätzen. Einigermaßen geschlossene Konstruktionen dieser Art gibt es als Lehren bestimmter "Schulen", aber diese müssen um den Preis der Geschlossenheit sehr selektiv sein. Das ist in vielen anderen Disziplinen genauso, wie etwa in der Psychologie, und übrigens auch in vielen Naturwissenschaften.

Die verbreitet akzeptierten Theoriestücke haben einen sehr unterschiedlichen Grad an Allgemeinheit. Oft handelt es sich in Wahrheit nur um die Übersetzung eines Befundes in Begriffssprache, also um eine Form der Beschreibung. In den Fachzeitschriften überwiegen ad hoc-Theorien, durch die ein gegebener einzelner Befund mit allgemeineren Aussagen verbunden wird. Soziologische Theorie-Stücke gibt es auf den unterschiedlichsten Ebenen der Abstraktion. Vorherrschend sind Soziologen der Ansicht, daß bis auf weiteres sogenannte "Theorien der mittleren Reichweite" (R.K.MERTON) am geeignetsten seien. Das bedeutet: die theoretischen Formulierungen sind durchweg unmittelbar empirisch zu deuten. Die Faszination vieler Soziologen durch die Theorien z.B. TALCOTT PARSONS' beruht dagegen darauf, daß der Allgemeinheitsgrad seiner Konstrukte so hoch ist. Bisher ist es allerdings nur in Einzelfällen gelungen, diese Theorie wirklich mit empirischer Forschung zu verbinden.

In einer solchen Situation hat die Begriffssprache eine besonders wichtige Funktion. Durch sie muß erreicht werden, daß die breit gefächerte Forschung und die große Zahl von Theoriestücken wenigstens begrifflich koordiniert werden kann.

Eine solche Begriffssprache muß zunächst befremden, verwendet sie doch für vertraute Sachverhalte oft recht künstlich anmutende Worte. Ein erheblicher Grad an Künstlichkeit läßt sich jedoch deshalb nicht vermeiden, weil es eben für viele Sachverhalte der Soziologie auch eine Alltagssprache gibt. Würde man sich davon nicht absetzen, würden ständig Elemente vorwissenschaftlichen Denkens in die fachlichen Erörterungen eindringen. Manchmal gelingt es auch, Worte des alltäglichen Lebens durch begriffliche Klärungen zu Worten der Fachsprache zu machen; MAX WEBER war hierfür Vorbild.

Soziologen bevorzugen für ihre Fachsprache ein manchmal befremdliches Halblatein. Teilweise zu Unrecht war es früher öfters als prätentiöses Umschreiben des Offensichtlichen Gegenstand des Spotts ("Socspeak"). Dennoch hat auch die Übersetzung des offensichtlich Scheinenden in eine Kunstsprache ihren Sinn: immer dann nämlich, wenn durch Sprache eine emotionale Distanz zwischen Soziologen und ihren Erklärungs-

gegenständen herzustellen ist.
Wichtiger ist eine andere Kritik: Die Begriffssprache sei uneinheitlich, unklar und widersprüchlich. Das ist als Kennzeichnung richtig, und dieser Sachverhalt hat immer wieder einzelne Soziologen angeregt, Systeme der Begriffssprache zu entwickeln. L. von WIESEs "Beziehungslehre" (System der allgemeinen Soziologie, 1924-1928 und 1933), TALCOTT PARSONS' "General Theory of Action" (1951), oder MARION LEVYs Variante der Ansätze von PARSONS (The Structure of Society, 1952) sind Beispiele solcher Systematisierungsversuche. Sie fanden jeweils zunächst erhebliche Beachtung, blieben jedoch in Hinblick auf die Absichten der Verfasser ohne langfristige Wirkung. PARSONS hat sicherlich einen bleibenden Einfluß auf die Soziologie, aber nicht als Systematiker von Begriffen, sondern als Theoretiker und Analytiker. MAX WEBER als unübertroffener Meister des Definierens ist einem solchen Einfluß nahe gekommen (Wirtschaft und Gesellschaft, 1921), als Systematisierer von Begriffen jedoch vornehmlich im deutschen Sprachbereich.

Dieser Text nimmt die Uneinheitlichkeit, Unklarheit und Widersprüchlichkeit der Begriffssprache hin, so wie sie nun einmal tatsächlich verwendet wird. Es würde dem Zweck eines solchen Textes widersprechen, wollten die Autoren eine nicht vorhandene Einheitlichkeit von Sprache und Vorstellungen selbst herzustellen versuchen. Innerhalb dieser Grenzen war es zweckmäßig, die Schriften von TALCOTT PARSONS und MAX WEBER besonders zu berücksichtigen. Sie sind international die beiden einflußreichsten Autoren - über die Grenzen verschiedener "Schulen" hinweg.

Es gibt einen guten Grund für diesen Zustand der Begriffssprache - den gleichen, der für die Unverbundenheit der verschiedenen Stücke soziologischer Theorie verantwortlich ist: In einer Erfahrungswissenschaft haben Begriffe die Funktion von Werkzeugen, hier sind sie Konventionen zur besseren Ordnung von Befunden und zur Formulierung von Verallgemeinerungen; in der Lehre allerdings sind sie die wichtigsten Instrumente der intellektuellen Ordnung in einem Fach. Von der Funktion in der Lehre her gesehen ist ein uneinheitliches, unklares und teilweise widersprüchliches Aggregat von Begriffen sehr nachteilig. Hier wäre eine Systematik förderlich, wie sie die Gedankengebäude von philosophischen Entwürfen oft aufweisen. Wird dies als Vorbild angesehen, so ist der Zustand der Begriffssprache in der Soziologie beklagenswert. Für eine Erfahrungswissenschaft ist er jedoch keineswegs ungewöhnlich.

In Erfahrungswissenschaften vollzieht sich das Fortschreiten wissenschaftlicher Erkenntnis sowohl deduktiv wie auch induktiv. Aus allgemeinen Sätzen werden einzelne Aussagen abgeleitet und auf konkrete Sachverhalte angewandt bzw. an diesen geprüft. Unerwartete oder sonst neue Befunde erzwingen eine Veränderung bisher für richtig gehaltener allgemeiner Sätze. Die Erfahrung ist hier eben das Kriterium, wenn zwischen konkurrierenden Aussagen zu entscheiden ist. Begriffe bewähren sich in diesem Prozeß, erweisen sich als ungenügend und sind damit zu verändern; oder es zeigt sich, daß der Begriffsapparat zu ergänzen ist.

In der Unterschiedlichkeit, mit der für verschiedene Ansätze und Sachgebiete der Begriffsapparat differenziert ist, spiegelt sich der Wechsel von Schwerpunkten der Forschung. Immer wieder werden mit der Entwicklung der Forschung neue Begriffe geprägt (Beispiele: Status-Inkonsistenz, retroaktive Sozialisation), bis die gedankliche Ordnung der Vielzahl der Befunde gelingt und von dieser Ordnung neue Impulse an die Forschung ausgehen.

Ist über lange Zeit hinweg das Interesse auf einen Sachverhalt, einen Ansatz oder eine Problemstellung konzentriert, so kann es zu einer Überladung des Begriffsapparats kommen. Jahrzehntelang war es in der amerikanischen Soziologie üblich, eine Fülle sehr unterschiedlicher Sachverhalte mit der Rollentheorie zu erklären, und dies hatte eine immer weiter gehende Differenzierung der Begriffe zur Folge. Dann wird irgendwann einmal der Punkt erreicht, wo immer weitere Verfeinerungen zur Verselbständigung des Begriffsapparats und/oder zu seiner

Überdehnung führen. Dies wiederum führt häufig dazu, daß ein anderer Ansatz zu dominieren beginnt, dessen Begriffe dann weiter differenziert und breiter angewandt werden. Gegenwärtig hat in der Bundesrepublik das Thema Sozialisation eine ähnlich zentrale Stellung, wie früher in der amerikanischen Soziologie die Rollentheorie. Es ist bereits abzusehen, daß damit dieser Ansatz überfordert wird.

Auch die soziologische Theorie wird weitgehend durch diese Wechsel in den Schwerpunkten beeinflußt. Zum Teil folgt ein Wechsel aus theoretischen Weiterentwicklungen. Häufiger drückt sich darin eine Vielzahl anderer Umstände aus - nicht zuletzt auch ein Zugang zu neuen Daten, welche die Phantasie der Theoretiker anregen. Je nach den Umständen ist der Umfang neuer Daten sehr viel größer als die Fähigkeit zu diesem Zeitpunkt, sie theoretisch zu ordnen und zu deuten, während zu wieder anderen Zeitpunkten differenzierte theoretische Gebäude auf einer sehr schmalen Datenbasis ruhen. Letzteres war beispielsweise der Fall bei den Entwicklungstheorien des 19. Jahrhunderts, für welche die spärlichen Beschreibungen der Ethnographen die empirischen Belege für "notwendige" Stadien der Veränderung von Gesellschaften waren (z.B. die Berichte von LEWIS H.MORGAN über die Iroquois als Basis für die Theorie der Familie von FRIEDRICH ENGELS).
In der Lehre ist es selbstverständlich notwendig, einen möglichst hohen Grad an Systematisierung zu versuchen; nur so wird ein Stoff tradierbar. Die Forschung ist ebenso selbstverständlich auch an anderen Maximen orientiert. Aus der Lehre ergeben sich durchaus Impulse für die Forschung, weil aus Schwierigkeiten bei der Systematisierung des Stoffes Fragen an die Forschung werden; dies ist einer der wichtigsten Gründe für die "Einheit von Forschung und Lehre" als Organisationsprinzip von Hochschulen. Dennoch ist dies in Erfahrungswissenschaften nicht der bedeutsamste Bestimmungsgrund für Forschung. Jedenfalls folgt aus dem Nebeneinander verschiedener Bestimmungsgründe für die Themenwahl der Forschung, daß zu einem jeden gegebenen Zeitpunkt eine Erfahrungs-

wissenschaft "unordentlich" ist - und zwar in mehrfacher Hinsicht: unordentlich in dem Differenzierungsgrad der Begriffe; unordentlich hinsichtlich der Vollständigkeit und Widerspruchslosigkeit der Theorie; und unordentlich in bezug auf die Gleichgewichtigkeit zwischen Datenbasis und theoretischer Verarbeitung.

All dies ist in älteren Erfahrungswissenschaften eine Selbstverständlichkeit. Ein Beispiel: Noch vor etwa 40 Jahren galt die Kernphysik als Musterfall für ein theoretisch gut organisiertes Gebiet; inzwischen ist durch neue Geräte die Zahl der verfügbaren Daten explosionsartig angestiegen, was zu der bekannten Formulierung vom "Elementarteilchen-Zirkus" führte. Die Kernphysiker halten es für unwahrscheinlich, daß diese Vielfalt von empirisch belegten Teilchen ein korrektes Bild vom Aufbau der Materie widergibt und hoffen auf den Zeitpunkt, wo eine Rückführung der Vielfalt von Beobachtungen auf wenige Sätze gelingt. Bis dahin wird weiter geforscht und wird die Zahl der theoretisch unbewältigten Daten weiter vergrößert. In einer ähnlichen Situation befindet sich jetzt z.B. auch ein Teil der Astronomie.

Auch wenn die Soziologie in Texten als eine Erfahrungswissenschaft vorgestellt wird, so wird sie insbesondere in allgemeinen Übersichten doch häufig so behandelt, als ob es sich um eine reine Geisteswissenschaft handele. Ungleichgewichtigkeit der Entwicklung verschiedener Teilgebiete, eine fehlende Integration von Theorien zu einer "Gesamttheorie", oder der im Fluß befindliche Begriffsapparat: All dies wird als ein Ausweis der Unvollkommenheit des Faches behandelt, wird überspielt durch private Systematisierungen, oder nicht offen zugegeben. Dabei gibt es innerhalb der Soziologie durchaus auch in sich geschlossene Systeme - wie z.B. früher die Beziehungslehre (von WIESE), oder die allgemeine Verhaltenstheorie von GEORGE HOMANS (Social Behavior, New York 1961). Diese können so gelernt werden, wie man lernen kann, Kantianer oder Marxist oder Hegelianer zu werden. Wer als Kunde für Systeme, die ästhetischen Maßstäben für Organisiertheit entsprechen, Soziologie studiert, der kann auch innerhalb dieses Faches bedient werden und muß nicht Kantianer, Marxist oder Hegelianer werden. Nur wird ein solcher Student mit dieser Erwartungshaltung dem Charakter einer Erfahrungswissenschaft grundsätzlich nicht gerecht. Solange eine Erfahrungswissenschaft ihr Forschungsprogramm nicht ausgeschöpft hat, wird sie neben einem Kanon akzeptierter Überlieferungen sehr viele vorläufige Teile aufweisen. Wird in der Lehre versucht, diese letzteren Teile zu sehr zu kodifizieren, so wird dadurch der Zugang zum Verständnis des Faches als einer dynamischen Erfahrungswissenschaft versperrt.

Ein letztes Mißverständnis ist durch den ziemlich sinnlosen sogenannten "Positivismus-Streit" in der Bundesrepublik - in anderen Ländern als Gegensatz zwischen "kritischer" und "Establishment-Soziologie" firmierend - bestärkt worden. Gerade Verteidiger einer erfahrungswissenschaftlichen Soziologie, die keine Erfahrung als empirische Forscher hatten, stellten die empirische Soziologie so vor, wie es noch keine Erfahrungswissenschaft gegeben hat. Sie erscheint hier als ein wohlgeordnetes System von Begriffen und Sätzen, die widerspruchslos aufeinander bezogen sind; die Themen der Forschung ergeben sich als Ableitungen aus dieser theoretischen Konstruktion. Forschung hat hier nur den Zweck, entscheidende Sätze der theoretischen Konstruktion zu prüfen.

Dieser Zugang wurde durch die bemerkenswerte Art und Weise bedingt, in der die moderne Wissenschaftslehre im deutschen Sprachbereich rezipiert wurde. Ein solches Mißverständnis war sicher im "Wiener Kreis" der Wissenschaftslehre schon angelegt und wurde durch KARL POPPER nicht eben vermindert. Bei HANS ALBERT (logischer Empirismus bzw. kritischer Rationalismus) wird daraus eine Vorschriftenlehre, die in Auseinandersetzungen zwischen HANS ALBERT und JÜRGEN HABERMAS wie eine Beschreibung behandelt wird. Beispielhaft für dieses Mißverständnis ist die folgende Formulierung von RALF DAHRENDORF: "Die Intention der Erfahrungswissenschaft ist ... stets theoretisch. Empirische Forschung hat ihren logischen Ort streng genommen nur als Kontrollinstanz der aus Theorien abgeleiteten Hypothesen. ... Prinzipiell ... kann eine Erfahrungswissenschaft mit einem Minimum an empirischer Forschung auskommen; sie bedarf nur der experimenta crucis."(R.DAHRENDORF, Pfade aus Utopia, München 1967, S.35).

Tatsächlich wird in der Darstellung, die HANS ALBERT von Wissenschaftslehre gibt, das experimentum crucis als der Normalfall empirischer Forschung unterstellt. Dieses aber gehört in den Erfahrungswissenschaften zu den Seltenheiten. Ob wirklich durch eine spezifische Forschung ein für alle Mal für alle überzeugend nachgewiesen werden kann, daß ein Theoriensystem aufgegeben werden muß, hängt ab unter anderem vom Charakter der Theorie und von der Art der Beobachtungsdaten. Nur wenn eine Theorie so formuliert ist, daß die verschiedenen Sätze dergestalt miteinander verschränkt sind, daß alle Sätze fallen, wenn einer widerlegt wird, ist überhaupt ein experimentum crucis vorstellbar.

Der Streit zwischen den Anhängern Galileis und den Ptolemäern blieb über mehr als 100 Jahre hinweg unentschieden, wobei beide Lager empirische Daten für ihre Entwürfe anführen konnten. Es gab kein experimentum crucis, und der Streit wurde schließlich entschieden durch eine allmähliche Anhäufung von Belegen gegen die ptolemäische Auffassung; als diese nur unter immer neuen Zusatzannahmen aufrechterhalten werden konnte, wurde sie schließlich unglaubwürdig. Auf diese Weise werden gewöhnlich in den Erfahrungswissenschaften Gegensätze zwischen "großen" Entwürfen entschieden. Dafür bedarf es aber vieler Daten!

Auch die Behauptung, die Absicht der Erfahrungswissenschaften sei stets theoretisch, ist zumindest mißverständlich. Es ist richtig, daß Erfahrungswissenschaften - früher einmal nomothetisch genannt - auf die Entdeckung oder Anwendung allgemeiner Gesetzmäßigkeiten abzielen; ein einzelnes Ereignis wird als Ausdruck eines allgemeinen Prinzips betrachtet. Theorien sind jedoch nur eine - allerdings besonders nütz-

liche - Form des Ausdrucks von Regelhaftigkeiten. Daneben besteht auch in jedem Fach ein Interesse an bloß beschreibenden Daten. Ein breites empirisches Wissen ist Voraussetzung für die Anwendung allgemeiner Sätze, um praktische Probleme zu lösen.
Schließlich ist eine Forschung, die Beschreibungen eines nicht allgemein zugänglichen Sachverhaltes bringt, für eine allgemeinere Öffentlichkeit sehr oft ausreichend, um über einen Sachverhalt unterrichtet zu sein. Zwei Beispiele: Zu einem gegebenen Zeitpunkt ist es für die Öffentlichkeit und für die Politiker interessanter, über die Verteilung der Vorliebe für die eine oder andere politische Partei unterrichtet zu werden, als über die Bestimmungsgründe für Wahlverhalten. In diesen Jahren werden Astronauten mit erheblichem Aufwand auf den Mond geschickt, um nachzusehen, wie denn die Oberfläche wirklich beschaffen ist; sie ist anders, als aus allgemeinen Obersätzen der Astronomie abgeleitet werden konnte.

Das Mischungsverhältnis zwischen beschreibender Forschung und solcher, die unmittelbar auf das Auffinden einer Gesetzmäßigkeit gerichtet ist, wechselt im Zeitablauf innerhalb eines Faches und erst recht zwischen Fächern. Für Gesellschaften mit hoher Differenzierung,wie moderne Industriegesellschaften, bestand und besteht auch heute noch ein hoher Bedarf an beschreibenden Informationen, weil die Lebenserfahrung eines einzelnen Menschen oder die Übersicht einer Institution nicht ausreichen. Es besteht sicherlich eine Gefahr, daß sich unter Umständen eine empirische Soziologie in der bloßen Sammlung vieler Einzeldaten verliert. Dennoch bleibt es ein durch die Praxis erfolgreicher Erfahrungswissenschaften nicht gedeckter Dogmatismus, diesen Teil der Empirie als unwichtig abzulehnen. In diesem Text wird eine erfahrungswissenschaftliche Soziologie so vorgestellt, wie sie ist, und nicht nach Zielvorstellungen darüber, wie sie sein sollte.

Eine Erfahrungswissenschaft muß in den Problemformulierungen, den Vorgehensweisen, den Deutungen der Befunde, den Verallgemeinerungen, den Begriffen und den Theoriekonstruktionen an den Kriterien der Objektivität und der Wertfreiheit orientiert sein. Hier ist nicht der Ort, um eine sehr streitbare Diskussion weiterzuführen, die zentral für den sogenannten Positivismusstreit ist; hier kann lediglich versucht werden, die verbreiteten Mißverständnisse über den Charakter dieser Forderungen zu korrigieren.

Zunächst ist zu berücksichtigen, daß die Kennzeichnung "Positivisten" für diejenigen, die eine erfahrungswissenschaftliche Soziologie vertreten, zumindest eigenwillig ist. Vorläufig verbindet man mit dem Wort "Positivismus" in der Philosophiegeschichte noch die Lehre von AUGUSTE COMTE. Für alle diejenigen, die sich daran erinnern oder erinnern sollten, ist dann der Gebrauch des Wortes "Positivisten" für die Vertreter einer erfahrungswissenschaftlichen Soziologie schlicht Unsinn. COMTE war kein Empiriker, und er war in seiner Wissenschaftsauffassung nichts weniger als ein Nominalist. Im Gegenteil: Er entwarf eine der damals zahlreichen Theorien über das notwendige Fortschreiten der Geschichte. Als Sozialphilosoph verstand er seine Lehre nicht als bloße Theorie, sondern als eine Anweisung zum vernunftgemäßen Handeln. Soziologie war für ihn nicht eine Disziplin neben anderen innerhalb des arbeitsteiligen Betriebs, genannt Wissenschaft, sondern eine Art Überwissenschaft, der Endpunkt der Entwicklung von Wissenschaft. Diese Soziologie war "emanzipatorisch" gemeint, und konsequenterweise versuchte COMTE dann auch, eine neue Religion zu begründen. Wenn die sogenannte Frankfurter Richtung des Neo-Marxismus in ihrem Erkenntnisprogramm mit COMTE nicht völlig übereinstimmen sollte, so steht sie ihm doch zumindest sehr nahe; eigentlich sollte sie sich "positivistisch" nennen.

Die Wissenschaftslehre, die für die Erfahrungswissenschaften üblich ist, versteht unter "Objektivität" nicht eine aus der Richtigkeit einer inhaltlichen Theorie folgende Qualität (das träfe für solche Lehren wie "Positivismus" oder Hegelianismus oder Marxismus zu). Objektivität ist hier eine Eigenschaft, die aus der Beachtung von Verfahrensregeln folgen soll. Die

Eigenschaft "objektiv" bedeutet dann, daß diese Aussage interpersonell gültig ist, also von der Person des Aussagenden ablösbar ist. Es geht beim Anspruch auf Objektivität mithin nicht um die Objektivität des einzelnen Wissenschaftlers zu einem gegebenen Zeitpunkt, sondern um die Qualität der einzelnen Aussage. Selbstverständlich wird ein Wissenschaftler, der den "wissenschaftlichen Handstand" (so HOWARD BECKER) einer weitgehenden Kontrolle seiner Subjektivität fertig bringt, öfters Aussagen formulieren, die den Kriterien der Objektivität genügen. Auch ein sehr subjektivistischer Gelehrter kann jedoch, ungeachtet seiner allgemein ungenügenden Ausfüllung der Rolle "Wissenschaftler", zu Aussagen kommen, die objektiv sind. Nochmals: es geht hier nicht um die Qualität von Personen, sondern um die Eigenschaft von Aussagen.

Damit verlagert sich die Problematik, unter welchen Umständen dem Anspruch der Objektivität von Aussagen genügt werden kann, von den Personen auf die Bedingungen, unter denen Aussagen aufgestellt und beurteilt werden. Generell sind diese Bedingungen günstiger, wenn Autonomie der Wissenschaftler gegenüber politischen oder sonstigen Kontrollen ihrer einzelnen Aussagen gegeben ist; Voraussetzung ist dies aber nicht.
Eine noch elementarere Bedingung ist die Durchsetzung eines sachlichen Denkens. Sonst ist es im alltäglichen Denken üblich, vom gewünschten Ergebnis her - also intentional! - einen Sachverhalt zu prüfen bzw. eine Aussage zu formulieren. Erst wenn dieses intentionale Denken, wenn die teleologische Argumentationsweise auch im Bereich des Sozialen überwunden wird zugunsten einer sachlichen Denkweise, wobei die Feststellung von Sachverhalten und deren Bewertung getrennt sind, sind die Voraussetzungen für Wissenschaft gegeben.

2. Wissenschaftstheoretischer Exkurs: Werturteilsfreiheit in der Soziologie

Bei den heute häufigen Angriffen auf Wertfreiheit als Prinzip einer Erfahrungswissenschaft wird durchweg ein methodischer Imperativ für eine Aussage mit der Eigenschaft einer Person verwechselt. Insbesondere in der Kontroverse in der Bundesrepublik über den Charakter der Soziologie wird typischerweise vermischt: Wertfreiheit des Wissenschaftlers als Person; Wirkung eines Befundes bzw. Bewertung in Hinblick auf Praxis; Werte als Bestimmungsgründe bei der Wahl und der Formulierung eines Forschungsthemas; Werte als Gegenstand der Forschung; Bewertungen eines Sachverhaltes als (vorgebliche) Aussagen über die Sache selbst.
Selbstverständlich sind Wissenschaftler als Personen nicht "wertfrei" - schon deshalb nicht, weil die Existenz in einem Sozialsystem ohne Wertungen nicht möglich ist. Entsprechend ist auch der Begriff des sozialen Handelns (der später noch erörtert wird) als ein auf ein Ziel hin orientiertes oder mit einem Sinn verbundenes Verhalten definiert. Derjenige, der die Kontroverse um die Wertfreiheit in Deutschland entscheidend mit bestimmt hat, MAX WEBER nämlich (vgl.: Der Sinn der "Wertfreiheit" der soziologischen und ökonomischen Wissenschaften, 1917; Die "Objektivität" sozialwissenschaftlicher und sozialpolitischer Erkenntnis, 1904), bezog auf intensivste Weise zu den weltanschaulichen und auch tagespolitischen Streitfragen seiner Zeit Stellung.
Irgendwie hat sich die absurde Vorstellung verbreitet, die Forderung nach Wertfreiheit in der Wissenschaft - genauer übrigens: nach Werturteilsfreiheit - bedeute, daß Wissenschaftler zumindest unpolitisch sein sollten, vielleicht sogar in einem umfassenderen Sinne gegenüber Werten abstinent zu sein hätten. Weder ist eine solche Vorstellung aus der Forderung nach Werturteilsfreiheit abzuleiten, noch gibt es empirisch eine Korrelation zwischen der Zurückweisung von Werturteilen als wissenschaftlich nicht begründbar und der

Zurückhaltung gegenüber politischen Streitfragen. Beispiele: MAX WEBER war wiederholt Wahlkämpfer und THEODOR GEIGER ein aktiver Parteigänger der Arbeiterbewegung; und ausgerechnet die tagespolitisch abstinenten TH.W.ADORNO und J.HABERMAS werfen den Vertretern einer werturteilsfreien Wissenschaft eine prinzipiell unpolitische Einstellung vor. Dies alles hat mit der Begründung und der Wirkung der Forderung nach Werturteilsfreiheit überhaupt nichts zu tun, denn bei dieser Forderung geht es lediglich um das Verhalten in der Rolle als Wissenschaftler.

Selbstverständlich beeinflussen Werturteile den Wissenschaftsprozeß. Problemwahl und Formulierung des Forschungsproblems werden mitbestimmt durch alle möglichen persönlichen Eigenschaften des Forschers und durch die Bezüge, in denen er arbeitet. Dies ist eines der Themen einer eigenen und natürlich empirisch ("positivistisch") arbeitenden speziellen Soziologie, der Wissenschaftssoziologie.
Nun ist zuzugeben, daß die Vertreter der "neopositivistischen" Wissenschaftslehre bzw. der analytischen Philosophie in Deutschland die Wissenschaftssoziologie vernachlässigen. Argumentiert man wie diese Wissenschaftstheoretiker abstrakt, so kann man gegenüber denjenigen, welche die Möglichkeit einer objektiven Forschung in der Soziologie bestreiten, folgendes einwenden: Wertungen und Bedingungen, die unter anderem die Problemauswahl und die Formulierung des Forschungsansatzes beeinflussen, sind dem "Entdeckungszusammenhang" (context of discovery) zuzurechnen; der Imperativ der Wertfreiheit bezieht sich jedoch auf Operationen im "Begründungszusammenhang" (context of verification); lediglich die Qualität des Vorgehens im Begründungszusammenhang ist bestimmend für den Verbindlichkeitsgrad von Aussagen.
Das ist eine in sich schlüssige, aber für eine Erfahrungswissenschaft unvollständige Antwort. Für eine Erfahrungswissenschaft ist es mitentscheidend, daß ihre Aussagen sachlich und nachprüfbar sind. Ebenso wichtig ist es jedoch für den Erkenntnisfortschritt, daß die Aussagen inhaltlich interessant

sind - und das entscheidet sich nun einmal im Entdeckungszusammenhang. Hier kann ein Wissenschaftstheoretiker einwenden, daß es sich dabei um forschungspraktische Probleme handelt und nicht um solche, welche die Prinzipien wissenschaftlichen Vorgehens als Prinzipien in Frage stellen. Ein solcher Einwand ist durchaus wichtig, weil es charakteristisch für die "kritische" Mode ist, daß von ihr forschungspraktische und grundsätzliche Fragen fortwährend vermischt werden. Ist dies einmal verstanden worden, dann wird allerdings die forschungspraktische Frage nach den fördernden und hemmenden Einflüssen im Entdeckungszusammenhang ein wichtiges Thema, das empirisch untersucht werden kann und wird. Der Einfluß von Werten und von Rahmenbedingungen, innerhalb derer Forschung sich vollzieht, ist hingegen völlig irrelevant für die Gültigkeit des methodischen Imperativs der Wertfreiheit.

Noch eine weitere Konfusion von praktischen und grundsätzlichen Problemen ist heute verbreitet: Häufig wird argumentiert, die Forderung und der Anspruch auf Wertfreiheit der soziologischen Forschung seien schon deshalb bloße Ideologie, weil die Ergebnisse praktische Konsequenzen hätten; beispielsweise sei ein vermehrtes Wissen um die Bestimmungsgründe von Wählerverhalten "Herrschaftswissen". Auch das ist eine Erkenntnis, die erheblich älter ist als die "kritische" Theorie - ja, der Begriff des Herrschaftswissens wurde von solchen Soziologen geprägt, die heute öfters "Neopositivisten" genannt werden. Sicher ist es gerade die Hoffnung auf eine praktische Wirkung von Befunden, die Motiv für viele Sozialforscher ist. Die moderne Wissenschaftslehre bzw. die analytische Philosophie klammert diesen "Anwendungszusammenhang" aus, weil es sich hierbei um eine empirische Frage handelt und nicht um ein Problem der Forschungslogik; für empirische Fragen ist eben eine empirische Spezialität wie die Wissenschaftssoziologie zuständig und nicht eine Formaldisziplin wie Wissenschaftslehre. Die Forderung nach Werturteilsfreiheit ist dagegen abgeleitet aus allgemeineren Prinzipien der Wissenschaftslehre; nur wenn diese Regulative beachtet werden,

erhält man Aussagen mit der erwünschten Eigenschaft der interpersonellen Verbindlichkeit.
Die Begründung für diese Forderung, in den Erfahrungswissenschaften habe ein Satz mit empirischem Gehalt oder ein Begriffssystem dem Kriterium der Wertfreiheit zu genügen, ist sehr einfach. Sie folgt zwingend aus der allgemeinen Forderung an die Erfahrungswissenschaften, ihre Aussagen müßten über Sachverhalte informieren. Eine Wertung beschreibt jedoch eine Haltung des Aussagenden zu einem Sachverhalt, sagt also nur etwas über das Subjekt der Forschung und nicht über den Sachverhalt selbst als Objekt der Forschung aus.

Bei den Anwürfen gegen die Forderung nach Werturteilsfreiheit wird nicht deutlich, daß die gegnerische Position der Wertbezogenheit für eine Erfahrungswissenschaft nicht zu begründen ist. Die geistesgeschichtlich wichtigste Argumentation zugunsten der Möglichkeit, Werturteile mit dem Anspruch auf wissenschaftliche Verbindlichkeit aufzustellen, ist mit der Unterscheidung zwischen Natur- und Geisteswissenschaften verbunden (W.DILTHEY, 1833-1911). Hiernach soll es den sogenannten Geisteswissenschaften eigentümlich sein, daß dort die Trennung zwischen Subjekt und Objekt der Forschung entfällt. Daraus ergibt sich - so die Argumentation - im Vergleich zu den Naturwissenschaften eine besondere Problematik und eine zusätzliche Erkenntnismöglichkeit. Aus der Identität zwischen Subjekt und Objekt der Forschung werde es möglich, nicht nur "von außen" über eine Sache zu berichten, sondern über deren Wesen auszusagen; die Wertigkeit sei ein Teil des "Wesens". Dieses "Wesen" der zu erklärenden Sachverhalte erkenne man durch "Verstehen", also durch Intuition bzw. durch ein Evidenzerlebnis. Selbstverständlich ist diese intuitive Verschmelzung von Erkenntnisobjekt und Erkenntnissubjekt nicht von der Person des Erkennenden ablösbar. Eine Methodik für dieses "Verstehen" im Sinne einer allgemein erlernbaren Technik gibt es nicht, und entsprechend ironisierte auch TH.ABEL die "Operation genannt Verstehen" als Begründung für eine Aussage (The Operation Called Verstehen, AJS,1948).

Die Unterscheidung von Natur- und Geisteswissenschaften soll eine unterschiedliche methodische Möglichkeit begründen - nicht nur eine Verschiedenheit der Forschungstechnik. Diese Unterscheidung beruht auf einer ontologischen Annahme über den Charakter des Forschungsgegenstandes. Diese ontologische Annahme ist jedoch selbst nicht verifizierbar und bleibt damit bloße Unterstellung. Damit wird die Argumentation derjenigen, die eine gleichzeitige Begründung von Seins-Sätzen und Sollen-Sätzen als möglich behaupten, ein Zirkelschluß. Hinzu kommt noch ein elementares Mißverständnis: Die Trennung zwischen dem Subjekt der Forschung und dem Objekt der Forschung in den Erfahrungswissenschaften folgt nicht aus irgendeiner "Natur der Sache", sondern beschreibt eine Rolle. In seiner Rolle als Beobachter ist ein Forscher etwa bei dem Studium einer Arbeitsgruppe oder bei der Analyse von Interviewergebnissen zum Wählerverhalten genauso extern zum Erklärungsobjekt, wie ein Biologe, der die Rangkämpfe in einer Horde von Affen beobachtet. Daß den Forscher vielleicht die Motive von Wählern emotional stärker ansprechen als Rangkämpfe von Affen (eine empirisch offene Frage), begründet sicher keine zusätzliche Erkenntnismöglichkeit.

Eine enge emotionale Beziehung von Forschern zu ihren Erkenntnisobjekten und insbesondere ein aus dem alltäglichen Leben folgendes Vorverständnis, erwiesen sich in der Forschungspraxis weniger als ein Gewinn denn als ein Hindernis. Je stärker das Interesse an dem einen statt an dem anderen Ergebnis einer Forschung, je größer die aus alltäglicher Kompetenz folgende Gewißheit, umso schwieriger war es in den Naturwissenschaften, den Anthropomorphismus zu überwinden. Die Biologie ist ein Beispiel für diese Schwierigkeiten: Bis in die jüngste Vergangenheit wurde den Verhaltensweisen von Tieren Bezeichnungen und Emotionen zugeordnet, die aus unserem Alltag stammten. Da waren Katzen eitel und mörderisch (obgleich Katzen nicht Katzen, sondern Mäuse töten), Hunde waren treu, Schweine schmutzig und Pferde waren edel. Alle diese Zuschreibungen von Attributen, die wir aus der Nomenklatur unseres alltäglichen Zusammenlebens übertrugen, erwiesen sich als hinderlich für eine wissenschaftliche Analyse. Entsprechend ist zu vermuten (bis zum Beweis des Gegenteils), daß dieses Nebeneinander von Subjekt- und Objektstellung für die Soziologie eher ein Hindernis als ein Vorteil für eine wissenschaftliche Erkenntnis ist.

Aus dem öfters vitalen Interesse von Forschern und Publikum an Themen und Ergebnissen machen Marxisten einen Vorteil und eine moralische Verpflichtung zugleich. Ihre Argumentation faßt ein dieser Richtung gegenüber verständnisvoller Autor wie folgt zusammen:

"Dagegen betont eine insbesondere marxistisch orientierte Soziologie, daß gerade die Einhaltung des Prinzips der Wertfreiheit es unmöglich mache, zu einer Analyse des Wesens, der Gesamtentwicklung und der Gesetzmäßigkeiten der gesellschaftlichen Wirklichkeit vorzudringen, weil Wertfreiheit das methodologische Verbot der Untersuchung von "objektiv" festgestellten Zusammenhängen einzelner Tatsachen unter Bezug auf die als "grundlegend" betrachteten gesellschaftlichen Verhältnisse (im Sinne des historischen Materialismus) impliziere. Dadurch werde wertfreie Wissenschaft scheinobjektiv, trage apologetisch zur Erhaltung und Konsolidierung bestehender (auch Herrschafts-) Verhältnisse bei und verhindere objektive Erkenntnisse im Sinne eines politischen und gesellschaftlich orientierten Praxisbezuges sozialwissenschaftlicher Theorie. Unter dem für praxisorientierte Wissenschaft verbindlichen Prinzip der Humanisierung der Gesellschaft werde Wertfreiheit und Objektivität eben gerade nicht durch eine "objektivistische" Metatheorie der Sozialwissenschaften erzielt, sondern nur vom gesellschaftlichen Klassenstandpunkt aus, der tatsächlich an der Aufdeckung der weiteren Entwicklung der Gesellschaft orientiert sei, dem der Arbeiterklasse. Darum seien Parteilichkeit, Wissenschaftlichkeit und Wertung eine untrennbare Einheit."(G.HARTFIEL, Wörterbuch der Soziologie, Stuttgart 1972, S.683).

Das ist eine gelungene Zusammenfassung des Wortschleiers und der Sprachspiele der meisten gegenwärtigen Erscheinungsformen des Marxismus: Aus "objektiv" wird flugs "objektivistisch" und eine Beschimpfung, während dasjenige, was sonst als subjektiv gilt, einfach "objektiv" genannt wird; in der Wissenschaftslehre heißt dies "logische Erschleichung". Da man sich selbst als "gesellschaftsverändernde" Lehre versteht, wird eine davon abweichende Auffassung einfach als "apologetisch" zur Erhaltung bestehender Verhältnisse dienend bezeichnet - womit ohne die Spur eines empirischen Nachweises eine Wirkung behauptet und zugleich als Folge einer Agententätigkeit ("apologetisch") diffamiert wird. Parteilichkeit wird durch bloße Setzung zur wirklichen Objektivität, weil die eigene Parteinahme zugleich Parteinahme für die Entwicklungsgesetze sei, deren Gültigkeit ("Histmat") apodiktisch unterstellt wird.

Wichtiger für die Klärung der Verwirrung um die Werturteilsfreiheit als Prinzip wissenschaftlichen Vorgehens ist der Versuch der Begründung, warum neben Seins- auch Sollens-Sätze möglich sein sollen: Es gibt nämlich keine Begründung!

Was statt dessen geboten wird, ist der Ausdruck eines Wunsches (es wäre erstrebenswert, Aussagen über das "Wesen" von Dingen zu machen) plus einer moralischen Ermahnung ("für praxisorientierte Wissenschaft verbindliches Prinzip der Humanisierung der Gesellschaft"). Selbst wenn man einmal unterstellen würde, daß "Humanisierung" im Sinne des Marxismus wünschenswert sei, so kann eine moralische Maxime nicht als Begründung für die Möglichkeit von Sollens-Sätzen als Teil der Wissenschaft dienen.

Erfahrungswissenschaften schränken ihr Erkenntnisobjekt im Hinblick auf die methodischen Möglichkeiten ein - und eben aus dieser Orientierung am methodisch Möglichen folgt die Verbindlichkeit von Aussagen. Wovon man als Wissenschaftler nichts sagen kann, davon muß man eben als Wissenschaftler schweigen (WITTGENSTEIN). Daß mit dieser methodischen Einschränkung nicht alle Erkenntnisinteressen abgedeckt werden, ist selbstverständlich. Dies kann nur diejenigen stören, die

ohne die Autorität der Wissenschaft nicht existieren mögen; für sie ist der nicht durch wissenschaftliche Aussagen abgedeckte Raum für bedrückende Irrationalismen frei. Es gibt aber keine intellektuell rechtschaffene Möglichkeit, den Verlust der Gewißheiten, welche die traditionellen Autoritäten boten, durch eine Gewißheit im Namen der Wissenschaft zu ersetzen. "Wer dies Schicksal der Zeit nicht männlich ertragen kann, dem muß man sagen: Er kehre lieber, schweigend, ohne die übliche öffentliche Renegatenreklame, sondern schlicht und einfach, in die weit und erbarmend geöffneten Arme der alten Kirchen zurück. Sie machen es ihm ja nicht schwer. Irgendwie hat er dabei - das ist unvermeidlich - das "Opfer des Intellektes" zu bringen, so oder so. Wir werden ihn darum nicht schelten, wenn er es wirklich vermag."(MAX WEBER: Der Beruf zur Wissenschaft, in: MAX WEBER, Soziologie, Weltgeschichtliche Analysen, Politik, hg. von J.WINCKELMANN, Stuttgart 1964, S.338).
Sehr häufig wird mißverstanden, von welchem Standpunkt aus - genauer: mit welcher Vorentscheidung - die "kritische" Philosophie (speziell in der Version von HABERMAS) die Forderung nach Wertfreiheit als Begrenzung von Aussagen zurückweist. Bei HABERMAS heißt es, daß die Wissenschaft bei Einhaltung dieses Imperativs zur Information "verkomme". Wie bei den heutigen Spielarten des Marxismus wird eine Schlußfolgerung in ein Wort eingeschmuggelt und dessen Bedeutung gegenüber dem üblichen Sprachverständnis verändert. Information wird schlicht gleichgesetzt mit Aussagen über unverbundene Fakten; Ziel der Wissenschaft müsse jedoch die Vermittlung teleologischen Wissens sein. Seinsorientierung ohne Wertung sei nicht möglich. So ist es in der Tat.
Summe: Die Befürworter von wertender Soziologie geben keine - k e i n e ! - Begründung, wie sie selbst auf interpersonell nachzuvollziehende Weise zu Wertaussagen kommen. Die Begründungen (im Sinne von Evidenz-Erlebnissen) leuchten höchstens denjenigen ein, welche die metaphysischen Ontologien dieser Philosophen teilen.

Damit erweist sich der immer wieder aufflammende Kampf gegen den Ausschluß von Werturteilen in der Soziologie für die Erfahrungswissenschaftler selbst als eine Zeitverschwendung. Allerdings muß ein Soziologe, der das Fach als Erfahrungswissenschaft betreibt, sich über die "evergreens" dieses Werturteilstreits unterrichten, damit er seiner fachlichen Spezialität nachgehen kann. Es wird eben von der feuilletonistischen Öffentlichkeit und von den hierdurch Vorinformierten erwartet, daß ein Soziologe jederzeit über wissenschaftstheoretische Fragen Auskunft geben kann. In anderen Ländern mag ein Soziologe als Spezialist entsprechende Grundsatzfragen an die Kollegen verweisen, deren Spezialität Wissenschaftslehre (philosophy of science) ist; hierzulande wird dies nicht akzeptiert. Deshalb sind wissenschaftstheoretische Passagen selbst in einem Text über Grundbegriffe unvermeidlich.

In zwei Formen sind Wertungen legitimer Teil einer Soziologie als Erfahrungswissenschaft:
(a) Werte werden zum Gegenstand von Forschung. In diesem Falle sind Wertungen ein Forschungsobjekt wie andere Objekte. Dann können die Aussagen über die Wertungen anderer selbstverständlich dem Prinzip der Werturteilsfreiheit genügen.
(b) Werte sind Teil einer Handlungsempfehlung (etwa dann, wenn Wissenschaftler beratend tätig werden). Im Sinne einer Erfahrungswissenschaft sind solche Empfehlungen informatorisch, wenn sie sich zu "wenn-dann-Sätzen" umformen lassen. So kann ein Satz "tue X um Y zu erreichen, in den Satz "wenn X getan wird, dann folgt Y" umgeformt werden; dies ist zweifellos ein informatorischer Satz. Der Struktur dieser Sätze entsprechen Aussagen wie:"X ist für den Prozeß der Sozialisation dysfunktional". "Dysfunktional" ist gewiß eine Wertung; sie läßt sich aber in ihrem informatorischen Gehalt transformieren in den Satz:"Sozialisation verläuft effektiver, wenn X nicht vorkommt." Aussagen dieser Art werden "technologische Werturteile" genannt; sie widersprechen nicht der Forderung nach Abstinenz von Werturteilen.

Die Forderung nach Werturteilsfreiheit ist entgegen verbreiteten Eindrücken keine primäre, sondern eine abgeleitete Forderung. Die elementarere Forderung ist diejenige, daß in einer Erfahrungswissenschaft nur informatorische Sätze einen Sinn haben. Mit der Wendung "informatorische Sätze" wird das bezeichnet, was in der Wissenschaftslehre meist "wahrheitsfähige Sätze" genannt wird. Für diese Sätze gilt, daß sie in Operationen übersetzbar sein müssen, die eine Prüfung von Aussagen an Sinnesdaten ermöglichen. Wohlgemerkt: Nicht jede Aussage muß unmittelbar empirisch testbar sein; für eine jede Aussage, die als Aussage über die Wirklichkeit formuliert ist, gilt jedoch, daß ein Bezug zu Forschungsoperationen dergestalt hergestellt werden kann, daß die weitere Glaubwürdigkeit der Aussage durch empirische Befunde tangiert wird.

(Dies ist eine zurückhaltendere Formulierung als in der Wissenschaftslehre üblich. Bewußt wird in diesem Zusammenhang auch vermieden, auf den Streit über das von K.R.POPPER vertretene Falsifikationsprinzip einzugehen. Per Implikation wird in diesem Text die Position des Operationalismus von P.W.BRIDGMAN zurückgewiesen. Ferner wird eine anti-reduktionistische Haltung vertreten. Entsprechende Ausführungen gehören in einen Text über Wissenschaftstheorie. Für diejenigen, die in der Soziologie etwas anderes als eine Erfahrungswissenschaft sehen, sind diese wichtigen Themen auch bloße interne Familienstreitigkeiten der "Neo-Positivisten". Generell wird hier eine "weiche" Version der analytischen Philosophie bzw. der Wissenschaftslehre zugrunde gelegt, wie sie bei denjenigen üblich ist, welche die Wissenschaftslehre pragmatisch rechtfertigen. Die "härtere" Position wird im deutschen Sprachbereich insbesondere von H.ALBERT und E.TOPITSCH vertreten.)

Der Streit um die Zulässigkeit von Werturteilen ist intellektuell (allerdings nicht so eindeutig hinsichtlich der Motivationen) in erster Linie eine Kontroverse um die Zulässigkeit von Aussagen, die nicht wahrheitsfähig bzw. informatorisch sind. Diese Eingrenzung ist gemessen an den Bedürfnissen des alltäglichen Verhaltens gewiß sehr künstlich. Handeln ist nun einmal von Werten nicht ablösbar. Aus dieser Feststellung folgt aber keineswegs, daß nun diese Werte wissenschaftlich begründet werden können. Sie müssen wissenschaftsextern begründet werden. Selbstverständlich kann Wissenschaft wichtige Aussagen über die Wertungen im Alltag beitragen; die technologischen Werturteile gehören dazu. Indem Sozialwissenschaften das Verhältnis zwischen Mitteln und Zwecken beim Handeln klären können, tragen sie zur Rationalisierung bei. Lebensorientierung kann man sich aber von Wissenschaft nicht erhoffen.

Es war polemisch, wenn "Neo-Positivisten" Sätze wie "jeder Mensch ist unmittelbar zu Gott" oder "Ziel der gesellschaftlichen Entwicklung ist die Emanzipation" (= Befreiung aus selbstverschuldeter Abhängigkeit; I.KANT) sinnlose Sätze nannten. Sinnlos sind solche Sätze im Konventionssystem genannt Wissenschaft. Es ist jedoch eine Überschätzung der Wissenschaft, würde für sinnlos erklärt, worüber erfahrungswissenschaftlich nichts ausgesagt werden kann. So gesehen vertraten "Neo-Positivisten" wie WITTGENSTEIN eine analoge Überschätzung der Wissenschaft wie die "kritische" Philosophie: Beide unterstellten, daß allein wissenschaftlich begründete Aussagen es wert sind, aufgestellt zu werden. Dabei grenzten allerdings die "Neo-Positivisten" ihre Aussagen nach den Aussagemöglichkeiten ein, während die "kritischen" Philosophen - entsprechend dem für diese Richtung üblichen Wunschdenken - das für den legitimen und notwendigen Bereich der Wissenschaft erklärten, worüber sie selbst gerne etwas aussagen möchten. Das wäre dann der simple Kern dessen, was die "Kritischen" à la HABERMAS als ihr "Erkenntnisinteresse" loben.

Etwas komplizierter ist die Verbindung des allgemeinsten Imperativs, daß in einer Erfahrungswissenschaft nur "wahrheitsfähige" Aussagen zugelassen sind, mit der für die Erfahrungswissenschaften charakteristischen Begrifflichkeit. Prinzipiell gilt (die Zwischenschritte der Begründung führten hier zu weit): Begriffe sind nicht Ausdruck des Sachverhalts selbst; die letztere Ansicht wird "Essentialismus" genannt. In einer Erfahrungswissenschaft sind Begriffe nur Benennungen von Sachverhalten durch den Wissenschaftler. In der allgemeinsten Orientierung entspricht die heutige Position in den Erfahrungswissenschaften dem sogenannten gemäßigten Nominalismus, wie er etwa von OCCAM und später von HUME vertreten wurde. Daraus ist ableitbar, daß neue Begriffe nur soweit zulässig sind, wie sie nützlich im Sinne der ökonomischeren Organisation des Wissens sind. Insofern Begriffssysteme entweder bereits gesammeltes Wissen übersichtlich ordnen, und/oder insofern unter ihrer Verwendung und bei Rückgriff auf bereits gesammeltes Wissen wahrheitsfähige Sätze ableitbar sind, die sich empirisch bewähren, ist ein Begriffssystem pragmatisch gerechtfertigt.

3. Alltagsperspektive und wissenschaftliches Verständnis

Auch ohne die der Soziologie entgegengebrachten teleologischen Ansprüche stehen der Entwicklung eines Faches "Soziologie" besondere Schwierigkeiten entgegen. Sie erschweren die Abgrenzung eines Erkenntnisobjekts, die Formulierung von wissenschaftlich angemessenen Fragestellungen, die Entwicklung der Begriffssprache und nicht zuletzt eine angemessene Interpretation von Befunden. Allgemein ergeben sich die hier angesprochenen Schwierigkeiten daraus, daß wir zugleich Angehörige von Sozialsystemen sind und doch versuchen, diese sine ira et studio zu analysieren. Ein Beispiel mag dies verdeutlichen:
Im Verlaufe unseres Lebens sind wir fast alle Mitglieder von zwei Familien: der Orientierungsfamilie (= Familie, in der wir aufwuchsen) und der Zeugungsfamilie (= Familie, die wir selbst gründeten). Wir kennen die Familien vieler Verwandter und Bekannter. Wird es auf der Grundlage dieser Alltagserfahrung besonders einfach, Familiensoziologie zu verstehen?
Mit der Begrifflichkeit der Bindestrich-Soziologie "Familiensoziologie" wird es möglich, den Streit zwischen einem Ehepaar

über das "richtige" Verhalten auf einer Einladung oder zwischen einer Mutter und ihrem Kind über dessen Freunde, als typische Ausdrucksform von Konflikten in Dyaden mit funktional diffuser Zielsetzung zu deuten. Eine Auseinandersetzung zwischen Verlobten mag als Ausdruck des "Prinzips des minimalen Interesses" analysierbar sein. In all diesen Fällen erleben die Handelnden die Vorgänge als Ausdruck höchst persönlicher Charaktereigenschaften, bewerten Vorgänge mit moralischen Kategorien, empfinden intensive Emotionen. Für eine soziologische Analyse ist es jedoch notwendig, diese Dimension nur als Rohmaterial für eine Deutung zu behandeln. Erklärte man den Verlobten, ihr als höchst persönlicher Konflikt erlebtes Eifersuchtsdrama könne weitgehend abgehoben von den konkret beteiligten Personen verstanden und in seinem weiteren Verlauf vorausgesagt werden als Ausdruck des erwähnten "Prinzips des minimalen Interesses", so wird eine solche Betrachtungsweise beleidigend, zumindest als kalt empfunden. Dies ist sie dem Charakter nach auch, weil sie abhebt von dem, was in dieser Situation Individualität und persönliches Erleben konstituiert, und die Personen auf Akteure in Prozessen reduziert. Je vertrauter der Alltagsbezug, je emotional bedeutsamer die Verläufe, umso größer pflegen die sich hieraus ergebenden Widerstände gegen eine kategoriale Analyse zu sein.

Die Perspektive der Soziologie ist destruktiv für einfaches, für naives Sich-Verhalten. In allen Situationen des Alltags sind jedoch Konventionen und der Verzicht auf dauerndes Problematisieren die Voraussetzung für stabile Sozialbeziehungen. Die Dauerreflektion ist nicht nur praktisch unmöglich; sie würde zugleich die Voraussetzung für die eigene Existenz als Mitglied eines Sozialsystems zerstören. Die hier angesprochene Doppelexistenz als Handelnder und als Analytiker ist auch für einige andere Disziplinen gegeben - etwa für die Psychologie, oder für die Gynäkologie. Bekannt ist die Verwunderung: "Kann denn ein Frauenarzt noch Frauen schön finden?" - wo er doch in der Rolle Arzt eine für andere

Menschen attraktive Körperrundung als Zellulargewebe anschaut, oder mit Arztblick eine leichte Verkrümmung der Fibula registriert. Ein Psychologe wird als Psychologe eine Angabe über Motive bei seinem Gesprächspartner nicht wörtlich nehmen, sondern wiederum nur als Rohmaterial; in alltäglichen Bezügen muß der gleiche Psychologe auf eine fortwährende Problematisierung von Aussagen verzichten.
Der Konflikt zwischen den Rollen "Handelnder" und "Analytiker" ist kein Spezifikum nur der Soziologie, ist aber dort zum Teil sehr scharf, weil die soziologische Übersetzung von Alltagserlebnissen gegenwärtig noch besonders beleidigend wirkt. Aus dieser unmittelbaren Konkurrenz zwischen Alltagserfahrung und soziologischer Analyse folgt aber auch die besondere Nützlichkeit der Mikro-Soziologie als Einübung einer wissenschaftlichen Denkweise.

Begriffe und Aussagen der Makro-Soziologie - z.B. "soziale Schichtung", "Herrschaft", "Sozialsystem" - begegnen weder dieser Art von Widerstand, noch besitzen sie deshalb die gleiche didaktische Nützlichkeit. Dieser Teil des Lehrstoffes ist weitgehend abgelöst von unmittelbarer Anschauung. Damit ist die Makro-Soziologie auch der Teil des Faches, der am stärksten ideologiegefährdet ist. Hier konkurriert die Soziologie mit andersartigen Begrifflichkeiten und Deutungsschemata. Der unfruchtbare sogenannte "Positivismusstreit" bezog sich fast ausschließlich auf die Konkurrenz der Deutungsschemata für den Erklärungsbereich der Makro-Soziologie (vgl. E.K.SCHEUCH: Methodische Probleme gesamtgesellschaftlicher Analyse, 1969). Wie sich die Mikro-Soziologie besonders gut eignet zur Einübung der Begrifflichkeit und Vorgehensweise einer Erfahrungswissenschaft, so eignet sich die Makro-Soziologie zur Klärung wissenschaftstheoretischer und -philosophischer Fragen.

2. Eingrenzung des Verständnisses von Soziologie

Soziologie gehört zu den Disziplinen, die kaum so abzugrenzen sind, daß eine einzelne Definition wenigstens als vorläufige Festlegung eine breite Zustimmung finden würde. Meist sind solch unterschiedliche Auffassungen über eine Definition für die Wissenschaftler selbst nicht sehr bedeutsam: Ungeachtet der Meinungsverschiedenheiten definitorischer Art tun sie ähnliche Dinge. Es sind meist die Außenstehenden, denen eine Kurzformel für ein Fach wichtig ist. Im Falle der Soziologie spiegeln die Schwierigkeiten jedoch teilweise auch wichtigere Sachverhalte wider.

1. Wege der Abgrenzung

Die Abgrenzung einer Disziplin ist dann immer einfach, wenn sie sich auf ein auch im alltäglichen Denken abgegrenztes Erkenntnisobjekt beziehen kann. Ein Beispiel ist die Bestimmung der Meteorologie als Beschreibung der Wetterlagen und die Ermittlung der Determinanten hierfür. Ein Erkenntnisobjekt der Soziologie gibt es in diesem Sinne nicht. Die Untersuchung und Erklärung menschlichen Verhaltens ist Gegenstand mehrerer Disziplinen. Ihre Unterscheidung voneinander muß also in verschiedenen Fragestellungen an den gleichen Objektbereich sinnlich wahrnehmbarer Sachverhalte begründet sein.

Nun beschränkt sich die Soziologie nicht auf die Erklärung des Verhaltens als eines unmittelbar sinnlich wahrnehmbaren Sachverhalts. Zu ihr gehört zweifellos auch die Analyse von Abstrakta wie Gesellschaft. Über solche Gegenstände ist mit sinnlich wahrnehmbaren Sachverhalten nur mit Schwierigkeiten auszusagen. "Gesellschaft" (und entsprechende Abstrakta) als Objekte des Theoretisierens bieten demgegenüber für geisteswissenschaftliches Vorgehen keine besonderen Schwierigkeiten - jedenfalls keine größeren als die Beschäftigung mit "Stilen" der Malerei oder "Epochen" der Geschichte, wenn diese als reale Wesenheiten verstanden werden. Die Soziologie als eine Erfahrungswissenschaft war in dem engsten Verständnis als empirische Sozialforschung entsprechend lange begrenzt auf "Mikro"-Soziologie, das heißt auf die Sachverhalte, die auch als Objekte des alltäglichen Denkens abgegrenzt sind. Das ist keine notwendige Begrenzung, wie am Beispiel der Wirtschaftstheorie unmittelbar einsichtig ist; ein Erkenntnisobjekt Wirtschaftssystem ist ja nicht konkreter als ein Erkenntnisobjekt Sozialsystem. Eine "Makro"-Soziologie als erfahrungswissenschaftliches Unternehmen bedarf lediglich zusätzlicher Daten und öfters längerer Inferenzen-Ketten von den Sinnesdaten zu den Begriffen und Theorien. Die Arbeiten von Durkheim sind ein frühes Beispiel für eine solche "Makro"-Soziologie.

Soziologie ist von anderen verwandten Disziplinen durch eine andere Fragestellung unterschieden - diese Aussage grenzt zwar dieses Verständnis von Soziologie gegen einige andere Arten des Verständnisses ab, hat aber weitgehend doch nur Leerformel-Charakter. In dieser (teilweisen) Leerformel kann "Art der Fragestellung" durch die genauer klingende (teilweise) Leerformel "Konzentration auf das Soziale" ersetzt werden. In der Art, wie dieses Wort "das Soziale" mit Inhalt gefüllt wird, lassen sich verschiedene Arten des Verständnisses von Soziologie abgrenzen.

Anschließend werden einige Definitionen von Soziologie aufgeführt werden. Welche Begriffsbestimmungen ausgewählt werden, ist sicherlich zum Teil eine Folge der eigenen Präferenzen. Wichtiger als diese Einschränkung ist die weitere Überlegung, daß keine der Definitionen zureichend umschreibt, was Soziologen selbst allgemein als Kern ihrer fachlichen Tätigkeit ansehen; ja meist decken solche Definitionen nicht einmal angemessen das ab, was der Autor einer Definition selbst tut. ALEX INKELES (What is Sociology?, 1964, S.1-27) schlägt drei Wege vor, um eine zweckmäßigere Abgrenzung von Soziologie zu erreichen, als dies mit einer einzelnen Definition möglich ist:

(1) Systematisierung dessen, was die "Klassiker" als Soziologie verstanden haben;
(2) Untersuchung dessen, was in Textbüchern und Forschungsberichten tatsächlich als Soziologie vorgestellt wird;
(3) durch analytische Setzung, das heißt durch Abgrenzung eines Erkenntnisobjektes und einer Methodik.

Gegen alle diese Ansätze lassen sich Einwände vorbringen, insbesondere gegen den ersten Ansatz. Als "Klassiker" gelten in der Soziologie vornehmlich diejenigen Autoren, die Soziologie gegenüber einem anderen Gebiet verselbständigten - und damit zugleich auch häufig von einer anderen Disziplin her argumentieren. Dabei ist der Bezug zur Philosophie besonders eng. Was immer die Begrenzung dieser drei Wege sein mag: durch sie gewinnt man eine bessere Vorstellung über Inhalte, als es eine Definition vermitteln kann. Als vierter Weg sei noch der Vergleich mit Nachbardisziplinen hinzugefügt, der ebenfalls im Sinne inhaltlicher Umschreibung informativ ist.

2. Zur Problemstellung der "Klassiker"

Wäre Beschäftigung mit "Gesellschaft" konstitutiv für Soziologie, so wäre die Geschichte der Soziologie überwiegend gleichbedeutend mit der Geschichte der Staatsdenker. PLATO und ARISTOTELES wären ebenso als Soziologen zu reklamieren wie HOBBES oder MACHIAVELLI. Insofern Soziologie als eine Disziplin verstanden wird, die aus der weiteren Ausdifferenzierung des Faches mit dem allgemeinsten Erklärungsanspruch hervorging, nämlich der Philosophie - ebenso wie diese aus der Theologie entstand - sind bei diesen Denkern wesentliche Aussagen auch für die Soziologie als eine Erfahrungswissenschaft zu finden. Im Sinne einer solchen Einzelwissenschaft gelten als "Klassiker" der Soziologie MARX, COMTE, TARDE, SPENCER - sowie in einem fachspezifischeren Sinne DURKHEIM, SIMMEL und MAX WEBER.
Ein Problem steht bei diesen "Klassikern" und ihren unmittel-

baren Vorläufern im Vordergrund: der Wandel der Bestimmungselemente für Zusammenleben in Gesellschaft. Dabei differieren die Akzente, die einmal auf die Faktoren der Differenzierung in der Gesellschaft gelegt werden, zum anderen auf die Faktoren der Kohäsion. Für Autoren, die den Beginn der Industrialisierung als Anschauungsobjekt erlebten, war die weitere berufliche Spezialisierung, und innerhalb der Berufe die weitere Arbeitszerlegung in der Fabrik, ein besonders auffälliger Vorgang, der meist als Agens der Entwicklung verstanden wurde. ADAM FERGUSON (1723 - 1816) stellte sich diese Entwicklung als Differenzierung innerhalb eines Systems vor, das durch Konsens über Werte zusammengehalten wurde. Die gemeinschaftsbildenden Gefühle angesichts des Prozesses der Differenzierung sind für ADAM SMITH (1723 - 1790) ebenso ein Thema wie auch für SAINT-SIMON (1760 - 1825). Dabei sah SAINT-SIMON im Prozeß der Differenzierung innerhalb des Produktionsprozesses ebenso wie MARX (1818 - 1883) ein Gemeinschaft-zerstörendes und auch Menschen-zerstörendes Element.

Demgegenüber akzentuiert DURKHEIM die Elemente der Kohäsion im gesellschaftlichen Wandel: In der modernen arbeitsteiligen Gesellschaft ("organische Solidarität") sei der Systemzusammenhang zwischen Menschen eher noch stärker als in traditionalen Gesellschaften ("mechanische Solidarität"), da jeder einzelne immer abhängiger von anderen werde. Eine solche Deutung lag nahe: In der Nationalökonomie speziell Frankreichs wurde schon früher die These formuliert, daß gerade in der Marktwirtschaft der Zusammenhang zwischen Menschen indirekt verstärkt werde. Ein jeder verfolge hier immer individualistischer seine Ziele, werde damit aber immer abhängiger von den gleichzeitigen Entscheidungen aller anderen. In der in Frankreich (eher als in England) verbreiteten optimistischeren Version dieser Vorstellung wurde dieses Gegeneinander einzelner Personen von der "unsichtbaren Hand" des Systems zum größtmöglichen Nutzen der größten Zahl von Menschen geordnet. In der in Deutschland (noch stärker als in England) vorherrschenden pessimistischen Variante führte ein solches

System zu einem immer größeren Gegensatz zwischen privatem und Gemein-Nutzen. In modischer Terminologie wird in der Bundesrepublik jetzt von "Systemzwang" und Defizit an Gemeinschaftsbedarf gesprochen - eine direkte Fortführung der pessimistischen Deutungen eines Systems von Interdependenzen.

Die Bezeichnung "Soziologie" wurde von AUGUSTE COMTE (1798 - 1857) "faute de mieux" geprägt. Diese Kombination eines lateinischen und griechischen Elements regt schon frühzeitig zum Spott an, obgleich es sich nicht um einen Einzelfall eines zeitgenössischen Sprachbastards handelt (vgl. die Ironisierung von "Automobil" durch die Alternativen "Autokinein" und "Ipsomobil"). COMTE erwog eine Bezeichnung wie "soziale Physik" (vgl. Vorwort Band 4), fand aber die Assoziation zu den Naturwissenschaften zu stark. So schien ihm ein Kunstwort für "die Lehre vom Sozialen" am angemessensten.

Selbstverständlich sind die Unterschiede in den Problemstellungen und in den Ansichten unter den "Klassikern" noch sehr viel größer als unter den heutigen Soziologen. Dennoch gibt es einige Akzente, die die Beschäftigung mit Soziologie in der Phase ihrer beginnenden Verselbständigung abhebt von der heutigen Soziologie. Da ist einmal der Akzent auf der Suche nach den Prinzipien des sozialen Wandels - zumindest aber nach den Hauptfaktoren des Wandels von der vorindustriellen zur industriellen Gesellschaft - zu vermerken. An diesem sozialen Wandel erschienen durchweg die den Markt bestimmenden Faktoren - insbesondere das Prinzip der Arbeitszerlegung - als ein Gemeinschafts-zerstörendes Element. Und damit stellte sich als weitere zentrale Frage die Identifizierung von Faktoren der Kohäsion.

Soziologie ist damit bei den "Klassikern" je nach Akzent die Disziplin vom gesamtgesellschaftlichen Wandel und/oder von dem besonderen Charakter zwischenmenschlicher Beziehungen in Industriegesellschaften. Der letztere Akzent überwiegt im Verlauf der Zeit immer mehr, bis schließlich die Theorie des gesamtgesellschaftlichen Wandels ganz zurücktritt. SIMMEL und

TARDE sind dann Beispiele für zwei Soziologen, deren Thema der besondere Charakter interindividueller Beziehungen ist. Fazit aus dieser Betrachtung der Klassiker: Die Konstituierung der Soziologie als eigener Disziplin verläuft parallel mit der Ersetzung der Frage nach den Prinzipien und der Richtung gesamtgesellschaftlichen Wandels durch die Frage nach dem besonderen Charakter des "Sozialen". Mit "interindividuellen Beziehungen" oder mit "Interpsychologie" (TARDE) oder mit dem "Sozialen" ist eine Dimension zwischenmenschlicher Beziehungen gemeint, die einzelne Handlungen und Handelnde als Teil eines Systems verstehen läßt. In der Konkretheit des unmittelbar Wahrnehmbaren werden überindividuelle Systemeigenschaften gesucht. Die moderne Rollentheorie ist ebenso eine Fortführung dieses Problemverständnisses wie die Systemtheorie im Sinne von PARSONS.

Jenseits des Gegensatzes einer "formalen" und einer "materialen" Betrachtungsweise steht die "Strukturanalyse". Ihre moderne Variante wird als "strukturell-funktional" bezeichnet. Das zentrale Bestreben dieser Versuche ist es, von der Reduktion des "Sozialen" auf irgendetwas Nichtsoziales freizuwerden, und statt dessen den "sozialen Faktor" zu isolieren - oder wie Durkheim sagt, "Soziales nur durch Soziales zu erklären". Das Hauptwerk dieser strukturell-funktionalen Bemühungen ist TALCOTT PARSONS' "The Structure of Social Action" (1937). Es ist ein bewußter Versuch der Vereinheitlichung "klassischer" Ansätze.

3. Die heutigen Schwerpunkte der Soziologie

Verschiedentlich wurde versucht, den Inhalt des Wortes "Soziologie" zu umschreiben, indem systematisch erfaßt wird, was Soziologen tatsächlich tun. Daß ein solcher Zugang nützlich ist, ergibt sich aus dem Auseinanderfallen zwischen der Rhetorik der Soziologen (= Definitionen) und ihrem Verhalten (= Forschung und Publikationen). Letzteres soll verdeutlicht werden an einer Erhebung der Tätigkeitsgebiete von Soziologen in den USA. Quelle hierfür sind die Angaben der Soziologen an die "American Sociological Association" über die Schwerpunkte ihrer Tätigkeit (STEHR und LARSON 1971; BROWN und GILMARTIN 1969; RILEY 1960). In diesen Angaben sind Tätigkeiten in der Lehre, in der Forschung, und die Schwerpunkte von Veröffentlichungen kombiniert berücksichtigt (in der Reihenfolge der Rangposition ihrer Wichtigkeit):

1. Sozialpsychologie
2. Methodologie und Statistik
3. Allgemeine Theorie
4. Familiensoziologie
5. Abweichendes Verhalten
6. Ethnische Beziehungen und Rasse
7. Medizinsoziologie
8. Kriminalsoziologie
9. Bildungssoziologie
10. Stadtsoziologie
11. Organisationssoziologie
22. Sozialer Wandel
13. Politische Soziologie
14. Demographie
15. Soziale Schichtung und Mobilität
16. Religionssoziologie
17. Sozialstruktur ("social organization")
18. Angewandte Soziologie
19. Soziologie der Gemeinde
20. Berufssoziologie
21. Kollektivverhalten und Massenkommunikation
22. Industrie- und Wirtschaftssoziologie
23. Vergleichende Soziologie
24. Kleingruppen-Soziologie
25. Wissenssoziologie
26. Kultursoziologie
27. Agrarsoziologie
28. Ökologie

29. Rechtssoziologie
30. Soziologie der Freizeit
31. Mathematische Soziologie
32. Soziale Kontrolle
33. Militärsoziologie

Wird diese Aufstellung mit den Spezialisierungen in der Nationalökonomie und in der Betriebswirtschaftslehre verglichen, so wird deutlich, wie sehr sich die Soziologie fortentwickelt hat von den generellen Problemformulierungen ihres Beginns. Heute dürfte der Charakter der Soziologie als ein Fach zwischen dem Nebeneinander der verschiedenen Betriebswirtschaftslehren und dem Vorherrschen der Allgemeinen Theorie in der Volkswirtschaftslehre zu lokalisieren sein. Die Ausdifferenzierung in Spezialitäten ist sogar noch weiter getrieben als in der Betriebswirtschaft; dagegen ist die Durchdringung dieser Spezialgebiete mit einer gemeinsamen Begrifflichkeit - und das ist der Schwerpunkt dessen, was heute in der Soziologie allgemeine Theorie ist - größer als in der Betriebswirtschaftslehre.
Real als "Tätigkeit der Soziologen" verstanden ist die Soziologie zu charakterisieren als Untersuchung einzelner Institutionen und Problembereiche in Industriegesellschaften mit einer allgemein verbindlichen Methodologie und Begrifflichkeit. Dabei ist die Methodologie kein Spezifikum der Soziologie; diese teilt die Soziologie mit einigen anderen sozialwissenschaftlichen Fächern. Damit ist das Spezifikum der Soziologie ihre Begrifflichkeit plus einer Sammlung von wenn-dann-Sätzen. Die ursprünglich angestrebte und teilweise auch erreichte Einheitlichkeit wäre nur voll zu verwirklichen, wenn es ein einheitliches Erklärungsobjekt gäbe - wie in der Nationalökonomie - mit wenigen abhängigen Variablen wie Preise, Produktion oder Warenumsatz. Da dies für die meisten Bereiche, die von Soziologen bearbeitet werden, nicht der Fall ist, ist vorläufig eine integrierte "allgemeine Soziologie" - etwa im Sinne der Systemkonzeption von PARSONS - nur begrenzt möglich.

Es wird zunächst bei der Darstellung einer verbindenden Begrifflichkeit mit dem Nebeneinander von Sätzen bleiben müssen (vgl. als Beispiel die Sammlung empirisch belegter Sätze bei B.BERELSON und G.A.STEINER, Human Behaviour. An Inventory of Scientific Findings, New York 1964).

4. Charakteristische Definitionen

Wir erwähnten bereits (S.49), daß Definitionen von Soziologie und Verhalten von Soziologen auseinanderfallen. Es gibt inzwischen für eine erfahrungswissenschaftliche Soziologie einen gemeinsamen Kanon an Vorgehensweisen, Begrifflichkeit und Problemstellungen, der aber angesichts der Heterogenität der Themen - siehe das Vorherrschen der Bindestrich-Soziologien - in Definitionen nicht zureichend ausgedrückt werden kann. Erst recht herrscht Verschiedenheit vor, wenn Soziologie als Deutungswissenschaft verstanden wird und Definitionen weniger beschreibenden als programmatischen Charakter erhalten. Soziologie in diesem weiteren Verständnis ist zudem verschränkt mit den jeweiligen intellektuellen Auseinandersetzungen eines Zeitabschnitts. So spiegeln sich in den Unterschieden der Definitionen nicht nur die Streitigkeiten zwischen Schulen, sondern auch die Topoi eines Zeitabschnitts.

Für die bedeutendsten Autoren der Vorgeschichte und der Geschichte der Soziologie i.e.S. im 19. Jahrhundert war es das zentrale Thema, zumindest die Entwicklungsrichtung, möglichst auch die Bewegungsgesetze von Gesellschaft zu bestimmen. Insofern zwischen verschiedenen Einzelwissenschaften des Sozialen unterschieden wurde, sollte dann auch Soziologie den Wandel als "Evolution" fassen. Für Definitionen war dabei vom Autor zu entscheiden, welche Grundeigenschaft des Sozialen diese Veränderung bezeichnet und/oder bestimmt. Das Begriffspaar "Wesenswille" und "Kürwille" als die kennzeichnenden Verhaltensstile von Gemeinschaft versus Gesellschaft bei FERDINAND TÖNNIES, wie auch bei EMILE DURKHEIM die Dichotomie mechanische versus organische Solidarität als Arten der Kohäsion, die charakteristisch für zwei verschiedene Entwicklungsstufen sein sollen, sind kennzeichnend für das evolutionistische Verständnis von Soziologie. Hier wird jeweils eine spezifische Qualität "des Sozialen" als eine inhaltliche Unterstellung zum Thema einer Soziologie erklärt.

Nach Ablösung des Evolutionismus (der allerdings in der Soziologie bis heute immer wieder bedeutsam wird) verschiebt sich der Schwerpunkt der Diskussion weg von Auseinandersetzungen über die sich wandelnden Qualitäten "des Sozialen" hin zu Streitigkeiten über die zeitlosen, elementaren Bausteine von Gesellschaft. "Soziale Beziehung" war kurz nach der Jahrhundertwende eine von vielen Autoren bevorzugte Begrifflichkeit für diesen elementaren Baustein von Gesellschaft, soziales Handeln ein anderer (vgl. hierzu Kapitel 9). Für GEORG SIMMEL sind formale, gewissermaßen architektonische, Eigenschaften bestimmend für den Charakter von Gesellschaften.

Diese Skizze sollte verdeutlichen, daß die Verschiedenheit formaler Definitionen von Soziologie nicht bloße Beliebigkeit ist, nicht ein beziehungsloses Nebeneinander darstellt. Eher kann man von "Definitionsfamilien" sprechen, innerhalb derer verschiedene Autoren mit verwandten Problemstellungen Varianten vorschlagen.
Dies ist eine Anzahl solcher Definitionen mit einer verwandten Problemstellung (wenn keine Textstelle angegeben, handelt es sich um eigene Zusammenfassungen von Aussagen der jeweiligen Autoren):

MAX WEBER: Soziologie (im hier verstandenen Sinn dieses sehr vieldeutig gebrauchten Wortes) soll heißen: eine Wissenschaft, welche soziales Handeln deutend verstehen und dadurch in seinem Ablauf und seinen Wirkungen ursächlich erklären will.

P.J.BOUMAN: Soziologie ist die Wissenschaft, die mehr oder weniger dauerhafte Beziehungen - zwischen Menschen und Gruppen - zwischen Gruppen und Gruppierungen untereinander - und den Wandel sozialer Institutionen und Ideen - untersucht.

L.von WIESE: Soziologie ist die Disziplin von den sozialen Beziehungen und den sozialen Gebilden (Gebilde = Verdichtung von Beziehungen eines bestimmten Typs).

A.INKELES: Soziologie ist das Studium von Systemen sozialer Interaktion und deren Interrelationen.(Systeme werden als "regelhafte" Beziehungen aufgefaßt).

T.PARSONS: Soziologie ist die Wissenschaft von den sozialen Institutionen und der Institutionalisierung.

Diese abstrahierenden Definitionen herrschen heute vor. Früher war ein Verständnis von Soziologie als einer synthetischen Wissenschaft, welche die Aussagen verschiedener Sozial- und Kulturwissenschaften integriert, üblich. Dies sind Beispiele aus dieser älteren "Definitionsfamilie":

A.WEBER: Die Soziologie hat es mit der Struktur und der Dynamik des menschlichen Daseins zu tun. Struktur und Dynamik werden dabei als ein In- und Miteinander menschlicher Existenzen und Objektivationen im Rahmen der sie zusammenfassenden und bedingenden Organisiertheiten verstanden. Das zentrale Anliegen der Soziologie ist die Analyse des menschlichen Geschicks in diesem Daseinsgesamt.

R.F.BEHRENDT: Die Soziologie ist eine beschreibende und analytische Wissenschaft, welche versucht, die Formen, Ursprünge, Wirkungen und Tendenzen gesellschaftlichen Handelns sowie seinen subjektiv gemeinten Sinn zu erklären und Mittel - aber nicht Ziele - für seine bewußte Gestaltung aufzuzeigen.

TH.W.ADORNO: (Der eigentlich Definitionen ablehnt, da sich das "Wesen" eines Sachverhaltes erst in der Reflexion über diesen entfalte):
Soziologie ist die Wissenschaft vom "Gesellschaftlichen". Das "Gesellschaftliche" ist der Aspekt des sozialen Lebens, welcher die Eigentlichkeit des Menschen durch Zwänge direkter oder indirekter Art an der Entfaltung verhindert - oder diese Eigentlichkeit sogar zerstört.

Ein Teil dieser Definitionen, insbesondere die von ADORNO, sind dem überwiegenden Verständnis nach der Sozialphilosophie zuzuordnen. Daß es sich hierbei um eine andere Problemstellung handelt als bei den weiter oben aufgeführten Definitionen, ist offensichtlich und nicht umstritten. Umstritten ist lediglich, ob die Soziologen diese philosophische Komponente als nicht in ihre fachliche Kompetenz gehörend behandeln sollen.

Für die Soziologie in den englisch-sprachigen Ländern ist heute das von PARSONS vorgeschlagene Verständnis der Soziologie vorherrschend, während im deutschen Sprachbereich keine einzelne Definition als annähernd allgemeinverbindlich bezeichnet werden kann. Dennoch hat MAX WEBER von allen Autoren noch den größten Einfluß. In Anlehnung an ihn sei nun als Definition vorgeschlagen:

Def.: Soziologie ist die Untersuchung des Handelns von Menschen in Reaktion auf das Handeln anderer Menschen oder der diese repräsentierenden Instanzen.

5. Die Soziologie unter verwandten Disziplinen

Die Vorstellung von einer Soziologie als synthetischer Wissenschaft wird nicht allein motiviert vom gegenwärtigen Fehlen einer allgemeinen Deutungswissenschaft. Es liegt darüber hinaus nahe, gerade in der Soziologie ein solches Interesse an Syntheticierung anzusiedeln, weil hier die Überschneidungen mit vielen anderen Disziplinen besonders groß sind.

Insbesondere für die "Mikro"-Soziologien ist die Abgrenzung zur Psychologie von Bedeutung. Meist geschieht dies auf folgende Weise: Psychologie ist die Wissenschaft vom Bewußtsein ("science of the mind") oder von der Persönlichkeit. Sie er-

klärt Verhalten, wie es in der einzelnen Person angelegt bzw. organisiert ist, als bedingt durch eine Kombination von Physis, einmaliger persönlicher Erfahrung und der mentalen Organisation dieser Faktoren.
Eine Abgrenzung zur Sozialpsychologie ist nur möglich durch Spezifizierung einiger Gebiete, die speziell als "Sozialpsychologie" anerkannt werden. Hierzu werden öfters gerechnet: Persönlichkeitstheorien, die Lehre von der Wahrnehmung ("perception") und insbesondere ihren Störungen (z.B. Vorurteile), die Lehre von den Einstellungen, interpersonelle Kommunikation, sowie die Untersuchung der Aneignungsprozesse (z.B. Sozialisation, Akkulturation). Für ein jedes dieser Gebiete interessieren sich aber auch Soziologen und Psychologen. Nimmt man die Rekrutierung von Sozialpsychologen nach ihrer Herkunft als Indiz, so waren in den dreißiger Jahren die Beziehungen zur Soziologie etwas enger, seit Ende des zweiten Weltkriegs jedoch diejenigen zur Psychologie.

Bei der "Makro-Soziologie" sind die Überschneidungen mit der Nationalökonomie, der Staatslehre, der Geschichte und der Philosophie erheblich. Selbst wenn man Soziologie nur als eine Erfahrungswissenschaft versteht, bleiben in einzelnen Bereichen der Soziologie die Überschneidungen bedeutsam. Sie sind jedoch anderer Art als die mit der Psychologie. Während im letzteren Falle die empirischen Sätze die gleichen sind oder in Konkurrenz zueinander stehen, handelt es sich bei den Überschneidungen der Makro-Soziologie eher um Konkurrenz zwischen Aussagen verschiedenen Charakters über die gleichen Sachverhalte. Soziologie als Erfahrungswissenschaft und Psychologie benutzen überwiegend die gleichen Forschungstechniken, wenngleich mit unterschiedlicher Häufigkeit; die Verfahren zur Messung von Einstellungen sind durchweg aus der Testpsychologie und der Psychophysik entlehnt. Im Falle der Überschneidung zwischen Soziologie als Erfahrungswissenschaft und den eigentlichen Geisteswissenschaften besteht demgegenüber eine Methodenkonkurrenz.
Die Grenzziehung zur Kulturanthropologie ist besonders künst-

lich. Sie war einmal einfach, so lange Kulturanthropologie als Völkerkunde ein eigenes Erkenntnisobjekt, die schriftlosen Gesellschaften, besaß. Zu diesem Zeitpunkt und bei gleichzeitiger Dominanz der evolutionistischen Theorien in der Soziologie lieferte die Völkerkunde empirische Grundlagen für die Entwicklungstheorien der Soziologen; ein Beispiel ist die Bedeutung von BACHOFEN und MORGAN für die Theorien von ENGELS über die Familie. Seitdem die Völkerkunde zur Kulturanthropologie wurde, und sich gleichzeitig als Ethnographie und Ethnologie entwickelt, sind die Grenzüberschneidungen auch theoretischer Art geworden. So sind die Rollentheorie und der strukturell-funktionale Ansatz wesentlich durch Ethnologen (z.B. LINTON, MALINOWSKI) beeinflußt worden.
Diesem Austausch auf der Ebene der Theorien entspricht aber ein gesunkenes Interesse an den empirischen Befunden der Ethnologie (Ausnahme: Familiensoziologie), seitdem Geschichtstheorien in der Soziologie an Bedeutung verloren haben. Das frühere Interesse von Soziologen an ethnographischen Befunden war motiviert durch die Annahme, in den schriftlosen Gesellschaften könne eine Beschreibung der eigenen Vergangenheit der industriellen Gesellschaften gesehen werden. Dies wiederum hatte ein unilineares Geschichtsverständnis zur Voraussetzung, das heißt, die Vorstellung von Geschichte als notwendige Entwicklung bestimmt durch einen dominanten Faktor.

Jede Grenzziehung zwischen wissenschaftlichen Fächern ist zu einem erheblichen Grade künstlich. Sie folgt eher aus der Notwendigkeit einer Spezialisierung in den Wissenschaften, als aus den Eigenschaften der Erkenntnisobjekte. Charakteristischerweise wird eine Grenzziehung von den Wissenschaftlern selbst bei der Forschung, und erst recht bei der Anwendung von Wissenschaft für Praxis, nicht eingehalten; Praxis verlangt typischerweise eine interdisziplinäre Orientierung. Anders die Lehre und die ihr vorausgehende Ordnung und Theoretisierung von Befunden. Hier ist Voraussetzung des Erfolges eine Beschränkung des Erklärungsbereichs per fiat.

ANMERKUNG: Allgemeine Ausführungen über den Charakter eines Faches an den Beginn zu stellen, ist eine Konzession an die Erwartungen der "Kunden". Sachlich ist dagegen viel einzuwenden. Die Relevanz solcher Ausführungen kann erst der beurteilen, der mindestens über die Kenntnis desjenigen Stoffes verfügt, der anschließend dargestellt wird. Vorher bestimmt sich die Wirkung einer allgemeinen Darstellung durch die Plausibilitätserlebnisse. Plausibilität von Darlegungen für Anfänger und Relevanz für ein Fach sind jedoch offensichtlich zwei verschiedene Dinge. Dennoch ist heute eine solche Konzession unvermeidbar. Zunehmend verbreiten sich Vorstellungen über das, was Soziologie ist. Dies führt häufig zur Vorstellung, man wisse auch ohne Fachstudium, was Soziologie sei. Gerade bei Einführungen kommt es dann zu Widersprüchen zwischen "Kunden", die sich durch Feuilletons, Kultursendungen und populäre Taschenbücher unterrichtet glauben, und der Orientierung von Fachwissenschaftlern. So sollten diese Ausführungen zunächst einem Bedürfnis nach dem, was auf neu-bundesrepublikanisch "Reflexion" genannt wird, genügen.

Es wird empfohlen, diesen ersten Teil im Anschluß an die Durcharbeitung des ganzen Textes noch einmal zu lesen. Dieser Teil wurde ja auch - wie Einleitungen oft - im Anschluß an den übrigen Text verfaßt. Nach Kenntnis des Materials sollten Passagen in ihrer Relevanz verständlich werden, die beim ersten Lesen vielleicht als nebensächlich überlesen wurden.

TEIL II

BEGRIFFE UND AUSSAGEN ZU ELEMENTAREN PHÄNOMENEN

Viele Einführungen beginnen mit elementaren "Bausteinen" der Theorie. "Soziales Handeln" oder - im Falle dieser Darstellung - Rollentheorie hätten der Sache nach hier an den Anfang der Darstellung plaziert werden können. Nun gibt es auf dem europäischen Kontinent eine Tradition, einen Gegensatz zwischen Individuum (= "eigentlicher" Mensch) und Gesellschaft (äußere Zumutung an das Individuum) zu unterstellen.
"Gruppe" als erster Punkt der Darstellung soll diese Vororientierung umgehen und zu dem Verständnis beitragen, daß die Gesellschaft nicht eine äußerliche Zumutung gegenüber dem Individuum ist, und daß das Individuum als "eigentlicher" Mensch, der durch den Druck der Gesellschaft an der Entfaltung seiner "Eigentlichkeit" gehindert wird, ein bloßes Konstrukt idealistischer Philosophie in ihren verschiedenen Emanationen (einschließlich der Pädagogik) ist. Im Gegenteil: Individualismus in dem hier angesprochenen Sinne wird erst durch Existenz in differenzierten Gesellschaften möglich.

3. Die Gruppe als Objekt der Theorie und der Forschung

1. Zum Begriff der Gruppe

DWIGHT SANDERSON definiert: Eine Gruppe besteht aus zwei oder mehr Personen, zwischen denen systematische Muster der Interaktion existieren, und die entweder von ihren Mitgliedern oder durch andere als eine Einheit behandelt werden. "Einheit" ist nach der Zahl der Mitglieder, der Innenstruktur und der Außenabgrenzung zu spezifizieren. Dieses Verständnis von Gruppe ist heute vorherrschend.

In der Diskussion um den Terminus "Gruppe" wurde bis in die dreißiger Jahre hinein oft die Meinung vertreten, daß für eine "Gruppe" das Bewußtsein ihrer Mitglieder konstitutiv sei, ein eigenes System zu bilden. Dies fand seinen Ausdruck in den bereits von W.G.SUMNER (Folkways, 1907) eingeführten Begriffen "in-group" (Gegensatz: "out-group") und "we-feeling". Die Definition von Gruppe qua "we-feeling" (oder: "esprit de corps") ist besonders geeignet für "totale Gruppen", das heißt für solche Gruppen, die funktional diffus sind bzw. welche die gleichen Mitglieder über mehrere Lebenssituationen hinweg vereinen. Viele Gruppen sind nicht von dieser Art.

WERNER LANDECKER bezieht dies in seine Definition ein, wenn er formuliert: "Eine Zahl von Personen konstituiert eine Gruppe, <u>insoweit</u> zwischen ihnen ein spezifischer Typ von Integration vorliegt, oder <u>zu dem Grade</u>, zu dem eine solche Integration vorliegt."

"Gruppe" ist nicht das soziale Phänomen schlechthin; noch elementarer ist z.B. der Begriff der "Interaktion". Diesen benutzt z.B. von WIESE für seine Definition: Gruppe ist die Verdichtung von Interaktionen.

Inzwischen wurde problematisiert, was die Personenzahl bei der Definition Gruppe bedeutet. GEORG SIMMEL (1858-1918) schreibt in seiner "Soziologie", daß ein Zweierverhältnis

(eine Dyade) "anders als alle anderen Gruppen ist". Die Dyade hat den Charakter der Intimität und Exklusivität. Wenn ein Dritter hinzu kommt, ist diese Ausschließlichkeit nicht mehr gegeben, "ein Geheimnis ist keines mehr". (Hier sei angemerkt, daß die Zweiergemeinschaft auch ein besonderer Diskussionsgegenstand der Ethik ist; neben der ethischen hat sie auch noch eine metaphysische Dimension). SIMMEL hat der Wirkung der Größenordnung einer Gruppe ein ganzes Kapitel gewidmet, das er die "Quantitative Bestimmtheit der Gruppe" benennt. Er betont allerdings, daß eine rein quantitative Kennzeichnung nach der Zahl der Mitglieder für soziologische Aussagen nicht genügt.
Daß 'Zahl' nicht als solche determinierend wirkt, kann an dem simplen Beispiel der Dreiergruppe verdeutlicht werden: Der "Dritte" kann z.B. koalieren, er kann als Sündenbock fungieren oder als "lachender Dritter" - was jedesmal für die Gruppe und ihren Bestand etwas anderes bedeutet. Die Untergliederung der Gruppe, d.h. ihre Struktur, wird zu einem wesentlichen Gesichtspunkt. Dies hat KARL DUNKMANN (1867-1932) dazu angeregt, zwischen der reinen Quantenzahl, wo man gewissermaßen "die Zahl beim Wort nimmt", und der "Gliedzahl", welche die Untergruppierungen innerhalb eines Zusammenhanges kennzeichnet, zu differenzieren.

Nicht nur die Zahl ist zur Charakterisierung einer Gruppe wichtig, sondern (wie schon angeführt) auch das Bewußtsein der Zusammengehörigkeit, das "Wir-Bewußtsein". Dieses "Wir" impliziert schon die Abhebung "jene" und bewirkt damit Spannung. Dies hat GUMPLOWICZ hervorgehoben; er betont, daß hiermit das Problem der Minorität verständlich wird, der Minderzahl von Personen also, mit denen man sich aufgrund von abweichenden Merkmalen nicht identifiziert. Dies sei die "Hostilität des synergetischen Kreises gegenüber Außenstehenden". Auch bei SIMMEL klingt dieser Mechanismus an in seinem Kapitel über die Rolle des Fremden. Die Dichotomie "in-group" - "out-group" von WILLIAM G.SUMNER kennzeichnet den gleichen Sachverhalt: die Absetzungstendenz.

Relativierend ist jedoch festzustellen: Es gibt kein Gruppenbewußtsein als solches, sondern nur persönliches Bewußtsein, das entweder reflexiv oder auf andere bezogen sein kann. Wenngleich ein Kollektivbewußtsein als eigene Entität nicht existiert, so kann doch festgestellt werden, daß verschiedene Grade der Verbundenheit zwischen Gruppenmitgliedern für Gruppen im engeren Sinne konstitutiv sind. So definiert etwa von WIESE ein Kontinuum von lockerem bis zu festem Zusammenhang über die Begriffe Massen - Gruppen - Korporationen; oder GURVITCH mit groupement - groupe - communion, wobei im ersten Falle kaum ein Bewußtsein der Einheit vorherrscht, und im letzten Fall der höchste Grad der Vereinigung gegeben ist.

Heute wird "Gruppe" oft anders benutzt, nämlich für abstrakte Kollektive. Das war ursprünglich nicht gemeint und ist irreführend.

2. Begriffsdifferenzierung

Neben dem allgemeinen Begriff "Gruppe" finden sich in der Literatur zahlreiche Bezeichnungen für Gruppen spezifischen Charakters. So unterschied CHARLES COOLEY das Gegensatzpaar Primärgruppe - Sekundärgruppe. In der "Primärgruppe" stehen (nach der ursprünglichen Vorstellung) alle Personen untereinander in unmittelbarem Kontakt. Konstitutiv sei die "intimate face-to-face-association", daß also die Mitglieder nicht über Zwischenglieder interagieren. Im Gegensatz dazu verlaufen Interaktionen in einer Sekundärgruppe über Zwischenglieder. Beispiel: Das Individuum tritt über die Einheit 'Ortsverein' zu anderen Mitgliedern der Einheit 'Partei' in Beziehung.
Mit "primär" und "sekundär" soll angedeutet werden, daß die Gesellschaften in ihrer Entwicklung - und heute die Individuen im Verlauf ihres Lebens - zunächst durch den einen, weniger komplexen Typ von Assoziation geprägt sein sollen, und später durch den "unpersönlichen" Typ. Diese Unterscheidung ist dem Gegensatzpaar Gemeinschaft - Gesellschaft (TÖNNIES) verwandt.

Der Begriff der Sekundärgruppe ist sehr unscharf. Er ist eigentlich nur als Gegensatz zur Primärgruppe definiert worden. Gemeint wurde jedoch immer noch "Gruppe" in dem Sinne eines Minimums an Wir-Gefühl plus einer Struktur. Heute wird im journalistischen Sprachgebrauch Gruppe in einem blasseren und weitergehenden Sinn verwandt: für Menschen, die ein Merkmal gemeinsam haben. Für solche Gruppierungen von Menschen nach einem Merkmal (unter vielen anderen ihrer Eigenschaften) wie "Arbeiter" oder Konsumenten von "X" ist die Verwendung des Begriffs Gruppe problematisch. In der Soziologie herrscht entsprechend die Tendenz vor, solche Gruppierungen nach klassifikatorischen Merkmalen als "Quasi-Gruppen" zu bezeichnen; das Individuum gehört solchen Kollektiva eben als Kategorie und nicht als Person an.
Die Unterscheidung in Primär- und Sekundärgruppen wird auch unter dem Gesichtspunkt der Sozialisation bedeutsam. Die Primärgruppenkontakte sind als unvermittelte "face-to-face"-Kontakte definiert. Diese Kontakte bestehen durch das ganze Leben; die Bedeutsamkeit der einzelnen Gruppen wechselt jedoch bzw. sie wird im Lebensablauf ausgetauscht. Geht man nun davon aus, daß Primärgruppenkontakte ein wesentlicher Sozialisationsfaktor sind, so wird deutlich, daß diese Einwirkung das ganze Leben hindurch erfolgt und entsprechend Sozialisation, verstanden als 'Erziehung' (oder besser als 'Prägung' der Person), nicht nur in der Jugend erfolgt.

Zu dem Merkmal "face-to-face-association" der Primärgruppen argumentiert E.FARIS in seinem Aufsatz "Essence and Accident" (AJS Nr.38, 1932) jedoch, daß "intimate associations" auch ohne direkten Kontakt möglich sind. Diese Beobachtung machen auch WILLIAM I.THOMAS und FLORIAN ZNANIECKI in "The Polish Peasant in Europe and America" bei der Analyse von Briefwechseln. Dabei stellten sie fest, daß polnische Einwanderer nach den USA durch Jahre hindurch per Korrespondenz mit den Bewohnern der alten Heimat Kontakt hielten. FARIS behauptet also, daß das Merkmal "Intimität" dem Merkmal "Raum" übergeordnet ist, Intimität aus Raum folgen kann, aber nicht muß.

Als weiteres Gegensatzpaar zur Kennzeichnung von Gruppen werden *freiwillige* Gruppierungen (voluntary groups oder voluntary associations) und *unfreiwillige* Gruppen unterschieden. In letztere wird man typischerweise hineingeboren; im Unterschied hierzu kann man freiwillige Gruppen verlassen. Unfreiwillige Gruppen zeichnen sich häufig durch eine große Stabilität aus.
Die beiden Begriffspaare primär vs. sekundär, sowie unfreiwillig vs. freiwillig können kombiniert benutzt werden und resultieren in einer genaueren Kennzeichnung von Gruppen.

	freiwillige Gruppen	
z.B. Freunde (peers)		z.B. alle Briefmarkensammler
Primärgruppen		*Sekundärgruppen*
z.B. die Herkunftsfamilie		z.B. alle Steuerzahler
	unfreiwillige Gruppen	

In dieser kombinierten Verwendung als bloße Attribute entfallen einige Probleme, die sich bei ihrer Anwendung ergeben.

In der amerikanischen Soziologie wurde in den dreißiger Jahren die Gruppentheorie und -forschung insbesondere für die weniger "handfesten" Aspekte von Gruppen, speziell auch für deren interne Dynamik, weiter ausgebildet. Sozialpsychologen spielten hierbei eine bedeutende Rolle.
Die Unterscheidung zwischen *formellen* und *informellen* Gruppen wird so allgemein gebraucht, daß diese nicht mehr als termini technici empfunden werden. Dazu trägt sicherlich bei, daß diese Worte als Teil der Fachsprache heute nur das bedeuten,

was sie auch im alltäglichen Sprachgebrauch bezeichnen. Ursprünglich bezogen sie sich jedoch auf eine spezifische Problemstellung: auf die Frage nämlich, ob neben den "offiziellen" Gruppierungen den sich spontan bildenden Gruppen ein vergleichbarer Realitätscharakter zuerkannt werden müsse. Die Fragestellung war verbunden mit dem Unbehagen der Sozialwissenschaftler selbst gegenüber einer Sozialstruktur, die immer stärker durch Sekundärgruppen bestimmt schien. In den sich spontan bildenden Gruppen - und speziell darauf bezog sich zunächst die Begrifflichkeit "informelle" Gruppe - wurde eine Gegenreaktion, ein Protest und eventuell ein Korrektiv gegen die mit einer formellen Struktur ausgestatteten Gruppen gesehen. Dann zeigte sich jedoch durch Forschung, daß diese informellen Gruppen durchaus auch eine feste Strukturierung aufweisen konnten - mit eigenen Regelsystemen, die durch Sanktionen befestigt wurden -, daß also "informell" keinesfalls mit Spontaneität gleichzusetzen war.

In der wahrscheinlich größten Untersuchung, in der diese Thematik zentral war, der Hawthorne Studie, benutzte man sogar das Gegensatzpaar formelle und informelle Organisation, verstand also die nicht formalisierten Beziehungen ebensosehr als Organisation, wie den Teil, der seinen Niederschlag in expliziten Regeln über die Beziehungen von Teilen eines Systems zueinander findet. Die Forscher stellten fest, daß die informellen Gruppierungen und Regelsysteme oft entscheidender für die Produktivität einer Fabrik waren, als formelle Anordnungen. Einerseits wurden nachlässige Kollegen durch informelle Kontrolle und Sanktionen der Mitarbeiter zu besserer Arbeit angehalten; andererseits wurde besonders geschickten Kollegen bedeutet, daß ein volles Ausspielen ihrer Geschicklichkeit die Standards für die Mehrheit der Arbeitenden zerstören würden. Die informelle Organisation erzwang in dieser Elektrofirma eine größere Gleichmäßigkeit der Leistung, als sie durch formelle Regeln und äußere Aufsicht hätte bewirkt werden können. Widersprachen die formellen Anordnungen und Organisationsformen den informellen Gruppierungen und Normen, so konnte der Widerstand durchaus zu einer Neutralisierung der formellen Anordnungen und der formellen Organisation führen. (Die Ergebnisse wurden später dargestellt von F.J.ROETHLISBERGER und W.J.DICKSON: Management and the Worker, Cambridge, Mass., 1939).

In der Industrie- und Betriebssoziologie verselbständigte sich dann später die Bedeutung von "formeller" und "informeller"

Organisation bzw. formeller und informeller Gruppe gegenüber den ursprünglichen Absichten. Hier wurde in den Vergröberungen von Darstellungen für ein allgemeineres Publikum oft so verfahren, als ob die informellen Gruppierungen die "eigentliche" Wirklichkeit eines Betriebs seien, und die formale Ordnung bloße Äußerlichkeit. Mit nicht allzu starker Übertreibung kann die Betriebssoziologie zum Zeitpunkt ihrer ersten Rezeption auf dem Kontinent als Lehre von den informellen Beziehungen in Wirtschaftseinheiten bezeichnet werden.

Dieses Mißverständnis ist bei ROETHLISBERGER und DICKSON angelegt: "The term "informal organization" will refer to the actual personal interrelations existing among the members of the organization which are not represented by, or are inadequately represented by, the formal organization" (a.a.O., S.566). Durch die Wendung "actual" wird nahegelegt zu meinen, daß die formelle Organisation einen geringeren Wirklichkeitscharakter habe - wenngleich der ganze Satz so nicht gelesen werden kann. Eben auf diese Weise wurde speziell die Hawthorne -Studie weithin rezipiert. Und eine solche Interpretation ist irrig.
Informelle Gruppen stehen durchweg in einem symbiotischen Verhältnis zu formellen Gruppen - eine Beziehung, die zu der Zeit, als informell noch mit spontan gleichgesetzt wurde, als selbstverständlich galt. ROETHLISBERGER und DICKSON sagten zwar, daß die informelle Organisation eines Betriebes eine notwendige Voraussetzung für effektive Zusammenarbeit sei; sie betonten jedoch auch die Beziehungen zwischen formeller und informeller Organisation als zwei Aspekte, die gemeinsam erst das Sozialsystem Betrieb ausmachen (a.a.O., S.558/9). Wenn sich formelle Gruppen und Organisationen ändern, dann verändern sich durchweg auch die informellen Gruppen und Organisationen: Sie werden ja wesentlich als Korrektiv für eine hic et nunc bestehende formale Organisation ausgebildet.

Die Deutung der informellen Gruppen bzw. informellen Organisation als eigentlicher Wirklichkeit ist eine Folge nicht nur des in der amerikanischen Soziologie immer wieder durchbrechenden Enthüllungs-Ethos (vgl. die Deutung der Unterscheidung von E.GOFFMAN zwischen Bühne und Kulisse). In der Betonung des Informellen drückt sich vor allem die Wendung zur Sozialpsychologie als Mittel, alltägliches Verhalten zu erfassen, aus.

Für den Alltag in allen differenzierten Gesellschaften ist eine Assoziationsform besonders wichtig, die mit dem Begriff "peer group" erfaßt wird. Mit "peer group" ist eine Primärgruppe von Personen in gleicher sozialer Lage gemeint - insbesondere dann, wenn Gleichheit in bezug auf mehrere Merkmale vorliegt. Der Begriff der "peer group" wird bevorzugt verwandt, um Primärgruppen von Jugendlichen zu kennzeichnen. Begriff und Realität der "peer group" sind von großer Bedeutung bei der Untersuchung von Sozialisationsprozessen. Mit dieser Konzeption wird der oft rivalisierende Einfluß von Familie mit den Gruppenbezügen zwischen Gleichaltrigen begrifflich besser faßbar; die Gruppenbezüge Gleichaltriger werden damit eher abbildbar als eine Institution eigener - wenngleich informeller - Art.

Ein Vergleich der Sozialisationspraktiken in den USA und in der Bundesrepublik ergab, daß in beiden Ländern in Familien der Unterschicht die "peer group" für die Sozialisation der Jugendlichen relativ bedeutsamer ist als die Familie, und darüber hinaus, daß allgemein in den USA im Vergleich zur Bundesrepublik die Familie gegenüber der "peer group" eine geringere Bedeutung hat. Ein Ergebnis dieser Forschungen war, daß die Kinder nicht ihren Eltern, sondern ihren "peers", den Gleichaltrigen, "alles" erzählen.(Vgl. E.C.DEVEREUX jr., U.BRONFENBRENNER und G.J.SUCI, Zum Verhalten der Eltern in den Vereinigten Staaten und in der Bundesrepublik, in: LUDWIG von FRIEDEBURG (Hg.), Jugend in der modernen Gesellschaft, Köln/Berlin 1965, S.335-357).

Je nach dem relativen Einfluß von "peer group" und Familie auf den Sozialisationsprozeß sind die Risiken der Persönlichkeit, denen Jugendliche beim Übergang zum Status "Erwachsener" ausgesetzt sind, verschieden. Generell zeigen Untersuchungen der Sozialisationsprozesse im Rahmen von Peer-Gruppen fundamentale Unterschiede. Während diesen Gruppen in den USA schon seit langem eine zentrale Bedeutung zuerkannt wurde, wurden sie in Europa vernachlässigt beziehungsweise mißverstanden. In empirischen Untersuchungen ergab sich, daß die Zugehörigkeit zu Gruppen - insbesondere zu Quasi-Gruppen - öfters nicht die erwartete Bedeutung hatte. Insbesondere in ihren Wertungen richteten sich Personen nicht nur nach den in ihrer Gruppe vorherrschenden Standards, sondern behandelten diese als irrelevant. Das bedeutete keinesfalls Abwendung von Gruppeneinflüssen allgemein: oft machte man sich lediglich die Standards anderer Gruppen zu eigen.

Zur Erfassung und Erklärung solcher Sachverhalte schlug HERBERT HYMAN 1942 das Begriffspaar Bezugsgruppe (reference group) und Zugehörigkeitsgruppe (group of belongingness) vor. "Zugehörigkeitsgruppe" bezeichnet eine objektive Zugehörigkeit, wobei die Urteile der Umwelt über die Zugehörigkeit von Ego zu einer Gruppe als Maßstab gelten. "Bezugsgruppe" ist demgegenüber diejenige Gruppe, mit der Ego sich selbst identifiziert, ungeachtet des Urteils anderer.

Mit diesem Begriffspaar wird die Abweichung von Eigenbild und Fremdbild faßbar. Dies begrifflich erfassen zu können, ist insbesondere in Gesellschaften mit hoher Mobilität nützlich. Beispiele: ein Heranwachsender orientiert sich vorweg an dem Leitbild "Erwachsener"; ein junger Akademiker identifiziert sich nicht mit seinen Berufskollegen, sondern weiterhin mit Studenten; ein sozial abgestiegener Adeliger hält an den Maßstäben des Adels fest; eine Person mit Aufstiegshoffnungen denkt jetzt bereits wie diejenigen, deren Position er erst in Zukunft erreichen wird; ein auf ein entlegenes Dorf versetzter Stadtbewohner sieht sich selbst nach Jahren noch als Städter. Beim Wählerverhalten erweist sich, daß bei einem Auseinanderfallen von Fremdbild und Eigenbild die Bezugsgruppe das Verhalten stärker beeinflußt, als die Zugehörigkeitsgruppe.

Besonders anschaulich wird die Wirkung von Bezugsgruppen in THORSTEIN VEBLENs "Theorie der feinen Leute" dargestellt. Hier wird deutlich, daß durch Vorweg-Orientierung an einer im Status höheren Bezugsgruppe sozialer Aufstieg erleichtert wird: durch die Übernahme der Standards der Zielgruppe wird die Akzeptierung dort erleichtert, und zugleich werden die psychischen Kosten einer Ablösung von der bisherigen Zugehörigkeitsgruppe vermindert.

Inzwischen sind Forschung und Literatur zur Bezugsgruppe besonders rasch angewachsen. Zunächst standen dabei noch begriffliche Differenzierungen im Vordergrund. So erweiterte THEODORE M.NEWCOMB die Anwendung des Begriffs "Bezugsgruppe" von den zunächst von HERBERT HYMAN gemeinten positiven Bezügen auch auf Negativ-Identifikationen. Dies ist beispielsweise bei Erklärungen des Wählerverhaltens von Bedeutung: nicht wenige Wähler entscheiden sich für eine politische Partei, weil die Alternative eine abgelehnte Gruppe - also eine "negative Bezugsgruppe" - zu repräsentieren scheint. KELLEY betont, daß der Begriff der Bezugsgruppe unter zwei Perspektiven gesehen werden kann: einmal in einem komparativen Sinne (wie dies H.HYMAN meinte), und dann auch in einem eher normativen Sinne (dies eher bei TH.NEWCOMB und M.SHERIF). Diese Unterschiede sind nicht mehr vornehmlich begrifflicher Art, sondern ergeben sich aus unterschiedlichen theoretischen Orientierungen. Theoretische und empirische Fragen, und nicht mehr begriffliche Differenzen, sind dann heute auch das Thema der "Bezugsgruppentheorie". (Näheres siehe bei HANS ANGER und REINHARD WEGNER: "Bezugsgruppen", in: ERWIN GROCHLA (Hg.), Handwörterbuch der Organisation, Stuttgart 1969, Sp.304-311.)

Mit dem Begriff der Bezugsgruppe ist das von SAMUEL STOUFFER entwickelte Konzept der <u>relativen Benachteiligung</u> (relative deprivation) verbunden. "Relative Benachteiligung" meint die für den Außenstehenden angesichts der "objektiven" Sachverhalte befremdliche Abwertung einer Situation durch Ego. Diese Abweichung zwischen Fremdurteil und Eigenbewertung kommt zustande, wenn die Situation der Zugehörigkeitsgruppe von Ego im Vergleich zu einer für Außenstehende nicht allgemein relevanten Bezugsgruppe als gering eingeschätzt wird.

Untersuchungen über die Zufriedenheit mit Beförderungen in zwei Einheiten der amerikanischen Streitkräfte während des zweiten Weltkriegs - einer Einheit der Militärpolizei und einer Luftwaffeneinheit - erbrachten ein paradoxes Ergebnis: Die Unzufriedenheit mit Beförderungen war in der Luftwaffeneinheit wesentlich höher als bei der Militärpolizei; und doch war die Häufigkeit der Beförderungen zum Offizier bei der Luftwaffeneinheit (47 % der Mannschaften hatten Offiziersrang) wesentlich höher als bei der Militärpolizei (24 % Offiziere). Allgemein - ob befördert oder nicht - erwarteten die Angehörigen der Luftwaffe mehr Beförderungen; Beförderungen korrelierten mit höherer Schulbildung, und Soldaten mit höherer Schulbildung erwarteten auch mehr Beförderungen; in der Luftwaffeneinheit war der Anteil von Soldaten mit höherer Schulbildung besonders groß. Aus diesen drei Feststellungen kann abgeleitet werden, daß in der Luftwaffeneinheit die Erwartungen auf Beförderung zum Offizier - auch bei tatsächlich häufigeren Beförderungen - dennoch häufiger enttäuscht werden mußte. Die Unzufriedenheit mit der Beförderung drückte in der Luftwaffeneinheit mithin die Bewertung einer Situation relativ zu dem eigenen Anspruchsniveau aus: diese Soldaten waren nicht tatsächlich benachteiligt, sondern relativ zu ihren Erwartungen. Für diese war das Anspruchsniveau in der Bezugsgruppe 'Soldaten mit höherer Schulbildung' bestimmend (vgl. S.STOUFFER et al.: The American Soldier, Bd.1, Princeton 1949).

Seither ist auch hier die Begrifflichkeit weiter aufgefächert worden. Wurde zunächst nur an Benachteiligungen gedacht, so wurde später die Begrifflichkeit (bzw. der damit gemeinte Mechanismus) verallgemeinert auf alle Bewertungsprozesse, die stärker an Bezugsgruppen als an Zugehörigkeitsgruppen orientiert waren. Entsprechend benutzt man jetzt auch "relative Belohnung" für diejenigen Vorgänge bzw. Situationen, in denen aufgrund ihrer Bezugsgruppe die Akteure weniger erwarteten als sie tatsächlich empfingen. Die Verallgemeinerung der Begrifflichkeit führt dann zur Einordnung der mit ihr erfaßten Sachverhalte als Spezialfälle in die allgemeinen Tauschtheorien (exchange theories). In diesen Theorien hat die Vorstellung der Angemessenheit ("distributive justice" bei GEORGE HOMANS) eine zentrale Bedeutung für die Bewertung von Vorgängen und Strukturen.

Die Begrifflichkeit "relative Benachteiligung" ist besonders gut geeignet für Gesellschaften mit hoher Mobilität. Hier haben die Akteure häufiger heterogene Merkmale; und je heterogener die Merkmale einer Person sind, um so größer ist die Wahrscheinlichkeit, daß die Bewertung qua Zugehörigkeitsgruppe abweicht von der Orientierung an einer Bezugsgruppe. Vor allem sind in hochdifferenzierten Gesellschaften die Zugehörigkeitsgruppen weniger eindeutig - und entsprechend größer ist der Spielraum für eigene Identifikationen von Ego.

In der Entwicklung des Begriffsapparats für die Gegensätzlichkeit zwischen "objektiven" und "subjektiven" Gruppenbezügen spiegelt sich die bereits erwähnte zentrale Bedeutung der Sozialpsychologie gerade während der Zeit, zu der "Gruppe" für die Soziologie so zentral war, wie später der Begriff "Rolle" und gegenwärtig "Sozialisation". Bei aller Einseitigkeit, die aus dieser Betonung des Informellen als Antithese zum Formellen, ja als eigentlicher Wirklichkeit folgte, war dies jedoch der Ansatz, durch den eine umfangreiche empirische Erforschung alltäglicher Assoziationsformen über eine volkskundliche Beschreibung hinweg kam (so noch etwa bei F.M.THRASHER: The Gang, 2.Aufl., Chicago, Ill. 1936, zuerst 1927; anders schon W.F.WHYTE: Street Corner Society, Chicago and London 1943, 9. Aufl.1965).

3. Die Kleingruppe als Objekt der Theorie und der Forschung

Die größte Zahl von empirischen Untersuchungen - und speziell von solchen, in denen experimentelle Verfahren angewandt wurden - beschäftigte sich mit Kleingruppen. Damit ist allerdings nicht ein besonderer Typ von Gruppe gemeint (die Literatur ist hier nicht selten irreführend!), sondern eine besondere Schauweise indiziert, mit der Gruppen geringen Umfangs analysiert werden. Gerade dieser Ansatz hat eine große Fülle von empirisch belegter Verallgemeinerung erbracht - ist aber in einzelnen Fällen Gegenstand heftiger, grundsätzlicher Kritik gewesen (vgl. P.A.SOROKIN, Fads and Foibles in Modern Sociology and Related Sciences, Chicago 1956). Diese Kritik hob hervor, daß mit Kleingruppen eben nicht ein eigener Realtyp von Gruppen gemeint sein könne, sondern nur eine gedachte Entität, bei der die Forscher von allen Raum-und-Zeit-Koordinaten abstrahieren. In der Kleingruppenforschung werden diese grundsätzlichen Kontroversen allerdings ignoriert. Per Implikation wird Kleingruppe als ein eigener Objektbereich von Forschung behandelt. Entsprechend lautet eine Definition von Kleingruppe bei G.C.HOMANS:

Def.: "Kleingruppe ist eine Anzahl von Personen, welche häufiger miteinander interagieren als mit anderen Personen, und dies ohne Zwischenglieder." (Geregelte Interaktionen über Zeit.)

Drei Hauptansätze der Kleingruppenforschung können unterschieden werden:

1) Untersuchungseinheit ist die interne Struktur der Gruppe - etwa in dem Sinne, wie sich Unterschiede verfestigen bzw. wie eine Art von Arbeitsteilung zustande kommt. Forscher dieser Richtung (wie z.B. BAVELAS und BALES) behaupten per Implikation, daß sich in allen Kleingruppen diese typischen Effekte beobachten lassen - ganz gleich, wie die spezielle Kombination der Individuen im Einzelfall auch beschaffen sein mag.

2) Autoren wie HOMANS betrachten die Kleingruppe als Paradigma der Gesellschaft. Hier wird - übrigens explizit - die Meinung vertreten, daß die Kleingruppe auf einer Mikro-Ebene im Ansatz schon alle wesentlichen Merkmale einer komplexen Gesellschaft zeige.

3) Beim dritten Ansatz wird untersucht, welche Funktionen und Dysfunktionen die Kleingruppe für Systeme höherer Ordnung hat. Hier wird beispielsweise analysiert, welche Elemente der Kleingruppe verhaltensdeterminierend bleiben, auch wenn für ihren übergeordneten Zweck bzw. für das umfassende System, in dem sie ein Teil ist, andere Determinanten des Verhaltens gemeint sind. Ein System mit starken informellen Kleingruppen kann so jedem Versuch einer Ausrichtung auf einen Systemzweck

effektiven Widerstand entgegensetzen.

Einer der wichtigsten Autoren der Kleingruppenforschung ist KURT LEWIN; er gilt speziell als Begründer einer experimentell vorgehenden Kleingruppenforschung. Eines der wichtigsten Themen der Kleingruppenforschung dieser Tradition ist der Zusammenhang zwischen Gruppenkohäsion sowie individueller und kollektiver Leistung.

Als "klassische" Untersuchung gilt das Experiment zweier Schüler von KURT LEWIN, LIPPITT und WHITE, über die Bedeutung von Führungsstilen für die Gruppenleistung. Unabhängige Variable des Experiments waren drei Führungsstile: (a) "Laissez faire" = die Meinungs- und Willensbildung in der Gruppe wurde völlig den Mitgliedern überlassen; (b) "autokratisch" = die Führungsperson traf selbst alle Entscheidungen und erklärte diese lediglich den Versuchspersonen; (c) "demokratisch" = indirekte Führung als Dialog zwischen Versuchspersonen und Führungsperson, wobei alle Entscheidungen mehrheitliche Zustimmung finden sollten. Versuchspersonen waren Klassen von Heranwachsenden in den USA. Abhängige Variable war die Fähigkeit der Gruppe, ein Problem zu lösen. Nach diesem Experiment ergab sich folgende Reihenfolge in der Effektivität der Führungsstile: 1. "demokratisch"; 2. "autokratisch"; 3. "laissez faire". Von heute aus gesehen wird gegen das LIPPITT-WHITE-Experiment unter anderem eingewandt: (1) Die Kontrolle von Drittfaktoren (z.B. Reaktion auf die Führungsperson statt auf dessen Führungsstil) war ungenügend; (2) die unabhängige Variable Führungsstil war als Einflußgröße zu ungenau bestimmt und zumindest die Art ihrer Benennung hat weniger mit Sozialwissenschaft als mit Weltanschauung zu tun; (3) die Wirkung wurde zu global bestimmt, so daß nicht auszuschließen ist, daß sich je nach Aufgabenstellung ein anderer Führungsstil als effektiver erweist; (4) die Übertragbarkeit der Ergebnisse in andere Raum-Zeit-Bezüge bleibt offen, weil nicht kontrolliert wurde, welche Bedeutung die bloße Vertrautheit mit einem Führungsstil für die Effektivität des Verhaltens hat (vielleicht ist die Vertrautheit mit einem Führungsstil sogar wichtiger als dessen spezifische Eigenschaften). Ungeachtet aller Einwände bleibt dieses Experiment von LIPPITT und WHITE eine "klassische" Untersuchung, mit der die Fruchtbarkeit der Prüfung relativ globaler Konzepte mit dem anspruchsvollen Ansatz des Experiments gezeigt wurde.

Ansatzpunkt für eine eigene Entwicklungsrichtung experimenteller Sozialforschung waren die Aussagen von S.E.ASCH über Konformitätsdruck. Hiernach ist selbst die bloße Wahrnehmung eines Sachverhaltes durch ein Individuum von der - wirklichen oder vorgeblichen - Gruppenmeinung abhängig. Zur Prüfung dieser Wirkung ließ R.S.CRUTCHFIELD mehrere Personen in voneinander getrennten Kabinen die Länge von jeweils nur kurz auf eine Wand projizierten Linien abschätzen. Somit wurde zunächst ein von den gleichzeitigen Wahrnehmungen anderer Personen unabhängiges Urteil ermittelt. Von den sich an den Schätzungen beteiligenden Personen waren jeweils die Angehörigen einer Versuchsgruppe mit einer Ausnahme in den Zweck des Experiments eingeweiht; die uneingeweihte wirkliche Versuchsperson glaubte demgegenüber an die unbeeinflußte Schätzung aller anderen sich an dem Experiment beteiligenden Personen. Der zu beurteilende Sachverhalt - die Länge von Linien - war so angelegt, daß er von der Mehrzahl aller Personen richtig beurteilt werden konnte. Nach der richtigen Schätzung wurde der Versuchsperson mitgeteilt, das Urteil der Mehrheit sei anders ausgefallen. Die folgenden Schätzungen der Versuchsperson erwiesen sich stärker an der vorgeblichen Mehrheitsmeinung orientiert, als an den tatsächlichen - und zuerst auch richtig erkannten - Eigenschaften der zu beurteilenden Objekte. (Vgl. hierzu u.a.: D.KRECH, R.S.CRUTCHFIELD and E.L.BALLACHEY, Individual in Society, New York 1962, S.507f.)

Die Verallgemeinerung dieser Ergebnisse wurde später unter anderem von STANLEY MILGRAM mit dem Hinweis kritisiert, daß die Beeinflußbarkeit von Urteilen von der Wichtigkeit des Urteils für die Versuchsperson selbst abhänge. Warum sollte eine Person die Autorität eines mehrheitlichen Urteils als für sich nicht verbindlich zurückweisen, wenn es um eine so triviale Sache gehe, wie die Schätzung der Länge von Linien? Gehe es jedoch um Sachverhalte von existentieller Bedeutung für eine Person, dann werde sie sich als wesentlich widerstandsfähiger gegenüber Konformitätsdruck erweisen. Diese Annahme war Ausgangspunkt für eine Versuchsserie, die von Journalisten als "KZ-Experiment" bezeichnet wurde, weil sich hierbei eine unerwartet hohe Bereitschaft zu konformem Verhalten selbst bei unmenschlichen Aufgaben zeigte.

Die Grundzüge der Versuchsanordnung blieben während der ganzen Serie der Experimente die gleichen. Unabhängige Variable sollte die Autorität des Experimentators bzw. der Experimentalsituation selbst sein. Die Grenzen der Bereitschaft einer Versuchsperson, sich den Anordnungen der Autorität entsprechend zu verhalten (dies wurde von MILGRAM als Ausdrucksform von Konformität gedeutet), sollte durch eine Serie von Aufgaben geprüft werden; die Willigkeit der Versuchsperson zur Durchführung dieser Aufgaben war die abhängige Variable. Die Aufgaben waren von MILGRAM so gewählt, daß sie zentralen Werten der Versuchspersonen widersprechen sollten. Je größer der Widerspruch, umso geringer die Bereitschaft zur Konformität - so lautete die Voraussage von MILGRAM. Sie wurde auch bestätigt, allerdings erst bei so hohen Schwellenwerten, daß die Experimente als eine Bestätigung der Bereitschaft zu konformem Verhalten mit den Erwartungen von Autoritäten ungeachtet der eigenen Werte gedeutet werden konnten.
Die Dramatik des Ergebnisses war eine Folge der Dramatik der konkreten Versuchsbedingungen. Hinter einer Glaswand war für die Versuchsperson eine auf einem besonders konstruierten "Arztstuhl" sitzende Person zu sehen. Der Versuchsperson wurde als Zweck des Experiments vom Versuchsleiter mitgeteilt, hier solle nachgewiesen werden, daß durch Elektroschocks die Lernwilligkeit einer Person gesteigert werden könne. Die Versuchsperson sollte einige Hebel bedienen, mit denen der jenseits der Glasscheibe sitzenden Person Schocks unterschiedlicher Stärke versetzt würden. Die Hebel waren mit verschiedenen Stromstärken bezeichnet, bis hin zu Voltstärken mit sicher tödlicher Wirkung. Mit der Person jenseits der Glasscheibe war abgesprochen, daß sie auf ein Zeichen hin die - in Wirklichkeit nicht existente - Wirkung immer stärkerer Schocks simulieren sollte, so daß für die Versuchsperson ein Zusammenhang zwischen ihren Handlungen und den Folgen für eine andere Person deutlich wurde. Der Versuchsleiter gab nun jeweils der Versuchsperson ein Zeichen, wenn angeblich die Leistung der hinter der Glasscheibe zu sehenden Person nachließ. Es war Aufgabe der Versuchsperson, dann jeweils die Stärke des Elektroschocks zu steigern, aber es blieb ihr überlassen, ei-

nen wie starken Schock sie dem "Lernenden" verabreichte. Dabei stellte sich heraus, daß bei entsprechender Stimulierung auch "tödlich" wirkende Stromstärken gegeben wurden. Die "kritische Schwelle" zu diesem Entschluß ließ sich durch nachfolgende Manipulationen der Versuchsanordnung bestimmen: Der Versuchsleiter zog den weißen Kittel aus; die Distanz zur "lernenden" Person wurde verringert: man sah sie näher und mit dem Gesicht zur Versuchsperson gewandt, man führte das Experiment in einer Fabrik durch und nicht mehr in der Universität. Fazit: Es ließ sich eine wechselnde Bereitschaft feststellen, der (durch den Versuchsleiter repräsentierten) Autorität zu entsprechen, und zwar um so eher, je stärker die Autoritätssymbole waren.

Eines der bedeutsamsten Gebiete der Kleingruppenforschung ist der Zusammenhang zwischen Gruppenstruktur und Kommunikation. Insbesondere die Forschungsgruppe um BAVELAS versuchte in einigen Experimenten aufzuzeigen, daß verschiedene Konfigurationen von Kleingruppen mit der gleichen Personenzahl unterschiedlich effizient für Kommunikationsverläufe sind. Dies sind einige der überprüften Konfigurationen für Gruppen mit einem Umfang von fünf Personen:

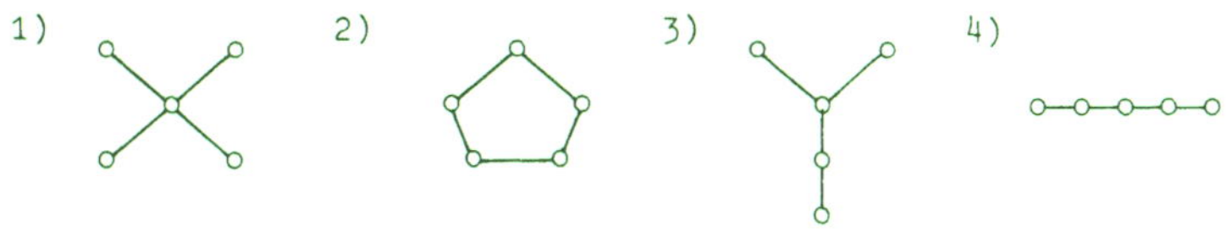

(Die Reihenfolge der Effizienz: von links nach rechts abnehmend.) Das Ziel der Veränderung in solchen Gruppierungen war die Maximierung der Kommunikation: Wie erreicht eine Botschaft einer der teilnehmenden Personen besonders schnell und störungsfrei eine andere Zielperson? Zur Prüfung der Leistungsfähigkeit des Systems als solchem wurde unterstellt, daß jeder zu jedem in diesem System Kontakt aufnehmen will. Die Effizienz des Systems ist dann entsprechend um so größer, je kleiner die Summe der Wege (Verbindungsstücke) zwischen den teilnehmenden Personen ist, wenn jeder mit jedem in Verbindung treten soll. Die Systeme unterscheiden sich jedoch auch in einem qualitativen Sinne: Das System des "Kreises" weist eine

geringere Störanfälligkeit und eine höhere Chance zur Selbstkorrektur auf, verglichen etwa mit der sternförmigen Anordnung. Bei letzterer Anordnung ist jedoch die Effizienz bei gleichzeitig höherer Störanfälligkeit größer.
Die Typen der Anordnung von Personen sind je nach Aufgabenstellung unterschiedlich geeignet zur Problemlösung. So ist beispielsweise zu fragen, ob die Aufgabe z.B. nur in einem "brain storming" besteht, oder ob auch eine Bewertung der Beiträge erfolgen soll. Die Vertreter dieser Forschungsrichtung postulieren dagegen (wie es für die Kleingruppenforschung charakteristisch ist), daß die aufgefundenen Regelmäßigkeiten unabhängig von der Art der zu übermittelnden Kommunikationen gelten. (Die sich an diese Experimente anschließende umfangreiche Forschung wurde von ROLF ZIEGLER zusammengefaßt:"Kommunikationsstruktur und Leistung sozialer Systeme, Meisenheim 1968.)

Auch die umfangreichen Untersuchungsreihen im Rahmen der von ROBERT BALES begründeten "interaction process analysis" gelten dem Versuch, Interaktionsmuster aufzudecken, die für Kleingruppen als einer "Realität eigener Art" gültig sein sollen - d.h. unabhängig von der konkreten Zusammensetzung der Personen und unabhängig vom konkreten Thema einer Interaktion. BALES führte seine Kleingruppenexperimente in einem Labor durch, das mit Einwegspiegeln ausgestattet war. Die Abläufe wurden jeweils von zwei Personen mit Hilfe einer speziellen Maschine protokolliert. Ausgehend von den Taxonomien von TALCOTT PARSONS entwarf BALES zur Klassifikation der Vorgänge ein Schema von 12 Kategorien. Diesem Schema ist die Trennung zwischen kognitiven und bewertenden Aspekten von der Kommunikation implizit: BALES unterscheidet zwischen Interaktionen, die der instrumentalen Bewältigung einer Situation gelten, und solchen, die der Bewältigung der affektiven Beziehungen zwischen den Gruppenmitgliedern dienen (d.h. den eigentlich "gruppendynamischen" Aspekten).
Dies ist das von BALES entworfene Schema von 12 Kategorien, das für Kleingruppen aller Art und für alle Arten von Themen

eine Aufdeckung von Verlaufsstrukturen erlauben soll (nach einer in R.KÖNIG, Beobachtung und Experiment, abgedruckten Übersetzung von SCHEUCH):

A Sozialemotionaler Bereich: positive Reaktionen	1. Zeigt Solidarität, bestärkt den anderen, hilft, belohnt 2. Entspannte Atmosphäre, scherzt, lacht, zeigt Befriedigung 3. Stimmt zu, nimmt passiv hin, versteht, stimmt überein, gibt nach
B Aufgabenbereich: Versuche der Beantwortung	4. Macht Vorschläge, gibt Anleitung, wobei Autonomie des anderen impliziert ist 5. Äußert Meinung, bewertet, analysiert, drückt Gefühle oder Wünsche aus 6. Orientiert, informiert, wiederholt, klärt, bestätigt
C Aufgabenbereich: Fragen	7. Erfragt Orientierung, Information, Wiederholung Bestätigung 8. Fragt nach Meinungen, Stellungnahmen, Bewertung, Analyse, Ausdruck von Gefühlen 9. Erbittet Vorschläge, Anleitung, mögliche Wege des Vorgehens
D Sozialemotionaler Bereich: negative Reaktionen	10. Stimmt nicht zu, zeigt passive Ablehnung, Förmlichkeit, gibt keine Hilfe 11. Zeigt Spannung, bittet um Hilfe, zieht sich zurück

12. Zeigt Antagonismus, setzt andere herab, verteidigt oder behauptet sich

---

Mit diesem Schema wurden die Interaktionsverläufe in Gruppen mit unterschiedlichen Aufgabenstellungen und mit sehr unterschiedlicher Zusammensetzung erfolgreich abgebildet. Der Anwendungsbereich dieses Schemas scheint allerdings in erster Linie begrenzt auf ad hoc zusammengestellte Gruppen, die mit einer lösbaren Aufgabe konfrontiert sind und vorwiegend verbal interagieren. Anhänger der "interaction process analysis" bestreiten allerdings diese Einengung des Anwendungsbereiches. Nach sehr umfangreichen Untersuchungsreihen behauptet BALES, einige Regelmäßigkeiten (vielleicht Gesetzmäßigkeiten) aufgezeigt zu haben:

(1) In einer jeden Gruppe bildet sich eine Trennung von instrumentalem und affektivem Führer. Begründung: Instrumentale Führerschaft bedeutet Zurückdrängung von Affekten bei Gruppenmitgliedern; diese Affekte müssen sich dann auf eine andere Person richten. (Für Großgebilde gilt diese Generalisierung wahrscheinlich nicht; vgl. die Kategorie charismatische Führerschaft.)

(2) Es gibt ein typisches Gruppenprofil, das zugleich optimal im Sinne des Lösens von Aufgaben sein soll. Dieses Profil ist gekennzeichnet durch das Vorherrschen "gruppendynamischer" Interaktionen zu Beginn und Ende der für die Lösung einer Aufgabe erforderlichen Zeit, und durch positiv-affektive Interaktionen (z.B. Scherzen, Lob) in den Abschnitten, während derer die Lösung der Aufgaben blokkiert scheint. Für die Lösung von Aufgaben ist es positiv, wenn die Kategorien "erfragt Informationen" und "gibt Informationen" während der ersten Hälfte des gesamten Interaktionszyklus sehr stark besetzt sind. Schließlich sollen insgesamt die instrumentalen Kategorien eindeutig gegenüber den affektiven überwiegen.

In den letzten Jahren bemühte sich BALES zusätzlich zu diesem Ansatz, der von allen inhaltlichen Prozessen zugunsten rein struktureller Aspekte abstrahiert, um eine standardisierte Analyse der Inhalte von Interaktionsverläufen. Hierfür wurde das Verfahren des "General Inquirer" entwickelt (vgl. PHILLIP STONE et al.: The General Inquirer). Dabei wurde die Bedeutung latenter Gehalte von Mitteilungen für den Verlauf von Prozessen in Kleingruppen deutlich. Allerdings lassen sich diese Ergebnisse noch nicht formelhaft vereinfacht wiedergeben.

Eine für die praktische Anwendung von Sozialforschung wichtigere Art von generalisierender Analyse von Kleingruppen stellt der Ansatz von J.L.MORENO dar, der unter der Bezeichnung "Soziometrie" bekannt wurde. MORENO entwickelte dieses Konzept nach dem 1. Weltkrieg. Er wandte in einem Flüchtlingslager in Österreich Gruppentherapie (Theater- und Stehgreifspiel) an, um die psychische Belastung der Umsiedler zu therapieren. Er ließ die Mitspieler jeweils andere Rollen spielen, als sie in der Realität inne hatten, um so einen Lernprozeß einzuleiten. Die Spieler sollten dann besser beurteilen können, wie sie selbst auf die Umwelt wirken, also eine größere Distanz zur persönlichen Existenz erreichen, und damit ein größeres Verständnis für andere Existenzen. Daraus entwickelt MORENO generalisierend seinen Ansatz: Alles menschliche Verhalten kann allein unter dem Aspekt positiver oder negativer Wahlakte gedeutet werden.

Die Soziometrie wurde von vielen Autoren nach MORENO aufgegriffen und ausgebaut. Mittlerweile existiert eine breite Spezialliteratur zu diesem Forschungszweig - komplett mit intensiven Schulenstreitigkeiten.

In der empirischen Forschung wird dieser Ansatz häufig mit Fragen des folgenden Typs operationalisiert:"Mit wem möchten Sie am liebsten zusammen wohnen, zusammen arbeiten, etc.?" Die Auswertung erfolgt üblicherweise in drei Formen: (1) Als "Soziogramm" (= die zeichnerische Übersetzung der beobachteten

Wahlen.). (2) Mittels der "Soziomatrix" (Basis dazu ist die "Urtabelle", d.h. diejenige, in der noch alle Informationen vorhanden sind); hier werden die Wahlen nach dem Muster : "Was sagt jeder über jeden?" eingetragen. Durch Kubieren und Quadrieren der Ergebnisse der Soziomatrix lassen sich Aussagen über Gruppenstrukturen erreichen. (3) Mittels soziometrischer Indizes.
Vorteil und Nachteil der Soziometrie beruhen auf der radikalen Einengung der "relevanten" Informationen aus der Gesamtheit der Informationen, die empirisch verfügbar sind. Soziale Existenz wird auf den Aspekt "zueinander - auseinander" reduziert. Eben wegen dieser sehr eingeschränkten, abstrahierenden Fragestellung an die Wirklichkeit lassen sich jedoch Struktureigenschaften von Gruppen identifizieren und daraus Aspekte von Verhalten in kleineren Gruppen abbilden und prognostizieren. Durch diese Abstraktion von Inhalten wird zwar die Breite der Aussagemöglichkeiten eingeschränkt, dafür aber die Ablösbarkeit von konkreten Umständen erhöht.

4. Die Beurteilung der Forschung über soziale Gruppen

Die wichtigsten Meinungsverschiedenheiten über den Stellenwert der Forschung zum Thema soziale Gruppen sind Kontroversen über die Kleingruppenforschung. Diese früher mit einiger Leidenschaft ausgetragenen Kontroversen beziehen sich einmal auf den Anspruch einiger Kleingruppenforscher, daß ihre Ergebnisse auch auf gesamtgesellschaftliche Phänomene übertragbar seien, zum anderen auf den in der Kleingruppenforschung allgemein erhobenen Anspruch, die Ergebnisse würden zumindest für alle Gruppen im engeren Sinne gelten.

Die für die Soziologie allgemeinsten und wichtigsten Fragen ergeben sich aus der Abgrenzung des Erkenntnisobjektes in der Kleingruppenforschung. Durchweg wird unterstellt - zum Teil auch explizit behauptet (z.B. von GEORGE HOMANS) - daß es ein

Phänomen "Kleingruppe" gebe, ungeachtet der jeweiligen Besonderheiten konkreter Gruppen mit einer geringen Zahl von Mitgliedern. Gewiß sei eine heutige Kleinfamilie nicht mit einer informellen Gruppe am Arbeitsplatz oder mit einer Spielgruppe von Kleinkindern gleichzusetzen. Dennoch könnten bei den Spielgruppen von Kindern Kommunikationsschwierigkeiten, Abläufe bei Problemlösungen oder Interaktionsmuster bei Konflikten über die Außenbeziehungen der Mitglieder zum Teil mit den gleichen Begriffen und Sätzen erklärt werden, wie etwa bei informellen Gruppen am Arbeitsplatz. Und auch die heutige Kleinfamilie sei nur teilweise als eine eigene Institution zu erfassen; wesentlich sei sie auch eine Kleingruppe wie andere.

Diese Ablösung eines eigenen Erklärungsobjektes aus den institutionellen und sonstigen Situationsbezügen steht im Gegensatz zu wichtigen Traditionen und den heute dominierenden Richtungen in der Soziologie. So dürfte es schwierig sein, die mit TALCOTT PARSONS verbundene starke Betonung der Bedeutung von konkreten Normen und Werten (vgl. Abschnitt 8.) in der strukturell-funktionalen Analyse mit Kleingruppenforschung der hier dargestellten Perspektive zu verbinden. Soziales Handeln (vgl. Abschnitt 9.) wird von Soziologen meist als strukturell bedingt erklärt und hinsichtlich seiner Wirkungen (Funktionen) im strukturellen Zusammenhang gedeutet; hier wird eben betont, was das Verhalten in der Familie von dem Verhalten in informellen Gruppen am Arbeitsplatz unterscheidet.

Tatsächlich wurde seit dem 2. Weltkrieg die Kleingruppenforschung eine eigene Spezialität, der sich insbesondere die Sozialpsychologen annahmen. Dennoch sollte vermieden werden, aprioristisch - etwa unter Bezug auf die Logik der strukturell-funktionalen Theorie - über die Bedeutung der Kleingruppenforschung für die Soziologie zu entscheiden. Den vielleicht schärfsten Angriff grundsätzlicher Art gegen die Kleingruppenforschung führte P.SOROKIN ("Fads and Foibles in Modern Sociology and Related Sciences", Chicago 1956). Nach seinem Urteil sind Kleingruppen als eigenes Phänomen eine Erfindung von Sozialpsychologen und psychologisierenden Soziologen, aber kein Realphänomen. Es ist jedoch eine empirische Frage, ob sich wirklich ungeachtet der unterschiedlichen institutionellen Bezüge des Verhaltens und der Besonderheiten von Situationen tatsächlich allgemeine Regeln für Interaktionen nachweisen lassen. Dieser Nachweis dürfte erbracht worden sein (vgl. P.A.HARE, "Handbook of Small Group Research", New York 1962). Umstritten ist, welches Gewicht diesen allgemeinen Regeln (gewissermaßen den Universalien der Gruppenexistenz) im Vergleich zu den Spezifika einer Art von Gruppe zukommt.

Das wichtigste Argument gegen die allgemeine Bedeutsamkeit der Ergebnisse von Kleingruppenforschern ist die bisher bevorzugte Art der Untersuchungsobjekte, die wesentlich spezieller sind als der Erklärungsanspruch. Meist hatten diese Untersuchungen ad-hoc zusammengestellte Gruppen zum Gegenstand, also eher Ansammlungen von Menschen als Gruppen in einem inhaltlichen Sinne. Hinsichtlich solcher ad-hoc-Gruppen hat der Vorwurf von SOROKIN, die Kleingruppenforschung erfinde ihren eigenen Forschungsgegenstand, eine gewisse Berechtigung. Bei solchen ad-hoc-Gruppen ist entsprechend der Künstlichkeit ihres Entstehens weitgehend all das ausgeschaltet, was sonst in soziologischen Erklärungen von Realphänomenen am wichtigsten ist. Wenn die untersuchte Personenmehrzahl vor Beginn der Untersuchung noch keine Struktur besitzt, wenn sie nur für die Dauer der Untersuchung selbst zusammenbleiben will, wenn die Aufgabenstellung für die Personen nur eine periphere Bedeutung hat bzw. sehr künstlich ist (z.B. das Erlernen von sinnlosen Silben), wenn auch noch die Rollenverteilung in der Gruppe kontrolliert wird, dann sind eben durch die Versuchsanordnung selbst die meisten Faktoren neutralisiert, die sonst in Gruppenbezügen dominieren. Insbesondere die stark an der psychologischen Forschung orientierten Sozialwissenschaftler verstehen diese Faktoren als störende Drittfaktoren (im Sinne der Regeln des Experiments); qua Experimentalanordnung werden dann strukturelle Einflüsse neutralisiert. Dennoch lassen sich auch experimentelle Untersuchungen von Gruppen in einem inhaltlichen Sinne anführen, bei denen wesentliche Befunde von Untersuchungen mit ad hoc zusammengestellten Gruppen repliziert wurden; ROBERT BALES ("Interaction Process Analysis",Cambridge,Mass. 1950) hat beispielsweise ähnliche Verlaufsmuster bei Problemlösungen für ad hoc zusammengestellte und "natürliche" Gruppen erhalten.

Wie es scheint, läßt sich beispielsweise die Stufenfolge bei der Eingliederung eines neuen Mitgliedes in eine Gruppe auf Gruppen (im inhaltlichen Sinne!) der unterschiedlichsten Art hin verallgemeinern. (1) Zunächst erfolgt eine Anpassung des äußerlichen Verhaltens, die ceteris paribus um so weiter geht, je stärker die Motivation zur Eingliederung in die Gruppe ist. (2) Auf die äußere Anpassung erfolgt die mehr oder weniger vollständige Übernahme der Gruppennormen und Gruppenziele; diese Reihenfolge der Schritte 1 und 2 ist keinesfalls selbstverständlich und widerspricht einem eher voluntaristischen Verständnis von sozialer Existenz. (3) Erst nach den Schritten 1 und 2 kommt es zu erfolgreichen eigenen Initiativen des neuen Gruppenmitglieds, die sich zunächst auf den Bereich des instrumentalen (d.h. technisch-praktischen) Verhaltens beschränken. (4) Erfolge mit diesen Initiativen sind Voraussetzung für erfolgversprechende Initiativen im Bereich der Normen (eigenes Verhalten als Variation von Gruppennormen oder sogar deren in-Frage-stellen) und der Beeinflussung von Gruppenzielen.

Universell anwendbar ist auch die Beobachtung, daß die sonstigen Unterschiede zwischen Gruppenmitgliedern um so größer sein können, ohne den Zusammenhalt der Gruppe zu gefährden, je spezifischer die Aufgabenstellung der Gruppe ist; und innerhalb spezifischer Aufgabenstellungen wiederum, je wichtiger das Gruppenziel für die Mitglieder ist. Beispiel: Bei Profi-Mannschaften und generell im Leistungssport kann die gegenseitige menschliche Abneigung der Mitglieder eines Teams sehr viel größer als bei Amateuren sein, bevor sich die internen Spannungen auf die Gruppenleistung auswirken; Freundschaft ist zwischen Leistungssportlern nicht wichtig. Fast universell scheint auch der Satz anwendbar zu sein, daß sich affektive und instrumentale Führerschaft in einer kleinen Gruppe gegenseitig stören; mit diesem Satz lassen sich teilweise die spezifischen Schwierigkeiten der Sozialisation in Familien erklären, in denen ein Elternteil fehlt.

Die Zahl solcher Sätze mit allgemeiner Anwendbarkeit läßt sich erheblich vermehren. Dennoch ist der Stellenwert von Befunden der Kleingruppenforschung für die Analyse von Gruppen mit geringer Mitgliederzahl allgemein bisher nicht eindeutig zu entscheiden. Für einige institutionelle Bereiche - etwa für Schulklassen - steht eine solche Bedeutung nicht mehr in Zweifel. Wahrscheinlich ist dieser Stellenwert jedoch abhängig von dem Grad, zu dem explizite institutionelle Bezüge den jeweiligen Ablauf von Interaktionen formen. In den meisten der für Soziologen relevanten Fälle - mit Ausnahme spezialisierter Rollen insbesondere in formalen Organisationen - sind Situationen als Mischung zwischen formalisierten ("unpersönlichen") und freien ("persönlichen") Elementen definiert.Bei der Analyse einer Schulklasse sind beispielsweise die Befunde der Kleingruppenforschung von höherem Stellenwert für die Erklärung der Interaktionen zwischen den Schülern, als für die Beziehungen zwischen Lehrern und Schülern, und bei den Interaktionen unter den Schülern wiederum wichtiger für die Erklärung des nicht spezifisch auf den Lernvorgang bezogenen Verhaltens. Bei Jäger-Sammler-Kulturen sind die Befunde der Kleingruppenforschung wenig aussagekräftig für religiös geformtes Verhalten etwa im Krieg und sehr viel aussagekräftiger für die Interaktionen der Jungmannschaft in deren Lagern oder Häusern. Solange eine formalisierte Organisation den Regeln entsprechend funktioniert, haben die Befunde der Kleingruppenforschung einen nur sehr begrenzten Erklärungswert; er steigt an, wenn die Organisation als formale Einheit zerfällt.

In Verallgemeinerung solcher Erfahrungen läßt sich als Faustregel vermuten: Die in der Kleingruppenforschung ermittelten Regelmäßigkeiten (Gesetzmäßigkeiten?) sind unmittelbar übertragbar in erster Linie auf alle Situationen und Gruppen im engeren Sinne, bei denen informelle Regelungen vorherrschen oder neue Inhalte aktuell werden. Um welche es sich dabei handelt, und welche Bedeutung sie insgesamt für den Alltag haben, ist selbst eine Struktureigenschaft eines Sozialsystems.

Aus Gründen der Fairness ist es notwendig zu betonen, daß diese verhältnismäßig zurückhaltende Beurteilung der Kleingruppenforschung weitgehend durch eine eigene theoretische Vorentscheidung beeinflußt ist. Das bisher vorliegende empirische Material reicht für eine halbwegs schlüssige Begründung der einen oder anderen Position nicht aus. Damit wird die eigene Präferenz für strukturell-funktionalistische Erklärungen mitbestimmend für eine strukturelle Relativierung der Befunde (d.h. die Ableitung des Stellenwerts aus Struktureigenschaften eines Sozialsystems). Kleingruppenforscher selbst würden eine Verallgemeinerung ihrer Befunde zumindest für die von der Mikrosoziologie behandelten Sachverhalte vertreten. Für diese Position lassen sich durchaus Argumente vorbringen, und bei der Analyse sogar solch spezifischer Einheiten wie heutiger Kleinfamilien erweisen sich Sätze und Begriffe aus der Kleingruppenforschung als wesentliche Ergänzungen des herkömmlichen Arsenals der Familienforschung.
Dagegen ist ein sehr viel weiter gehender Anspruch auf Übertragbarkeit äußerst problematisch: Der Anspruch, bei der Untersuchung von Kleingruppen ließen sich paradigmatisch alle entscheidenden Elemente von komplexeren Sozialsystemen erklären.

Die Übertragung von Beobachtungen an Kleingruppen auf komplexere Gebilde ist sowohl begrifflich schwierig, wie auch in den dabei notwendig werdenden Unterstellungen ziemlich gewagt.
Eine Möglichkeit, eine Verbindung zwischen Kleingruppen und komplexeren Phänomenen herzustellen, ist ein Rückgriff auf den Begriff der "Gliedzahl" von DUNKMANN. SIMMEL hatte eine Abhängigkeit der Gruppenstruktur von der Mitgliederzahl einer Gruppe behauptet. Die aus diesem Ansatz abgeleiteten Aussagen sind nur für Gruppen mit sehr kleiner Mitgliederzahl (Dreiergruppen, Vierergruppen) halbwegs präzise. Wird unter Zahl nun nicht mehr die Anzahl von Personen, sondern von Untergliederungen in einer Gruppe verstanden - wird mithin die Denkfigur des "tertium gaudens" einer Drei-Personen-Gruppe übertragen auf die Stellung einer dritten Partei zwischen zwei annähernd gleich großen Parteien ("Zünglein an der Waage") - so gibt es prinzipiell keine Begrenzungen nach der Mitgliederzahl von Gruppen, auf die Sätze aus der Analyse von Kleinstgruppen angewandt werden können. Dies will Dunkmann mit dem Begriff "Gliedzahl" erreichen, indem er eine Einzelperson als Einheit einer Gruppe gleichsetzt mit einer Personenmehrzahl, die innerhalb einer größeren Gruppe die gleiche Stellung einnimmt.

Diese Verwendung eines kollektiven Akteurs, als ob es sich um ein Individuum handelte, ist im Falle DUNKMANNs begrifflich recht elegant, sachlich aber durchweg nicht zu vertreten. Analog wird vorgegangen, wenn ganze Völker wie Einzelpersonen behandelt werden und ihnen ein "Charakter" zugeschrieben wird, wie dies oft in der sogenannten Völkerpsychologie geschieht (z.B. in zeitweise öffentlich sehr wirksamer Form bei GEOFFRY GORER). Personenmehrzahlen sind mit Ausnahme sehr extremer Momente nicht als ein einheitlicher Akteur mit Systemeigenschaften zu behandeln, wie dies für Individuen gilt. Dennoch scheint diese einfache Übertragung von Beobachtungen und Begrifflichkeiten für Individuen auf Kollektive, die dann wie Personen behandelt werden, für vorwissenschaftliches und populärwissenschaftliches Denken über soziale Sachverhalte besonders plausibel zu sein. Dafür spricht, daß gewöhnlich eine Begründung für die Übertragung weder vom Autor gegeben noch vom Publikum gefordert wird. Vielleicht ist hierfür die Neigung zu organizistischem Denken auch über soziale Sachverhalte verantwortlich. Bezeichnende Beispiele sind die Verwendung solcher Sprach- und Denkfiguren für ganze Gesellschaften wie "Krankheit", oder "Jugend", oder "Reife"; oder die Übertragung der Entwicklungsstadien von Individuen auf Sozialsysteme.

Theoretisch reflektiert ist die Behauptung, die Beobachtungen an Kleingruppen seien paradigmatisch für alle komplexeren Gebilde, ja seien unmittelbar zu verallgemeinern, bei GEORGE HOMANS und verwandten "Reduktionisten" (z.B. SKINNER). Eine solche Behauptung wird begründet mit der Reduzierbarkeit aller komplexeren Sachverhalte auf einfache Elemente: Alle Prozesse bei Kleingruppen lassen sich auf Sätze über psychische Prozesse bei den einzelnen Akteuren reduzieren, und alle an komplexeren Gebilden (wie an ganzen Sozialsystemen) identifizierten Eigenschaften können reduziert werden auf Erscheinungen bei Kleingruppen. Gewiß könne zum jetzigen Zeitpunkt eine solche Reduktion nicht in allen Fällen praktisch ausgeführt werden, aber dies sei lediglich ein praktisches Unvermögen aufgrund unseres unvollkommenen Wissens und kein prinzipieller Einwand. Die letztere Zuversicht wird philosophisch begründet, was sowohl mit Fortführungen der Ansichten von AUGUSTE COMTE wie auch mit konsequent materialistischen Philosophien (wozu die heutigen Marxismen nicht mehr gehören) möglich ist.

Hier kann nicht auf die Einzelheiten des Reduktionismusstreits eingegangen werden. Empirisch spricht viel gegen einen Reduktionismus, und theoretisch ist es bei seiner Anwendung auf soziale Gruppen notwendig, Unterschiede qualitativer Art zwischen Kleingruppen und Makrogebilden für unerheblich zu erklären. Dies sind einige dieser wichtigen Unterschiede - wichtig in dem Sinne, daß sie nach den bisherigen Ergebnissen der Forschung entweder Verhalten beeinflussen oder dessen Wirkungen verändern:

KLEINGRUPPE	MAKROGEBILDE
Interaktion prinzipiell ohne Vermittlung (face to face)	Interaktion über Zwischenglieder vermittelt,d.h. indirekt
Vorgegebene Rollen und Positionen vornehmlich im Zusammenhang mit persönlichen Eigenschaften der Akteure relevant	Positionen und Rollen dominieren in ihrer Bedeutung gegenüber den persönlichen Eigenschaften der Akteure
Entwicklung oder Veränderung von Zielen und Bewertung aufgrund interner Dynamik	Ziele und Bewertung sind vorgegeben und werden als Parameter des Verhaltens relevant
Entwicklung von Verhaltenserwartungen abhängig von der Konstellation von Personen	Verhaltenserwartungen weitgehend invariant gegenüber der Zusammensetzung des Mitgliederkreises

Heute besteht eine Vorliebe, bei vielen zu erklärenden Erscheinungen die Begriffe und Sätze der Rollentheorie und der Sozialisationstheorie (beide Benennungen sind übrigens nicht ganz korrekt) zu verwenden, statt diese Erscheinungen als Teil der Lehre über die Bedeutung von Gruppen für soziale Existenz zu erörtern.Dies gilt für die Soziologie in der Bundesrepublik in stärkerem Maße als für die amerikanische Soziologie, wahrscheinlich deshalb, weil zur Zeit des besonders ausgeprägten Interesses für soziale Gruppen in Deutschland Soziologie nicht stattfand. Die Befunde der Forschung über soziale Gruppen - abgesehen von der Spezialisierung auf Kleingruppenforschung - sind in Deutschland jedenfalls nur höchst unvollkommen rezipiert, während sie in den USA auch heute noch als Teil des standardisierten Wissens vermittelt werden, selbst wenn es sich um ein die Soziologen aktuell

weniger interessierendes Gebiet handelt.
Das wichtigste Ergebnis sowohl der vielen Untersuchungen an ad-hoc-Gruppen, wie auch der geringeren Zahl von Erhebungen an "natürlichen Gruppen", ist der verblüffend effektive Konformitätsdruck. Er ist als Faktum nicht strittig, wohl aber in der Erklärung. Unsere Erklärung: die wichtigste Bedeutung der Gruppe scheint ihre "Absicherungsfunktion" zu sein. Als intermediäre Instanz zwischen Individuum und Makrogebilden bietet sie (selbst als Gruppe mit internem Antagonismus!) emotionale Gewißheit. Vor die Alternative gestellt: Gruppenmitgliedschaft oder Vereinzelung, scheint interkulturell der Gruppenmitgliedschaft der Vorzug gegeben zu werden. Dies scheint eines der wenigen sogenannten "Universalien" der sozialen Existenz zu sein.

Die Bedeutung dieser Abstützungsfunktion zeigt sich insbesondere in Extremsituationen. Aus der Zeit der gewaltsamen Umsiedlung von Indianern in den USA während der zweiten Hälfte des 19. Jahrhunderts sind bewegende Dokumente überliefert, welch intensive Desorganisationserscheinungen eine Ablösung der Individuen aus ihren Gruppenbezügen zur Folge hatte - selbst bei Personen, die im Rahmen ihres Gruppenverbandes zu für uns nicht nachvollziehbaren Akten der Selbstkontrolle fähig waren. Während des zweiten Weltkrieges glaubten sogar Sozialwissenschaftler, die fortbestehende Widerstandskraft der deutschen Armee selbst nach einer Serie von Niederlagen sei durch die Indoktrination mit Nazi-Ideologien bedingt. Tatsächlich war diese Widerstandskraft ziemlich unabhängig von der ideologischen Ausrichtung der Personen und in erster Linie eine Funktion der Intensität von Kleingruppenbindung (vgl. E.SHILS und M.JANOWITZ, "Cohesion and Desintegration in the Wehrmacht in World War II", POQ, 1948) und der Orientierung an dem Standard der Quasi-Gruppe "Soldat". Als besonders wirksames Instrument der Kombination von Techniken der "Gehirnwäsche" hat sich die Nutzung von Gruppenbindungen gegen ein Individuum erwiesen: Angesichts der Gruppe muß ein Individuum seinen Selbstrespekt verlieren, sich auf neue Positionen festlegen und zugleich werden ihm neue Gruppenbindungen angeboten. Die Interaktion mit nicht-zensierenden Gruppenmitgliedern ist andererseits ein wesentlicher Faktor bei der Neu-Stabilisierung von völlig desorganisierten Personen (vgl. die "release"-Gruppen). Die Untersuchung von Gruppen, die sich als revolutionär verstehen, hat bestätigt, daß die Billigung oder Ablehnung eines Verhaltens in einem Sozialsystem allgemein von geringerer Wirkung für die Individuen ist, als die Billigung oder Ablehnung dieses Verhaltens in einer Kleingruppe.

Die hier aufgezählten Erscheinungen, welche die Bedeutung der unmittelbaren Gruppenbindung im Alltag zeigen, sind durch Rückgriff auf andere Theoriestücke weniger gut zu erklären, als mit der Lehre von der Wirkung der Gruppen. Wenngleich eine größere Aufmerksamkeit als gegenwärtig üblich für die Forschungen über Gruppen angebracht ist, so gilt dieser Hinweis nur für Forschungen über Gruppen im eigentlichen Sinne; der heute verbreitete nachlässige Sprachgebrauch ("Gruppe der Angestellten", "Gruppe der Verkehrsteilnehmer") verleitet zu unzulässigen Verallgemeinerungen. Und eine Gleichsetzung des Erklärungsobjektes der Soziologie mit Gruppen - die in der amerikanischen Soziologie der 30er Jahre nicht immer vermieden wurde - wäre gleichbedeutend mit einer Soziologie ohne Gesellschaft.

4. Rolle I: Entwicklung des Begriffs

1. Zum Vorverständnis des Rollenbegriffs

"Rolle" ist in Deutschland heute der wichtigste unter den Begriffen für elementare Phänomene in der Soziologie; demgegenüber ist die Berücksichtigung der "Gruppe" als einem Elementarphänomen in Deutschland relativ weniger intensiv als in der angelsächsischen Soziologie. In diesem Sachverhalt drückt sich eine Tendenz speziell der deutschen Soziologie aus, soziale Zusammenhänge begrifflich als Gegensatz zum "eigentlichen" Individuum zu erfassen (vgl. ADORNOs Vorstellung vom "Terror der Gesellschaft" als übermächtigem Druck, der das Individuum an der Verwirklichung seiner selbst verhindere). Entsprechend ist es üblich, Rolle als eine dem Individuum zugemutete Verhaltensregelung zu verstehen - als eine Zumutung, die ihren Höhepunkt erreiche, wenn die Rolle vom Individuum als Teil seines Selbst empfunden werde(vgl. R.DAHRENDORFs erste Auflagen von "Homo Sociologicus" und die Kritik von TENBRUCK in der "Kölner Zeitschrift für Soziologie und Sozialpsychologie", 1961, S.1-40). Mit diesem Ansatz, der eine Individualität vor einer sozialen Existenz unterstellt, ist der Zugang zum Rollenbegriff versperrt. Dieser Zugang soll hier erleichtert werden, indem zunächst auf die Entwicklung des Rollenbegriffs Bezug genommen wird.

In der angelsächsischen Sozialwissenschaft (nicht nur in der Soziologie!) und in der englischen Moralphilosophie wurde als elementare Unterstellung vorausgesetzt, daß Menschen nur als soziale Wesen denkbar seien. Gerade auf Existenzstufen ohne technische Ausrüstung ist die Angewiesenheit der Menschen aufeinander - und zwar in fast jedem Augenblick ihrer Existenz - noch deutlicher als unter Bedingungen, in denen die Natur selbst bereits vom Menschen verändert wurde. Im Gegensatz zu den in der deutschen Tradition herrschenden Vorstellungen wird der Mensch erst durch komplexere Formen sozialer Organisation und durch Technik von der permanenten Notwendigkeit der Verteidigung gegen Natur freigesetzt. Die direkten Zwänge der Existenz auf elementarer Stufe des Lebens werden durch immer indirektere Formen der Symbiose ersetzt. Durch Sozialorganisation entstehen Räume für Freiheit: Je komplexer die Gesellschaft, umso mehr. Erst mit Hochkulturen stellt sich das Problem Individuum kontra Gesellschaft als Zweifel an der Notwendigkeit von Daseinsregelungen.

Für das einzelne Individuum wurde in der frühen amerikanischen Soziologie versucht, diesen Sachverhalt durch das Gegensatzpaar nature - nurture begrifflich zu fassen. Natur als bloße biologische Ausrüstung des Menschen - und eigentlich nicht einmal dies, sondern nur als bloße Entwicklungsmöglichkeit - determiniert noch nicht die Existenzweisen des Menschen. Dieser für einen Soziologen an sich selbstverständliche Satz hat durch die heutige Popularität der "Verhaltenswissenschaft" als Versuch einer Übertragung von Sätzen eines Zweiges der Biologie auf menschliches Verhalten an Aktualität gewonnen. Erst vermittelt durch Sozialorganisation erhalten biologische Unterschiede wie z.B. die zwischen Mann und Frau eine - und zwar nach Sozialsystem verschiedene! - soziale Relevanz. Durch "nurture" (ungefähr: erzieherische Pflege) wird aus dem Naturwesen Mensch, das zu seiner eigenen Selbsterhaltung nicht fähig ist, die "sozial-kulturelle Person"(so z.B. R.KÖNIG).

Das Standardisieren "natürlicher" Anlagen beginnt mit dem Aussortieren sozial als sinnvoll definierter Laute von solchen, denen in einer jeweiligen Gesellschaft kein Sinn beigelegt wird. Für Kinder ereignet sich dieser Vorgang des Erlernens von Sprache im Alter von zwei bis vier Jahren zunächst als Standardisierung von Worten, dann ihrer Verbindung mit konkreten Objekten, dann der Kombination von Worten und schließlich als Ablösung der Bezeichnungen von konkreten Situationen und Objekten (vgl. die Untersuchungen von ROGER BROWN,"Social Psychology",1965). Zugleich werden elementare

Regeln für Reinlichkeit (Grundlage für jedes Zusammenleben auf engem Raum), Kontrolle von Impulsen (je größer die Bevölkerungsdichte und je höher der Ausstattungsgrad mit Geräten, umso mehr), die soziale Definition von Nahrung und Hierarchien des Bindungsgrades zwischen Personen (in einigen Primitivkulturen etwa bevorzugt der Mutter-Bruder statt Vater) trainiert. So entsteht durch die kulturelle Überformung natürlicher Anlagen der Mensch als soziales Wesen; genauer: so erst entsteht eine Person.

Dieser Aufbau einer Person kann nicht als bloßes Einüben eines Szenarios verstanden werden, in das ein Individuum nach Stichworten hineinschlüpft und das er mit innerer Distanz spielt. Das Mißverständnis einiger deutscher Autoren beim Versuch der Darlegung des Rollenbegriffs zeigt sich vor allem darin, daß "Rolle" als Standardisierung einer an das Individuum von außen herangetragenen Vorschrift verstanden wird und daß höchster Ausdruck dieses Regelsystems die Rechtsordnung sein soll (darauf ist noch zurückzukommen). "Man gewinnt bisweilen den Eindruck, als ob die Gesellschaft aus einer Art von Monaden bestände, zwischen denen eine Harmonie durch von außen kommende Rollenanweisungen hergestellt wird, über denen sie in ihrer Zelle brüten, um insgesamt und einzeln aus dieser Isolierung nur hervorzubrechen, wenn es Übertretungen zu ahnden oder Sonderleistungen zu beklatschen gilt" (TENBRUCK 1961 in seiner Kritik an DAHRENDORF).
Entscheidend für den Vorgang der Standardisierung von natürlichen Anlagen zur sozial-kulturellen Person ist die <u>Verinnerlichung</u> (<u>Internalisierung</u>) von Erwartungen (vgl. Abschnitt 6.). Erst durch solche Formungen biologischer Anlagen - durchaus bei Grenzen in der Plastizität biologischer Anlagen gegenüber kultureller Überformung - kommt es etwa zum Selbstverständnis als "Frau" in dem Sinne, daß Eigenschaften wie Einfühlungsvermögen stark ausgeprägt werden. Für "Mann" als soziale Kategorie würden vom Akteur dann Eigenschaften wie Kontrolle von Affekten oder Aggressivität als "männlich" bewertet, während die bei ihm auch anzutreffenden Eigenschaften wie

Wunsch nach Abhängigkeit als "weibliche" Eigenschaften zurückgedrängt werden. Dieses Ausleben einiger Möglichkeiten und die Kontrolle anderer Merkmale ist nicht etwa nur - oder lediglich vorwiegend - eine Antizipation der Reaktionen anderer Personen, sondern zum überwiegenden Teil ein Mechanismus der Selbststeuerung des Organismus als "ich", d.h. als personale Identität. SIGMUND FREUD zeigte auf, daß diese frühe Einübung mit ihren Erlebnissen der Versagung (im Sinne unmittelbarer und ungesteuerter Triebbefriedigung) wesentlich die weitere Grundhaltung des Individuums (als "ich" = Ego) zur Umwelt bestimmt. Soziale Existenz bedeutet dauernde Versagung und die Formung von Antriebsenergie ("es" = Id) zu indirekteren Arten der Befriedigung. Der Preis ist in Hochkulturen das "Unbehagen an der Kultur".

Diese "Konditionierung" ist je nach Sozialsystem sehr unterschiedlich. In jedem Falle setzt jedoch ein Sozialsystem voraus, daß für dessen Angehörige das Verhalten der anderen Mitglieder überwiegend voraussagbar ist - und zwar voraussagbar nicht einmal in erster Linie im Sinne eines Kalküls, sondern als Selbstverständlichkeit des Verhaltens. Diese Regelmäßigkeiten als Element des Alltags wurden in den 20er und 30er Jahren begrifflich als Verhaltensmuster (behavior patterns) erfaßt. Bei dieser Begrifflichkeit wird zunächst nur auf die offenbare Regelmäßigkeit von Verhalten abgestellt. Diese Regelmäßigkeit läßt Akteure mit unterschiedlichsten Persönlichkeitsmerkmalen sich doch so verhalten, als ob sie einem gleichen Muster (pattern) folgten.

Def.: Verhaltensmuster bedeutet die Regelmäßigkeit des Verhaltens bei einer Kategorie von Personen oder in einer Situation.

Mit Verhaltensmuster wird begrifflich nur die Tatsache der Regelmäßigkeit erfaßt, nicht jedoch ursächlich als Regelhaftigkeit gedeutet. Der spätere Begriff der Rolle bezieht die strukturelle Rückverbundenheit der Regelmäßigkeiten und deren Wirkungen mit ein. In der deutschen Rezeption des Rollenbegriffs wird ironischerweise in Wirklichkeit diejenige Thematik aufgegriffen, die in den Vereinigten Staaten bereits in den dreißiger Jahren in Zusammenhang mit der Begrifflichkeit "Verhaltensmuster" erörtert wurde. Das Besondere der Weiterentwicklung dieser Begrifflichkeit hin zum Rollenbegriff wird in dieser deutschen Diskussion, die sich als Kritik des Rollenbegriffs versteht (z.B. bei CLAESSENS), weitestgehend nicht erkannt. So ist die Kritik des Rollenbegriffs hierzulande weitgehend eine Kritik der älteren Begrifflichkeit "Verhaltensmuster".

Bereits mit der Begrifflichkeit "Verhaltensmuster" wird auch die Spannung zwischen den persönlichen Eigenschaften bzw. Wünschen der einzelnen Akteure und den erwarteten Regelmäßigkeiten (noch nicht in erster Linie Regelhaftigkeiten) des Verhaltens zum Thema der Sozialwissenschaften. JOHN DEWEY formulierte: Soziale Person ist die Summe aus Individualität und Erfahrung und zwar in dem Sinne, daß die biologische Einheit Mensch zunächst Sozialwesen wird und sich erst im Anschluß an diesen Prozeß Individualität ausbildet. "Erst wenn Konformität erlernt worden ist, wird Nicht-Konformität möglich."(In späteren Auflagen des "Homo Sociologicus" übernimmt übrigens dann auch DAHRENDORF die Formulierung amerikanischer Sozialwissenschaftler, daß in der sozialen Lebensführung "das Erworbene das Ursprüngliche ist".) Individualität ist überhaupt nur denkbar als partialer Widerspruch gegen vorgegebene Regeln; ein totaler Widerspruch ist nur als Negativ-Kopie der positiven Regeln möglich und damit bloße Negativ-Konformität.

2. Der Umfang des Rollenbegriffs

Weder das Gegensatzpaar "nature - nurture", noch der Begriff "Verhaltensmuster", reichen aus für ein Sozialsystem, das erhebliche Variationsbreiten um die Regeln des Verhaltens aufweist; sie sind auch wenig geeignet, um die Bedeutung dieser Regelungen ("Funktionen") innerhalb des Sozialsystems ("Struktur") aufzuzeigen. Diese früher viel benutzten Begriffe sind demgemäß heute durch den Begriff "Rolle" ersetzt worden (wobei sich in englischsprachigen Texten gelegentlich auch jetzt noch "Verhaltensmuster" als Bezeichnung für bloße Regelmäßigkeiten findet). Allerdings ist auch dieser Begriff der Rolle, der einmal in der Soziologie als nicht weiter differenzierte Grundeinheit die Bedeutung von "Atom" der sozialen Realität haben sollte, für hochdifferenzierte Industriegesellschaften nicht zureichend. Vorwiegend in den letzten 10 Jahren finden demgemäß weitere Differenzierungen Eingang in die Literatur (Rollensatz, Personensatz, Rollenelement, Rollenkonflikt, Rollensender und -empfänger, Rollendruck, Rollendistanz).

Das engere (und in Deutschland vorherrschende) Verständnis von Rolle benutzt als Definiens die normative Regelung (im Sinne von äußerer Kontrolle) von Verhaltensweisen. Eine diesem Verständnis entsprechende Definition wäre: "Rolle ist der normativ geregelte Teil von Verhaltensweisen für Inhaber eines bestimmten Status"(Kategorie, Position).Diese unter anderem von K.DAVIS vertretene Begriffsbestimmung wird sehr eng, wenn zu der Norm als Kriterium bei deren Verletzung noch die Sanktion hinzugedacht wird. Dies ist etwa bei R.DAHRENDORF der Fall, der die inneren Kontrollen (im Sinne der Selbstverständlichkeit von Verhaltensweisen und deren Steuerung durch den Akteur jenseits der erwarteten Sanktionen) weitestgehend übergeht und entsprechend nur die "äußeren" Kontrollen berücksichtigt. Mit diesem "juristischen" Verständnis von Rolle wird Gesellschaft zum bloß äußeren Zwangssystem.

In der amerikanischen Soziologie wird Rolle üblicherweise verstanden als ein Bündel von Erwartungen, die an den Inhaber einer sozialen Position gerichtet sind.

Vorteil dieser Definition ist einmal, daß mit der Bezugnahme auf Erwartungen als Kriterium noch nicht vorweggenommen wird, welche Reaktionen auf eine Verletzung der Erwartungen erfolgen. Ferner wird angedeutet, daß Rolle nicht nur als Beziehung zwischen Individuum und Regel verstanden wird, (das ist lediglich ein Aspekt), sondern auch als Einheit der Analyse (so bei T.PARSONS) benutzt werden kann.

Ganz glücklich ist die Wahl des Wortes Rolle für den hiermit gemeinten Aspekt von Realität nicht. In Einführungen ist es üblich, den Begriff Rolle in Analogie zum Schauspieler zu erklären, und dies wiederum legt nahe, Rollenverhalten als etwas "Uneigentliches", Angelerntes zu verstehen. Diese dem kontinental-europäischen Verständnis entsprechende Konzeption findet sich in der amerikanischen Literatur speziell bei E.GOFFMAN in: "The Presentation of Self in Everyday Life" (in deutscher Fassung:"Wir alle spielen Theater"),daß menschliches Verhalten wesentlich durch den Wunsch nach Hervorrufen von Eindrücken bei anderen ("impression management") bestimmt sei. So definiert GOFFMAN: Wirklichkeit ist selbstauferlegter Zwang. Selbst bei diesem eingeengten Rollenverständnis - eingeengt auf ein vom Akteur gesteuertes Verhalten - wird die zusätzliche Einengung auf ein an Sanktionen orientiertes Verhalten vermieden, die in der deutschen Soziologie verbreitet ist. Ein solches Verhalten umfaßt jedoch nur einen Ausschnitt aus all dem Verhalten, das mit Erwartungen für Kategorien von Personen verbunden ist; wer sich für eine enge Fassung des Rollenbegriffs entscheidet, müßte hierfür einen neuen Begriff vorschlagen.

Während einige Soziologen den Begriff der Rolle unzweckmäßig eng fassen, hat sich in der kulturellen Öffentlichkeit einiger Länder ein sehr lockerer Sprachgebrauch durchgesetzt, der auf die Soziologie selbst rückzuwirken beginnt. Hier wird Rolle praktisch mit jeder Regelmäßigkeit von Verhalten gleichgesetzt - wird also so benutzt, wie der Begriff Verhaltensmuster. Würde dieser Sprachgebrauch sich wirklich durchsetzen, wäre ein wesentlicher Teil der begrifflichen Entwicklung der Soziologie verloren.

Die meisten Autoren sind sich einig, daß der Begriff der Rolle zunächst von RALPH LINTON in die Sozialwissenschaften eingeführt wurde (The Study of Man, New York 1936). Primäres Erklärungsobjekt von LINTON waren Sozialsysteme mit nur elementarer technischer Ausstattung und geringer Differenzierung. Hier gab es eine verhältnismäßig kleine Zahl von Positionen, die jeweils mit einem Satz von Verhaltenserwartungen verbunden waren: Etwa die Positionen Häuptling, Familienältester, Jäger, Mutter, unverheiratetes Mädchen. Diese Positionen, die eine Rangordnung des Prestiges und Einflusses bildeten, nannte LINTON Status. Die mit dem Status verbundenen Erwartungen - und zwar diejenigen, die für die Inhaber des jeweiligen Status spezifisch waren, nannte er Rolle. In diesem Sinne ist der oft in Einführungen zitierte Satz zu verstehen, Rolle sei der dynamische Aspekt des Status. Dies ist keine bloße Redewendung, sondern damit wurde ausgedrückt, was bei dem lockeren Sprachgebrauch in Vergessenheit gerät: Rolle meint Verhaltenserwartungen, die aus der sozialen Differenzierung folgen.

Diese Bedeutung von Rolle ist auch zentral bei F.NADEL. Er deutet die Funktion dieser "Rolle" genannten Systeme von Erwartungen als Vermittlung zwischen Individuum (im biologischen Sinne) und Gesellschaft. Durch Regelung des Verhaltens im Sinne von Rollen werden nach NADEL Imperative des Sozialsystems (wie etwa Fortpflanzung) zu individuellen Motivationen (z.B. Kinderwunsch). Auch in dieser Formulierung wird deutlich, daß mit Rolle solche Regelungen gemeint sind, die sozialstrukturelle Bedeutung haben. Dies ist ziemlich einfach abzugrenzen bei Sozialsystemen mit geringer Differenzierung. Schwieriger wird dies in hochdifferenzierten Gesellschaften - und doch sind es gerade die Besonderheiten dieser Gesellschaften, die zu Ersetzungen des Begriffs Verhaltensmuster durch den Begriff Rolle führten.

Die verschiedenen aus der Position eines Menschen folgenden Verhaltensregeln (oder zumindest Regelmäßigkeiten) bilden mit zunehmender sozialer Differenzierung keine widerspruchslose Konfiguration mehr. Mit der Kennzeichnung "Häusler" zum Beispiel konnte noch vor ca. 200 Jahren die Vorstellung eines durch verschiedene Lebensbereiche hindurch nach einheitlichen Bezügen geordneten Verhaltens verbunden werden. In einer hochdifferenzierten Industriegesellschaft nimmt ein jeder Erwachsener verschiedene Statūs ein, und einem jeden dieser Statūs ist eine Rolle als Regelung spezifisch für diesen Status zugeordnet. Je nachdem in welcher Situation sich ein Akteur befindet,kann eine andere Rolle adäquat sein.Entsprechend wird tatsächlich eine gewisse Distanz zum eigenen Verhalten in einer bestimmten Situation häufig. Dieser zum Teil bewußteren Verhaltenssteuerung - bewußter aufgrund der Notwendigkeit für den Akteur, die Eigenheiten der jeweiligen Situation korrekt zu erfassen - ist die distanzierende Bezeichnung "Rolle" für eine Beschreibung von regelhaftem Verhalten angemessen.

Insofern Akteure in hochdifferenzierten Sozialsystemen mehrere Statūs einnehmen, die jeweils nur für einen Ausschnitt ihres Lebens die Verhaltenserwartungen bestimmen, wird es tatsächlich schwieriger zu entscheiden, inwieweit Verhaltensmuster als Ausdruck von Struktureigenschaften gedeutet werden können. Dies ist selbstverständlich keine begriffliche, wohl aber eine empirische Problematik. Ein jedes Bündel von Verhaltensmustern kann eine Mischung von Regeln sein, die einen funktionalen Bezug zu irgendeiner Struktureigenschaft haben und solchen, die Ausdruck bloßer Traditionen oder Moden sind. Je rascher der soziale Wandel sich vollzieht, umso komplexer wird dieses Mischungsverhältnis - schon wegen des frühen Zeitpunktes, zu dem ein großer Teil aller Rollenerwartungen für den weiteren Verlauf des Lebens internalisiert wird. Die verbreitete unspezifische Verwendung von Rolle drückt diesen Sachverhalt aus. Für die Soziologie als einer speziellen Erfahrungswissenschaft ist es jedoch notwendig, den besonderen analytischen Charakter des Begriffs Rolle von dem deskriptiven Begriff des Verhaltensmusters getrennt zu halten.

3.Rolle und Sanktion

Die Abgrenzung von Rolle bleibt angesichts dieser Besonderheit von hochdifferenzierten Gesellschaften in konkreten Einzelfällen schwierig. Empirisch wurde unter anderem von N.GROSS versucht, Rolle durch Befragungen einzugrenzen, indem er die jeweiligen Mehrheiten für bestimmte Erwartungen zusammenstellte (N.GROSS et al., Explorations in Role Analysis, New York 1958). Selbstverständlich erhält man in einer hochdifferenzierten Gesellschaft für die meisten Sachverhalte keine Einheitsmeinung, sondern Ansichten, die nicht zuletzt je nach dem Status des Antwortenden anders ausfallen. Die Rolle Ehefrau wird beispielsweise in Westeuropa von Personen, die an der unteren Grenze des kulturell definierten Existenzminimums existieren, mit anderen Akzenten verbunden, als bei Angehörigen einer Oberschicht; die bäuerliche Bevölkerung setzt hier andere Akzente als Großstädter. DAHRENDORF benutzt diese Variationsbreite der tatsächlich zu ermittelnden Vorstellungen als Argument, die empirisch zu ermittelnden Erwartungen als Kriterium zu verwerfen: "Der Begriff (der Rolle) hat seine größte Fruchtbarkeit in der Soziologie, wenn wir annehmen, daß Rollenerwartungen in demselben Sinne gelten wie Gesetze. Nicht erfragbare Anerkennung, sondern faktische Sanktionierung ist der Maßstab."(R.DAHRENDORF in W.BERNSDORF: Wörterbuch der Soziologie, 2. Aufl. 1969, S.903). Non sequitur. Übrigens ist auch die tatsächliche Sanktionierung kein Kriterium dafür, was ein Gesetz ist!

Speziell in der deutschen Soziologie werden Sanktionen, die bei Verletzung von Rollenerwartungen ausgelöst werden können, als eigentliches Definiens der Rolle angesehen, zumindest aber als Ausdruck der strukturell wesentlichsten Aspekte von Rolle. Entsprechend heißt es bei DAHRENDORF: "Das Maß der Institutionalisierung sozialer Rollen, d.h. der Grad, zu dem ihre Vorschriften rechtlich sanktioniert sind, gibt uns einen Maßstab für die Bedeutung von Rollen für den Einzelnen wie für die Gesellschaft. Wenn es gelingt, die Schärfe verhängbarer Sanktionen zu quantifizieren, dann haben wir damit ein Maß, das die Einordnung, Kennzeichnung und Unterscheidung sämtlicher in einer Gesellschaft bekannten Rollen ermöglicht. (R.DAHRENDORF, Homo Sociologicus, 3. Aufl. 1961, S.28). Diese Gleichsetzung von Institutionalisierung und Rolle ist sicherlich viel zu eng, ja letztlich nur die Übertragung juristischer Perspektiven auf die Soziologie.

F.TENBRUCK weist zu Recht darauf hin, daß z.B. Heiraten und Kinderzeugen gewiß für den Bestand von Sozialsystemen von zentraler Bedeutung ist, und daß diese Erwartungen an das Verhalten eines Erwachsenen andererseits mit relativ geringen Sanktionen gestützt werden und - im Gegensatz etwa zu Verletzungen eines Parkverbotes - bei abweichendem Verhalten ohne rechtliche Sanktionen bleiben. Daraus folgt: Je selbstverständlicher ein Verhalten ist - weil es etwa durch biologische Triebe unterstützt oder durch frühe Sozialisation eingeübt wird - umso weniger bedarf es einer Sanktion, um die Akteure zum gewünschten Verhalten zu bringen. Während Kinderzeugen und -gebären nicht rechtlicher Sanktionen bedarf, wird im Kriege Fahnenflucht mit schweren Strafen belegt, um ein gar nicht "natürliches" Verhalten zu erzwingen, nämlich sich einer lebensgefährlichen Situation aussetzen. Aus Beobachtungen dieser Art folgt als Regel: Je weniger selbstverständlich die Motivation für ein erwartetes Verhalten beim Akteur vorausgesetzt werden kann, und je intensiver dieses Verhalten - aus welchen Gründen auch immer - von gesamtgesellschaftlichen Instanzen gewünscht wird, umso eher werden formelle Sanktionen festgesetzt. Die formellen Sanktionen sind also nicht nur - und oft nicht einmal in erster Linie - ein Indiz für die Bedeutsamkeit einer Regel, sondern sehr häufig Hinweis auf die mangelnde Selbstverständlichkeit eines Verhaltens.

Mindestens ebenso schwerwiegend ist die Verkürzung, Verhaltenskontrollen in der Furcht des Akteurs vor negativen Reaktionen zu verankern. In allen komplexen Gesellschaften sind Belohnungen häufiger als Bestrafungen. Die wichtigste der "Belohnungen" scheint die positive Emotion zu sein, die der Akteur selbst im Falle zureichender Rollenerfüllung empfindet. Eine solche Konzeption ist mit den Befunden der Psychoanalyse (vgl. das "Über-Ich" = Superego) und generell der klinischen Psychologie vereinbar. Eine Gesellschaft als komplettes Zwangssystem ist empirisch nicht vorstellbar und begrifflich nicht sinnvoll. Entsprechend ist auch der Sanktionsbegriff in der angelsächsischen Soziologie so weit gefaßt, daß er positive Sanktionen mit einschließt. Aber selbst wenn der Begriff Sanktion über die rechtlichen Sanktionen hinaus ausgeweitet wird und die positiven Belohnungen mit einschließt, bleibt er noch zu eng, um das an Leitbildern orientierte Verhalten von Rollenträgern zu definieren.

Positive Selbstbewertungen und die Erwartungen einer positiven Fremdbewertung werden wesentlich abgeleitet aus der Vorstellung, einem Anspruch genügt zu haben. So verstanden ist die Rolle vornehmlich nicht etwas von außen der Person Zugemutetes, sondern Teil der personalen Identität. Positive Gefühle zwischen Akteuren - insbesondere zwischen solchen, die sich nicht dauernd aufeinander angewiesen definieren - beruhen wesentlich auf der gegenseitigen Anerkennung bei rollengerechtem Verhalten. (Vgl. z.B. die positiven Gefühle zwischen Menschen, die sich bei geschäftlichen Transaktionen oder auf dem Sportfeld oder in einer gesellschaftlichen Situation "rollengerecht" verhalten). In diesem Sinne ist auch die von PARSONS vertretene Vorstellung zu deuten, daß Rollen interaktiv zu verstehen sind - eben als Austausch positiver Gefühle bei einem den Erwartungen entsprechenden Verlauf der Sozialbeziehungen. Einschränkend ist allerdings anzumerken, daß dieser Akzent auf Austausch positiver Bewertungen als Steuermechanismus sich eher auf Situationen bezieht, in denen übereinstimmende Definitionen und oft instrumentale Aspekte vorherrschen.

Schließlich ist bei all den Soziologen, die mehr oder weniger eng an DURKHEIMs Konzeption von Norm versus Anomie (ungefähr: Normlosigkeit) orientiert sind, die Funktion der Sanktion enger gefaßt, als es den zu erklärenden Sachverhalten angemessen ist. Zumindest in pluralistischen Gesellschaften kann negativ sanktioniertes Verhalten fortbestehen (z.B. Konkubinate, Arbeitsscheu, Verschuldung), ohne daß die Sanktionen fortwährend bis zu einem Punkte gesteigert würden, von dem ab wieder konformes Verhalten einsetzt. In diesen Gesellschaften haben Sanktionen zu einem erheblichen Teil nur die Funktion von "Kosten" für unerwünschtes Verhalten.

Das Verständnis des Rollenbegriffs ist in Deutschland durch vor-soziologische Orientierungen erschwert. Ein Beispiel für die sich hieraus ergebenden Schwierigkeiten ist der von DAHRENDORF konstruierte "Homo Sociologicus". Ihm setzt er die Konzeption der "sozialen tabula rasa des rollenlosen Menschen" entgegen und spekuliert, "ob der Mensch in der Lage wäre, sein gesamtes Verhalten (!) ohne die Assistenz der Gesellschaft selbst schöpferisch zu gestalten". Redivivus das deutsche humanistische Gymnasium, das "schöpferische Existenz" - was immer das heißen mag - in Isolierung von oder im Widerspruch zur Gesellschaft darstellte. Die Soziologie wäre dann die Disziplin von der Uneigentlichkeit des Menschen. So heißt es bei DAHRENDORF:"Der Soziologe beschreibt den Menschen als ein Aggregat von Rollen und nimmt unversehens (!) für sich in Anspruch, damit das Wesen des Menschen (!) gültig entdeckt zu haben."

Das tut nun eine Soziologie als Erfahrungswissenschaft mitnichten. Die Frage nach dem Wesen des Menschen stellt sich für die Sozialphilosophie und nicht für eine strukturell-funktionale Soziologie. Letztere versucht durch deskriptive und analytische Begriffe (und Rolle zählt zu den letzteren) eine vermutete Realität möglichst aussagekräftig zu erfassen. Diese für die Rollentheorie vermutete Realität ist die Vorstellung von der Ursprünglichkeit der sozialen Geformtheit des biologischen Wesens Mensch und die Konstituierung von Individualität als partieller Widerspruch bzw. Variation um Normen oder Erwartungen. Dabei wird als Voraussetzung für jedes Sozialsystem verstanden, daß sich die große Mehrzahl aller Inhaber von Positionen (bzw. Angehörige von Kategorien) mit ihren Positionen identifizieren und sich in der Mehrzahl aller Interaktionen nur innerhalb bestimmter - kulturell allerdings verschieden breit definierter - Spannweiten den Erwartungen entsprechend verhalten. Die empirisch zu ermittelnde Variabilität von Erwartungen ist dann kein Einwand gegen die Anwendbarkeit des Rollenbegriffs, sondern eine aus strukturellen Besonderheiten von hochdifferenzierten Gesellschaften folgende Eigenschaft. Hier sind dann beides Elemente zur Charakterisierung von Rollen: Zentrale Erwartungen und Variationsbreite um diese Zentralität.

Die Problematik des Rollenbegriffs, wenn er zu Analysen in hochdifferenzierten Gesellschaften benutzt wird, ist anderer Art, als dies in der sogenannten deutschen Rezeption des Rollenbegriffs dargestellt wird. Diese Diskussion über das Rollenverständnis von R.DAHRENDORF ist weitgehend nur nützlich, um in der Kritik an DAHRENDORF einem Nichtsoziologen die besondere Schauweise der Soziologie zu verdeutlichen. Ansonsten ist diese Erörterung, ob Rolle durch standardisierte Erwartungen oder durch Normen unabhängig von empirisch vorfindbaren Erwartungen zu definieren sei, oder ob am Rollenbegriff (wie DAHRENDORF meint) eine besondere Tragik der conditio humana zum Thema werde, für die soziologische Theorie eine Sackgasse. Das problematische Thema ist nicht die Standardisierung von Verhalten - also eine Selbstverständlichkeit - sondern der Begriff der Rolle als Komplement zum Begriff des Status.

4. Die Problematik des Begriffs "Status"

Bereits weiter oben wurde darauf verwiesen, daß die Regelhaftigkeiten, die in der Soziologie mit dem Begriff der Rolle gemeint sind, als Ausdruck des Status einer Person verstanden werden. Umgekehrt formuliert: Durch Status soll bestimmt sein, welcher Teil der Regelhaftigkeiten den Komplex "Rolle" bildet. Was Status ist, das ist jedoch durch Eigenheiten hochdifferenzierter Sozialsysteme nicht mehr einfach zu bestimmen. Auch ohne dies ist der Begriff Status wegen seiner unterschiedlichen Verwendung in der Soziologie unschärfer, als dies in den üblichen Definitionen zum Ausdruck kommt. Dies ist ein Beispiel für eine solche Definition: "Sozialer Status (ist) eine Position in einer sozialen Gruppe oder einer Gesellschaft". (H.P.FAIRCHILD: Dictionary of Sociology, 1944,S.293) Die folgende Definition kann als repräsentativ angesehen werden (G.HARTFIEL: Wörterbuch der Soziologie, 1972, S.624):

Def.: "Status (ist die) soziale Lage, die Position einer Person, die sie im Hinblick auf bestimmte sozial relevante Merkmale im Verhältnis zu anderen Personen einer Gesellschaft einnimmt."

In dieser Definition sind bereits zwei nicht einfach gleichzusetzende Bedeutungen von Status miteinander verbunden: Status als Bezeichnung für sozialen Rang und Status als Position in einer Struktur. Nur wenn die Positionen, die Verhalten strukturieren, zugleich auch die Rangordnung eines Sozialsystems bedeuten, ergeben sich aus dieser Doppelbedeutung von Status keine Unklarheiten.

Die Bezeichnung Status ist aus der englischen Sprache übernommen worden, und im Englischen wurde sie wahrscheinlich zuerst durch Rechtsphilosophen in die Sozialwissenschaften eingeführt (vgl. Encyclopedia of the Social Sciences, 1934, Bd.14, S.373; und: A Dictionary of the Social Sciences, 1964, S.692 ff.). Mit Status war zunächst die sich aus der Position eines Individuums ergebende Kombination von Rechten und Pflichten gemeint, wobei als Typ von Gesellschaft traditionelle Ordnungen wie die der ständischen Gesellschaft unterstellt wurden (so H.S.MAINE, Ancient Law, 1876). Obgleich dieser Bezug auf einen rechtlichen Terminus in der amerikanischen Soziologie schon bald zurücktrat, gilt dies nicht für die Orientierung an einem ständestaatlichen Modell. Bezeichnend hierfür ist, daß die Gegenüberstellung von Stand und Klasse bei MAX WEBER in der amerikanischen Literatur als "status" im Unterschied zu "class" übersetzt wurde (so von R.BENDIX); dabei stand für die Übersetzung von Stand durchaus ein Terminus, nämlich estate, zur Verfügung.

Status als die übergreifende Bezeichnung für unterschiedlich begründete Arten von Rangposition in einem Sozialsystem - innerhalb einer Gesamtgesellschaft ebenso wie innerhalb einer Gruppe (vgl. das Dictionary of Sociology) - wird inzwischen mit dem Begriff der Schichtung (stratification) verbunden. Ein Beispiel für diese Verwendung von Status als Synonym von Rang ist die folgende Begriffsbestimmung: "Die Lage eines Menschen in Gliederungen, mit deren Differenzierungen sich Unterschiede sozialer Wertschätzung verbinden, soll Status heißen" (R.KÖNIG, Fischer-Lexikon "Soziologie", 2.Aufl. 1967, S.268). Status in dieser Bedeutung - und mit den damit verbundenen weiteren Differenzierungen dieses Begriffs - wird noch näher zu behandeln sein im späteren Kapitel über soziale Schichtung (Band II).

Die Verknüpfung der Begriffe Status und Rolle geht auf R.LINTON (The Study of Man, 1936, speziell S.113-114) zurück. Sein Anschauungsobjekt waren insbesondere schriftlose Gesellschaften. In diesen wenig differenzierten Gesellschaften kennzeichnet tatsächlich der Status als Bündel von Rechten und Pflichten gleichzeitig die Position in der Rangordnung dieser Sozialsysteme und ist Bezugspunkt für die allgemeine Strukturierung von Verhalten. In der weiteren Ausführung des Rollenbegriffs liegt dann bei LINTON der Akzent auf Status als einer Position, mit der ein integrierter und zugleich von Inhabern anderer Positionen verschiedener Satz von Verhaltensregeln verbunden ist. Dem Status "Jungmann" (also unverheirateter, aber als Erwachsener definierter junger Mann) sind Verhaltensregeln zugeordnet, die sein Verhalten in fast allen Lebensbezügen unterschiedlich von dem eines Familienvaters werden lassen; in diesen Sozialsystemen gibt es eben keine diese Unterschiede in vielen Situationen überdeckende allgemeine Kategorie wie z.B. "Arbeitnehmer".

An diesem Sprachgebrauch bei R.LINTON orientiert sich auch die Soziologie, wenn allgemein die Begriffe Status und Rolle erörtert werden. Wird jedoch der Begriff Rolle in heutigen hochdifferenzierten Gesellschaften konkret angewandt, so ändert sich der Begriffsinhalt; der Bezug von Rolle zu Status wird undeutlich. Soziologen finden es jetzt durchweg nützlich, von der "Rolle der Frau" zu sprechen - aber kann der Begriff Status auf die Kategorie Frau ebenso angewandt werden, wie auf die Kategorie Mutter oder Jungmädchen, oder erst recht auf eine Kategorie wie Stammesältester? In hochdifferenzierten Gesellschaften wird durch die mit der Kategorie Frau verbundenen Regelhaftigkeiten das Verhalten nur in einer Reihe von Situationen geformt; sonst folgen aus der Stellung als Arbeitnehmer oder Hausfrau, der Eigenschaft 'unverheiratet' oder der Zugehörigkeit zu einer sozialen Schicht, spezifische Regelhaftigkeiten des Verhaltens.

Dieser Sachverhalt wird in der Begriffsdiskussion verschiedentlich noch berücksichtigt. Es wird dabei gewöhnlich unterstellt, daß zwar eine Person mehr als einen Status haben mag, diese verschiedenen Statūs aber an einem Zentralstatus orientiert sind; dieser Zentralstatus wird dann öfters so behandelt, als ob es sich um Status im Sinne der Positionen in wenig differenzierten Gesellschaften handelte. Für differenzierte Sozialsysteme, und erst recht für moderne Industriegesellschaften, ist diese Unterstellung eindeutiger Konfigurationen von Statūs nicht gerechtfertigt. Das Nebeneinander verschiedener Statūs ist eine Struktureigenschaft eben dieser Sozialsysteme - und wenn der Begriff der Rolle Regelhaftigkeiten als Ausdruck von

Struktureigenschaften abbilden soll, dies wiederum durch die Verknüpfung von Rolle und Status erreicht werden soll, dann muß geklärt werden, was denn als Status abgegrenzt werden soll.

In Lehrbüchern ist die Formel "Rolle ist der dynamische Aspekt von Status" üblich, um die Beziehung zwischen Rolle und Status auszudrücken. Diese Formel hilft wenig, wenn Meinungsverschiedenheiten darüber auftreten, ob für einen Komplex von Verhaltensregeln sinnvoll noch von Rolle gesprochen werden soll. Ist es nützlich, in gleicher Weise von der "Rolle des Priesters", der "Rolle des Verkehrsteilnehmers", der "Rolle des Mannes" zu sprechen? Hier werden offensichtlich sehr verschiedenartige und verschieden breite Regelhaftigkeiten mit dem gleichen Wort bezeichnet. Die sich hieraus ergebenden Schwierigkeiten versuchen viele Autoren durch die Erfindung von Taxonomien für Rolle zu überwinden (z.B. erworbene vs. zugewiesene Rollen, oder totale vs. spezielle Rollen). Solche ad hoc-Kategorisierungen scheinen praktisch nützlich zu sein, sind aber doch theoretisch suspekt; hiermit wird terminologisch das Fehlen eines guten Kriteriums für die Abgrenzung von Rolle überspielt.

Trotz dieser heutigen Unklarheiten wäre es dennoch ein Verlust, wollte man durch Aufgabe der Verbindung von Rolle mit Status diesen Schwierigkeiten entgehen: Erst durch die Bindung des Rollenbegriffs an sozialstrukturelle Eigenschaften wird Rolle mehr als eine beschreibende Kategorie für beobachtbare Regelmäßigkeiten.

In der praktischen Forschung wird diese Problematik des Rollenbegriffs ausgeklammert, indem jede Eigenschaft kategorialer Art von Personen, die Verhalten in mehreren Situationen komplexhaft (d.h. aufeinander bezogen) regelt, als Indikator für "Status" benutzt wird. Diese Aussage beschreibt ein Verhalten von Soziologen, ist jedoch dann langfristig kein Ersatz für eine weitere theoretische Klärung des Rollenbegriffs, falls dieser als Mittel der Analyse von Sozialstrukturen benutzt wird.

5. Rolle II: Rollentheorie

1. Rollenkonfigurationen und Verhaltensstile

Der Rollenbegriff wird heute überwiegend zur Analyse konkreten Verhaltens benutzt. Hierfür ist es notwendig, über eine differenziertere Begrifflichkeit zu verfügen. Status im Sinne von Rang ist in diesem Zusammenhang kein Thema. Für die Soziologie der 50er und 60er Jahre ist diese Begrifflichkeit mindestens ebenso zentral geworden, wie es früher die Lehre von der sozialen Gruppe war.

Grundlegend für diese Differenzierung waren Arbeiten von ROBERT K.MERTON und seinen Schülern. Die erste allgemein akzeptierte Version dieser Differenzierungen geht von dem soeben erwähnten Sachverhalt aus, daß in hochdifferenzierten Industriegesellschaften die Erwartungen an den Inhaber einer Position bzw. für die Zugehörigen zu einer Kategorie ganze Komplexe von Verhaltensregeln umfassen; diese differieren zudem je nach dem Kreis der Interaktionspartner in einer bestimmten Situation. Dem sollte der von R.K.MERTON in die Literatur eingeführte Begriff <u>Rollensatz</u> (role set) Rechnung tragen (vgl. Social Theory and Social Structure, 2.Aufl., S.368 ff.). Mit Rollen-Satz meint MERTON "diejenige Kombination von Rollen-Beziehungen, welche Personen wegen ihrer Zugehörigkeit zu einem besonderen sozialen Status haben"(S.369). MERTON begründet diese Begrifflichkeit, indem er LINTON dafür kritisiert, dieser habe jedem spezifischen Status nur eine einzelne charakteristische Rolle zugeordnet; dagegen habe TH.NEWCOMB bereits "klar gesehen, daß jede Position in einem System von Rollen mehrfache Rollen-Beziehungen zur Folge hat". (Das ist übrigens eigentlich ein anderes Problem, nicht nur eine andere Realität, als bei LINTON).

Der gleiche Sachverhalt kann begrifflich anders erfaßt werden: Der für differenzierte Gesellschaften charakteristischen Vielfalt der Verhaltenserwartungen wird nicht durch die Zuordnung mehrerer Rollen zu einem Status Rechnung getragen (MERTONs Lösung), sondern die Gleichung Rolle - Status wird wie bei LINTON beibehalten. MERTON sieht zwar die Konzeption des Status durchaus pluralistisch (jedes Individuum ist Träger mehrerer Statūs = "status - set"), differenziert aber bereits auf der Ebene des einzelnen Status nach verschiedenen zugehörigen Rollen ("role - set"). In unserem Ansatz wird die Vielfalt und Widersprüchlichkeit der Verhaltenserwartungen begrifflich als Kombination von Rollen bezüglich verschiedener, diesen entsprechender Statūs abgebildet. Dieser Ansatz, der anschließend genauer ausgeführt wird, sei Rollenkonfiguration genannt; der Komplementärbegriff heiße Statuskonfiguration. Beide Begrifflichkeiten - Rollensatz (MERTON) und Rollenkonfiguration (SCHEUCH) - wollen den gleichen Sachverhalt der Widersprüchlichkeiten von Erwartungen lediglich auf andere Weise fassen.

Def.: Rollenkonfiguration (bzw. Statuskonfiguration) soll sein die Kombination der für einen Akteur (= Ego) geltenden Rollen (bzw. Statūs).

So kann die von Ego in einer hochdifferenzierten Gesellschaft zu beachtende Konfiguration von Erwartungen in Übereinstimmung mit dem Kategoriensystem des alltäglichen Handelns gekennzeichnet werden als Rollenbündel in Anlehnung an die Status: Mann, Vater, Vertreter, Vereinsmitglied, Katholik, Städter, Staatsbürger, Anhänger der Partei X. Diese Bezeichnungen beziehen sich nun auf Kollektiva und Kategorien sehr verschiedener Kohäsion und Partikularität der Bindungen: Sie reichen von Gruppen im engeren Sinne zu Quasi-Gruppen hohen Abstraktionsgrades. Kriterium für die Abgrenzung dessen, was als Status abzugrenzen ist, soll einmal das Kategorienschema des alltäglichen Handelns und zum anderen die relative interne Widerspruchslosigkeit eines Satzes von Erwartungen sein.

Graphisch läßt sich der hier angesprochene Sachverhalt wie

folgt darstellen:

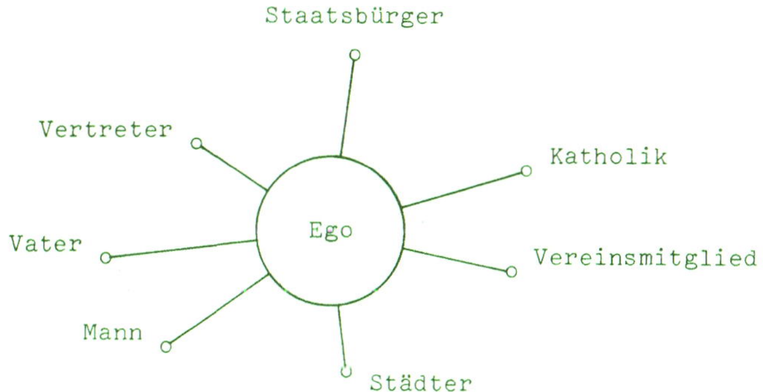

Die mit diesen einzelnen Rollen verknüpften Erwartungen können teilweise miteinander vereinbar sein, werden aber einander oft sehr widersprechen. Ein Beispiel: Die Rolle Vater impliziert Reserve gegenüber allen Frauen mit Ausnahme der Ehefrau; die Rolle Mann impliziert demgegenüber selbst in unserer Kultur ein Minimum an Ansprechbarkeit gegenüber anderen Frauen. Selbstverständlich könnte versucht werden, die mit dem Status "Vater" verbundenen Erwartungen begrifflich als eine situationsspezifische Einengung der Variationsbreite von Erwartungen im Zusammenhang mit dem Status "Mann" zu erfassen. Allerdings widersprechen sich die Erwartungen selbst an die Inhaber von zwei so eng verwandten Status wie Mann und Vater etwa im Freizeitverhalten oder im Konsumstil so sehr, daß diese unterschiedlichen Kombinationen von Erwartungen zweckmäßiger begrifflich als zwei verschiedene Rollen erfaßt werden. Die Widersprüche zwischen den Rollen werden dann begrifflich als "Rollenkonflikt" erfaßt.

Def.: Rollenkonflikt seien die Widersprüche zwischen Verhaltensregeln genannt, wenn diese aus verschiedenen Rollen der gleichen Person folgen.

Rollenkonflikte treten schon bei geringeren Graden der Differenzierung auf als denen, die für heutige Industriegesellschaften kennzeichnend sind. Die Autoren von Schauspielen in Europa bezogen früher einen erheblichen Teil ihrer Stoffe aus Konfliktsituationen, in denen die dramatis personae darüber stritten, welcher Rolle (bzw. welchem Satz von Regeln) die höchste Wertigkeit zukäme (Vater oder König? Gatte oder Krieger? Tochter der Kirche oder Liebende?). Die Dichter setzten jedoch charakteristischerweise voraus, daß alle Menschen guten Willens bzw. von richtiger Einsicht sich wenigstens prinzipiell auf eine solche Wertigkeit zwischen widersprüchlichen Anforderungen einigen könnten. Auch in hochdifferenzierten Gesellschaften wird diese Möglichkeit, Anforderungen auf einen zentralen Bezug hin der Wertigkeit nach ordnen zu können, für manche Kategorien von Personen unterstellt; Beispiele sind Priester und Berufsoffiziere. Es sind dies aber bezeichnenderweise solche Berufe, deren Selbstverständnis sich mit den zentralen Werten und den Struktureigenschaften moderner Gesellschaften nicht gut vereinbaren läßt. Für die Mehrzahl aller Statūs und aller Personen moderner Industriegesellschaften fehlen solche allgemeinverbindlichen zentralen Bezüge.

Die besondere Problematik der Rollenkonflikte in hochdifferenzierten Sozialsystemen ergibt sich aus dem (überwiegenden) Fehlen übergeordneter Bezüge, wenn zwischen den Akteuren Uneinigkeit über die Rangordnung von sich widersprechenden Anforderungen hinsichtlich ihrer Wertigkeit besteht. Es ist dann meist wenig sinnvoll für die Akteure, unterschiedliche Vorstellungen über "letzte" Werte auszutauschen. Eine Möglichkeit der Ordnung von sich widersprechenden Regelkomplexen ist es, Machtunterschiede geltend zu machen; eine andere und häufigere ein Kompromiß. Beide Lösungsmöglichkeiten sind für mindestens einen der Akteure unbefriedigend. Aus diesen Struktureigenheiten folgt als für solche Gesellschaften typisch eine Strategie, die _situationsspezifisches Verhalten_ genannt sein soll. Beispiele: Bei der Interaktion zweier

Rolleninhaber, etwa Vertreter - Geschäftsmann, begegnen sich Personen, deren Rollenkonfigurationen unterschiedlich sind; diese Unterschiedlichkeiten außerhalb der Arbeitssituation sollen gegenüber der Gemeinsamkeit der beruflichen Aufgabe zurücktreten. In einer pluralistischen Gesellschaft würden Gespräche über Politik und Religion in die Gemeinsamkeit der Arbeitssituation ein trennendes Element einführen. Besteht nun ein Mitglied des Arbeitsteams darauf, eine der Situation externe Besonderheit geltend zu machen, ist er etwa als Zeuge Jehovas permanent um die Verbreitung seiner Überzeugung bemüht, so wird dies je nach Intensitätsgrad des Verhaltens als Schrulle oder Fanatismus bewertet. Versucht ein Büroangestellter der Rolle Familienvater auch während der Arbeitssituation Priorität zu verschaffen, so wird das als Rollenverletzung, zumindest aber als Verschrobenheit gewertet. Während eines Fußballmatches finden sich Personen unterschiedlichster Lebensbedingungen zu einer "aktuellen Masse" zusammen - und sortieren sich nach Beendigung der Situation "Fußballplatz" wieder nach neuen Gemeinsamkeiten.

Zur Verdeutlichung sei als Folge im Wandel der dominanten Situationen eine Veränderung der Abfolge von Prioritäten dargestellt:

Dominante Situation:	Familie ⟶	Büro ⟶	Verein
Hypothetische Reihenfolge der Absättigung (Rang) von Rollenverpflichtungen:	1.Vater	1.Angestellter	1.Vereinsmitglied
	2.Mann	2.Mann	2.Mann
	3.Katholik	3.Bürger	3.Angestellter
	4.Angestellter	4.Vater	4.Bürger
	5.Bürger	5.Vereinsmitglied	5.Vater
	6.Vereinsmitglied	6.Katholik	6.Katholik

An dieser Übersicht läßt sich die kennzeichnende Eigenschaft des situationsspezifischen Verhaltens aufzeigen: Die für die jeweilige Situation externen Eigenschaften sollen nur als zusätzliche Eigenschaften wirksam werden; die für die jeweilige Situation spezifischen Erwartungen sollten durch solche "privaten" Externa nicht gestört werden.

Und doch ist eine völlige Vernachlässigung von (der Situation) externen Eigenschaften nicht möglich. Sind nun einmal die Ressourcen des einzelnen Akteurs an Zeit, Energie und Geld begrenzt, dann kann und muß in jeder Situation irgendwann einmal geltend gemacht werden, eine andere Rolle erfordere vorübergehend, daß die Erwartungen, die mit der für die Situation zentralen Rolle verbunden sind, unvollkommener als normal erfüllt werden. So wird eine akute Familienkrise als Erklärung hingenommen, daß ein Akteur sich vorübergehend im Beruf nicht wie üblich engagieren könne; oder eine Chance beruflichen Aufstiegs kann als Erklärung dienen, nun könne man seinen Pflichten als Vereinsmitglied nur noch nominell nachkommen.
Allerdings sind die Kriterien dafür, wann jeweils eine sonst der Situation externe Eigenschaft Vorrang haben kann, oft unklar, so daß es auch bei situationsspezifischem Rollenverhalten immer wieder zu Konflikten kommt. Die Loyalität als Parteimitglied mag für einen Behördenleiter erfordern, bei einer Neueinstellung einem von der Zentrale empfohlenen Parteigenossen selbst bei geringerer fachlicher Qualifikation den Vorzug vor anderen Mitbewerbern zu geben. Diese Ämterpatronage - obgleich an sich die Eigenschaft "Parteimitglied" während des Berufs "Privateigenschaft" bleiben sollte - wird heute zunehmend akzeptiert. Frage: Bis zu welchem Grad an Minderqualifikation darf der Behördenleiter seinem Parteigenossen den Vorzug geben? In den unterschiedlichen Standards der Parteizentrale und der Behördenmitglieder spiegeln sich Verschiebungen in den Abgrenzungen von Institutionen und Bereichen der Gesellschaft. So sind gerade diese Arten von Rollenkonflikten, die typischerweise als höchst persönliches Dilemma erlebt werden, Reflektionen von Makro-Prozessen. Entsprechend kann aus der Häufigkeit und Art solcher Legitimi-

tätskonflikte auf der Mikroebene auf Makroprozesse geschlossen werden.

Die der Existenz in einer hochdifferenzierten Gesellschaft entsprechende Lebenskunst kann als "Minimalisierung von Rollenverletzungen" gekennzeichnet werden. Eine Rolle komplett ausfüllen, hieße bei dem Bestehen einer komplexen Rollenkonfiguration sehr schwere Verletzungen anderer Rollen in Kauf nehmen. Aus diesem Wechsel der Rangordnungen in der Absättigung einander widersprechender Rollenverpflichtungen mit der Tendenz, alle die Gemeinsamkeit einer Situation störenden Faktoren auszuschließen, ergibt sich wahrscheinlich eine generell größere Distanz zu den eigenen Rollen. Diese Tendenz ist besonders groß bei Personen mit allgemein hohen Prestigepositionen und entsprechend komplexeren Rollenkonfigurationen. Eine Reaktionsweise auf diese Strukturbedingung wurde von ERVING GOFFMAN Rollendistanz (role distance) genannt: Das Ausfüllen von Erwartungen bei gleichzeitigem Aussenden von Signalen, daß sich der Akteur mit seiner Rolle nicht voll identifiziert.

Das mit dem Begriff Rollendistanz angesprochene Realphänomen, das tatsächlich ein größeres Maß an Disponibilität in der Ausfüllung von Rollen mit einem hohen Grad an Unsicherheit verbindet, dürfte Voraussetzung dafür sein, daß ein weitverbreiteter Widerspruch zwischen den eigenen Wünschen und den Erwartungen empfunden wird. Eine reale Veränderung - Verringerung des Rollendrucks - wird emotional genau umgekehrt bewertet. DAHRENDORFs Darstellung der Rolle als Widerspruch zum spontanen Menschen, sowie GOFFMANs Vorstellungen über Leben als Theaterspiel (von ihm übrigens als Metapher relativiert!) spiegeln diese Veränderungen in den Empfindungen (bei geringerem tatsächlichem "Zwang") wider. Hinzu kommt, daß Rollentraining - und generell der Prozeß der Sozialisation - älteren Existenzbedingungen entsprechend an absoluter Erfüllung von Rollenerwartungen orientiert ist; die Kunst des permanenten "nichts-ganz-richtig-aber-auch-nichts-ganz-falsch-tun" wird dann gegen Abschluß der Adoleszenz als Anpassungskrise an die Erwachsenenwelt in der Form individueller Lernprozesse für "pragmatisches Verhalten" vermittelt.

Eine Vereinheitlichung der Rollenkonfiguration ist heute nur möglich, wenn das Leben unter einer Leitidee integriert ist: etwa als engagierte Religiosität, als komplette Identifizierung mit einer politischen Vision oder als randseitige Existenz (wie als Playboy). Alle diese personell integrierten Existenzformen führen aber tendenziell zur Desintegration von der Gesamtgesellschaft. In einer pluralistischen Gesellschaft kann die wechselnde Allianz von Personen mit lediglich situationsspezifischen Gemeinsamkeiten als funktionales Äquivalent für die heute nicht mehr allgemein existierenden übergreifenden Leitideen begriffen werden. So verstanden läßt sich mit den Konzeptionen der Rollenkonfiguration und der Strategie situationsspezifischer Gemeinsamkeiten sowohl die jeweils kurzfristige Anfälligkeit pluralistischer Gesellschaften gegenüber Ideologien mit totalem Erklärungsanspruch, wie auch die schließliche Resistenz gegenüber wirklichen Erfolgen solcher Ideologien erklären. Und mit diesem Ansatz ist auch eine andere Erklärung des Gefühls der Entfremdung als bisher üblich möglich - nämlich Entfremdung als Reaktion auf die Distanz zur eigenen Existenz als Folge des Wechsels im situationsspezifischen Verhalten.

2. Personensätze und Verkehrskreise

Eine jede Rolle bringt einen Akteur mit einer anderen Konstellation von Personen zusammen. Diese Konstellationen von Personen sind das Gegenstück zur Rollenkonfiguration. Zwar wird eine solche Konstellation von den Akteuren als etwas höchst Persönliches erlebt, aber die Zusammensetzung solcher Personenkreise in bezug auf die kategorialen Eigenschaften der Personen ist eine Folge von Struktureigenschaften. Dies soll durch den Begriff des Personensatzes (hier in leichter

Abwandlung der Bedeutung des Terminus bei MERTON definiert) durchsichtiger werden.

Def.: Personensatz sei die Summe der Akteure genannt, mit denen Ego aufgrund seiner Rollenkonfiguration interagiert.

Je höher der Differenzierungsgrad einer Gesellschaft, umso verschiedener werden die Personensätze der Akteure. Dabei gilt als Regel: Je funktional diffuser eine Beziehung zwischen Personen ist, umso eher decken sich tendenziell ihre Personensätze. Unterschiede zwischen den Personensätzen von Partnern in einer Interaktion sind ein Element der Verstärkung der Distanz, Überdeckung der Personensätze ein Element der Kohäsion.

Charakteristisch für untere soziale Strata in vorindustriellen Gesellschaften ist eine hohe Übereinstimmung in den Personensätzen. Anders die Situation in heutigen Industriegesellschaften. Anders formuliert: In der Heterogenität der Personensätze sowohl für Ego selbst als auch zwischen Interaktionspartnern, spiegelt sich der Differenzierungsgrad einer Gesellschaft. Je differenzierter (industrialisierter) eine Gesellschaft, desto geringer ist die Wahrscheinlichkeit der Übereinstimmung der Personensätze zweier Partner. Zur Illustration dieses Sachverhalts seien in der folgenden Graphik die Personensätze und Rollenkonfigurationen eines Ehepaars in einem Dorf vor ca. 200 Jahren und in einer heutigen Großstadt auf idealtypische Weise miteinander kontrastiert:
Wie aus dieser Graphik deutlich werden soll, überdecken sich in der Situation der Industriegesellschaft die Personensätze von Mann und Frau vorwiegend in der Freizeit, sind jedoch spezifisch für die Zeit, in der die Partner ihre zentralen funktionalen Rollen ausfüllen.

Von diesen Überlegungen ausgehend entwickelte EDUARD LAUMANN die Konzeptionen der "offenen" und der "geschlossenen" sozialen Netzwerke (Bonds of Pluralism, New York 1973). "Netzwerk" ist dabei gleichbedeutend mit der hier entwickelten Konzeption

VORINDUSTRIELLE SITUATION

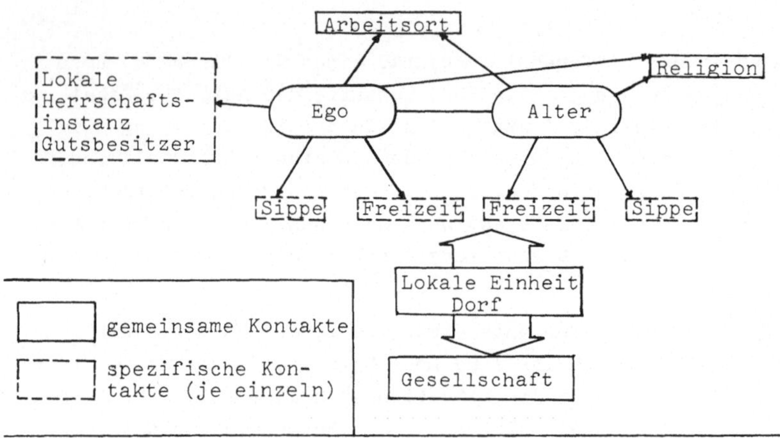

INDUSTRIEGESELLSCHAFT

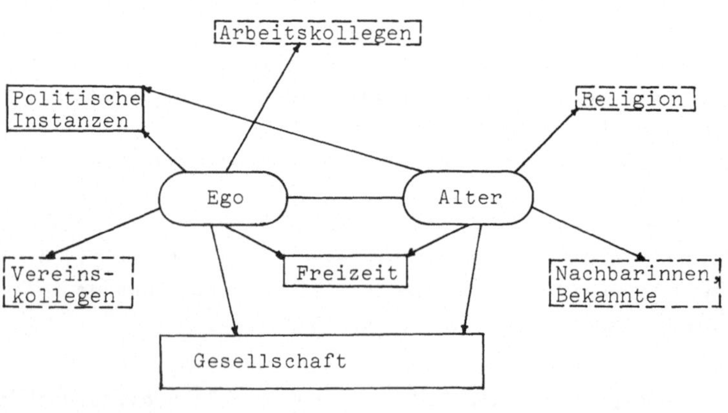

des Personensatzes. Bei "offenen" Netzwerken sind je nach Lebensbereich die Personensätze spezifisch für dieses Segment des Lebens. "Geschlossen" heißen Netzwerke, wenn Ego bei seinen verschiedenen Aktivitäten innerhalb des gleichen Personen satzes zirkuliert. Letzteres ist selbst in allgemein hoch differenzierten Gesellschaften für Gruppen in Ghetto-Situatio nen charakteristisch (z.B. Slum-Bewohner; Angehörige der "high society").

Es konnte von LAUMANN empirisch belegt werden, daß Angehörige geschlossener Netzwerke als Individuen sozial wenig beweglich sind; ein beruflicher Aufstieg würde ja eine Vielzahl menschlicher Beziehungen gleichzeitig stören, ein Parteiwechsel würde auch private Freundschaften beeinträchtigen. Demgegenüber sind individuelle Veränderungen umso weniger "kostspielig" für die Netzwerke des Alltags, je "offener" diese sind. Die Art der Personensätze bzw. Netzwerke erlaubt damit Prognosen über die Art von Veränderungen im sozialen Standort. Hiermit ist beispielsweise auch zu erklären, warum selbst bei weitreichenden Programmen sozialer Hilfe integrierte Slums normalerweise kurzfristig nicht aufzulösen sind.

3. Zentrale und periphere Rollenelemente

"Rollen" umfassen sehr unterschiedlich viele Regelungen (bzw. Erwartungen) für Verhalten. Für die Rolle Betriebsleiter wird nicht nur erwartet, daß ihr Inhaber einen Satz technischer Fähigkeiten beherrscht, sondern daß er sich auch im Umgang mit Betriebsfremden auf den jeweiligen Partner einstellen kann und daß er bestimmte Regeln für Kleidung einhält. Es ist seinen Kollegen und Vorgesetzten nicht einmal gleichgültig, ob er einem Nudistenverein oder einer extremistischen politischen Organisation angehört oder ein altes 2-CV Auto fährt. Demgegenüber ist es heute (vor etwa 60 Jahren war dies noch nicht so!) dem Betrieb gleichgültig, ob ein angelernter Arbeiter einer puritanischen Sekte oder einem Nudistenverein angehört, ob er außerhalb des Betriebes politisch extremistische Ansichten vertritt, wie er wohnt und ob er die disponiblen Teile seines Einkommens für einen gebrauchten Sportwagen oder einen Volkswagen verwendet. Nicht gleichgültig ist es für die Rollenerwartungen (wenngleich die Sanktionen nicht offiziell sind), ob der angelernte Arbeiter in den Arbeitspausen "Frankfurter Allgemeine Zeitung" liest und der Betriebsleiter auf sichtbare Weise die "Bildzeitung". In beiden Fällen gehen in die Rollenerwartungen Elemente ein, die an sich für die technische Fähigkeit zur Erfüllung der Arbeitsaufgabe irrelevant oder peripher sind; die Zahl der Regelungen, die mit der Berufsrolle verbunden sind, ist jedoch sehr unterschiedlich.

Um diesen Sachverhalt begrifflich zu fassen, führte ALEX WEINSTOCK (ein Schüler von R.MERTON) 1963 den Begriff Rollenelement ein. Rollenelement ist definiert als die konkrete Verhaltensvorschrift innerhalb einer Rolle bzw. die spezifische Verhaltenserwartung gegenüber dem Inhaber eines Status, die ihm von dem für eine Situation (!) relevanten Teil des Personensatzes entgegengebracht wird. Damit ist der Begriff Rolle gegenüber dem ursprünglichen Verständnis umdefiniert zu einem Kompositum, oder - um eine Analogie aus der Physik zu verwenden - kann nun verstanden werden als zusammengesetzt aus den Elementarteilchen "Erwartungen pro Situation".

Die Rolle Vereinsmitglied umfaßt offensichtlich weniger solcher Elemente als etwa die Rolle Ehefrau, die Rolle Generaldirektor sehr viel mehr als die Rolle Hilfsarbeiter. Generell gelten zwei Erfahrungssätze - vielleicht Gesetzmäßigkeiten:

(1) Je höher die soziale Bewertung eines Status, umso größer die Zahl der Rollenelemente, und

(2) Je funktional diffuser eine Rolle, umso größer die Zahl der Rollenelemente.

Eine weitere begriffliche Unterscheidung soll nun erlauben, die Art der Zusammensetzung von Rollenelementen zu einer Rolle genauer zu analysieren. WEINSTOCK nennt die Elemente (d.h. Erwartungen), die für die Erfüllung des eigentlichen Zwecks einer Rolle im technischen Sinne Voraussetzung sind, zentrale Rollenelemente; die zusätzlichen Erwartungen werden periphere Rollenelemente genannt.

Dieses Begriffsschema entwickelt WEINSTOCK am Beispiel der Anpassungsprobleme ungarischer Einwanderer in die USA. Erklärungsobjekt sind für ihn die unterschiedlichen Erfolge der Einwanderer mit gleichen Berufen. Entsprechend sind für ihn "zentrale Rollenelemente" die beruflichen Fähigkeiten - beim Arzt etwa die medizinischen Kenntnisse. Die Begriffe lassen sich aber über diesen Anwendungsbereich hinaus generalisieren.

Anhand empirischer Untersuchungen kann in der Familiensoziologie aufgezeigt werden, daß auch bei solch diffusen Rollen wie Ehemann und Ehefrau eine Unterscheidung zwischen zentralen und peripheren Elementen sinnvoll ist. Für einen Deutschlehrer ist es offensichtlich jeweils ein zentrales Rollenelement, ob er grammatikalisch richtig spricht, daß die Dialektfärbung seiner Aussprache ein Mindestmaß nicht übersteigt, daß er Kenntnisse in der Literatur besitzt, etc. Dagegen wäre es an sich für seine technische Eignung als Lehrer peripher, ob er auf das Tragen von Schuhen während des Unterrichts verzichtet oder im Liegen seinen Vortrag hält. Der Verzicht auf solche Verhaltensweisen wird jedoch als Selbstverständlichkeit vorausgesetzt, bevor erst die im engeren Sinne technischen Voraussetzungen bewertet werden. Dagegen ist die Bandbreite der Erwartungen für Ehemänner und Ehefrauen im peripheren Bereich recht groß. Für solch zentrale Eigenschaften wie die Fähigkeit eines Ehemanns, ein für alle Familienmitglieder ausreichendes Einkommen zu beschaffen, oder in Notfällen gegenüber der Familie ein größeres Maß an Loyalität zu beweisen als gegenüber anderen Bezügen, ist die Bandbreite zulässiger Abweichungen äußerst eng. Wahrscheinlich gilt folgende, zunächst paradox scheinende Regelmäßigkeit:

(1) Bei funktional spezifischen Rollen werden relativ große Variationen in der Art hingenommen, wie die zentralen Erwar-

tungen (= Elemente) erfüllt werden, falls nur die peripheren Elemente innerhalb einer engen Bandbreite erfüllt werden. Vermutlich wird von Außenstehenden - und das ist in hochdifferenzierten Gesellschaften jeweils die Mehrheit der Bevölkerung - bei der Unkenntnis der fachlichen Qualifikation von Äußerlichkeiten ("weißer Kittel" bei Ärzten, kurze Haare bei Polizisten) mit Symbolwert rückgeschlossen auf spezifische Fähigkeiten; deshalb die enge Bandbreite der Erwartungen und die Emotionalität von Reaktionen bei ihrer Nichterfüllung.

(2) Für funktional diffuse Rollen (Freund, Verwandter) gilt das Gegenteil, das heißt, die zentralen Elemente sind eng normiert, während für die peripheren Elemente nur wenig spezifische allgemeine Erwartungen vorliegen.

Als wahrscheinlich für hochdifferenzierte Industriegesellschaften geltende Regel sei deshalb vorgeschlagen: Bei funktional spezifischen Rollen ist die Erfüllung peripherer Elemente einer Rolle Voraussetzung für eine erfolgreiche Kandidatur und Einnahme dieser Rolle; für funktional diffuse Rollen ist die Erfüllung zentraler Elemente Voraussetzung und die Variationsbreite im Verhalten bei peripheren Elementen groß.

4. Die Variationsbreite von Rollenelementen (Verhaltenserwartungen)

An dieser Stelle sei als expliziter Begriff die Variationsbreite der Erwartungen eingeführt. Mit Variationsbreite ist die Spannweite des Verhaltens bei einem Rollenelement gemeint, bevor Sanktionen einsetzen. In der Rollentheorie, so wie sie in den 50er Jahren dargestellt wurde, benutzte man die weitgehend auf DURKHEIM zurückgehende Antinomie von Rollenerfüllung versus Rollenverletzung; sie ist jedoch für die Analyse komplexerer Rollen viel zu grob.

Als Beispiel sei die Unterschiedlichkeit der Erwartungen für angelernte Arbeiter und für einen leitenden Angestellten des gleichen Betriebs angeführt. Bei einem angelernten Arbeiter wird keine große Variationsbreite in der Zeit hingenommen, zu der er an seinem Arbeitsplatz erscheint; und es würde auch nicht geduldet, würde er den Platz neben seiner Werkbank mit einem Aquarium tropischer Zierfische schmücken. Dagegen ist die Variationsbreite in der Art der Kleidung, mit der er am Arbeitsplatz erscheinen kann, sehr groß und gleichfalls die Art seines Umgangs mit Sprache. Während also bei dieser Position mit niedrigem Status die Variationsbreite in den peripheren Elementen groß ist, gilt das umgekehrte für die Rolle Generaldirektor: hier richten sich die (zentralen) Arbeitsbedingungen teilweise nach den persönlichen Eigenschaften (Frühaufsteher oder Langschläfer bei Bereitschaft zum Arbeiten bis über die normale Arbeitszeit hinaus), während die Variationsbreite bei peripheren Elementen geringer ist.

Sozialer Wandel in alltäglichen Bezügen scheint sich heute so zu vollziehen: Bei funktional spezifischen Rollen und generell bei Positionen mit hohem Status verändern sich die zentralen Rollenelemente unter geringer Variationsbreite in den Erwartungen, während bei den peripheren Elementen die Variationsbreite sehr stark zunimmt - und zwar zunächst für Positionen geringeren Status, und erst von da aus übergreifend anschließend für Positionen höheren Status. Beispiel: Zunächst wurde es für Schülerinnen toleriert, zum Unterricht in Hosen zu erscheinen (= peripheres Rollenelement); die gleiche Wahlmöglichkeit für Lehrerinnen besteht seltener bzw. kam erst später auf. Weitere Variable für die Variationsbreite sind das Ausmaß von Kontakten als Teil einer Rolle und die Stärke der Nachfragesituation nach Akteuren für eine Position. So wird Forschern in Labors, (also bei wenig Kontakten im Sinne von "Publikumsverkehr") eine größere Variationsbreite in den peripheren Elementen eingeräumt als den Inhabern führender Linienpositionen (= mehr Kontakte). Schließlich dürfte noch gelten: Je geringer die Zahl der zentralen Elemente einer Rolle, umso geringer die Variationsbreite für diese (zentralen) Elemente. Diese Überlegungen gehen jedoch bereits über den Teil der Rollentheorie hinaus, der als akzeptiert gelten darf, und können deshalb hier nicht weiter ausgeführt werden. Es kann jedoch erwartet werden, daß dieser Teil der Rollentheorie rasch weiter ausgebaut wird.

5. Weitere Differenzierungen

Zur Anwendung der Rollentheorie in Mikroanalysen ist noch eine Unterscheidung zwischen Rollensender ("Ego") und Rollenempfänger ("Alter") nützlich. Sie knüpft an die Konzeption von PARSONS an, Rolle interaktiv zu verstehen. Rollenkonflikte entstehen danach nicht nur aus Widersprüchen zwischen den einzelnen Rollen einer Rollenkonfiguration, sondern auch aus Interpretationsdifferenzen zwischen Empfänger und Sender. Je höher der Pluralismus einer Gesellschaft, umso größer die Wahrscheinlichkeit von Abweichungen. Die Wahrscheinlichkeit solcher Interpretationsdifferenzen wird geringer, wenn sich Personen bei funktional diffusen Rollen mit zahlreichen peripheren Elementen zurückziehen auf Kontakte mit Personen ähnlicher Merkmale (= "Entmischen" der Verkehrskreise). Die Kosten einer Verringerung von Konflikten zwischen den Sendern und den Empfängern sind eine "Entmischung" bei Interaktionen im funktional diffusen Teil alltäglicher Kontakte. (Als Beispiel für die Anwendung des Unterschiedes zwischen Rollenempfänger und -sender bei einer Mikro-Analyse vgl. die Arbeit: PAUL SWERTZ, Rollenanalyse im Krankenhaus, Dissertation Köln 1968).

Mit den Begriffen (1a) Rollensatz und (1b) Rollenkonfiguration, (2) Rollenkonflikt, (3) Personensatz, (4) situationsspezifisches Verhalten, (5a) zentrale Rollenelemente und (5b) periphere Rollenelemente, (6) Variationsbreite, (7) Rollendistanz, (8a) Rollensender und (8b) Rollenempfänger ist die Differenzierung umschrieben, die sich (vornehmlich in den 60er Jahren) in der Rollentheorie ereignete. Diese Entwicklung ist gegenwärtig zu einem gewissen Stillstand gekommen.

Es besteht eher eine Tendenz, die Rollentheorie jetzt aus der Perspektive des symbolischen Interaktionismus neu anzugehen. Diese hier skizzierte Entwicklung wurde übrigens in Kontinentaleuropa nicht allgemein rezipiert; die Rezeption hier beschränkt sich wesentlich auf den Stand der Rollentheorie zu Beginn der 50er Jahre in den USA und England.

6. Rollentheorie als Mittel der Strukturanalyse

In den vorausgegangenen Abschnitten wurde zunächst versucht, den Ansatz der Rollentheorie gegenüber den im deutschen Sprachgebiet verbreiteten Mißverständnissen zu klären, und anschließend den gegenwärtigen Stand der Diskussion darzustellen. Jetzt soll auf eine erst in Ansätzen vorhandene Entwicklung der Rollentheorie hingewiesen werden: Auf die Verbindung von Rolle und Gebilden bzw. von Rolle als einer Form von Vermittlung zwischen Individualeigenschaften und gesamtgesellschaftlichen Bezügen (vgl. hierzu S.F.NADEL: The Theory of Social Structure, Glencoe 1957, bes. S.20 ff.).

Eine jede Rolle verbindet den Rollensender (oder Akteur oder Ego) mit einem Satz anderer Personen. Diese Art der Verbindung kann den Charakter einer Gruppe im engeren Sinne haben, ist aber öfters nur die Zurechnung zu einer im Alltag der Interaktionen durch wenige Personen direkt repräsentierten Quasi-Gruppe. Eine Anzahl Status und Eigenschaften werden überhaupt nicht durch Gruppen oder Quasi-Gruppen repräsentiert oder aufgegriffen, sondern fallen in die Zuständigkeit von Institutionen. Und schließlich bleiben einige Eigenschaften von Akteuren auf der Ebene von Gebilden aller Art völlig unberücksichtigt, werden also nicht innerhalb eines Regelsystems weitervermittelt. Dieser Vermittlungsprozeß von Eigenschaften des Akteurs über Rollen zu Gebilden dürfte Ansatz für ein Begriffssystem sein, das eine Verbindung zwischen elementaren Regelsystemen innerhalb eines Gesellschaftstyps und der Art der spezialisierten Institutionen herstellt. Die Verbindung zwischen Eigenschaften der Akteure sowie Gruppen und Institutionen soll durch die folgende Graphik verdeutlicht werden:

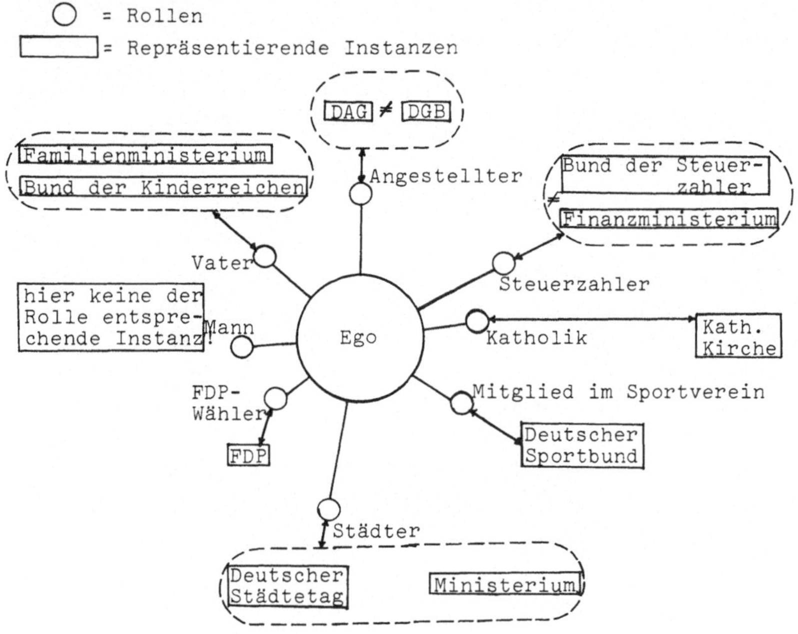

Diese Graphik hat nur den Charakter einer Illustration. An ihr sollen aber paradigmatisch einige Sachverhalte aufgezeigt werden, für die gegenwärtig der Begriffsapparat noch nicht zufriedenstellend ausgebildet scheint.

Zunächst sollte anschaulich werden, daß in modernen Industriegesellschaften der Charakter der Verbindung zwischen Eigenschaften der Akteure und Gebilden sehr unterschiedlich ist. Die Repräsentation des gleichen Akteurs in seiner Eigenschaft als Arbeitnehmer beanspruchen verschiedene, miteinander in Konkurrenz stehende Organisationen freiwilliger Art - Organisationen, die zudem einen Repräsentationsanspruch auch für die nicht Organisierten erheben. Ein in der Legitimationsgrundlage hohes Maß an Übereinstimmung existiert demgegenüber zwischen der freiwilligen Vereinigung "Bund der Kinderreichen" und dem Familienministerium als staatlicher Instanz - beide mit dem Anspruch, die Interessen von Eltern geltend zu machen. Der Deutsche Städtetag als Spitzenorganisation der kreisfreien Städte (teilweise im Gegensatz zum "Deutschen Gemeindetag" als Organisation der nicht-kreisfreien Städte) und die Ministerien für Verkehr, sowie Städtebau und Wohnungsbau haben teilweise unterschiedliche Vorstellungen, was einem Städter nützen würde. Der Konflikt zweier Organisationen, die gleichermaßen beanspruchen, einen Akteur zu repräsentieren, kann auch von der Zielsetzung her angelegt sein - wie etwa zwischen einer freiwilligen Organisation "Bund der Steuerzahler" und einer staatlichen Organisation "Finanzministerium".

Die verschiedenen Beispiele sollten zeigen, daß die Beziehung zwischen Institutionen und den einzelnen Rollen eines Akteurs keineswegs als einfache Weitergabe von Eigenschaften zu verstehen ist. Der Bereich der Institutionen hat auch nach diesem Ansatz sein - oft dominierendes - Eigenleben; hier wird keineswegs, wie weitgehend in der "Beziehungslehre" (von WIESE), die "Makro-Ebene" auf eine Spiegelung der Mikro-Ebene reduziert. Art und Grad der Beziehungen zwischen "Ebenen" der sozialen Realität sind nicht qua Begrifflichkeit vorweg festgelegt; es wird demgegenüber eine Begrifflichkeit aufgezeigt, die für unterschiedliche Sachverhalte offen ist.

Es sei jetzt eine Begrifflichkeit vorgeschlagen, mit der ein wichtiger Aspekt der Beziehungen zwischen "Ebenen" der Realität erfaßbar wird. Hierzu ist es nützlich, sich eine andere Situation als die in den oben erwähnten Beispielen aufgeführte vorzustellen: Eine Eigenschaft des Akteurs sei vorwiegend nur durch eine Institution oder Gruppe (statt wie oben durch mehrere) repräsentiert. Als Beispiele sei auf die Eigenschaft Katholik oder FDP-Wähler verwiesen. Es gibt nun außerordentlich unterschiedliche Intensitätsgrade der Identifikation mit der katholischen Kirche, und doch vertritt diese den Anspruch auf eine Repräsentanz von Katholiken schlechthin. Und für FDP-Wähler ist zwar nicht fraglich, daß die FDP sich auf ihre Wahlstimme berufen kann, aber sehr fraglich, welche inhaltliche Interpretation dieser Berufung gegeben wird. Charakteristisch ist schließlich für eine jede der repräsentierenden Instanzen, daß ihr Repräsentationsanspruch über die tatsächliche Identifikation des zu Repräsentierenden hinausgeht. Der Grad, zu dem eine repräsentierende Instanz ihr Verhalten von den Wünschen des Repräsentierten ablösen kann, bevor dieser zu intervenieren versucht, sei mit dem Begriff Schwellenwert bezeichnet.

Weiter oben in diesem Abschnitt war dargelegt worden, daß sich in einer hochdifferenzierten Gesellschaft die Rollen hinsichtlich ihrer Erwartungen, die an den Akteur gestellt werden, sehr oft widersprechen - daß also Rollenwidersprüche zur Normalerscheinung werden. Aus solchen Rollenwidersprüchen folgt auch eine Widersprüchlichkeit der Interessen. In der privaten Lebensführung vermag die Widersprüchlichkeit durch die Strategie des situationsspezifischen Verhaltens verringert werden. Ein Großteil der Widersprüchlichkeit wird von den Akteuren zum Widerspruch zwischen den speziellen Organisationen transponiert. Der Widerspruch zwischen Institutionen wird zur Spiegelung im öffentlichen Bereich für die Widersprüche in den Akteuren selbst.

Als Vater mag Ego zahlreiche Erholungsmöglichkeiten und Kinderspielplätze wünschen, als Steuerzahler ist er für Reduzierung bei öffentlichen Ausgaben; der Widerspruch wird, stellvertretend für eine Willensbildung bei ihm selbst, als Gegensatz zwischen dem Finanzministerium und dem Bund der Steuerzahler einerseits, und dem Familienministerium und dem Bund der Kinderreichen andererseits, ausgetragen. Die große Zahl alltäglicher Auseinandersetzungen zwischen Gruppen und Institutionen ist zum großen Teil Spiegelung der Widersprüchlichkeiten

in den Akteuren selbst, die aber von diesen selbst als Widersprüche nicht gelöst, sondern nur als Zensur des Verhaltens von Institutionen im Widerstreit irgendwann einmal ausgedrückt werden.
An sich könnten die Rollenwidersprüche, Gegensätze der Interessen im gleichen Individuum und Antagonismen in den Interessen von Individuen mit verschiedenen Rollenkonfigurationen einen außerordentlich unfriedlichen Alltag bedeuten. Aber: Je größer die Zahl der Repräsentation von Eigenschaften beanspruchenden Instanzen und je permanenter die Auseinandersetzungen zwischen diesen Instanzen, umso größer dürfte die Entlastungsfunktion für den Akteur werden. Widersprüche im öffentlichen Bereich können so als Indiz dafür genommen werden, daß diese Instanzen ihre Vermittlungsfunktion erfüllen.

Aus der Vielzahl der Rollen und ihrer Widersprüchlichkeit folgt auch, daß in hochdifferenzierten Sozialsystemen die Schwellenwerte für Interventionen der Akteure sehr hoch werden. Intervention bedeutet hier zumindest vorübergehend die Konzentration auf einen Aspekt der Existenz unter Vernachlässigung anderer Verpflichtungen oder Interessen. Und diese Art von Kosten für eine Intervention ist offensichtlich ceteris paribus um so größer, je vielfältiger und widersprüchlicher die Rollen sind. Umgekehrt folgt aus der gleichen Erwägung, daß für jede spezielle Gruppe oder Institution mit begrenztem Repräsentationsanspruch diejenigen Personen eine besondere Bedeutung erhalten, deren Rollenkonfigurationen besonders unkompliziert und wenig widerspruchsvoll sind, da für diese nämlich noch die Intervention mit den geringsten Kosten (= Vernachlässigung anderer Verpflichtungen) verbunden ist. Insofern Widersprüchlichkeit und Vielfalt von Rollen ein Ausdruck von Integration in den Alltag einer hochdifferenzierten Gesellschaft sind, bedeutet dies, daß mit wachsender Differenzierung Personen mit geringer Integration bei partikulärer Intervention (nur hier!) eine zunehmende Bedeutung für Machtkämpfe erhalten.

Für diese Ausformung und Art der Anwendung wird es zweifelhaft, ob - wie üblich - die Rollentheorie der "Mikrosoziologie" zuzurechnen ist. Tatsächlich ist ja auch der Begriff der Rolle - im Gegensatz zum Begriff des Verhaltensmusters - rückgebunden an strukturelle Differenzierungen. Die Unterscheidung zwischen Mikrosoziologie (= Aspekte des Sozialsystems, die am Verhalten von Individuen unmittelbar zu beobachten sind) und Makrosoziologie ist jedoch nicht so prinzipiell, wie dies in der Kontroverse innerhalb der deutschen Soziologie dargestellt wurde; entsprechend wurde hier von "elementaren Phänomenen" gesprochen. Wird jedoch "Rolle" auf "Verhaltensmuster" eingeengt - wie dies per Implikation in Deutschland üblich ist - dann ist die hier (Abschnitt 6) aufgezeigte Anwendung als Mittel der Strukturanalyse nicht möglich. Die deutsche Rezeption der Rollentheorie entspricht allerdings der parallelen Tendenz, sich eine grundsätzliche Trennung zwischen den Phänomenen der Mikro- und der Makrosoziologie vorzustellen.

6. Sozialisation und verwandte Begriffe

1. Die Entwicklung und Differenzierung des Begriffs Sozialisation

Sozialisation ist inzwischen zu einem derjenigen Begriffe der Soziologie geworden, die auch außerhalb des Fachs bekannt sind und benutzt werden. Ähnlich dem Begriff der Rolle erhält damit Sozialisation immer weitere Bedeutungen und wird zunehmend auf heterogenere Sachverhalte angewandt. Es ist möglich, daß damit dieser Begriff, der ursprünglich für einen engeren Sachverhalt gemeint war, durch Überfrachtung mit Bedeutungen seine Nützlichkeit verliert. Für eine Anzahl von Sachverhalten, die heute unter dem Bezugsrahmen "Sozialisation" erörtert werden, dürften jedenfalls Begriffe und Erfahrungssätze aus der Lehre von den Gruppen oder der Rollentheorie geeigneter sein.
Insbesondere die amerikanischen Sozialpsychologen der dreissiger und vierziger Jahre wollten mit Sozialisation das frühkindliche Lernen bezeichnen (so z.B. THEODORE M.NEWCOMB). Der Begriff der Erziehung war ihnen zu eng, weil er zu sehr auf gezielte Einwirkungen von Eltern und Lehrern auf das Kind abstellte, und sich nicht gut auf das ungezielte Lernen des Kleinkindes durch eigene Erfahrung ausdehnen ließ. So lernt beispielsweise das Kleinkind, daß auf sein Schreien hin die Eltern kommen - daß aber das gleiche Schreien je nach der Situation, in der sich die Eltern befinden, angenehme oder unangenehme Folgen hat. Diese Art des Lernens bei Kleinkindern, nicht zuletzt durch Imitation von Verhaltensweisen und die Speicherung der Erfahrungen mit selbst gewähltem Verhalten, führt oft zu Verhaltensweisen, die den Absichten der Erziehung als einer gewollten Einwirkung entgegenlaufen. Beispiel: Eltern wollen nicht, daß ein Kind näßt; kümmern sich aber die Eltern zu wenig um das Kind, wenn dieses sich auf die von den Eltern gewünschten Verhaltensweisen beschränkt, und bringt

demgegenüber Nässen die Eltern dazu, den vom Kleinstkind gewünschten Körperkontakt herbeizuführen, so "lernt" das Kleinkind, Nässen als Verhaltensweise fortzusetzen.

Speziell die amerikanischen Soziologen übernahmen dann den Terminus Sozialisation, um das Lernen von Verhaltensweisen und Regeln im Verlauf eines ganzen Lebens zu bezeichnen (z.B. MEYER F.NIMKOFF) - insbesondere dasjenige Lernen, das durch Reaktionen anderer auf das Verhalten eines Akteurs bewirkt wird. Auch diese Lernvorgänge lassen sich nicht zweckmäßig mit "Erziehung" bezeichnen. So erfährt ein neu in einen Heimatverein eingetretenes Mitglied, daß dort bestimmte Ausdrucksformen von Herzlichkeit von ihm erwartet werden, ungeachtet seiner Empfindungen für unterschiedliche Mitglieder. Oder eine Frau beginnt sich alt zu fühlen, weil die Orientierung ihres Verhaltens an dem Muster "junge, attraktive Frau" zunehmend zu distanten Reaktionen führt; sie orientiert sich um an dem Muster "angenehme und vertrauenswürdige Frau mittleren Alters" und erlebt häufiger, daß dieser Satz von Verhaltensweisen mit den Erwartungen der Interaktionspartner übereinstimmt.

Dieser Vorgang läßt sich im Ergebnis auch als ein Wechsel der Bezugsgruppen zur Verringerung der Dissonanzen bei gleichbleibender Mitgliedschaftsgruppe kennzeichnen; als Prozeß wird er öfters als Sozialisation in eine neue Altersgruppe bezeichnet. "Erziehung" ist für solche Verläufe schon deshalb keine zweckmäßige Bezeichnung, weil keine erziehende Instanz und keine erzieherischen Maßnahmen als explizite Einwirkung auszumachen sind. Im Gegenteil: Würden Freunde und Nachbarn der im Beispiel erwähnten Frau diese explizit darauf hinweisen, ihr zu jugendliches Verhalten passe nicht mehr zu ihr, so würde die Frau dies als ungehörig bewerten und öfters eher die Freunde als das Verhalten wechseln.

In der Implizitheit solcher Lernprozesse liegt deren spezifische Wirksamkeit. Ein Beispiel für ein zu enges Verständnis von Lernen und eine Überschätzung derjenigen Prozesse, die als Erziehung im engeren Sinne bezeichnet werden können, sind die

Aufforderungen in totalitären Staaten, den Nachbarn oder Arbeitskollegen auf die Sozialschädlichkeit dieses oder jenes Verhaltens hinzuweisen. Entsprechende Verhaltensweisen der Mitglieder einer "Brigade", eines "Aktivs", "Kollektivs" oder einer "Hausgemeinschaft" werden vom Objekt dieser "Erziehung" durchweg als Schulmeisterei bewertet, und sie führen zudem meist nur zu einer bloß äußerlichen Konformität.

Neben dieser Bedeutung von Sozialisation als einem weitgehend impliziten Erlernen ist heute im englischsprachigen Bereich eine spezifischere Bedeutung von Sozialisation verbreitet. Hiernach gilt eingeschränkt (in Fortführung der Konzeption von TALCOTT PARSONS) als Sozialisation die Übertragung von Werten, insbesondere von den Eltern auf die Kinder. Diese Übertragung erfolgt sowohl kognitiv als auch affektiv (nach PARSONS "cathectic-evaluative"). Obgleich definitorisch Lernvorgänge von Erwachsenen nicht ausgeschlossen sind, stellt diese Konzeption doch speziell auf Übertragungsvorgänge in der frühkindlichen Phase ab. Angesichts der Bedeutung, die in der Systematik von TALCOTT PARSONS der Vermittlung von Werten für die Kontinuität eines Sozialsystems zukommt, ist einsehbar, warum die Anhänger der strukturell-funktionalen Analyse für diesen zentralen Vorgang den an sich unpräzisen Begriff der Sozialisation zuspitzen auf die Verinnerlichung von Werten. Damit entsteht allerdings eine Lücke: Die Vorgänge des impliziten Lernens und generell der Konditionierung von Verhalten ohne explizite Einwirkung bleiben ja nicht auf den Abschnitt der frühen Kindheit beschränkt; diese Thematik wird allerdings auch von PARSONS und den sich an ihm orientierenden Soziologen kaum behandelt.

Verschiedentlich wurde versucht, angesichts der Heterogenität der zu analysierenden Sachverhalte die Begrifflichkeit ebenfalls zu differenzieren. Häufiger wird unterschieden zwischen <u>primärer Sozialisation</u> (= Sozialisation in der frühkindlichen Phase - entsprechend der von TALCOTT PARSONS beeinflußten Konzeption von Sozialisation) und <u>sekundärer Sozialisation</u>

als fortwährendem Prozeß im Verlauf eines Lebens. Während in der primären Sozialisation der Nachdruck auf der Übermittlung von Werten liegen soll, sei die sekundäre Sozialisation durch das Erlernen von Rollen bestimmt. Sicherlich ist in verschiedenen Lebensabschnitten der Akzent der Sozialisationsprozesse unterschiedlich, und die Vorgänge in der frühkindlichen Phase sind wahrscheinlich nach Inhalt und Form einmalig. So ist ein besonderer Terminus wie "primäre Sozialisation" angemessen. "Sekundäre Sozialisation" hat als Begriff und für den damit gemeinten Sachverhalt jedoch eher den Charakter einer Restkategorie.

Unser Wissen über Sozialisationsverläufe ist durch Ethnologen wesentlich erweitert worden. Besonders interessierte diese die Übermittlung kultureller Zusammenhänge, wie die Standardisierung von Bedeutungen und Bewertungen - eine Orientierung, die auch die Vorstellungen von PARSONS beeinflußte. Von hier aus fand der Begriff Akkulturation Eingang in die Soziologie. Akkulturation soll bezeichnen den "Erwerb von Elementen aus einer fremden Kultur durch die Träger einer gegebenen Kultur" (W.E.MÜHLMANN in BERNSDORF, op.cit., S.13). Mit dieser Begrifflichkeit können Vorgänge der internationalen Diffusion ebenso gekennzeichnet werden, wie etwa die Prozesse bei der Anpassung eines Einwanderers an seine neue Gastgesellschaft.

Damit verwandt und doch im Kern verschieden ist der Begriff der Enkulturation, den HERSKOVITZ 1948 wie folgt kennzeichnete: "Dies ist im Kern ein Prozeß der bewußten oder unbewußten Konditionierung, der innerhalb der von einer gegebenen Kultur sanktionierten Grenzen verläuft." HERSKOVITZ meinte Enkulturation als Alternative zum Begriff der Sozialisation, aber manchmal wird Enkulturation auch als Spezialfall von Sozialisation benutzt - nämlich als "integrative Verarbeitung der Fremdelemente in den eigenen Kulturkomplex" (MÜHLMANN, a.a.O.). Diese letztere Verwendung des Wortes "Enkulturation" hat dann allerdings nur noch das Wort und nicht mehr den Sinn mit der ursprünglichen Begrifflichkeit gemein.

Bisher wurde noch nicht ausdrücklich berücksichtigt, daß die Übernahme von Verhaltensweisen, Regeln und Werten unterschiedlich weit geht - von der bloß äußerlichen Angleichung bis zu einer solchen Identifizierung mit dem Übernommenen, daß dieses zum Teil der eigenen Person wird. Für die äußerliche Angleichung bei unterschiedlichen Graden von innerer Distanz kann das Wort Anpassung (adjustment) benutzt werden. Der Prozeß, der zur Identifizierung mit dem Übernommenen führt, wird demgegenüber als Internalisierung bezeichnet. Prozesse dieser Art bestimmen die primäre Sozialisation. Sind sie verbunden mit dem Aufbau einer positiven Affektbindung an eine bestimmte Person - wie dies für die frühkindliche Bindung an die Eltern üblich ist - so verwendet man den aus der Psychoanalyse übernommenen Begriff der "Identifikation" auch in der Soziologie.

Erziehung, Lernen, primäre und sekundäre Sozialisation, Akkulturation und Enkulturation, Anpassung, Internalisierung und Identifikation: Hiermit verfügen wir bereits über ein differenziertes Instrumentarium von Begriffen. Entsprechend ihrer unterschiedlichen Herkunft bilden sie jedoch kein widerspruchsloses eigentliches Begriffssystem. Bevor anschließend durch eine Reihe von Definitionen der sich teils ergänzende, teils sich überschneidende Charakter dieser Begriffe verdeutlicht werden soll, muß noch auf eine Unklarheit im deutschen Sprachbereich eingegangen werden.

Teilweise findet sich in der Literatur als Übersetzung des englischen Terminus "socialization" die Bezeichnung Sozialisierung; überwiegend wird diese Vokabel jedoch wegen der gleichfalls existierenden politischen Bedeutung von "Sozialisierung" als Verstaatlichung nicht benutzt. Obgleich bei der englischen Originalbezeichnung "socialization" diese Doppelbedeutung nicht völlig ausgeschlossen ist, wird im englischsprachigen Raum für "Sozialisierung" im politischen Sinne doch überwiegend die Vokabel "nationalization" benutzt; die politischen Assoziationen sind dort also selten. Es soll vorkommen, daß einzelne Autoren nebeneinander Sozialisation und Sozialisierung benutzen, wobei mit Sozialisierung der Vorgang, mit Sozialisation aber das Ergebnis gemeint ist; solche Sprachspiele sind jedoch unerheblich geblieben.

Wie sich zeigte, werden die Begriffe, auch angesichts der Unterschiede ihrer Entstehung, nicht einheitlich aufgefaßt. Die folgenden Definitionen dürften jedoch das heute in der Soziologie durchweg übliche Verständnis wiedergeben:

Def.: Sozialisation soll heißen die Übertragung von Verhaltensweisen, Regeln und Werten auf eine Person, so daß allgemeine Erwartungen zu Erwartungen der Person an sich selbst werden.

Internalisierung soll bedeuten die Übernahme von Regeln und Werten als Teil der personalen Identität.

Erziehung sei genannt die gezielte Einwirkung durch eine spezifische Instanz, die als legitimiert gilt zur Veränderung von Verhalten und Vorstellungen sowie (insbesondere) zur Vermittlung von kognitiven Inhalten.

Akkulturation soll bezeichnen die Aneignung von Elementen einer fremden Kultur durch Angehörige einer gegebenen Kultur.

Enkulturation soll bedeuten der Prozeß der Verinnerlichung von Verhalten und Werten, soweit dies innerhalb der von einer gegebenen Kultur definierten Grenzen verläuft.

In diesem allgemeinen Bedeutungsfeld ist vornehmlich im deutschen Sprachbereich häufig das Wort "Manipulation" angesiedelt. Dies ist nun zwar ursprünglich kein aus den Bedürfnissen der Wissenschaft heraus entstandener Terminus, aber er scheint nun einmal nicht mehr abweisbar zu sein. So sei denn der Versuch einer Definition für wissenschaftliche Zwecke unternommen: Manipulation sei genannt eine Einwirkung im Sinne der Änderung von Einstellungen und/oder Verhalten durch Instanzen, die für die Übermittlung der betreffenden Inhalte nicht legitimiert sind, wenn deren Einwirkung gegenüber dem Objekt verdeckt erfolgt.

In der heutigen Rezeption der Sozialwissenschaften in einer

kulturellen Öffentlichkeit wird Sozialisation nicht selten als Oberbegriff für alle Lern- und Bildungsvorgänge benutzt. Eine solche Ausdehnung ist nicht sehr zweckmäßig, weil dadurch der besondere Charakter von impliziten Einwirkungen gegenüber expliziten erzieherischen Maßnahmen verwischt wird. Damit würde auch eine begriffliche Unterscheidung entfallen, die gut geeignet ist, den Charakter von Differenzierungen bzw. Spezialisierungen von Institutionen und Situationen als einem zentralen Element sozialen Wandels zu kennzeichnen. Für ausdifferenzierte Institutionen ist meist kennzeichnend, daß der Akzent auf expliziten Einwirkungen liegt. Durch die Beschränkung des Begriffs Sozialisation auf implizite Prozesse läßt sich der Wandel der Sozialisation im Verlauf einer Differenzierung genauer bezeichnen. Die Ausdifferenzierung (vgl. Kapitel 7, "Institution") spezifischer Einrichtungen als Erziehungsinstitutionen hat besondere Konflikte zwischen verschiedenen Instanzen zur Folge, und diese werden bei einer engeren Fassung des Sozialisationsbegriffs besser analysierbar. Was immer die Wünschbarkeit sein mag: Der Bedeutungsgehalt eines so allgemein verbreiteten Wortes wie Sozialisation läßt sich zwar durch Nebeneinanderstellen von Definitionen in seinem zentralen Gehalt erklären, nicht jedoch per fiat wirksam standardisieren.

Wenngleich in der Öffentlichkeit eine unspezifische Verwendung von Sozialisation vorherrschen mag, so wird der tatsächliche Sprachgebrauch in den Sozialwissenschaften stark von den Einschränkungen bestimmt, die sich aus der Herkunft dieses Begriffes von der Ethnologie und der (tiefenpsychologisch orientierten) Sozialpsychologie ergeben. I.L.CHILD (in BERNSDORF, op.cit.,S. 1028 ff.) ist zuzustimmen, daß tatsächlich unter Sozialisation vornehmlich nicht-kognitive, das heißt, nicht auf das Training von Wissen und Fertigkeiten gerichtete Aspekte des Lernens verstanden werden, die vor Beginn der formalen Erziehung dominieren. Ferner wird der Begriff dann als ein der Erziehung nebengeordneter Begriff für solche Aspekte der Übernahme von Wissen, Regeln und Werten benutzt, die als nicht-

explizite Formen der Übertragung auch im weiteren Verlauf des Lebens von Bedeutung sind. Es ist bezeichnend für diese im tatsächlichen Sprachgebrauch eingeschränktere Bedeutung, daß es in der Familiensoziologie die Bezeichnung "Erwachsenen-Sozialisation" (adult socialization) gibt, die nach der "offiziellen" und als solche wohl wenig umstrittenen Definition eigentlich nicht notwendig wäre.
Wir selbst würden ebenfalls einer eingeschränkteren Bedeutung von Sozialisation den Vorzug geben und diese mit dem Rollenbegriff verbinden. Dann wäre Sozialisation der Prozeß der Internalisierung von normierten Erwartungen. Und damit wiederum würde sich Sozialisation systematisch in eine Konstellation von Begriffen einfügen, wenn wir (vorwegnehmend) noch den Begriff der Institutionalisierung berücksichtigen. Unter Bezug auf PARSONS lassen sich mit den Begriffen Sozialisation, Institutionalisierung und Enkulturation die Systemebenen Person, Sozialsystem und Kultur verbinden: Im Prozeß der Sozialisation wird eine Verbindung von der Person zur Gesellschaft hergestellt; der Prozeß der Institutionalisierung bezeichnet die Strukturierung der Beziehungen zwischen Sozialsystem und Kultursystem; und mit Enkulturation als Verbindung von Kultursystem und Person wird der Kreis geschlossen. Die Formulierung solcher Systemebenen durch PARSONS ist selbstverständlich "idealtypisch" zu verstehen.

Diese Vorstellung von Sozialisation und den zugehörigen Begriffen ist zwar kennzeichnend für die gegenwärtig wichtigste Richtung der soziologischen Theorie, die durch TALCOTT PARSONS beeinflußte Version der strukturell-funktionalistischen Soziologie, aber eben nicht für die Soziologie allgemein. So muß man sich damit abfinden, daß neben der hier vorgezogenen eindeutigeren Fassung von Sozialisation auch eine weitere Begriffsverwendung stattfindet, und daß die verschiedenen Begrifflichkeiten innerhalb des durch eine weite Fassung von "Sozialisation" abgegrenzten Bereichs zusammenhangloser sind, als dies etwa für die Rollentheorie gilt.

2. Sozialisation als Prozeß

1.

Die für Sozialisation dargestellte allgemeine Abgrenzung ist im Hinblick auf die übermittelten Inhalte weit. Sie betont jedoch einschränkend - und dies ist erst recht für den in der Soziologie vorherrschenden Sprachgebrauch der Fall! - die durch eigenes Lernen und/oder implizite Formen der Einwirkung erfolgenden Internalisierungen. Damit wird es erleichtert, den Begriff der Person dynamisch aufzufassen: Leben in hochdifferenzierten und sich rasch wandelnden Gesellschaften bedeutet eine Abfolge von Prozessen des Lernens, die begleitet sein müssen von Prozessen des Verlernens.

Zunächst, erfährt ein Kleinkind, daß die Umwelt auf sein Schreien oft mit positiver Aufmerksamkeit reagiert. Wenn das Kind dann später eine elementare Sprache gelernt hat, wird erwartet, daß sich von da ab das Kind der Sprache bedient, statt undifferenziert zu schreien: Schreien als Form der Kommunikation ist zu verlernen, Sprechen selbst bei sehr dringlichen Bedürfnissen zu erlernen. Eine solche Ersetzung von Verhaltensweisen ist typischerweise mit Konflikten verbunden, denn Kind und Umwelt sind zunächst uneins, welche Form der Kommunikation angemessen ist. Weinen als Form der Mitteilung des Kindes, nun wünsche es Trost und zumindest Aufmerksamkeit, wird in unserem Kulturkreis über viele Lebensjahre hinweg akzeptiert, wird dann aber mit dem Beginn des Schulalters immer weniger legitim. Zunächst soll das Kind sich vertrauensvoll an alle Erwachsenen wenden. In dem Maße, wie der Kreis der Erwachsenen, denen das Kind begegnet, heterogener wird, soll das Kind lernen, sich differenziert zu verhalten und unbekannten Erwachsenen gegenüber mißtrauisch zu sein.
Tendenziell kann gelten (das heißt: für viele Sachverhalte wurde empirisch belegt - aber keineswegs für alle): Je später ein Komplex sozialisiert wird, um so weniger "tief" wird er Teil der Person. Diese Faustregel stimmt überein mit den Er-

gebnissen der Lernpsychologie des Behaviorismus: Die Auslöschung von Stimuli - wenn also "umgelernt" werden muß - ist schwieriger als das Lernen in einem noch nicht besetzten Bedeutungsfeld.
In dem Maße, wie die Bedürfnisse der Person differenzierter werden, wird auch eine größere Zahl von Verhaltensweisen gelernt. Jeder neue Inhalt trifft nun auf einen schon vorhandenen Komplex von Inhalten und bekommt durch diese Eingliederung seinen Stellenwert. Internalisiert ist der Inhalt, wenn die von außen herangetragene "Zumutung" als eigene Norm "zurückgegeben" wird. Die Anzahl der Normen und Selbstverständlichkeiten, die für das Funktionieren im Alltag verschiedener Lebensbereiche notwendig sind, sind übrigens ein gutes Mittel zur Unterscheidung von Kulturen.
Die so einander ablösenden Lernprozesse können mit erheblichen Konflikten verbunden sein. Die Konflikte des Lernens und Verlernens können jedoch durch das gemildert sein, was GORDON ALLPORT mit "funktionaler Autonomie der Motive" bezeichnet hat. Hiermit ist gemeint die Kontinuität eines einmal gelernten Verhaltens, selbst wenn die ursprüngliche Motivation dafür entfallen ist,oder wenn sie gegen eine andere Begründung ausgewechselt wurde. Auf Sozialisation angewandt bedeutet dies, daß die gleiche Verhaltensweise zu verschiedenen Abschnitten der Sozialisation dem Kind bzw. dem Heranwachsenden gegenüber anders begründet werden kann. So wird man etwa einem Kind körperliche Hygiene und Sauberkeit als Schutz vor Krankheit plausibel machen, und erst später wird möglicherweise das Motiv, bei gesellschaftlichen Kontakten nicht unangenehm aufzufallen oder ein attraktiver Partner für die Ehe zu sein, auf den gleichen Sachverhalt bezogen dominant und einsichtig sein.

Es ist nach diesen Überlegungen zweckmäßig, bei einer Betrachtung der Sozialisation im Zeitablauf zu unterscheiden zwischen den inhaltlichen Zielen und den Mitteln, zu denen Belohnungen, Bestrafungen und Begründungen gehören. Sicherlich besteht eine Korrelation zwischen Zielen und Mitteln (vgl. E.DEVEREUX, U.BRONFENBRENNER und G.SUCI, Patterns of Parent Behavior in the United States of America and the Federal Republic of Germany, in: International Social Science Journal,14,1962, S.488-506), aber zum Teil eben auch Unabhängigkeit. Beispielsweise bleibt das Sozialisationsziel "Ehrlichkeit" über den Sozialisationsverlauf von früher Kindheit bis zum Ende der primären Sozialisation konstant, wird aber je nach Alter des Kindes mit wechselnden Mitteln zu erreichen gesucht. Umgekehrt wird etwa ein Sozialisationsmittel wie der Verweis auf die Freude der Eltern über ein Verhalten im Ablauf der primären Sozialisation für verschiedene inhaltliche Ziele benutzt. Es kann angenommen werden, daß aus der teilweisen Unabhängigkeit der Ziele und Mittel voneinander nicht nur eine größere Flexibilität des Sozialisationsprozesses resultiert, sondern auch eine Dämpfung der sich aus der Notwendigkeit fortwährenden Umlernens ergebenden Spannungen. Durch diese teilweise unabhängige Variabilität von Zielen und Mitteln verlaufen die Ablöseprozesse des Verlernens und Neulernens reibungsloser.

In einer differenzierten Gesellschaft sind nicht nur viele Instanzen an dem Prozeß der Sozialisation beteiligt; sie stehen zudem teilweise in Widerspruch zueinander. Gerade in der populären Übernahme von Aussagen der Soziologie herrscht die Vorstellung, "die" Gesellschaft stehe der im Sozialisationsprozeß befindlichen Person gegenüber. Allerdings werden auch in der sozialwissenschaftlichen Literatur die Widersprüche im Sozialisationsprozeß ungenügend betont. Dabei sollte es offensichtlich sein, daß in hochdifferenzierten Gesellschaften mit raschem sozialem Wandel widersprüchliche Einflüsse (sowohl nach Zielen wie in den Mitteln) auf die Personen einwirken. Wandel in den Wertvorstellungen wird sich häufig in Schulen und insbesondere in den Massenmedien schneller durchsetzen als in den Familien. Einige Autoren führen hierauf den besonderen Charakter von Generationenkonflikten in modernen Sozialsystemen zurück, die typischerweise zu Wertkonflikten werden (vgl. z.B. KINGSLEY DAVIS, The Sociology of Parent-Youth Conflict, ASR Bd.5, 1940).
Summe: In hochdifferenzierten Gesellschaften wird der Prozeß

der Sozialisation von Kindern im Vergleich zu anderen Sozialsystemen als ungleich konfliktreicher erlebt.

2.

Verschiedene Autoren (im deutschen Sprachbereich u.a. FÜRSTENBERG und WURZBACHER) haben Phasen der Sozialisation unterschieden. Der Nutzen solcher Phasierung liegt darin, die Aufmerksamkeit für die unterschiedliche Mischung verschiedener Elemente im Sozialisierungsprozeß zu wecken; die Phasen dürfen dabei allerdings nicht zu "Wesen" hochstilisiert werden. Die wichtigsten solcher Phasen sind wahrscheinlich:

(1) Kleinstkind. Hier überwiegen die elementaren biologischen Bedürfnisse, und hier sind die Kommunikationsmöglichkeiten auf wenige Signale eingeengt. Sozialisation erfolgt fast ausschließlich affektiv.

(2) Kleinkind. Zweckmäßig erscheint eine Abgrenzung dieser Phase gegenüber der vorausgegangenen als Erwerb der Fähigkeit zur Konstruktion von Subjekt-Prädikat-Einheiten. In der Sozialisation werden zunehmend kognitive Elemente wichtiger. Zur Familie als Sozialisationsinstanz treten als weitere Instanzen die Peer-Gruppe, d.h. die Gruppe der Gleichaltrigen, die Nachbarn und die Massenmedien hinzu. Hier können sich häufiger Widersprüche ergeben, deren Folge der Beginn einer distanzierteren Einstellung des Kindes zu den Sozialisationsinstanzen sein kann.

Diese beiden bisher erwähnten Abschnitte können unter dem Oberbegriff "primäre Sozialisation" zusammengefaßt werden. Während dieser Phasen haben Prozesse des Verlernens eine verhältnismäßig geringe Bedeutung; Lernvorgänge überwiegen eindeutig. Bei den jetzt folgenden Phasen der "sekundären Sozialisation" werden die Verlernvorgänge immer wichtiger für den Erfolg der Sozialisation. Zunehmend wird in den nun folgenden Phasen die Breite der Verhaltenskomplexe, für die sozialisiert wird, enger.

(3) Schulkind (bis zur Pubertät). Dies ist im zeitlichen und internationalen Vergleich eine keinesfalls selbstverständliche Phase. Hier tritt neben die Familie eine Sozialisationsinstanz mit dem Anspruch, in spezifischen Bereichen sachverständiger als die Familie zu sein. Insoweit die Schule die Werte und Kenntnisse der "Gebildeten" vermittelt, kommt es für einen Teil der Kinder (insbesondere für Kinder aus den unteren Bildungsschichten) zu Konflikten, wem im Falle eines Widerspruchs bevorzugt Loyalität zukomme. In Zeiten des raschen Wandels und der Ausdifferenzierung solcher Bereiche wie Erziehung gibt es darüber hinaus tendenziell einen Widerspruch zwischen Schule und Elternhaus. Da heute (keineswegs in anderen Ländern und zu anderen Zeiten!) die Familie familieninterne Prozesse der Konkurrenz weitgehend entmutigt und auch die Möglichkeiten des Scheiterns oder des Versagens von Kindern möglichst an andere Instanzen der Gesellschaft delegiert, wird die Schule zum Ort, wo Konkurrenz und Leistung zuerst erfahren werden. Vor allem ist die Schule die Instanz, in der die kognitiven Elemente des Lernens im Ablauf der Lebensphasen seit der Geburt erstmals überwiegen.

(4) Teenager. Der Lebensabschnitt "Jugendlicher" - mit dem Sprachimport "Teenager" vielleicht unbelasteter umschrieben - ist nur in komplexen Sozialsystemen als Phase mit spezifischen Regeln ausdifferenziert. Je komplexer die für das Leben als Erwachsener notwendigen Fähigkeiten sind, umso länger wird der Abschnitt zwischen Pubertät und der Übernahme des Status Erwachsener. Weithin herrscht noch das Verständnis vor, dieser Zeitabschnitt diene der Vorbereitung auf diesen neuen Status; tatsächlich hat dieser Abschnitt eigene Erwartungssysteme, die nur zum Teil einen direkten funktionalen Bezug zum Erwachsenenstatus haben, zum erheblichen Teil aber die Ausgestaltung eines eigenen Entwicklungsabschnittes sind.
Mit dieser Kennzeichnung sollte einsichtig sein, daß dieser Lebensabschnitt in den Inhalten der sozialisierten Erwartungen widersprüchlich ist. Widersprüchlich ist dieser Lebensabschnitt darüber hinaus in dem Nebeneinander sozialisierender Instanzen

und dem damit verbundenen Nebeneinander von Sozialisationstechniken. Dieses Nebeneinander ist zudem keine stabile Konfiguration, sondern ändert sich im Zeitablauf. Die Bedeutung von diffus sozialisierenden Instanzen mit weitgehend impliziten Einwirkungen (vor allem die Familie) verringert sich zugunsten der im eigentlichen Sinne erziehenden Institutionen (Schule, Hochschule). Hierbei wird allerdings in Europa häufig die große und wachsende Bedeutung der Peer-Gruppe als Sozialisationsinstanz mit diffusen Funktionen übersehen. Neben die Erziehungs- und Sozialisationsinstanzen von Altersverschiedenen tritt jetzt gleichgewichtig die Peer-Gruppe. Die besondere Wucht der Sozialisationsmittel dieser Instanz ist darin begründet, daß im Gegensatz zu allen Instanzen mit nach Alter gemischten Personen die Möglichkeit entfällt, aus der Altersverschiedenheit heraus Schutzansprüche geltend zu machen.

(5) Junger Erwachsener. Der Beginn dieses Lebensabschnitts kann heute nicht mehr durchgehend definiert werden als Beginn wirtschaftlicher Selbständigkeit. Eher ist unter Bezug auf den Begriff der Sozialisation eine Abgrenzung möglich: Junger Erwachsener ist eine Person, der gegenüber (explizite) Erziehung nach Allgemeinverständnis legitimerweise nur noch als Vermittlung von Fertigkeiten erlaubt ist. Selbstverständlich erfolgen weiter Sozialisationsprozesse, aber diese müssen durchweg implizit sein. Unter Verwendung der im vorigen Kapitel erklärten Unterscheidung zwischen zentralen und peripheren Rollenelementen kann Sozialisation in dieser Phase wie folgt charakterisiert werden: Legitim sind in dieser Phase nur erzieherische Einwirkungen für zentrale Rollenelemente, für periphere Rollenelemente vorwiegend jedoch nur noch Sozialisationseinflüsse im engeren Sinne.

(6) Erwachsener. Der soziale Status "Erwachsener" wird meist definiert als Erwerb der wirtschaftlichen Selbständigkeit. Es ist verbreitet, hierfür fiktiv eine einheitliche Altersgrenze anzunehmen (volle Mündigkeit), obgleich in allen differenzierten Sozialsystemen eine Altersgrenze nach Lebensjahren nur

ein grobes Indiz sein kann. Die verschiedenen Positionen sind mit unterschiedlich langen Ausbildungszeiten und verschieden langen Eingangsphasen verbunden. Entsprechend war bereits in Rechtssammlungen des englischen Hochmittelalters die Altersgrenze für den Übergang zum Status des Erwachsenen variabel definiert: Für einen hörigen Bauern galt die mit 15 Jahren gegebene Fähigkeit, einen Pflug mit zwei Händen gerade führen zu können, als ausreichend; für einen Knappen des Adels wurden dagegen kriegerische und höfische Geschicklichkeiten und Bewährungen verlangt, die öfters nicht schneller zu erwerben waren, als heute ein Universitätsdiplom. Es war bis in die jüngere Vergangenheit üblich, daß das Heiratsalter nach Ausbildung und sozialer Stellung bei jungen Männern bis zu 10 Jahren differierte: je höher die soziale Stellung, umso größer war der Altersvorsprung des Mannes. Die praktischen Gründe hierfür (standesgemäße Ernährerfunktion) waren bei Mädchen nicht gegeben und entsprechend wurde bei ihnen ein solcher Unterschied nicht gemacht.

Zunächst in den USA, und in den 60er Jahren auch in vielen westeuropäischen Ländern, wurde der Übergang zum Erwachsenenstatus zwischen sozialen Schichten ähnlicher; gleichzeitig wurde diese Phase des Übergangs in ihren verschiedenen Aspekten auch rechtlich aufgespalten. Nach wie vor ist der Übergang zur wirtschaftlichen Selbständigkeit je nach angestrebter Position sehr unterschiedlich, aber diese wirtschaftliche Unabhängigkeit wird nicht mehr als Voraussetzung für die Ehemündigkeit behandelt. Je nach Bildungsstatus werden junge Erwachsene unterschiedlich für abweichendes Verhalten zur Rechenschaft gezogen: was bei einem Studenten als Jugendtorheit nur leicht sanktioniert wird, kann bei einem gleichaltrigen Arbeiter zur Bestrafung als Erwachsener führen. Wahrscheinlich ist heute der Status Erwachsener, ungeachtet der sozialen Schicht, am besten zu bestimmen als die Zuerkennung der Legitimation zur Sozialisation eigener Kinder. Diese Personen sind dann selbst bei weiter bestehender wirtschaftlicher Unmündigkeit nur noch segmentär (d.h. in Teilbereichen) Objekt von Sozialisation, während ihre Sozialisationsfunktionen gegenüber Minderjährigen zentral werden. (Allerdings ergeben sich aus dem Nebeneinander verschiedener Stufen von Mündigkeit besondere Spannungen!).

Es ist noch unüblich, die weiteren Lebensabschnitte unter dem Aspekt der Sozialisation zu gliedern. Allerdings wird mittlerweile von einer zunehmenden Zahl von Forschern eine Analyse des Alters als einer Sozialisationsphase unternommen. Mit dem Ausscheiden aus dem Arbeitsprozeß und mit der gleichzeitigen Aufgabe des Status, wirtschaftlich für sich selbst zu sorgen, war schon immer die Notwendigkeit zu einer tiefgreifenden Um- und Neuorientierung verbunden. Es scheint, daß mit der wirtschaftlichen Absicherung des Alters durch den modernen Sozialstaat, mit der Rigidität der Altersgrenzen für die Pensionierung und mit der Ausgliederung alter Menschen aus den vorherrschenden Kernfamilien, das Alter den Charakter als Warteraum für den Tod verliert bzw. zusätzlich zu diesem Charakter eines Durchgangsstadiums den eines eigenen Lebensabschnitts analog dem der Jugend annimmt. Entsprechend häufen sich Sozialisationsprozesse nicht nur für jeweils begrenzte Lebensbereiche bis hin zum Erwachsenen-Status, sondern auch für den neuen Lebensabschnitt "Alter".
Hier sind die Sozialisationsinstanzen besonders diffus; der Akzent scheint auf eigenem Lernen im Sinne des Wechsels der Bezugsgruppen zu liegen. Die Reaktionen der Umwelt auf Signale, es handele sich um einen "alten" Menschen, haben jedoch eine große Bedeutung für diesen Prozeß. So konnte LOTTE BAILYN in einer Untersuchung zeigen, daß die Umorientierung an der Bezugsgruppe "alte Menschen" dann sehr viel schwächer ist, wenn die betreffende Person nicht als "alt" definiert wird. Insofern scheinen bei aller Diffusität der Einflüsse der Personensatz eines Menschen und darüber hinaus die Kontakte des Alltags sehr wirksame Sozialisationsinstanzen zu sein. Dennoch dürften mit der Diffusität der Instanzen und der Möglichkeit widersprüchlicher Signale einige der spezifischen Probleme des Alterns in Industriegesellschaften zu erklären sein -

vielleicht sogar das Phänomen des freiwilligen Rückzugs aus verbleibenden sozialen Netzwerken (d.i. die sogenannte "disengagement"-Theorie des Alterns; vgl. z.B. E.CUMMING, Disengagement, A Tentative Theory of Aging, in: Sociometry,Vol.23, Nr.1, March 1960).

Der Vorgang der Sozialisation im Verlauf eines Lebens ist selbst in wenig differenzierten Gesellschaften mit Spannungen verbunden. Dies gilt erst recht in Industriegesellschaften, in denen bei fortgeschrittener Anzahl durchlaufener Sozialisationsphasen die Widersprüchlichkeiten von Einwirkungen auf Verhalten zunehmen. Gleichzeitig sind in diesen Gesellschaften die Phasierungen besonders nuancenreich. Entsprechend sind Konflikte, die aus der Sicht des zu sozialisierenden Individuums als Disziplinierungsversuche und aus der Sicht der sozialisierenden Instanzen als Mangel an Verständnis erlebt werden, recht häufig. Bei besonders starken Stress-Situationen - nicht zuletzt bei Anforderungen, die auf eine Person als Überforderung wirken - kommt es öfters zur Regression. Mit diesem aus der Psychoanalyse übernommenen Begriff ist gemeint, daß eine Person sich nicht ihrem Alter gemäß verhält, sondern auf eine Verhaltensweise "zurückfällt", die in früheren Phasen der Sozialisation erfolgreich und legitim war.

Meist erfolgt eine solche Regression auf die jeweils vorausgegangene Phase der Sozialisation; sehr weit zurückreichende Regressionen werden als pathologisch bewertet. Beispielsweise versuchen sich alte Männer dann als dynamische Fünfziger, dreissigjährige Männer werden zu Twens, junge Frauen werden zu "kleinen Mädchen", Teenager werden kindisch, Schulkinder versuchen, wieder "süßes" Kleinkind zu sein. Verbreitete Regressionen sind angesichts der (früher bereits erwähnten) größeren Schwierigkeit des Verlernens gegenüber dem Neuerlernen verständlich, sind aber nichtsdestoweniger höchst dysfunktional. Dies gilt insbesondere dann, wenn mit einer nach Altersstufe definierten Rolle Verantwortung für andere Personen verbunden ist. Demgemäß sinkt mit weiterem Fortschreiten der Sozialisation im Lebensablauf zunächst die Toleranz gegenüber Regressionen (Einengung etwa auf "private" Beziehungen wie Liebesverhältnisse) und entfällt schließlich ganz.

3.

Bisher wurde Sozialisation als einseitiger Prozeß dargestellt. Dies entspricht (mit wenigen Ausnahmen) der Literatur. Tatsächlich ist jedoch, selbst in solch asymmetrischen Beziehungen wie Eltern - Schulkind, das Kind nicht bloßes Objekt, sondern beeinflußt seinerseits wieder die Eltern. Hierfür wurde der Terminus retroaktive Sozialisation vorgeschlagen. Ein Beispiel für die damit bezeichneten Vorgänge ist die Belehrung der Eltern durch ihr Kind über die neuesten Moden oder Autotypen, über Veränderungen in Konsumstilen und in Autoritätsbeziehungen. Das kann bis zu expliziten Lernprozessen gehen, wie beim Insistieren des Kindes auf einer neuen Form der Rechtschreibung oder einer anderen Rechenweise. Sicherlich soll offiziell der Gymnasiallehrer die Schüler erziehen, aber er wird umgekehrt von ihnen nicht selten in neue Moden oder Haltungen hinein sozialisiert. Man kann solche Vorgänge der retroaktiven Sozialisation als eine Form der Vermittlung von Wandlungen aus einem Bereich eines Sozialsystems in einen anderen deuten.

Die Vorstellung von Sozialisation als einseitig gerichtete Übermittlung von Einflüssen von einer sozialisierenden Instanz zu einem Objekt der Sozialisation ist gewiß zu einem gegebenen Zeitpunkt eine analytisch nützliche Beschränkung, ist jedoch andererseits eine unzweckmäßige Verkürzung der Optik. Sie wird in dem größten Teil der Schriften über Sozialisation nicht als ausschließliche Übermittlung verstanden. Auf diese Weise verstellt die vorwissenschaftliche Befürchtung, daß überall unerkannte Beeinflussung herrsche, und die Person bloßes Objekt statt auch Subjekt sei, die Aufmerksamkeit für den heute verbreiteten Prozeß der gegenseitigen Einwirkung.

Noch eine weitere Verkürzung sehr vieler allgemeiner Darstellungen über Sozialisation gegenüber den Vorgängen, die tatsächlich gerade für Industriegesellschaften kennzeichnend sind, ist zu bedenken. Gewöhnlich wird unterstellt, daß sich Sozialisationsvorgänge zwischen Altersverschiedenen ereignen. Sozialisation zwischen Altersgleichen - sogenannte Peer-Gruppen-Sozialisation - gibt es auch in nicht-industriellen Gesellschaften, aber dort hat sie tendenziell einen anderen Charakter. In allen Sozialsystemen dürfte gelten, daß Peer-Gruppen-Sozialisation einen stärkeren Konformitätsdruck - ungeachtet der Motive der Gruppenangehörigen - zur Folge hat, als Sozialisation durch Altersverschiedene. Hier wirken zwei Einflüsse als gegenseitige Verstärkung: die besonderen Sozialisationsmittel und die Mechanismen, die mit der Zugehörigkeit zu einer Kleingruppe verbunden sind. Aus der Gleichheit der an den Sozialisationsprozessen beteiligten Personen (im Sinne der Status des Gesamtsystems) folgt zudem, daß Schutzbedürftigkeit aus Altersunterschieden nicht geltend gemacht werden kann, daß ein Privatbereich weniger respektiert wird, und daß konkurrierende Loyalitäten tendenziell nicht respektiert werden müssen.

In Sozialsystemen mit sehr vielen und differenzierten Altersphasen, die zudem nicht ausschließlich nach Alter, sondern auch nach Verhaltenskriterien abgegrenzt werden, haben Peer-Gruppen eine doppelte Wirkung: sie können ein wesentlicher Faktor zur Stabilisierung in einer besonders kritischen Altersphase sein, und sie können zugleich den Übergang in die nächste Altersphase erschweren. Die Stabilisierung folgt aus den bereits beschriebenen Mechanismen innerhalb von Kleingruppen (vgl. Kapitel 3, Abschnitt 3), die durch die Homogenität der Peer-Gruppen tendenziell verstärkt werden. Die Erschwerung des Übergangs in eine nächste Altersphase folgt aus der Abwehrhaltung von Kleingruppen gegenüber Prozessen, die ihren Zusammenhalt gefährden. Diese Wirkung haben Sozialisationsvorgänge insbesondere in hochdifferenzierten Gesellschaften. Hier wird nicht ein ganzer Altersjahrgang nach äußerlichen Kriterien (wie Alter nach Lebensjahren) in die nächste Altersphase überführt, und die Fertigkeiten und Orientierungen werden angesichts ihrer Komplexität unterschiedlich schnell erworben. Diese Abwehrhaltung von Peer-Gruppen kann bis zur Ausbildung von Anti-Werten zu den in der nächsten Sozialisationsphase erwarteten Orientierungen gehen.

Die Vorgänge bei der Peer-Gruppen-Sozialisation sind ausgiebig in erster Linie in amerikanischen Untersuchungen über kriminelle Jugendgruppen beschrieben worden. Die Prozesse selbst sind jedoch viel allgemeiner. Es fehlt zudem an einer zureichenden begrifflichen Aufarbeitung des vorliegenden beschreibenden Materials unter dem Aspekt der Sozialisation. Schließlich sind die Beziehungen zwischen den Untersuchungen in Industriegesellschaften und den Befunden über Peer-Gruppen-Sozialisation aus ethnologischen Forschungen bisher noch nicht systematisch hergestellt worden. Die Materialien dürften ausreichend sein, aber die Verwertung für die soziologische Theorie ist nach wie vor überfällig.

Selbst zwischen Sozialsystemen mit ähnlicher funktionaler Differenzierung bestehen erhebliche Unterschiede in der Kontinuität von Sozialisation. Wie erinnerlich, wurde der Übergang vom Status des Kleinkindes zum Schulkind als ein Vorgang dargestellt, der in erheblichem Ausmaß das "Verlernen" bisher akzeptierter Verhaltensweisen und Motive erfordert. Solche Übergänge bringen selbstverständlich Schwierigkeiten mit sich. Uns erscheint es plausibel, diese Schwierigkeiten zu verringern, indem die Sozialisation für den neuen Status in einer Zwischeninstanz Kindergarten organisiert wird. Der Status Schulkind bedeutet unter anderem sowohl Erwerb spezifischer Fertigkeiten (Kenntnis des Alphabets und zweier Grundrechenarten), als auch Erwerb der Technik des Lernens in der Situation einer Schulklasse. Leidet nun die Effizienz beim Erlernen spezifischer Fähigkeiten unter den Schwierigkeiten, das Lernen zu lernen, so wird zunächst außerhalb des gewohnten Elternhauses diese generelle Lernfähigkeit in der Situation Kindergarten trainiert. Der nächste Schritt ist dann die Ausgestaltung des Kindergartens zur Vorschule, in der auch elementare Fertigkeiten wie Alphabet und elementares Rechnen trainiert werden. Überlastet diese Kombination die Vorschule, so liegt es nahe, dieser wiederum einen Kindergarten als Spielschule vorzuschalten.

Was hier als pragmatischer Prozeß der Anpassung an Erfahrungen dargestellt wurde, ist Ausdruck eines in europäischen Gesellschaften heute verbreiteten Prinzips: Die Sozialisation erfolgt nicht jeweils spezifisch für klar abgegrenzte Abschnitte; es wird versucht, Teile der für den nächsten Abschnitt wichtigen Fähigkeiten vorweg zu vermitteln, womit die Übergänge gleitender werden. Entsprechend soll der Gymnasiast in der Endstufe des Gymnasiums bereits auf die akademische Arbeitsweise vorbereitet werden; oder Jungen und Mädchen werden ermutigt, auch ohne die Absicht des Eingehens einer Liaison viel Zeit miteinander zu verbringen, um die Fähigkeit des unbefangenen Umgangs mit Personen anderen Geschlechts zu lernen (Koedukation in der ursprünglichen Begründung).

Je gleitender die Übergänge zwischen verschiedenen Phasen der Sozialisation (im Sinne spezifischer Kombinationen von Lern- und Verlernvorgängen), um so weniger wird es notwendig, diese Übergänge mit sehr expliziten Riten auszustatten. Umgekehrt muß die Tatsache des Übergangs in einen neuen Status mit um so dramatischeren Umständen verbunden werden, je weniger auf der vorausgegangenen Stufe angeeignete Rollenerwartungen mit denen auf der nächsten Stufe zu tun haben. Diese Diskontinuität ist bei Kulturen mit primitiver technischer Ausstattung sehr häufig, und hier finden sich auch sehr dramatische Initiationsriten (rites de passage). So werden beispielsweise Jungen und Mädchen mehrere Monate aus dem Verband ihrer Familien genommen und in Peergruppen enormen körperlichen und psychischen Belastungen ausgesetzt, bis sie in einer durchweg magisch überhöhten Feier zu Erwachsenen erklärt werden.

Tendenziell gilt: Die Initiationsriten müssen um so dramatischer sein, je unvermittelter ein erheblicher Zuwachs an Rechten und Pflichten erfolgt. Analog einer traumatischen Erfahrung soll der Initiationsritus als ein Mittel der Sozialisation in einen neuen Status eine klare emotionale Zäsur zwischen zwei Lebensformen setzen. Oft wird versucht, den Kandidaten für den neuen Status bis an die Grenze seiner Belastbarkeit zu prüfen. Besonders grausam pflegen die Initiationsriten von kriegerischen Stämmen für junge Männer zu sein, wie bei einigen Prairie-Stämmen der Indianer Nordamerikas oder in Sparta. Immerhin ist ja für solche Kultursysteme der Status junger erwachsener Krieger mit dem Recht und der Pflicht zu töten verbunden.

Verglichen hiermit sind die zahlreichen und zeremoniell ausgestalteten Initiationsriten im mittelalterlichen Europa von geringer Dramatik. Beispiele für diese Initiationsriten waren die Freisprechung von Lehrlingen, die Feiern anläßlich des Erwerbs eines akademischen Titels oder die "große" Hochzeit. Die ausgedehnten Festlichkeiten anläßlich eines Todesfalls (hierzu paßt der französische Titel "rites de passage" besser) waren nicht - wie es von heute aus gesehen erscheinen mag - ein Ausdruck von Heuchelei; sie galten weniger dem Gedenken des Toten als vielmehr der Versicherung der Weiterlebenden, daß das Leben auch fröhlich weitergehen könne. Der allmähliche Rückgang solcher Riten ist nicht nur eine Folge "moderneren" Denkens, das einem Ritualismus gar nicht so generell feindlich ist, wie es erscheinen mag. Zu einem erheblichen Grade sind die Riten des Übergangs von einem Status in den anderen ein Opfer der gleitenden Formen des Übergangs von einem Status in den anderen geworden.

Ein Beispiel: Besteht ein wirksames Tabu gegen den vorehelichen Geschlechtsverkehr von Frauen, so hat eine rituell ausgeformte Verlobung, verbunden mit einem aufwendigen Zeremoniell bei der Heirat, unter anderem die Funktion, für die Braut eine Zäsur zu setzen zwischen einer Phase, in der sie sexuelle Offerten zurückweisen sollte und einem Status, wo ihr solche Avancen willkommen sein sollen. Wird nun de facto (und auch zunehmend in den Erwartungen) der Beginn vorehelichen Verkehrs zwischen den zukünftigen Ehepartnern üblich, so verliert das Zeremoniell der Eheschließung einiges von seiner funktionalen Bedeutung. Wird es zusätzlich üblich, vor der Eheschließung mit der gemeinsamen Haushaltsführung zu beginnen, so dürfte die Bedeutung einer zeremoniellen Eheschließung weiter zurückgehen.

Gleitender oder abrupter Übergang von einem Status in einen anderen scheint - teilweise ungeachtet der Inhalte der Sozialisation - Wirkungen auf den vorherrschenden Persönlichkeitstyp und die Regelsysteme eines Sozialsystems zu haben. Je später und je abrupter die Sozialisation in einen komplexen Status, um so eher wird Sozialisation als Sozialisationsdruck empfunden.

Die Verhaltenskontrolle gegenüber Kleinkindern und Schulkindern ist in Japan relativ gering. Mit der Pubertät - so einige Berichte - beginnt dann eine ebenso unvermittelte wie scharfe und generelle Verhaltenskontrolle, die als Sozialisationsdruck wirkt. Nach neueren Interpretationen ist dies verbunden mit der starken Ritualisierung zwischenmenschlicher Beziehungen: Die späte Sozialisation beeinflusse nur noch teilweise die Ebene der Motivationen und sei entsprechend stärker auf eine dann allerdings sehr weitgehende Verhaltenskontrolle ausgerichtet. Dagegen kann ein Sozialsystem, in dem allgemeine Motivationen und Werte schon früh internalisiert werden, (wie etwa in den USA), mit einer sehr viel geringeren Ritualisierung des Alltags auskommen, und hat dennoch ein genügendes Maß an Verhaltenssicherheit für die gegenseitigen Erwartungen der Akteure. So verstanden wäre ein hohes Maß an Ritualisierung des Alltags ein Indiz für geringe Kontrolle der Motivationen und Affekte, wenn die Ritualisierung unwirksam wird. Wahrscheinlich gilt: Je später der Zeitpunkt der Sozialisation als Restriktion, um so ritualisierter wird das Verhalten.

Eine weitere wichtige Dimension bei der Untersuchung von Systemen der Sozialisation wird heute mit der Bezeichnung antizipatorische Sozialisation (anticipatory socialization) belegt.

Mit diesem Terminus ist die Orientierung eines Akteurs an den Erwartungen der nächsten Phase gemeint. Eigentlich wird hiermit der Begriff der Sozialisation sehr gedehnt, denn jetzt ist ja nicht mehr die Einwirkung einer sozialisierenden Instanz auf ein Objekt gemeint, sondern ein aktives Verhalten des Akteurs selbst angesprochen: Er orientiert sich an einer Bezugsgruppe außerhalb derjenigen, der er jetzt angehört. Dennoch entspricht dieser Begriff der antizipatorischen Sozialisation den neueren Akzenten auf der aktiven Interaktion des Objektes von Sozialisationen mit einer sozialisierenden Instanz. (Ein Beispiel hierfür ist die Erscheinung des "altklugen" Kindes, das sich in seinem Verhalten an einer Altersgruppe oberhalb der ihm zugeschriebenen orientiert).

Der Begriff der antizipatorischen Sozialisation ist jedoch vorwiegend für Sozialisationsprozesse im späteren Leben geprägt worden. Ein Beispiel für seine Anwendung findet sich in den Erklärungen von K.ALLERBECK über Faktoren, welche die Bereitschaft zum sogenannten "studentischen Protestverhalten" begünstigen (KLAUS ALLERBECK, Soziologie radikaler Studentenbewegungen, R.Oldenbourg Verlag München 1973). Die unterschiedliche Bereitschaft hierzu in verschiedenen Studienrichtungen erklärt sich teilweise aus der Selbstauswahl der Studenten, hat fast nichts zu tun mit dem Inhalt des Faches, wird aber wiederum sehr entscheidend beeinflußt von den Erwartungen des Studenten. Je spezifischer die Berufsvorstellungen bereits während des Studiums ausgebildet sind, umso geringer ist die Bereitschaft zum Protest. Die populäre Interpretation dieser aus vielen Ländern berichteten Beobachtung unterstellt: Wer keine eindeutigen Berufschancen hat, entwickelt auch keine präzisen Berufsvorstellungen und ist damit für Protestverhalten aufgeschlossen. Eine solche Interpretation stimmt für einige Länder nicht überein mit den zum Höhepunkt des Protests als Massenbewegung tatsächlich vorhandenen Berufschancen verschiedener Fächer. So waren in vielen Ländern die Berufschancen für Soziologen sehr viel besser als für Absolventen einiger anderer Disziplinen; als sie in den USA schlechter wurden, nahm die Bereitschaft zum Protest - für viele erstaunlicherweise - stark ab. Befunde dieser Art lassen sich mit dem Begriff der antizipatorischen Sozialisation deuten. Identifizieren sich die Studierenden eines Fachs schon vorweg mit ihrem zukünftigen Beruf (und diese Berufsorientierung wurde bei Soziologen durch größere Besorgnis über ihre zukünftigen Berufsmöglichkeiten verstärkt!), so begannen sie bereits während ihres Studiums, sich in diese zukünftige Rolle hineinzuleben und sahen ihre Rolle als Student eher transitorisch und neigten entsprechend weniger zu Protestverhalten.

Art und Intensität der Sozialisation - was immer ihre Inhalte sein mögen! - werden entscheidend beeinflußt durch die Heterogenität der zu sozialisierenden Personen. Offensichtlich kann sich bei homogenen Personenkreisen die Sozialisation auf eine geringere Zahl von Rollenelementen beschränken. Daraus folgt: ceteris paribus wird sich bei sozialen Gebilden, bei denen die Rekrutierung der Mitglieder nach Homogenitätsgesichtspunkten erfolgt, die Sozialisation auf implizitere Formen der Einwirkung beschränken können, wird weniger häufig Sanktionen (positiver oder negativer Art) erfordern; und es wird dann später ein solches System eine geringere Zahl formaler Regeln (als Alternative zu internalisierten Werten) benötigen.

Die Selektivität und der Zeitpunkt der Rekrutierung erklären in Kombination - wiederum zum Teil ungeachtet des Inhalts der konkret in der Sozialisation vermittelten Orientierungen - einen Teil der Wirksamkeit von Sozialisationsmustern. Es ist evident, daß ceteris paribus eine frühe Rekrutierung, die zu einer Sozialisation von größerer Dauer führt, und eine hohe Selektivität bei der Rekrutierung ähnlich wirksam sind. Ist beides gegeben - eine sehr frühe und hoch selektive Rekrutierung - so wird die Sozialisation besonders tief wirken (siehe die Praxis in Sparta oder England, Kandidaten für Führungspositionen sehr früh vom allgemeinen Erziehungssystem abzusondern).

Für die Wirksamkeit der Sozialisation ist aber noch eine weitere Formaleigenschaft mitentscheidend: Die Spezifität der übermittelten Orientierungen im Vergleich zu den sonst in einem Sozialsystem verbreiteten Orientierungen. Nur in sehr undifferenzierten Gesellschaften - im wesentlichen bei schriftlosen Stammeskulturen - kann sinnvoll von Sozialisation in ein für alle Mitglieder gleich relevantes System von Werten und Bedeutungen gesprochen werden. In allen differenzierten Gesellschaften wird zugleich sozialisiert nach allgemeinverbindlichen Orientierungen (z.B.:dem jeweils Schwächeren ist zu helfen) und nach spezifischen Standards einer Untergruppe (z.B.: den Mitgliedern der eigenen Untergruppe schuldet man bevorzugt Loyalität). Dabei kann es häufig zu Widersprüchen kommen, zu einem Normenkonflikt (z.B., wenn ein Mitglied der eigenen Untergruppe in einer Auseinandersetzung von vorneherein der Stärkere ist). Die Spezifität einer Untergruppe kann so weit gehen, daß deren Standards den sonst allgemein verbindlichen Orientierungen teilweise direkt widersprechen. Insbesondere in diesem Falle spricht man von der Sozialisation in Subkulturen hinein.

Kriminalität gilt als eine extreme Form abweichenden Verhaltens. Wird darunter ein Abweichen von allgemeinen Normen - etwa dem Verbot des Stehlens - verstanden, dann auch zu Recht. Zugleich kann das Verhalten "Stehlen" ein durchaus nicht abweichendes, sondern konformes Verhalten sein - wenn nämlich in einer Subkultur eventuell sogar ein Gebot besteht, daß für eine solche Kategorie von Außenstehenden das untereinander respektierte Gebot, nicht zu stehlen, für alle "Menschen mit Initiative" nach "außen hin" nicht gilt. Diese Art von Kriminalität (etwa einer Sippe von Wegelagerern, oder einer ethnischen Minderheit in einer amerikanischen Großstadt) ist eben nicht abweichendes Verhalten im Sinne einer Individualeigenschaft, sondern Ergebnis einer "erfolgreichen" Sozialisation.

Für die Sozialisation in alle Subkulturen scheint zu gelten, daß solche Erwartungen, die in Gegensatz zu den allgemein geteilten Erwartungen einer Kultur stehen, mit besonders starkem Konformitätsdruck sozialisiert werden. Gleiches gilt auch für Erwartungen, die als zusätzliche Verhaltensweisen den besonderen Charakter einer Subkultur ausmachen (z.B. Nachdruck auf besonderem Fleiß oder auf Intellektualität für den Angehörigen einer Minorität). Wenngleich nicht mit der Prononciertheit von Subkulturen im eigentlichen Sinne, so existieren in einer jeden hochdifferenzierten Gesellschaft eine Fülle von Quasi-Gruppen mit eigenen Erwartungssystemen - seien es Zusatzerwartungen oder "abweichende" Normen. Entsprechend ist es notwendig, in der Detailanalyse nicht generell an Sozialisation in die Gesamtgesellschaft zu denken, sondern darüber hinaus an Sozialisation in bestimmte Lebenslagen und Quasi-Gruppen. Und gerade der Teil der Verhaltensweisen und Regeln, die konstitutiv für den eigenen Charakter einer solchen Gruppe sind, pflegt besonders stark internalisiert zu werden.

Bis hierhin wurde eine ganze Anzahl von Bedingungen erwähnt, die Folgen für den Aufbau der Person haben, ohne daß auf Inhalte der Sozialisation eingegangen wurde. Diese strukturellen Faktoren haben eine Eigenwirkung, unabhängig von den in der Sozialisation konkret vermittelten Werten und Bedeutungen. Selbstverständlich sind die spezifischen Mittel und Ziele der Sozialisation von größter Bedeutung; erst ihre Kenntnis erklärt in einem konkreten Falle den Verlauf der Sozialisation. Eine einseitige Betonung expliziter Ziele - wie sie insbesondere in der deutschsprachigen Literatur vorherrscht - läßt jedoch Sozialisation weitgehend gleichbedeutend mit Erziehung im engeren Sinne erscheinen. Und von einem solchen Verständnis her ist es naheliegend, Sozialisation als einen programmatisch gestaltbaren Vorgang zu verstehen. Es war eine Absicht dieses Abschnittes, auf die Grenzen eines solchen Verständnisses aufmerksam zu machen.

3. Die Grenzen gewollter Einflußnahme - ein Exkurs über das alte und neue Thema "Anlage" versus "Umwelt"

Die zunehmende Popularität des Begriffs und des Themas Sozialisation, und die Art der hiermit verbundenen Forschungen, sind wahrscheinlich Reflexe der Verbreitung des Gefühls vom Objekt-Charakter menschlicher Existenz. Damit verbunden ist die Umkehrung der bisher verbreiteten Vermutung: Galt es sonst meist als ausgemacht, daß sich letztlich die Anlagen der Menschen gegenüber allen Umwelteinflüssen durchsetzen, so ist jetzt die Vermutung weit verbreitet, daß die menschliche Natur unbegrenzt plastisch sei. Diese Vorstellung mag gelegentlich auch früher in einigen philosophischen Richtungen vorgeherrscht haben, war dann aber meist verbunden mit einem Optimismus, aus diesem plastischen Material einen besonders erfreulichen Menschen formen zu können. Aus einer kulturpessimistischen Grundstimmung heraus wird heute in Teilen der Kulturintelligenz mit der Vorstellung von der Plastizität des Menschen die Annahme verbunden, in einer schlechten Gesellschaft (womit dann die jeweils eigene, sofern hochentwickelt, gemeint ist)könne dies nur bedeuten, daß Sozialisation zumindest heute eine Verhinderung von Entwicklungsmöglichkeiten sei. So kommt es dann zu solchen Moden in der Pädagogik, daß emanzipatorische Erziehung gleichbedeutend mit Training zur Gesellschaftsverweigerung sei.

Durch das Eindringen von Weltanschauungsmoden wird natürlich die Formulierung von Forschungsproblemen für wissenschaftliche Zielsetzungen stark belastet. Ihrem Charakter nach - kaum jedoch praktisch - ist die Frage nach dem Grad der Plastizität menschlicher Anlagen und damit nach der Bandbreite der Möglichkeiten von Sozialisation, empirisch entscheidbar. Allerdings sind die forschungstechnischen Schwierigkeiten zur Ausschaltung von Drittfaktoren außerordentlich groß. Die ideologische Besetzung des Themas dürfte jedoch ein ebenso wichtiges Hindernis für eine Forschung sine ira et studio sein. Es ist wahrscheinlich, daß hier eine allgemeine Öffentlichkeit aus den Ergebnissen einer noch so sorgfältig angelegten und interpretierten Untersuchung sehr generelle Schlüsse zieht. Schließlich ist bei diesem Thema ein Engagement sentimentaler Art unter den Soziologen selbst nicht gering, so daß dieser Topos zu den unter Sozialwissenschaftlern selbst besonders tabuierten Themen gehört; hier gibt es zumindest in den öffentlichen Reaktionen der Sozialwissenschaftler aufeinander einen massiven Konformismus-Druck.

Sachlich wäre diese Ängstlichkeit gegenüber unerwünschten Ergebnissen eigentlich unnötig, denn es ist nicht vorstellbar, daß aus Nachweisen biologischer Grenzen der Plastizität des Menschen gegenüber sozialen Einflüssen jemals eine biologische Begründung für konkrete (!) soziale Regelungen folgen könnte. Bisher ist immer noch bestätigt worden: Biologische Sachverhalte werden erst durch Selektion und Interpretation zu sozial relevanten Sachverhalten. Körperstärke ist zweifellos eine Eigenschaft, die (in Grenzen) durch Vererbung bestimmt wird; welche Bedeutung Körperstärke hat, ergibt sich jedoch erst aus dem jeweiligen Sozialsystem. Hinzu kommt, daß ein jeder Träger von Erbinformationen keine biologischen Kopien von sich selbst produziert, sondern in einer erheblichen Bandbreite von Eigenschaften Nachkommen mit unterschiedlichen Merkmalen hat.

Inzwischen erweisen sich Eigenschaften, die man lange Zeit als rein biologisch determiniert ansah, als umweltabhängig. Ein Beispiel aus unseren Tagen ist das sprunghafte Anwachsen der Körpergröße von Japanern. Nach Verbesserung des Lebensstandards - und damit der Hygiene und Kinderernährung - beobachtet man, daß die "kleinen" Japaner eine für Europäer normale Körpergröße erreichen; dennoch bleiben Unterschiede im Körperbau bestehen, die aber gegenwärtig sozial irrelevant sind. Andererseits haben physiologische Änderungen auch soziale Konsequenzen - irgendwelche Konsequenzen. Es ist zweifellos sozial bedingt, daß heute Frauen im Alter von fünfzig Jahren

körperlich noch so fit sein können, wie im Mittelalter Vierzigjährige; damit verdoppelt sich etwa der Zeitraum, der früher für Menschen "mittleren Alters" irgendwie zu regeln war; die mit der Ausdehnung dieses Zeitraums notwendigen zusätzlichen oder geänderten Regeln müssen jedoch mit den medizinischen Eigenschaften "mittleren" Alters irgendwie kompatibel sein.
Dieses letztere Beispiel sollte veranschaulichen, daß die Gegenüberstellung "biologisch determiniert" oder "sozial formbar" irreführend formuliert ist. Soziale Sachverhalte beeinflussen biologische Daten, und umgekehrt können selbst erst sozial veränderte biologische Sachverhalte den Spielraum sozialer Regelungen begrenzen. Beide Sachverhalte durchdringen einander; "soziale Formung" bedeutet nicht Beliebigkeit, und ein biologisches Merkmal muß nicht "Unveränderbarkeit" oder "Ursprünglichkeit" bedeuten.

Die eben als irreführend bezeichnete Antinomie biologisch versus sozial (mit den Konnotationen "unveränderlich" vs. "beliebig formbar") wird heute von der Bildungsintelligenz für die Sozialwissenschaften aktualisiert. Nicht zuletzt von dort her angeregt, beginnt in den Sozialwissenschaften wieder eine extreme Form des Soziologismus - die irrige Vorstellung beliebiger Änderbarkeit - modisch zu werden. Zugleich wird außerhalb der Sozialwissenschaften eine andere und entgegengesetzte Mode aktuell: Eine Neubelebung des Biologismus unter der Bezeichnung "Verhaltenslehre".

In populären Darstellungen der Verhaltenslehre wird der Anschein erweckt, als könnten Untersuchungen der Sozialorganisation und des sozialen Verhaltens von Tieren eine biologische Begründung für menschliches Sozialverhalten geben. Ein Beispiel ist die Behauptung eines Territorialinstinkts - wobei dieser Instinkt übrigens selbst für tierisches Verhalten so absolut genommen nicht existieren dürfte. Bisher konnte unter verschiedenen Tierarten eine so riesige Spannweite von Familienformen beobachtet werden, daß es überhaupt keine biologische Basis für die Behauptung einer "natürlichen" Form der Organisation von Familie und Verwandtschaft gibt, die dann etwa auf den Menschen übertragbar wäre. Auf Madagaskar leben unmittelbar nebeneinander zwei biologisch sehr ähnliche Arten von Lemuren (=Makis, Halbaffen), von denen die eine Art keine festen Familien kennt, die andere Art dagegen sehr wohl. Allerdings bestimmt in beiden Fällen die Dauer der biologischen Hilflosigkeit des Neugeborenen die Mindestdauer einer Bindung an die Mutter - nicht jedoch die konkrete Ausformung der Familie. Die menschliche Kernfamilie ist weder "unnatürlich" (siehe die berühmt gewordenen Graugänse von KONRAD LORENZ), noch "natürlicher" als andere Familienformen.

Alle Sozialsysteme - auch bei Primaten - müssen biologische Sachverhalte irgendwie regeln, wobei selbst bei höheren Tierarten die Spannbreite der Lösungen allgemein erheblich groß ist. Für funktionale Notwendigkeiten wie Schutz und Orientierung für ein Neugeborenes, das zum Leben in seiner Umwelt noch unfertig ist, ist die Spannbreite enger als etwa für die Art des Zusammenlebens zwischen den Geschlechtern. Speziell bei Menschen sind einige biologische Sachverhalte selbst wieder sozial abhängig, und generell ist hier die Bandbreite von Regelsystemen zur Organisation funktionaler Erfordernisse unvergleichlich größer. Dennoch sind einzelne Regelungen nicht beliebig änderbar, wenn sie einen Systemzusammenhang bilden. Die sich hieraus ergebenden Zwänge können ebenso nachhaltig sein, wie biologische Faktoren. Ein entscheidender zusätzlicher Faktor ist die technische Entwicklungsstufe eines Sozialsystems; sie bestimmt teilweise, welche biologischen Eigenschaften besonders wichtig sind.

Gegenwärtig sind es besonders zwei eng mit dem Sozialisationsprozeß verbundene Eigenschaften, von denen Teile der Bildungsintelligenz vermuten, sie seien unbegrenzt (oder weitestgehend) durch Erziehung veränderbar: die Unterschiede zwischen Männern und Frauen und die Unterschiede in der Intelligenz von Personen.

Es ist verständlich, daß Intelligenz ein solches Interesse findet, da in modernen Gesellschaften die Zuteilung von Lebenschancen durch Unterschiede der Intelligenz stark beeinflußt wird. Das gilt übrigens keineswegs für alle vorindustriellen Gesellschaften. So konnte LEWIS DEXTER an den Lebensbedingungen einiger Südseevölker die relative Bedeutungslosigkeit von höherer Intelligenz aufzeigen, verglichen mit manueller Geschicklichkeit oder physischer Kondition. Warum sollte auch in solch statischen Gesellschaften Intelligenz - verstanden als Fähigkeit zur Problemlösung - wichtig sein? Andererseits werden in modernen Industriegesellschaften die Fähigkeit zur Problemlösung und generell abstraktes Denken immer wichtiger; dies folgt schon aus der Bürokratisierung des Alltags. Mit dieser Entwicklung wird die Situation weniger intelligenter Menschen zunehmend schwieriger, als sie es ohnehin schon ist. Dies ist sicherlich eine "soziale" Bedingung, damit aber in ihren Auswirkungen keineswegs in unser Belieben gestellt.

Es ist eine alte Streitfrage in der Psychologie, ob die beobachtbaren Unterschiede an Intelligenz zwischen Individuen und zwischen Gruppen von Individuen (etwa zwischen Schwarzen und Weißen in den USA) im wesentlichen nur Folge unterschiedlich guter Erziehung und Sozialisation sind, oder ob sie als biologisch determiniert hingenommen werden müssen. Hier kann auf die Problematik des Intelligenz-Begriffs und auf die Schwierigkeiten, diese Eigenschaft "kulturfrei" zu messen, nicht eingegangen werden; es sei einmal unterstellt, daß es in groben Kategorien sinnvoll ist, von meßbaren Unterschieden der Intelligenz zu sprechen.

Ein naheliegender Test der relativen Bedeutung von Umwelt versus Anlage ist die Zwillingsforschung. Es gibt ältere amerikanische Untersuchungen bei eineiigen Zwillingen, die in unterschiedlich günstigen Milieus aufwuchsen. Hiernach sollen die Milieuunterschiede stärker als die Unterschiede der Anlage wirken. Neuere Untersuchungen von JENSEN (University of California), in denen Störfaktoren statistisch besser als in den früheren Untersuchungen kontrolliert wurden, kommen zu dem gegenteiligen Ergebnis, daß Intelligenz ganz überwiegend eine durch Anlage determinierte Eigenschaft sei. JENSEN und EYSENCK (London School of Economics) schätzen den Anteil an der Intelligenz eines Menschen, der durch unterschiedliche Umwelteinflüsse beeinflußbar ist, auf lediglich 20 Prozent. Bei Vergleichen zwischen Menschen verschiedener ethnischer Herkunft glaubte JENSEN nachweisen zu können, daß Schwarze in den USA als Gruppe im Durchschnitt einen niedrigeren Intelligenzquotienten als Angehörige anderer ethnischer Gruppen hatten - ein Befund, der durch Untersuchungen von HERRNSTEIN (Harvard University) bestätigt sein soll.

Die Kontroversen, die durch diese Untersuchungen von JENSEN und HERRNSTEIN ausgelöst wurden, sind ein Lehrstück für die Schwierigkeit, bei einem emotional besetzten Thema auch nur die tatsächlichen Aussagen der Forscher richtig wahrzunehmen. Rassisten (wie SCHOCKLEY) behaupteten, nun sei durch JENSEN nachgewiesen, daß die inferiore soziale Stellung der Neger in den USA durch deren biologische Eigenschaften bedingt sei; Gegner des Rassismus attackierten JENSEN wegen so ziemlich jeden Vergehens, dessen sich ein Wissenschaftler schuldig machen kann, und warfen ihm Rassismus vor. Dabei gibt die Untersuchung von JENSEN - wenn einmal unterstellt wird, daß die Ergebnisse gültig seien - für die Behauptung einer inferioren sozialen Stellung von Negern aufgrund niedriger Intelligenz nichts her, und eine solche Schlußfolgerung war von ihm auch ausdrücklich ausgeschlossen worden. Die Ereignisse zeigen, daß sich die Verteilungen der Intelligenzquotienten bei Negern und Weißen soweit überdeckten, daß aus der Hautfarbe nichts rückzuschließen war über die Intelligenz eines Individuums.

Nicht einmal für ein einzelnes Elternpaar wäre für das einzelne Kind eine Determiniertheit der Intelligenz durch die Eigenschaften der Eltern nachweisbar, denn die Bandbreite der von einem Elternpaar potentiell übermittelten Erbeigenschaften ist dafür zu groß. Sicherlich gibt es angeborene Intelligenz, die ihrerseits durch die Sozialisationsprozesse gefördert oder gehemmt wird. Es wird immer wieder hochintelligente Kinder aus sozial ungünstigen Milieus und von nicht besonders intelligenten Eltern geben, und umgekehrt unintelligente Kinder von intelligenten Eltern aus sozial bevorzugten Milieus. (Für eine Zusammenfassung von Forschungsergebnissen vgl. hierzu ROBERT CANCRO, Hg.,Intelligence, Genetic and Environmental Influences, 1973).

Mehr gäbe es von der Wissenschaft an sich hierzu nicht zu sagen, und mehr müßte auch nicht gesagt werden, erwiese sich nicht die Utopie einer Produktion von Wunschmenschen nach Sozialisationsprogrammen als so zählebig. Es wird aber selbst einer auf den Ausgleich von Begabungsunterschieden abstellenden Sozialisation nicht gelingen, aus unbegabten Kindern begabte Erwachsene zu machen oder aus sehr begabten Kindern dumme Erwachsene. Dazu trägt nicht zuletzt bei, daß vielleicht Erziehung in ihren Wirkungen irgendwann einmal prognostizierbar sein wird, nicht aber Sozialisation als Prozeß, bei dem implizite Einflüsse überwiegen.

Wahrscheinlich ist es die Verbindung mit dem weltanschaulich so aufgeladenen Gebiet der Erziehung, die eine vernünftige Diskussion der Bedeutung bisher bekannter Ergebnisse über den Zusammenhang zwischen Umwelteinflüssen und Erbfaktoren für die Eigenschaft Intelligenz so selten werden läßt. Dabei ist dies ein Sachverhalt, an dem das Zusammenspiel biologischer und sozialer Faktoren anschaulich werden könnte. Einmal unterstellt, die Schlußfolgerungen von EYSENCK, HERRNSTEIN und JENSEN seien richtig, so wird damit noch nichts über die sozialen Auswirkungen eines solchen Anlagefaktors ausgesagt. Erst aus dem Charakter des Sozialsystems ergibt sich die funktionale Bedeutung einer Eigenschaft - und selbst dies determiniert noch nicht die konkreten Folgen einer unterschiedlichen Ausstattung von Individuen mit einer Eigenschaft.

Besonderes Ärgernis erregen heute bei einigen "Progressiven", die für ihre Aussagen leider die Bezeichnung Soziologie bemühen, die vorfindbaren Unterschiede zwischen Männern und Frauen. Eine genauere Abbildung der Variationsbreite von Eigenschaften und Verhaltensweisen nach Geschlecht, und erst recht ein systematischer Vergleich zwischen Kulturen zeigten, daß unsere Vorstellungen über männliche und weibliche Eigenschaften keineswegs Ausdruck "natürlicher" Unterschiede sind. Allerdings haben ältere Darstellungen von MARGARET MEAD, wonach die Eigenschaften männlich und weiblich zwischen Geschlechtern sogar umkehrbar seien, eine problematische und sicherlich sehr schmale Basis. Aber selbst wenn die biologischen Eigenschaften männlich und weiblich keine Grenzen für ihre soziale Überformung durch Sozialisation setzen würden - was übrigens unrichtig ist - folgt dann daraus, daß nun in einem gegebenen Kultursystem keine nach Geschlecht differierende Sozialisation erfolgen dürfe?

Die Funktionen in einem Sozialsystem können sicherlich umverteilt werden, die kulturellen Leitideen sind sicherlich wandelbar, aber keineswegs beliebig. Nicht nur biologische Sachverhalte bedeuten eine Grenze für gezielte Einflußnahmen auf die Entwicklung einer Person; auch einzelne Aspekte eines Sozialsystems lassen sich nicht isoliert beliebig ändern. Es ist denkbar, daß die bisher in allen Gesellschaften beobachtbare Arbeitsteilung nach Geschlecht in einer modernen Industriegesellschaft weitestgehend aufgehoben werden kann; warum das angestrebt werden sollte, ist übrigens keineswegs so einfach zu begründen, wie dies in "progressiven" Kreisen modisch ist. Mit Sicherheit ist die Funktionsdifferenzierung zwischen männlichen und weiblichen Rollen in einer modernen Industriegesellschaft nicht ohne negative Folgen etwa für die Entwicklung des Kindes aufgebbar. In diesem Zusammenhang sind die Untersuchungen von ROBERT BALES über die Notwendigkeit einer personellen Differenzierung zwischen affektivem und funktionalem Führer relevant, wobei im Einzelfall die Zuteilung dieser Funktionen nach Geschlecht keineswegs determiniert ist. Die Notwendigkeit einer Funktionsdifferenzierung nach Personen (die üblicherweise darin besteht, biologische Unterschiede sozial zu überformen), zeigt sich auch in zahlreichen Untersuchungen über die Wirkung einer personellen Unvollständigkeit der Familie auf die Entwicklung des Kindes. Die Wirkung solcher Unvollständigkeit ist für Jungen und Mädchen unterschiedlich - ein weiteres Beispiel für die Relevanz von Geschlechtsunterschieden.

Die Fragestellung Anlage oder Umwelt verfehlt den inzwischen erreichten Grad an empirischer und theoretischer Klärung. Anlage und Umwelt wirken beim Vorgang der Sozialisation zusammen, wobei die Soziologie als Einzelwissenschaft in der Arbeitsteilung zwischen verschiedenen Disziplinen mit notwendiger Einseitigkeit die Umweltbedingungen betont. Daraus wird im Mißverständnis der Kulturintelligenz die Mutmaßung einer beliebigen Machbarkeit von Menschen. Sozialisation ist jedoch kein isoliertes Mittel zur beliebigen Konstruktion einer anderen Gesellschaft mittels der Umprogrammierung von Menschen. Sie erhält ihre Bedeutung aus der Differenzierung von Funktionen und Rollen, der Selektion und Bewertung von sozial relevanten Eigenschaften; sie muß als Aspekt eines Sozialsystems begriffen werden. Nicht zuletzt gilt es zu begreifen, daß bei einer "Programmierung" der Sozialisation die Bedeutung bewußt angestrebter Wirkungen (manifester Funktionen) hinter der Bedeutung unbeabsichtigter Wirkungen (latenter Funktionen) zurücktritt.

4. Sozialisation und Gesellschaft I

1.

Zu Recht wird nicht nur von Sozialwissenschaftlern unterstellt, daß Sozialisation durch selektive Einwirkung bestimmte Persönlichkeitsentwicklungen nahelegt. Und ebenso zu Recht wird angenommen, daß in der Art der selektiven Einwirkung die verschiedenen Erwartungen in einem Sozialsystem tradiert werden. Daraus abzuleiten, ein Abstraktum genannt "das System" reproduziere nach einem Programm einheitlich funktionstüchtige Teilchen, ist eine heute modische Kurzschlüssigkeit bei der Verallgemeinerung aus einigen sozialen Sachverhalten. Solche plakativen Vorstellungen sind schon deshalb offensichtlich Unsinn, weil ein jedes Sozialsystem eine Spannweite von Persönlichkeitstypen und Verhaltensweisen aufweist - auch "Erziehungsdiktaturen". Tendenziell gilt dabei: Je differenzierter ein Sozialsystem ist, umso größer wird die Spannweite an Verhaltensweisen.

Sozialisation ist nicht nur Standardisierung und erst recht keine generelle Standardisierung. In einem jeden System der Sozialisation werden aus der Fülle der Anlagen eines Objekts eine Anzahl als zu ermutigende Anlagen ausgewählt, andere als zu entmutigende nach Möglichkeit unterdrückt, wieder andere als unerheblich unbeachtet gelassen. Teilweise bewirkt die Sozialisation die Internalisierung allgemeiner Motivation, teilweise das Aneignen spezifischer Fähigkeiten. Schließlich ist die Bedeutung von früh erlernten und geduldeten Verhaltensweisen nicht so unmittelbar, wie oft unterstellt wird.

Ein Beispiel für die komplexe Wirkung von Sozialisation ist die Sozialisation von Sexualtrieben. Anthropologen berichten (z.B. CLELLAN S.FORD und FRANK A.BEACH), daß beim Menschen sexuelle Impulse viel früher auftreten als die Fähigkeit zur Reproduktion; und diese wiederum ist meist früher als die Fähigkeit, die Funktionen eines Erwachsenen übernehmen zu können. Selbst bei ähnlicher Existenzweise in verschiedenen Kulturen (z.B. Jäger-Sammler) gibt es extreme Unterschiede in den Reaktionen auf die kindliche Sexualität: Einige Kulturen unterdrücken solche Tendenzen der Kinder, andere lassen sie im Sozialisationsprozeß unbeachtet und einige wenige ermutigen sie. In einer Reihe von Kulturen wird kindliche Sexualität nur zwischen Gleichaltrigen geduldet, in einigen wenigen sind Sexualkontakte zwischen Erwachsenen und Kindern wenigstens in einem Stadium der Entwicklung geboten. Ungeachtet des jeweiligen Kultursystems kommen alle diese Verhaltensweisen faktisch vor - auch in den Industriegesellschaften, die sexuelle Kontakte zwischen Kindern und Erwachsenen schwer bestrafen.

Es liegt für Europäer nahe zu glauben, daß Kultursysteme, die kindliche Sexualität erlauben, generell "freiere" Persönlichkeiten zur Folge haben; dafür gibt es jedoch keinen Beleg. Es gibt auch keinen Beleg, daß eine Unterdrückung kindlicher Sexualität durch Erwachsene verbunden ist mit später geringer Toleranz gegenüber sexuellem Verhalten.

Die fehlende lineare Beziehung zwischen der Kontrolle frühkindlicher Sexualität - hier nur als Beispiel ausgewählt - und den Regelsystemen für Erwachsene ist wahrscheinlich zum Teil Ausdruck eines unzweckmäßigen Kategoriensystems. Die Unterscheidung: Erlaubnis oder Verbot für einen ganzen Bereich von Verhalten (Sexualität) ist zu grob. Die Einwirkungen sind spezifischer, sie setzen an der Regulierung einzelner Verhaltensakte an. So kann in Kultursystemen ohne generelles Verbot kindlicher Sexualität dennoch eine strenge Kontrolle über Sexualität ausgeübt werden - nämlich als Standardisierung spezifischer Verhaltensakte - während Kulturen mit einem generellen Verbot kindlicher Sexualität dann bei Erwachsenen eine geringere Kontrolle über die Variationsbreite koitalen Verhaltens aufweisen können. Der interkulturelle Vergleich zeigt, daß die üblichen Kategorien, in denen Sozialisationsmuster in der Öffentlichkeit zum Thema werden, viel zu sehr an globalen Programmen orientiert sind und Sozialisation als Einwirken auf spezifische Verhaltensakte verfehlen.

Hinzu kommt, daß auf diese Weise auch die Beliebigkeit von Regelungen suggeriert wird. Es scheint demgegenüber einige Universalien zu geben: Sexuelle Kontakte zwischen Altersverschiedenen in der gleichen Familie werden durchweg unterdrückt (vor allem Eltern-Kinder); sexuelle Handlungen zwischen Altersgleichen innerhalb einer Familie werden zwar generell ebenfalls entmutigt, aber weniger scharf bestraft (Blutsverwandtschaft ist nicht notwendig; Zugehörigkeit zum gleichen Haushalt begründet bereits Vorschriften der Vermeidung von Intimität). Dies sind kulturelle Universalien ohne biologische Determination! Eine weitere universale Regel scheint zu sein, daß ein nachdrücklicher Unterschied zwischen kindlicher Sexualität und der Sexualität der Erwachsenen eingeübt wird - auch in denjenigen Kultursystemen, die die kindliche Sexualität erlauben. Und generell gilt: Es gibt keine Kultur, so sehr sie auch Europäern als ein System der Libertinage erscheinen mag, die Sexualverhalten nicht auf irgendeine Weise kontrollierte und standardisierte.

Sozialisation ist zunächst die Einwirkung auf spezifische Verhaltensakte für spezifische Situationen. Diese Einwirkungen sind zu Beginn des Lebens sehr spezifisch und verbunden mit unmittelbaren Belohnungen und Bestrafungen. Die eingeübten Verhaltensweisen weisen in diesem Stadium auch nicht über die Situation hinaus. Dies ist (wie z.B. FÜRSTENBERG erwähnt) der besondere Erklärungsbereich der strikt behavioristischen Lerntheorien. Im weiteren Verlauf der Sozialisation kommen immer mehr Inhalte hinzu, die auf Bewährung in zukünftigen Situationen abstellen. Es gibt daneben aber weiterhin immer noch Anweisungen und Verhaltensakte, die einen Sinn nur für den jeweiligen Lebensabschnitt haben. Zwar gewinnt im Verlauf der kindlichen Sozialisation die kognitive Dimension an Bedeutung, aber Sozialisation qua Implikation - durch Nachahmung von Verhaltensweisen, durch Schlußfolgerungen des Kindes aus Reaktionen der Erwachsenen - herrscht bei der Beeinflussung von Werten und Verhaltensweisen vor; der spezifische Bereich für explizite und kognitiv vermittelte Inhalte ist die Einübung von

Fertigkeiten. Wahrscheinlich könnte kein Sozialsystem existieren, in dem nicht die Mehrzahl der Verhaltensakte in der Mehrzahl der Situationen als unreflektierte Selbstverständlichkeiten für die Mehrzahl der Menschen sicher prognostizierbar sind und auch in dieser Art vermittelt werden.

Die vorherrschenden und gegenwärtig oft in soziologischen Termini formulierten Ansichten über Sozialisation sind überwiegend vom Verständnis der Persönlichkeitsentwicklung als Ergebnis von Erziehungsprogrammen bestimmt. Und diese Programme werden von Erziehern als wählbar analog der Entscheidung über das Programm eines voll subventionierten Theaters angesehen. Zweckmäßiger und zudem für die Soziologie angemessener ist eine Berücksichtigung folgender Ergebnisse und Überlegungen:

(1) Sozialisation ist die wichtigste Form, durch die Sozialsysteme bei wechselndem Personenbestand dennoch überpersonelle Kontinuität erreichen.

(2) Da selbst für ein Sozialsystem mit elementaren und auf absehbare Zeit hindurch nicht wechselnden Existenzweisen (was auf die meisten vorindustriellen Gesellschaften zutrifft) die einzelnen später zu lösenden Problemsituationen für das Sozialsystem und dessen Individuen nicht komplett vorhersehbar sind, kann Kontinuität nicht durch bloße Dressurakte als reine Imitation vorhergegangenen Verhaltens erreicht werden. Neben Fertigkeiten als bloßen Nachahmungen von Verhalten müssen auch generelle Fähigkeiten und Normen vermittelt werden.

(3) Sozialisation selektiert aus Anlagen und vermittelt als Fähigkeiten und Werte diejenigen, die in Hinblick auf die später vom Erwachsenen zu bewältigenden Situationen angemessen erscheinen.

(4) Je geringer die Zahl dieser Situationen und je eher sie als bloß wiederkehrend unterstellt werden können, umso kürzer kann ceteris paribus der Sozialisationsprozeß sein - und umgekehrt.

(5) Je geringer die Zahl der später zu bewältigenden Situationen (das kann analog verstanden werden zu "Rollenelement"),

und je eher sie als bloß wiederkehrend unterstellt werden können, umso weniger bedarf es einer Spezialisierung der sozialisierenden Personen und Instanzen - und umgekehrt.
(6) Je komplexer ein Sozialsystem,und je rascher und dramascher dessen Aufgaben wechseln, umso häufiger ist die Sozialisation auch eine Vermittlung widersprüchlicher Einflüsse - vorausgesetzt, die Sätze (4) und (5) gelten.
(7) Je widersprüchlicher die Einflüsse in der Sozialisation, umso vielfältiger die Persönlichkeiten - sowohl innerhalb als auch außerhalb akzeptierter Bandbreiten für Verhalten - und umso eher wird "Individualismus" zum allgemeinen Phänomen, statt zur selten und tendenziell nur in marginalen Gruppen akzeptierten Eigenschaft.

2.

Die Konzeption: Sozialisation ist die Vermittlung von Fertigkeiten, Einstellungen und Werten im Hinblick auf Situationen, die Vollmitglieder zu bewältigen haben und die in einem Sozialsystem wahrscheinlich sind, vermeidet ein heute wieder populär werdendes Mißverständnis, das in anderer Ausdrucksform auch das Verständnis des Rollenkonzepts erschwert. Die irreführende Antinomie "Individuum - Gesellschaft" wurde in der zweiten Hälfte der sechziger Jahre unter der Bezeichnung "emanzipatorische Erziehung" - bzw. in der clownesken Spielform der "antiautoritären Erziehung" - nun in Zusammenhang mit dem Topos Sozialisation bei der Kulturintelligenz populär. Explizit oder implizit wird hier unterstellt, Sozialisation als Vermittlung von Fähigkeiten für die Vollmitgliedschaft in einem Sozialsystem sei eine von außen (dem "System") an das Individuum herangetragene Zumutung, die seine eigentlichen Entwicklungsmöglichkeiten verschütte.

Letztlich beruhen solche Vorstellungen auch auf einem grundsätzlichen Mißverständnis über den Charakter der Kontinuität von Sozialsystemen. Ein Beispiel unter Soziologen selbst ist der Vorwurf gegen das System von PARSONS, es sei rein statisch gedacht, weil es von der (übrigens im ideologischen Sinne kollektivistischen) Vorstellung der Dominanz der Systemzwecke (functional requirements of the system) ausgeht bis hin zum Postulat des Primats der Systemerhaltung (system maintenance). PARSONS meint nun keinesfalls, daß ein Sozialsystem eine unwandelbare Sozialordnung sei, in der fortwährend die gleichen Abläufe ("Prozesse" in seinem Sinne) reproduziert werden. Selbstverständlich muß ein Sozialsystem nach PARSONS Stabilität und Flexibilität zugleich besitzen.

Im folgenden sei beispielshaft auf eine Reihe von historischen Entwicklungen verwiesen, wodurch augenscheinlich wird, daß in den jeweiligen Systemen zu bestimmten Zeiten starke Brüche und Veränderungen erfolgt sind. Die Kontinuität des Systems setzte sich auf anderer Ebene fort, so daß jeweils andere Gegebenheiten und Normen für die Individuen verbindlich wurden, und an diese also je unterschiedliche Anforderungen gestellt wurden. Somit befanden sich in dem jeweiligen Zeitabschnitt je unterschiedliche Personengruppen in der Situation, integrierte Vollmitglieder des Systems zu sein bzw. sich neuerdings um diesen Status bemühen zu müssen.

In diesem Jahrhundert war Deutschland in ganz unterschiedlichen Formen als Sozialsystem organisiert: als Kaiserreich, als Kriegsgesellschaft, als Weimarer Republik, als Nazistaat, wieder als Kriegsgesellschaft und schließlich heute in den beiden politischen Formen Bundesrepublik und DDR. Die Inflationssituation der frühen zwanziger Jahre gab offensichtlich anderen Personen bessere Erfolgschancen als die anschließende Periode der relativen Stabilität; die Zeiten von 1943 bis 1945 (Zerfall des Nazistaates), der Tauschwirtschaft (1945 - 1948) und der "normalen" Wirtschaft ab 1949 veränderten jeweils den Stellenwert verschiedener Fähigkeiten und Werte der gleichen Individuen.
Sicherlich ist es sinnvoll, von der Kontinuität des chinesischen Sozialsystems insgesamt zu sprechen, auch wenn die Sui-Dynastie von der Tang-Dynastie abgelöst wird, diese wieder

nach dem Zerfall des einheitlichen Reiches u.a. durch die Sung-Dynastie, die Einwohner dieses Reiches dann anschließend zur untersten Kaste während der Mongolen-Herrschaft werden, bis dann die Ming-Dynastie chinesische Selbständigkeit wieder herstellt. Über die tausend Jahre dieses Wandels hinweg blieb die Institution des Mandarinentums erhalten, ebenso wie die Grundorganisation der Familienverbände als elementarer Solidaritätsverband des Alltags.
Wenn in Japan die mehr oder minder anarchischen Abschnitte der Sengoko-Periode und der shogunlosen Zeit durch die Periode der Tokugawa abgelöst wird, so bleiben über die ca. 400 Jahre dieser Abschnitte die Ideale des Bushido (ungefähr Kleinadel) nahezu unverändert. Gleichzeitig gibt es große soziale Umschichtungen ohne Auflösung eines Sozialsystems als eines integrierten Systems von Verhaltensweisen und Werten.

Das frühe und hohe Mittelalter waren für Mitteleuropa sicherlich keine Perioden der Stabilität der alltäglichen Lebensumstände. Welche je unterschiedlich angemessene Reaktion auf dramatisch wechselnde Lebensumstände wurden während eines Lebens für die Individuen notwendig! Wahrscheinlich gibt es neben der kompletten Vernichtung von Sozialsystemen durch Kriege auch ein Ende als wirklichen Zerfall - etwa in Indien während der Herrschaft des Mohammedanismus; aber letzteres dürfte eher die Ausnahme sein.
Wer nicht aus Tageszeitungen, Magazinen und vom Fernsehen lebt, für den müßte selbstverständlich sein, daß Kontinuität und Flexibilität von Sozialsystemen einander nicht ausschließen, sondern sogar miteinander korrelieren. Und für solche Sozialsysteme kann Sozialisation auch nicht Dressur sein, sondern muß differenzierte Vermittlung unterschiedlicher Eigenschaften sein.

Sozialisation in hochentwickelten Gesellschaften bedeutet, daß besonders viele Situationen zu antizipieren sind. Das wiederum bedeutet, daß der Sozialisationsprozeß bis zur Zuweisung von Vollmitgliedschaft lange sein muß. Ferner impliziert ein technologisch hoher Entwicklungsstand, daß eine Reihe von Eigenschaften, die früher als spezialisierte Kenntnisse angesehen wurden (also als zentrale Rollenelemente für nur einige Personen) zu selbstverständlichen Kulturtechniken werden (also zu peripheren Rollenelementen). Lesen, Schreiben, Technik des Umgangs mit Bürokratien, "Allgemeinbildung" und Wirtschaften sind Beispiele solcher Kulturtechniken. (Andererseits verlieren andere Kulturtechniken ihre Bedeutung, wie Umgang mit Tieren.) Dies wiederum hat zur Folge, daß für die Übermittlung spezifischer Techniken auch spezielle Institutionen der Sozialisation ausgebildet werden müssen, deren Erziehungsauftrag nicht selten eine Ablösung von den Sozialisationsinstanzen traditioneller Art einschließt (z.B. der spezifische Erziehungsauftrag amerikanischer Schulen, aus den Kindern von Einwanderern einheitlich Amerikaner zu machen, die viele Überlieferungen des Elternhauses zurückweisen. Tendenziell gilt: Die spezifischen Sozialisations- und Erziehungsinstanzen zugeordneten Inhalte sind diejenigen, die in modernen Industriegesellschaften vom sozialen Wandel besonders betroffen werden; dies trifft sowohl für das Training von Kulturtechniken wie auch für die Übermittlung von Werten und Orientierungen zu. So spiegelt sich in diesen Gesellschaften Wandel als Widerspruch zwischen Sozialisationsinstanzen, insbesondere zwischen solchen mit einem expliziten und spezialisierten Erziehungsauftrag, und generellen Instanzen der Sozialisation wider.

Mit der Vervielfältigung der Zahl und des Charakters von Instanzen der Sozialisation erhöht sich jedenfalls die Chance von Widersprüchen. Und ungeachtet des spezifischen Inhaltes der Sozialisation ist bei raschem sozialen Wandel zu berücksichtigen - und wird auch zunehmend von den Angehörigen solcher Sozialsysteme so verstanden - daß im Sozialisationsprozeß ein großer Teil der in der Zukunft auftretenden Situationen nicht konkret vorweggenommen werden kann. Sozialisation i.e.S. muß hier entsprechend stärker abstellen auf die Vermittlung allgemeiner Werte und genereller Fähigkeiten, statt nur auf die Weitergabe konkreter Verhaltensmuster.

3.

Das ist der strukturelle Hintergrund für die wachsende Bereitschaft, Sozialisation als einen Vorgang zu verstehen, der nach erlernbaren Regeln zu wählbaren Ergebnissen führt - bis hin zur Popularität von Erziehungsrezepturen des Typs "backe - backe Menschen". Diese finden zunächst Interesse unter Angehörigen der oberen Sozialschichten, deren berufliche Situation vom technisch-wirtschaftlichen Wandel in den hochentwickelten Sozialsystemen besonders betroffen ist (vgl. auch MILLER und SWANSON:"The Changing American Parent"). Besonders alt ist aus strukturellen Gründen die Unsicherheit über die Angemessenheit von Sozialisationstechniken in den USA, und sie sind auch das klassische Land der Erziehungsrezepturen. Eine große Zahl aller Veränderungen im Erziehungswesen, die jetzt in der Bundesrepublik als "progressiv" und neu angeboten werden, sind bis in die Begründungen hinein Übernahmen aus den USA vornehmlich der dreissiger und vierziger Jahre (z.B. Gesamtschule, Ganztagsschule, kooperative und integrierte Gesamthochschule, Vorschulerziehung). Charakteristischerweise wird in diesen Sozialisationsprogrammen und in den Erziehungsrezepturen versucht, Selbstverständlichkeiten des Verhaltens zu einem bewußten Verhalten werden zu lassen. Konsequent durchgeführt (was meist nicht der Fall ist) würde dies zu einer Überlastung der zu sozialisierenden Person führen und negative Wirkungen für die Persönlichkeitsentwicklung haben, unabhängig von den Erziehungszielen.

Kennzeichnend für diese Erziehungsprogramme ist der Nachdruck auf der Kontrolle einzelner Verhaltensakte der sozialisierenden Personen selbst. Damit werden einzelne (und wechselnde) Aussagen speziell der Gestaltpsychologie und verschiedener Richtungen der Psychoanalyse über die Wirkung konkreter Verhaltensakte der Eltern (z.B. Zeitplan der Fütterung von Babies; Beobachtung eines elterlichen Streits; Wirkung einer Drohung auf das Kind) zu Erziehungsprogrammen für die Eltern selbst zusammengefügt. In dem Maße, wie mit der Verringerung der

Kinderzahl und der Zusammendrängung der Reproduktionszeit auf fünf Jahre die meisten jungen Eltern nur noch Erinnerungen an ihre eigene Sozialisation, aber keine Möglichkeit der eigenen Beobachtung der Sozialisation jüngerer Geschwister haben,wird Sozialisation - wie Kochen oder Sexualverkehr - aus Handbüchern gelernt.

Ein Musterbeispiel sind die Rezepturen der Erziehung des Amerikaners Dr. SPOCK, der in den verschiedenen Auflagen seiner Bestseller (Gesamtauflage mehr als 20 Millionen!) unterschiedliche Fassungen dessen formulierte, was "permissive Erziehung" genannt wird (Dr.SPOCK distanziert sich inzwischen von diesem Erziehungsstil!). Damit ist im Kern gemeint eine Einwirkung der Eltern auf das Kind wesentlich als Entschlüsselung von Signalen, die vom Kind ausgehen. Diese Signale sollen durchweg zu belohnenden Reaktionen führen, und dem Kind sollen nach Möglichkeit Versagungserlebnisse ("Gefühl der Vereitelung" bei FREUD, "frustration" in englischer Übersetzung, Frustration beim Rückimport des Begriffs) erspart bleiben. So sollen Kleinkinder gefüttert werden, wenn sie schreien, statt nach einem festen Rhythmus. In der Schule soll der Lehrer den Lehrplan gemeinsam mit den Kindern aufstellen und sich vornehmlich als Berater verstehen; ein "Sitzenbleiben" im Sinne des Zurückbleibens in Jahrgangsklassen muß unterbleiben.

Nicht selten unterlag solchen Empfehlungen ein Glaube, der Mensch sei von Natur aus optimistisch, aktiv, vernünftig und gut,so daß Erziehung sich verstehen müsse als Vermeiden von Erlebnissen, die zu einem Verschütten dieser Anlagen führen könnten. Und schließlich gibt es Versionen wie diese: "Die ganze Gemeinde, die ganze Stadt sollte zur Schule werden. Das Klassenzimmer bildet dann für Lehrer und Schüler gleichsam die Operationsbasis, einen Ort, wo man sich aussprechen, Rast machen und natürlich auch zusammen lernen kann"(HERBERT R.KOHL, The Open Classroom). Offensichtlich wird hier angestrebt, die Funktionen von Schule einerseits und andererseits von Nachbarschaft, Gemeinde und Familie miteinander zu vertauschen, zumindest aber zu verwischen. (Diese permissive Erziehung ist nur zum Teil gleichbedeutend mit dem, was in der Bundesrepubblik "antiautoritäre Erziehung" genannt wird. Antiautoritäre Erziehung im spezifischen Sinne bedeutet etwas anderes: Ersetzung vorherrschender Werte und Autoritäten durch andere Werte und Autoritäten, die als Ausdruck einer Gegenwelt zur jetzigen Dominanz von Wirtschaft und Technik ("Technokratie") verstanden werden.

Der permissiven Erziehung werden inzwischen in den USA alle möglichen unerfreulichen Phänomene angelastet - vom (angeblichen oder wirklichen) Rückgang von Schulleistungen bis zum Drogenkult und der Jugendkriminalität. Das dürfte auf einem Mißverständnis der tatsächlichen Wirksamkeit dieser spezifischen Erziehungsrezeptur und auf einer Unterschätzung struktureller Faktoren beruhen. Einmal zeigen die sehr, sehr seltenen Studien zu diesem Thema, daß die Rezepturen das praktische Verhalten der Eltern wahrscheinlich nur sehr selektiv beeinflussen: Zwischen der Erziehungsideologie der Eltern und ihrem tatsächlichen Verhalten besteht nur eine begrenzte Korrelation. So kann eine Mutter sich zwar bewußt verbieten, einem absichtlich die Grenzen ihrer Reizbarkeit testenden Kind eine Ohrfeige zu geben, aber eine tatsächlich reizbare und aggressive Person reagiert dann ihre Wut eben anders ab. Die psychischen Bestrafungsformen können durchaus sehr viel verletzender sein, als manche Form körperlicher Strafe. Wahrscheinlich ist die permissive Erziehung im Alltag gar nicht so nachgiebig gewesen, sondern wirkte sich eher als eine alternative Form der Beeinflussung aus, die mit verdeckteren("manipulativen") Mitteln arbeitet.

Beziehungen zwischen dem Stil der Einwirkung von Eltern auf Kinder und deren je unterschiedlicher Persönlichkeitsentwicklung bestehen sicherlich, aber mit Sicherheit sind diese Abhängigkeiten nicht von der Art: "Herrschaftsfreie" (was immer das heißen mag) Haltung der Eltern und der Lehrer habe "demokratische Persönlichkeiten" (was immer das nun wieder bedeuten mag) zur Folge. Dagegen gibt es wahrscheinlich eine Beziehung zwischen spezifischen Verhaltensakten und einzelnen Dimensionen von Persönlichkeit. Den einschlägigen Untersuchungen gegenüber ist eine gewisse Skepsis angebracht, da sie die Beziehungen zwischen elterlichem Verhalten und Persönlichkeitsentwicklung des Kindes zu deterministisch darstellen, Anlagefaktoren nicht zureichend beachten und von dem integrierten Charakter von Persönlichkeit abstrahieren. Dennoch dürften die Zusammenhänge der Tendenz nach richtig ermittelt worden sein:

Verhalten der Eltern	Folgen für die Persönlichkeitsentwicklung
Lange Brustfütterung des Säuglings	= Optimistische Grundhaltung ("oraler Optimismus") + instabile Persönlichkeit
Füttern nach Schreien statt nach Zeitplan	= geringe Identifikation mit Gruppenbezügen
Allmähliches Absetzen der Brustfütterung	= hohe Identifikation mit Gruppenbezügen + anspruchsvolle Sozialstandards
Spätes Sauberkeitstraining	= schlechte Anpassung an das Schulmilieu + ausgeglichenes Temperament
Keine Bestrafung für "unabsichtliches Beschmutzen der Windeln (im Original:"toilet accidents")	= hohe Anpassungsfähigkeit in Sozialbezügen + anspruchsvolle Sozialstandards + gute Anpassung an das Schulmilieu
Hohe (=lange) Sicherheit beim Schlafen (im Original: "sleep security"= mit Eltern und Lieblings-Spieltieren schlafen)	= geringe Anpassungsfähigkeit (self-adjustment) + geringe Autonomie + schlechte Anpassung in späteren Familienbeziehungen

(Die Persönlichkeits-Eigenschaften wurden nach dem California Personality Inventory definiert.)

Kritiker dieser Art von Untersuchungen und ihrer Interpretation - wie beispielsweise H.J.EYSENCK oder PETER HOFSTÄTTER - weisen darauf hin, daß so nicht nachgewiesen werden könne, daß eine bestimmte Verhaltensweise (z.B. lange Brustfütterung) zu bestimmten Eigenschaften bei Erwachsenen (z.B. Optimismus) führe. Zumindest müsse berücksichtigt werden, daß vielleicht ihrerseits Mütter mit einer bestimmten Disposition (z.B. optimistischer Grundhaltung) geduldiger und liebevoller seien, dadurch zu langer Brustfütterung neigten; ihre eigene Grundhaltung und nicht das Brustfüttern als isolierter Akt habe die behauptete Kausalwirkung. Obgleich diese Einwendungen oft überscharf formuliert wurden, dürfte es im Prinzip richtig sein, daß die Verhaltensweisen der Eltern überwiegend als Ausdruck einer integrierten Grundhaltung zum Kinde wirken. Sicherlich können dann einzelne Verhaltensakte ungeachtet der Persönlichkeitsstruktur durch punktuelle Kontrolle gesteuert werden und haben dann als punktuelle Kontrolle auch eine Wirkung. Die Wirkung punktueller Verhaltensakte dürfte jedoch in der Erziehungsliteratur oft überschätzt werden und nimmt an Bedeutung mit zunehmendem Kindesalter sicherlich ab.

Neben der wünschenswerten Kontrolle von Verhaltensweisen der Eltern durch die Erziehungsliteratur (z.B. Sensibilisierung gegenüber den Bedürfnissen des Kindes) dürfte diese Literatur, als Rezepte verstanden, eine wichtige unkontrollierte Nebenwirkung haben. Wie die Bereitschaft zur Annahme dieser Literatur eine Unsicherheit über die richtige Verhaltensweise gegenüber Kindern ausdrückt, so kann sie ihrerseits die Unsicherheit weiter verstärken. Unsicherheit der Eltern aus dem Versuch, spontane Verhaltensneigungen bewußt zu kontrollieren, kann ungeachtet der einzelnen Akte als Verhaltensstil der Eltern auf das Kind neurotisierend wirken, weil die Eltern vom Kind nicht zu prognostizieren sind. Als massenhaft verbreitete Verhaltensweisen können solche Veränderungen im Sozialisationsprozeß dann durchaus auch gesamtgesellschaftliche Konsequenzen haben.

4.

Vor zwanzig bis dreißig Jahren waren Versuche verbreitet, von den Verfahrensweisen während der Sozialisation des Säuglings und des Kleinkindes unmittelbar auf eine Form politischer Herrschaft bzw. auf ein Sozialsystem als Folge zu schließen. Umgekehrt würde dieses "System" die für dieses System günstigen

Verfahren der Sozialisation zu seiner eigenen Reproduktion ermutigen. In diesen Vorstellungen einer unmittelbaren Gleichsetzung eines vorherrschenden Persönlichkeitstyps (als Folge von Sozialisationspraktiken) und dem Charakter eines Sozialsystems ist unschwer die Tradierung der Vorstellung wiederzuerkennen, eine christliche Gesellschaft werde es erst geben, wenn die Mehrzahl aller Menschen wahre Christen seien.

Eine populär gewordene Ausdrucksform dieser Denkweise ist die These von der "Autoritären Persönlichkeit" (zunächst in "Autorität und Familie", dann als Untersuchungsbericht mit dem Titel "The Authoritarian Personality"). Autoritäre Persönlichkeiten (so sagen u.a. FROMM, FRENKEL-BRUNSWIK, ADORNO, LEVINSON) sind Personen, bei denen als Folge einer verneinenden Sozialisation und fehlender Ablösung vom Vater das "Ich" schwach und das "Überich" überstark ist; in ihnen trifft das "Es" unvermittelt auf das Überich. So sind sie innerlich chaotisch, aber unterwerfen sich jeder starken äußeren Autorität. Das Schwache und das sich gegen die geltenden Normen Auflehnende ist ihnen verhaßt, weil sie in diesen Personen teilweise ihre eigenen Es-Wünsche erkennen. Militante Herrschaftsformen, wie der Nationalsozialismus, sind attraktiv für solche Personen, weil diese Systeme einerseits klare Verhaltensvorschriften und Glaubenssätze haben, die "Ich-schwachen" Personen aber Unklarheit fürchten (low tolerance of ambiguity); zugleich definieren diese Systeme für solche Personen Sündenbock-Gruppen, denen gegenüber das eigene chaotische "Es" ausgelebt werden kann und in die hinein man die eigenen Wünsche und Befürchtungen zu projizieren vermag. So sei z.B. die Intoleranz gegenüber Homosexuellen Ausdruck eigener Wünsche, vor denen sich die autoritäre Person fürchtet. Oder die Kennzeichnung von Juden als sexuell pervers sei eine Projektion der eigenen Perversionswünsche. Autoritären Personen bieten Herrschaftsformen wie der Nationalsozialismus den letzten Ausweg aus ihrer gestörten Beziehung zu sich selbst: Die totale Selbstaufgabe an das Kollektiv oder an einen Führer.

Dies ungefähr ist die eigentliche Konzeption der "Autoritären Persönlichkeit" als Voraussetzung des Nationalsozialismus. Wer sie in dieser in den Denkfiguren der Psychoanalyse formulierten Fassung nicht wiedererkennt, darf dies als Beleg dafür nehmen, wie sehr sich das Wort gegenüber seinem ursprünglichen Sinngehalt als Scheidegeld des Kulturgeredes in den Massenmedien und der Polit-Agitation verselbständigte.

An der Konzeption ist dann in der Folgezeit viel Kritik geübt worden (vgl. die Übersicht bei KLAUS ROGHMANN, Dogmatismus und Autoritarismus), und verschiedentlich kam es zu Versuchen der Neuformulierung (z.B. "dogmatische Persönlichkeit";ROKEACH). Außerdem zeigte sich, daß das postulierte 1 : 1 Verhältnis zwischen der Häufigkeit dieses vorgeblichen Persönlichkeitstyps und einer politischen Herrschaftsform auch empirisch nicht haltbar ist, weil internationale Vergleiche negative Ergebnisse lieferten. Die Vorstellung und ihre Varianten (ROKEACH, EYSENCK) gehen jedoch weiter in Testkonstruktionen mit ein.

Ungeachtet aller theoretischen Kritik waren unmittelbar nach dem Zusammenbruch der Staaten Japan und Deutschland im zweiten Weltkrieg Versuche populär, den Sieg autoritärer Staatsformen in diesen Ländern noch punktueller mit einzelnen Verfahren in der Sozialisation zu begründen. GEOFFREY GORER ist ein solches Beispiel; und ein weiteres (eher ernstzunehmendes) Beispiel ist RUTH BENEDICT ("The Chrysanthemum and the Sword"). Diese Versuche wurden dann verallgemeinert bis zu solchen Aussagen wie: Amoklauf sei in Burma häufig und ein stabiles politisches System unmöglich, weil dort Mütter in kapriziöser Weise zwischen überstarkem Körperkontakt mit dem Kleinkind und abrupter Zurückweisung abwechselten. Oder die Tatsache, daß in einem Lande Säuglinge lange am ganzen Körper fest gewickelt (swathed) blieben, statt wie US-Säuglinge strampeln zu dürfen, sollte die Bereitschaft in diesem Lande zur Existenzform in einer politischen Diktatur erklären.

Ganz abgesehen von allen theoretischen Einwänden existieren

einfach zu viele Beispiele für wechselnde politische Organisationsformen und unterschiedliche Herrschaftssysteme bei gleichen Techniken im Umgang mit Kleinstkindern. Oder es gibt gleiche politische Systeme mit unterschiedlichen Techniken in der Behandlung von Kleinkindern oder uneinheitliche Techniken in einem Gesamtsystem. In ihrer ursprünglichen Form können deshalb diese vorübergehend sehr populären Thesen im Fach nicht ernst genommen werden. Der Kern an Vernunft könnte allerdings in der Vermutung bestehen, daß verschiedene Sozialisationstechniken die Bandbreite des Verhaltens so reduzieren, daß nur einige politische Systeme und einige Sozialordnungen mit solchen Personen vereinbar sind. Das ist aber in erster Linie wohl nur plausibel bei Systemen mit extrem hohem Sozialisationsdruck wie bei den Prärie-Indianern, in Sparta, bei Kriegerstämmen Afrikas, etc. In hochdifferenzierten Gesellschaften trifft schon eine elementare Unterstellung solcher Ansätze nicht zu: Die Sozialisationstechniken differieren und die Persönlichkeitstypen (im eigentlichen Sinne des Begriffs bei G.W.ALLPORT) sind sehr vielfältig.

5. Sozialisation und Gesellschaft II

1.

Unter den verschiedenen Ansätzen, Sozialisation mit sozialen Strukturen zu verbinden, nimmt die Konstruktion "autoritäre Persönlichkeit" eine Zwischenstellung ein. In den zuletzt besprochenen Vorstellungen werden im wesentlichen Verbindungen zwischen der Art des Verhaltens der Eltern gegenüber dem Kleinkind und dem späteren Sozialverhalten behauptet. Diese Vorstellungen sind besonders stark durch die Diskussion in der Psychoanalyse - zu einem erheblichen Grade auch der Gestaltpsychologie - in den dreißiger Jahren beeinflußt. Indem spezifischen Verhaltensweisen der Eltern eine notwendige Folge für die Persönlichkeitsentwicklung zugeschrieben wird, lassen sich diese Aussagen übersetzen in Erziehungsprogramme. Als Programm formuliert, soll dann die Häufung, mit der Persönlichkeitseigenschaften zu beobachten sind, verändert werden; mit der Veränderung in der Häufigkeit von Persönlichkeitseigenschaften ("demokratische Persönlichkeit") soll sich dann der Charakter eines Sozialsystems ändern. Die Konzeption "autoritäre Persönlichkeit" ist in ihrer Betonung allein der frühkindlichen Sozialisation Teil dieser von psychologischen Konstrukten bestimmten Richtung; und wie in anderen Spielarten auch, wird eine direkte Beziehung zwischen Persönlichkeitstyp und Charakter des Sozialsystems hergestellt. (Allerdings wird auch - als bloße und pauschale Behauptung, die nicht empirisch untersucht wird - ein Regelkreis unterstellt: Das Interesse an der Aufrechterhaltung des "Systems" bewirke diese und keine anderen Sozialisationstechniken.)

In den fünfziger und sechziger Jahren wurde eine Anzahl von Persönlichkeitstypen vorgeschlagen, die in einer notwendigen Beziehung zum Charakter eines Sozialsystems stehen sollten. Zunächst scheint hier im Ansatz eine Übereinstimmung mit dem Konstrukt "autoritäre Persönlichkeit" zu bestehen, aber der Akzent ist verschieden. Die psychoanalytischen Vorstellungen über Verhaltensweisen gegenüber dem Kleinstkind treten zurück gegenüber einem Akzent auf Vermittlung und Internalisierung von Werten im weiteren Sozialisationsprozeß. Ferner wird das Sozialsystem in differenzierter Weise als Ursache von und als beeinflußt durch diese Persönlichkeitstypen dargestellt. Allgemein sind alle diese Thesen und Theorien "soziologischer", als die im letzten Abschnitt erörterten.

Besonders einflußreich für die interkulturell vergleichende Forschung ist (war?) die Konzeption der "erfolgsorientierten Person" von DAVID McCLELLAND. Solche Personen sollen charakterisiert sein durch einen durch Sozialisation bewirkten Drang ("need" - eigentlich Bedürfnis), sich vor anderen Menschen hervorzutun - und zwar durch Leistung ("high-achievement" = "Bedürfnis nach Leistung" - in: DAVID McCLELLAND, The Achieving Society, Princeton 1961; dtsch: Die Leistungsgesellschaft, Stuttgart 1966). Die Konstruktion dieses Typs wurde wohl stark beeinflußt von SCHUMPETERs Vorstellung über die Unternehmer-Persönlichkeit, und wie SCHUMPETER will McCLELLAND erklären, warum einige Sozialsysteme wirtschaftlich dynamisch sind. Insbesondere McCLELLANDs Schema zur Erklärung von Entwicklung ist stark durch SCHUMPETER geprägt - wenngleich McCLELLAND selbst stärker die Bezüge zu MAX WEBER betont.

Unternehmerpersönlichkeiten im Sinne von Individuen auf der Suche nach Gelegenheit zur Demonstration von Leistungswillen gibt es selbstverständlich in allen Sozialsystemen. Aber nur in einigen sollen sie in ausreichender Zahl vorkommen, um Entwicklungsprozesse auszulösen; nur in diesen Sozialsystemen besteht die Möglichkeit und sogar Erwartung, daß sich solcher Leistungswille primär im wirtschaftlichen Handeln ausdrückt. McCLELLAND erklärt, daß er die Henne-oder-Ei-Frage, ob zuerst die Sozialbedingungen existieren müßten, oder erst durch Häufung entsprechender Personen ein System entstünde, das ihnen Chancen öffne, nicht entscheiden wolle. Ihm gehe es nur um den - übrigens mit einem umfangreichen statistischen Apparat versehenen - empirischen Nachweis einer Korrelation zwischen den beiden Eigenschaften: Wachstumsraten eines Systems und

Anteil an leistungswilligen Personen. Da in der Folgezeit McCLELLAND jedoch den Versuch zur Entwicklung wirtschaftlich-technisch unterentwickelter Staaten durch Selektion von Personen und Training in Leistungswillen unternahm, muß er wohl an den Faktor 'Häufigkeit von erfolgsorientierten Personen' als dominanten Faktor glauben.

Wie gegen entsprechende andere Versuche vorher sind auch gegen die Konstruktion von McCLELLAND erhebliche und empirische Einwände vorgebracht worden. Tatsächlich sind die empirischen Belege problematisch, insbesondere die Messung der Leistungsorientierung. Zweifellos handelt es sich um einen der immer wiederkehrenden Versuche, für einen Faktor (Entwicklung) als Ursache nachträglich ein bestimmtes Motiv (oder einen Persönlichkeitstyp, oder eine "need", oder einen Instinkt) zu finden. Dennoch ist der Einwand zu einfach, es handele sich hier wieder um die in eine komplizierte wissenschaftliche Darstellung gekleidete Version der offenbar unsterblichen Ausdrucksform eines schlichten Denkens über "Gesellschaft" nach dem Muster: Eine Gesellschaft ist so christlich, wie es wahre Christen gibt.

Bei McCLELLAND sind intervenierende Faktoren (bzw. Bedingungen) als Voraussetzung dafür genannt, wie die Häufigkeit eines Personentyps und der Charakter eines Sozialsystems miteinander verbunden sein könnten. Als solche sind unter anderem angeführt: Die Möglichkeit zu differenzieller Leistung im technisch-wirtschaftlichen Bereich (statt etwa nur in Kulturen oder im Kriegshandwerk) und eine gewisse Autonomie für Entwicklungen technisch-wirtschaftlicher Art gegenüber Herrschaftsinstanzen in der Gesellschaft.

Einige besonders bekannt gewordene Schriften von DAVID RIESMAN (vor allem: Die einsame Masse, Reinbek 1958) können als nicht-formalisierte Theorie des Zusammenhangs zwischen der Entwicklung eines Sozialsystems und der Angemessenheit eines Persönlichkeitstyps gelesen werden. Nach RIESMAN ist es für eine sich erst entwickelnde Industriegesellschaft notwendig,

daß Bedürfnisbefriedigung in die Zukunft verlegt wird ("deferred gratification"), daß also der Kapitalbildung der Vorrang vor dem Konsum eingeräumt wird. Diesem Entwicklungsstand entsprach in den westlichen Gesellschaften das Vorherrschen einer "innengeleiteten Persönlichkeit" (inner-directed personality). Personen dieses Typs lernen in der Sozialisation, die von außen an sie herangetragenen Normen zu eigenen, zu verinnerlichten, werden zu lassen. Als Instanzen der Sozialisation dominieren die Familie, Nachbarschaft und Kirche. Die so aufgewachsenen Personen messen ihr Verhalten nicht am Tadel oder an der Zustimmung der Umwelt, sondern an ihren inneren Standards.
Ist eine Industriegesellschaft dann voll entwickelt, so erhält die Fähigkeit zu differenziertem Konsum einen hohen Stellenwert. Hier sind eine Vielzahl von Informationen wahrzunehmen und zu verarbeiten, weil sich der Alltag rasch wandelt. Dem entspricht eine teilweise Verlagerung der Sozialisation aus der Familie hin zu Gruppen von Gleichaltrigen (peer groups), zu Massenmedien und zu spezialisierten Instanzen wie z.B. Schulen. Die auf diese Weise und unter solchen Umständen sozialisierten Personen sind sehr viel sensibler gegenüber dem Urteil ihrer Umwelt und tendieren dazu, Spannungen zwischen sich und anderen durch Änderungen des eigenen Verhaltens zu vermindern - sind also "konformistisch". Diesen Typus bezeichnet RIESMAN als "außengeleitete Persönlichkeit" (other-directed personality). Dieser Persönlichkeitstyp soll in den hochentwickelten Industriegesellschaften vorherrschen.

In der deutschen Rezeption seiner Schriften - allerdings nicht nur hier - wurde RIESMAN kulturkritisch interpretiert. In der Wiedergabe seiner Aussagen scheint es, als verstehe er die verringerte Bedeutung der innengeleiteten Personen als Ersetzung von Individualismus durch Konformismus. Nach seinem Selbstverständnis will RIESMAN jedoch das von ihm behauptete Vorherrschen außengeleiteter Personen nicht als Kritik an den hochentwickelten Industriegesellschaften verstanden wissen. Diese außengeleiteten Personen - wie immer man sie als Menschen bewerten mag - sind nach RIESMAN besonders gut geeignet für das Leben in einer Massendemokratie und für Anpassung an raschen Wandel. RIESMAN geht es um die Entwicklung eines Schemas zur Analyse des Zusammenhangs zwischen Wandel in den Charakteristika eines Sozialsystems und den Sozialchancen von Persönlichkeitstypen, wobei jeweils bewußt nur einige Eigenschaften hervorgehoben wurden. In diesem Schema ist die Änderung des Sozialsystems eindeutig die eigentliche Ursache des Wandels, die Veränderung in den Persönlichkeitstypen die notwendige Bedingung für die Kontinuität des Wandels.

Inzwischen mehren sich die Versuche, einen "postindustriellen" oder "technotronischen" Typ von Gesellschaft zu konstruieren. Kennzeichnend soll sein, daß wirtschaftlich-technische Leistungen nun Selbstverständlichkeiten geworden seien und in der Wertschätzung gegenüber etwas anderem zurücktreten (z.B. Z.BREZCZINSKI, H.KAHN). Ein Teil der Jugend - speziell der aus bevorzugten Soziallagen - soll die neue Rangordnung der Werte dieser Gesellschaft bereits als Persönlichkeitseigenschaften aufweisen (z.B. CH.REICH oder ROSZAK). Allerdings besteht keine Einigkeit darüber, was dann das "andere" ist: Etwa das schließliche Vorherrschen von Personen, die in Hinblick auf nicht-rationale Wahrnehmungen sensibilisiert sind; oder eine Auseinanderentwicklung von Persönlichkeitstypen entsprechend dem Unterschied zwischen Positionen mit Verantwortung und anderen Soziallagen.

Diesen Vorstellungen über "postindustrielle" oder "technotronische" Gesellschaften ist die Vorstellung einer wechselnden Hierarchisierung von Werten implizit - eine auch in der Typologie von DAVID RIESMAN notwendige Unterstellung. Im Sozialisationsprozeß wird eine Vielzahl von Werten vermittelt, die sich teilweise widersprechen. Die Nachdrücklichkeit und Bedeutsamkeit der Vermittlung hängt ab zunächst von der Bedeutsamkeit für das Überleben als Teil eines Sozialsystems , und dann von der Möglichkeit eines Systems, die Verwirklichung der Werte zu ermöglichen. In Bedarfsdeckungswirtschaften, und darüber hinaus in allen Systemen, in denen wirtschaftliche

Besserung von Selbstversagung abhängt, haben entsprechende Werte - Sparsamkeit, Arbeitsamkeit, Unterdrückung spontaner Wünsche nach Bedürfnisbefriedigung - einen hohen Stellenwert. Ist durch äußere oder innere Bedrohung das physische Überleben dauernd gefährdet, so erhalten kriegerische Werte - Mut, Kameradschaft, Ertragen von Schmerzen - zumindest bei der Sozialisation männlicher Jugendlicher Vorrang. All dies soll für hochentwickelte Industriegesellschaften nicht gelten, und entsprechend der veränderten Funktionalität verändert sich die Rangordnung der Bedeutung von Werten. Eine rasche Anpassung der Sozialisation an diese realen Veränderungen würde ihrerseits den Wandel des Systems beschleunigen.

All dies sind noch sehr fließende Spekulationen, die allerdings inzwischen zu einer umfangreichen Forschung - auch international vergleichender Art - geführt haben. Dabei scheinen sich die Begrifflichkeit "postindustrielle Gesellschaft" und die Vorstellung, daß in diesem Gesellschaftstyp soziale und künstlerische Werte dominieren, vorläufig durchzusetzen. Wahrscheinlich ist die generelle Vermutung empirisch begründbar, welche diese Spekulationen auslöste: Daß sich nämlich die Werte, die im Sozialisationsprozeß betont werden, in einigen Soziallagen innerhalb einiger besonders hoch entwickelter Länder im Wandel befinden. Es ist aber bis auf weiteres unklar, ob diese besonders betonten Werte nicht- oder sogar antitechnischer Art sein werden (so eher in der Konzeption "postindustrielle Gesellschaft", als in der Begrifflichkeit "technotronisch"). Unklar ist auch, ob es sich überhaupt um eine Veränderung des Gesellschaftstyps handelt; möglich wäre auch ein bloßer Kreislauf zwischen Soziallagen, wobei die Kinder aus Führungsschichten durch Aufsteiger ersetzt werden (so PETER L.BERGER).

2.

In hochdifferenzierten Gesellschaften war die Frage nach dem Zusammenhang zwischen Sozialisation und Sozialsystem bisher zu global gestellt. Eine Differenzierung der Betrachtung nach Soziallagen, nach Agenten bzw. Institutionen der Sozialisation und nach intervenierenden Faktoren dürfte zu besser belegbaren Aussagen führen. Die bisher vorherrschenden Theorien über den Zusammenhang zwischen Sozialisation und Gesellschaft, und auch die direkte Übertragung von Befunden der Ethnologie, sind schon deshalb nur beschränkt geeignet, weil das Sozialsystem als einheitlich behandelt wird. Vielleicht ist dies für viele der Untersuchungsobjekte von Ethnologen zulässig, nämlich für numerisch kleine schriftlose Stammeskulturen. Aber selbst vorindustrielle Hochkulturen sind hierfür zu differenziert. Erst recht gilt dies für die heutigen Industriegesellschaften.

Wie unterschiedlich sind doch die Verhaltensanforderungen an einen Bauern im Hunsrück, einen Drogisten, eine Rechtsanwältin oder einen Bürgermeister einer Mittelstadt. Wie groß ist die Zahl der Subkulturen, und wie sehr wechseln dort die Erwartungen im Verlaufe des Lebenszyklus! Mag in einer Stammeskultur die Vorstellung eines einheitlichen Verhaltenssyndroms als Voraussetzung für Funktionsfähigkeit noch ihren Sinn haben, so ist die Differenzierung der Persönlichkeiten in heutigen Industriegesellschaften einer der wichtigsten Mechanismen dafür, daß durch horizontale und vertikale Mobilität Personen und Situationen möglichst übereinstimmen. Allein der Mechanismus der sozialen Mobilität verändert den Stellenwert von Sozialisationseffekten. Ohne Berücksichtigung von intervenierenden Instanzen, von verschiedenen Soziallagen, von Subkulturen, von Toleranzbreiten im Verhalten, von sozialer Mobilität und sozialem Wandel ist die Art des Zusammenhangs zwischen Sozialisation und Sozialsystem für hochdifferenzierte Gesellschaften nicht zu klären.

Unterschiede im Sozialisationsverhalten als Folge der Lebenserfahrungen sind das Thema der empirischen Untersuchung von

D.R.MILLER und G.E.SWANSON ("The Changing American Parent", New York 1958) bei Familien des Mittelwestens der USA. Die Autoren gingen von der Annahme aus, daß vor allem die sich typisch wiederholenden Erfolgs- und Mißerfolgserlebnisse des Berufslebens in der Sozialisation als Werte der Eltern an die Kinder weitergegeben werden. Im Gegensatz zu vielen anderen Untersuchungen,die auf die Vermittlung spezifischer Fertigkeiten abstellen, sollten hier die Erfahrungen mit (durchweg latenten!) Strukturbedingungen einer Soziallage erfaßt werden. Beispiele hierfür sind: Existenz in einer Großorganisation mit unpersönlichen Regeln versus personalisierte Arbeitsbeziehungen; oder Durchsetzen im unmittelbaren Konkurrenzkampf versus Beförderung nach der Bewährung an Maßstäben (Leistung im Sinne einer Bürokratie). Schließlich entschieden sich MILLER und SWANSON für die sehr vereinfachende Antinomie:Sozialisation als Folge von "unternehmerischen" versus "bürokratischen" Berufserfahrungen. "Unternehmerisch" (ein unglücklicher Terminus auch im englischen Original - "entrepreneurial") steht hier als Bezeichnung für Arbeitsbedingungen einer intensiven Konkurrenzwirtschaft, die in erster Linie den Bedingungen während der Entwicklung von Industriegesellschaften entsprechen soll. "Bürokratisch" ist die Bezeichnung für die Arbeitsbedingungen des "modernen" Verwaltungsstaates. Die Ergebnisse bestätigten die Ausgangshypothese, aber die Einzelergebnisse lassen vermuten, daß das Kategorienschema tatsächlich bestehende Unterschiede der Berufserfahrung mit Strukturbedingungen nur ungenau abbildet.

Der Ansatz von MILLER und SWANSON führt wahrscheinlich weiter als die vielen Untersuchungen, die stärker auf die Weitergabe von punktuellen, expliziten Normen abstellen. Sekundäranalysen in Köln legen allerdings nahe, daß eine differenziertere Erfassung von Strukturelementen der beruflichen Existenz zu einer weiteren Erhöhung der Aussagekraft führen wird. Solche Variable sind: Größe der Arbeitsstätte; Zahl der mit gleichen Tätigkeiten Beschäftigten; Dispositionsspielraum bei der Berufsausübung; Differenziertheit der Hierarchie am Arbeitsplatz; Abhängigkeit im Arbeitsablauf von anderen; Teamsituation oder nicht; Beurteilung nach expliziten Kriterien für einzelne Handlungen versus diffuse Bewertung nach langfristigen Abläufen; Stellenwert von Techniken zwischenmenschlicher Beziehungen. Der Beruf im Sinne von Arbeitsmarktbezeichnungen dürfte für die Weitergabe von beruflicher Erfahrung in der Sozialisation als allgemeiner Lebenserfahrung nur ein Faktor unter anderen sein. Schließlich ist auch bei der Kennzeichnung der abhängigen Variablen, also der Umschreibung von Sozialisationsfolgen, eine Ablösung von den Kategorien der Rhetorik des Alltags notwendig. Variable wie "Risikobereitschaft", "Einstellung zu Regeln", "Relation der Bewertung von Beruf und Freizeit" oder "Fristigkeit der Perspektiven" sind Beispiele für eine solche Umorientierung.

Die ungefähr gleichzeitigen Untersuchungen von U.BRONFENBRENNER, E.DEVEREUX und M.KOHN sind mit dem Ansatz von MILLER und SWANSON verwandt, indem auch hier Unterschiede der Sozialisation in zwei Soziallagen erfaßt werden (vgl. u.a.: EDWARD DEVEREUX, URIE BRONFENBRENNER, GEORGE SUCI: Patterns of Parent Behavior in the United States of America and the Federal Republic of Germany, International Social Science Journal,14,1962,S.488-506; MELVIN L.KOHN: Social Class and Parental Values, AJS,1964,1958/59,S.337-351). Diese Unterschiede werden jedoch allgemeiner als Schichtzugehörigkeit erfaßt, wobei die Art der Sozialisation nicht nur als Weitergabe charakteristischer Lebenserfahrungen der Eltern verstanden wird, sondern auch als durch Annahmen hinsichtlich der Lebensumstände geleitet, in denen sich die zu sozialisierende Person später einmal zu bewähren habe. Ferner wird bei diesen Untersuchungen zwischen Erziehungszielen und Erziehungsmitteln unterschieden.

Nach M.KOHN wird in Familien der Mittelschichten der USA in der Sozialisation kein sehr starker Unterschied zwischen Jungen und Mädchen gemacht. Die Kinder werden überwiegend mit psychischen Mitteln erzogen und werden bei Korrekturen des Verhaltens auf langfristige Belohnungen und Nachteile hingewiesen. Allgemein soll jede Korrektur des Verhaltens bei zunehmendem Alter mit einer Erklärung verbunden sein, welches nützliche Prinzip jeweils verletzt wurde. So wird beispielsweise Naschen verurteilt, weil "man dann beim wirklichen Essen keinen Hunger mehr" habe, dieses wirkliche Essen aber der Gesundheit wegen brauche; außerdem sei die Mutti traurig, denn man habe ihr Vertrauen enttäuscht. Dieses elterliche Verhalten soll zur Verinnerlichung von Normen führen und zur Bewertung des Verhaltens in längerfristigen Perspektiven.

Demgegenüber erfolge unter Handarbeitern die Sozialisation nach Geboten und Verboten als spezifische Reaktionen auf ganz konkrete Verhaltensakte. Für das Kind entsprächen deshalb bestimmten Verhaltensweisen auch voraussagbare Strafen und Belohnungen. Diese erfolgten schnell oder gar nicht, und insbesondere körperliche Bestrafungen seien verbreitet. Ziel dieser Art von Sozialisation ist offensichtlich die Ermutigung und das Entmutigen bestimmter Verhaltensakte. Als Ergebnis bleibe bei der Person eine Differenz bestehen zwischen eigentlichen Wünschen und den Vermutungen, wie die Außenwelt auf Verhalten reagiere. Komme man mit einem Fehlverhalten durch, so habe man Glück gehabt; werde man entdeckt, so erhalte man hierfür eben die gerechte Strafe. Weil die Normen nicht im gleichen Ausmaß verinnerlicht sind, sei auch das Schuldgefühl bei eigener Regelverletzung sehr viel geringer.

Wie stark diese Orientierungen sind, zeigte sich in einer international vergleichenden Untersuchung von STANTON WHEELER über die Wirkung verschiedener Formen von Gefängnishaft auf Straffällige aus verschiedenen Sozialschichten (vgl. STANTON WHEELER,Hg., Controlling Delinquents, New York 1968). Ob es sich um Haftanstalten in Dänemark, Schweden oder den USA handelte: Straffällige aus der Unterschicht reagierten negativ auf einen Strafvollzug, in dem sie als Kranke behandelt wurden, empfanden dagegen eine konventionelle Einschließung als eine verständliche Bestrafung im Sinne von Schuld und Sühne. Demgegenüber bewerteten die Gefangenen aus der Mittelschicht eine bloße Einschließung als demoralisierend, wogegen sie eine

Behandlung als irgendwie psychisch gestört als Entlastung empfanden; für Menschen mit starker Verinnerlichung von Normen bedeutete eine Erklärung des bestraften Verhaltens als Krankheit eine Wegerklärung von Schuld. Offensichtlich wirken hier unterschiedliche Formen des Strafvollzugs entsprechend ihrer Nähe oder Distanz zu den für die jeweilige Situation vertrauten Sozialisationstechniken. (Und ebenso offensichtlich ist die unterschiedliche Reaktion auf Reformen des Strafvollzugs in der Bevölkerung der Bundesrepublik eine Widerspiegelung der Verschiedenheiten in den Erziehungszielen und -stilen.)

In den Untersuchungen von BRONFENBRENNER und DEVEREUX sollten zunächst Unterschiede zwischen verschiedenen Ländern als Folge unterschiedlicher Werte in verschiedenen Kulturen nachgewiesen werden - beispielsweise zwischen der Bundesrepublik und den USA. Solche Unterschiede konnten auch ermittelt werden. So waren die Eltern der Bundesrepublik "strenger", wenn Strenge an der Bereitschaft zu körperlicher Züchtigung gemessen wird. Allerdings kümmern sich Eltern der Bundesrepublik tendenziell auch intensiver um ihre Kinder (vgl. die Beschreibung von D.RODNICK: Post-War Germans, New Haven 1948). Größer als die Unterschiede zwischen den beiden Ländern waren die Differenzen innerhalb der beiden Länder zwischen verschiedenen Sozialschichten. Dabei glichen sich die Erziehungsziele und -stile der Mittelschichten in den USA und in der Bundesrepublik, sowie auch zwischen den Unterschichten beider Länder.

Diese Befunde konnten dahingehend interpretiert werden, daß in jeder Sozialschicht vornehmlich die Haltungen vermittelt werden, die später in der Arbeitswelt typischerweise zu antizipieren sind. In Positionen der Verantwortung ist es sicherlich angemessen, die Regeln und Anforderungen der Position zu verinnerlichen und langfristige Perspektiven zu haben, während es ausführenden Positionen angemessener ist, Regeln mit einiger innerer Distanz - aber genau - auszufüllen. Die Ergebnisse von BRONFENBRENNER über Erziehungsstile und -ziele in anderen Ländern (wie etwa der UdSSR) bestätigen die Nützlichkeit der früher erwähnten Konzeption, in Sozialisationsmustern eine

Selektion von Eigenschaften und Verhaltensweisen zu sehen, die nach Soziallage spezifiziert, überwiegend funktional mit den für die meisten später zu bewältigenden Situationen verbunden sind.

3.

Die Autoren der zuletzt referierten Untersuchungen würden wahrscheinlich die folgende Deutung als recht fremd empfinden, aber dennoch werden von ihnen Wertvorstellungen und Sozialtechniken der Eltern als abhängig von strukturellen Faktoren (charakteristische Berufserfahrungen, Soziallage) erfaßt. "Abhängig" bedeutet nicht, daß die Strukturfaktoren unmittelbar die Wertvorstellungen und Sozialtechniken determinieren. Das ist schon deshalb bei sozialem Wandel nicht zu erwarten, weil diese Orientierungen der Eltern Erfahrungen zu einem früheren Zeitpunkt widerspiegeln. Bei raschem Wandel stehen - selbst wenn Werte und Sozialtechniken ein bloßer Reflex auf Strukturbedingungen wären, was sie nicht sind - zu einem jeden Zeitpunkt verschiedene Wertbezüge und Erfahrungen nebeneinander. Diese Art von Pluralismus existiert zusätzlich zu dem, der sich aus der hohen Differenzierung ergibt. Je nach sozialer Lage werden nämlich auch allgemeine strukturelle Wandlungen unterschiedlicher erfahren. So sind die von BRONFENBRENNER, DEVEREUX und KOHN untersuchten Faktoren sicherlich strukturell beeinflußt ("gesellschaftlich rückbezogen") und stellen doch eine eigene Ebene der Realität dar, sind nicht restlos auf Strukturbedingungen reduzierbar.

Strukturelle Faktoren wirken nicht nur indirekt mit zeitlicher Verzögerung auf den Sozialisationsprozeß, sie sind auch vielfach über Zwischeninstanzen vermittelt. Es ist heute üblich geworden, von der "gesellschaftlichen Rückbezogenheit" von Sozialisation zu sprechen. Wird dies in dem Sinne gemeint, daß "die" Gesellschaft alle Spezifika des Sozialisationsprozesses bestimmt, dann liegt diesem Ansatz - falls Sprecher sich bei solchen Wendungen überhaupt etwas denken - die Annahme zugrunde, daß die Elemente des Sozialisationsprozesses als bloße Spiegelungen struktureller Einflüsse auf eben diese reduzierbar seien. Wie vermittelt sich demgegenüber solche Einflüsse tatsächlich auswirken, soll das folgende Schema verdeutlichen, in dem eine Fülle von Untersuchungsbefunden vereinfacht dargestellt wird:

Variable	angegebene Folge	"gesellschaftliche Bedingtheit"
	(Die Ergebnisse können hier nur in vereinfachter Form angegeben werden)	(Die in der ersten Spalte angeführte "Variable" ist ihrerseits durchweg beeinflußt durch andere Faktoren - und hat doch als Variable ihren Erklärungswert)
(1) Zahl der Kinder	Je kleiner die Familien, umso höher die meßbare Intelligenz im Sinne des IQ (z.B.Douglas,Horobin, Nisbet)	Sinken der Kindersterblichkeit, dann geringere Geburtenzahl, dann höheres Interesse der Eltern am einzelnen Kind
(2) Geburtenkontrolle der Eltern	Kinder aus Familien mit Geburtenkontrolle haben durchweg einen höheren Intelligenzquotienten	Siehe oben !
(3) Stellung des Kindes in der Geburtenfolge	Je früher in der Geburtenfolge, umso ehrgeiziger und intelligenter. Effekt stärker, je erfolgreicher die Eltern (z.B.Galton)	Wahrscheinlich gilt der Befund bei Reduktion auf Zwei-Kind-Familie nicht mehr,ist also abhängig vom Vorherrschen eines Familientyps
(4) Geschlechtermischung	Wenn Ältester ein Junge, zweites Kind ein Mädchen, dann sind die Unterschiede nach (3) Besonders ausgeprägt (z.B.Hawthorn)	Nachdruck auf geschlechtsspezifischer Sozialisation
(5) Mutter von höherem sozialen Status als Vater	Kinder besonders ehrgeizig (z.B.Floud, Halsey,Martin, Jackson, Marsden)	Frau erhält den sozialen Status des Mannes - sozialer Wiederaufstieg durch Kinder angestrebt
(6) Soziale Schicht	Untere Schicht bedeutet starke Stereotypisierung nach Geschlecht (z.B.Kohn, Bott,Land,Newson)	Abhängig 1. von der Unterschiedlichkeit der Lebensbedingung nach Schicht;2. von der Chance, daß üblicherweise soziale Schicht "vererbt" wird

(Fortsetzung:)

(7) Bedeutung der "Peer-Gruppe"	Je stärker die Chance zu häufiger Interaktion mit Gleichaltrigen, umso sensibilisierter gegenüber Konformitätsdruck durch Gleichrangige	Kontrolle der Eltern über die Zeitverwendung des Kindes; Art des Wohnens
(8) Wohnweise	Je höher das Wohnhaus,um so häufiger die Verhaltensstörungen; die Korrelation ist nicht linear:in Hochhäusern ab 5. Stock steigt die Inzidenz der Störungen rasch an	Art der Wohnungspolitik

Die Liste solcher Faktoren, wie auch bereits die Überlegungen im Zusammenhang mit und im Anschluß an die Untersuchungen von MILLER und SWANSON, deuten darauf hin, daß viele der Faktoren, die in Untersuchungen mit vorwiegend psychologischem Ansatz isoliert wurden, bei einer Kausalanalyse als intervenierende Variable anzusehen sind. Ebenso wichtig wie die Isolierung von Faktoren dürfte der Nachweis ihres Zusammenwirkens sein - als Verstärkung etwa oder als Neutralisierung. So konnte in einer Sekundäranalyse von Umfragen in der Bundesrepublik aufgezeigt werden, daß Unvollständigkeit der Familie oder Armut als Faktoren jeder für sich noch keine sehr nachteiligen Wirkungen hatte, daß das Zusammentreffen beider Faktoren aber die Belastbarkeit des Mikro-Systems Familie überstieg (SCHEUCH und TREINEN 1965).

Nicht zuletzt sind Beobachtungen geeignet, den Stellenwert von Rezepturen bei der Sozialisation zu relativieren. Wahrscheinlich wirken diese in erster Linie auf Bewußtseinsinhalte und spezifische Verhaltensweisen. Die vorgängigen Einflüsse sozialstruktureller Art dürften Grundeinstellungen und vor allem die Assoziationsformen zwischen Menschen im Alltag jedoch stärker beeinflussen. Das ist der Kern an Vernunft der klischeehaften Beschwörung des allgegenwärtigen Einflusses "der Gesellschaft".

Ein Sozialsystem wirkt spezifisch, und es hat dennoch keine einheitliche, immer nur auf ein Telos gerichtete Wirkung; die Einwirkungen sind mindestens so vielfältig und durchweg widersprüchlicher als die "der Natur". In sich wandelnden Gesellschaften zumal überlagern und kreuzen sich Einflüsse. Sicherlich ist es notwendig, zur begrifflichen und theoretischen Organisation der zahlreichen Befunde vereinfachende Annahmen über strukturbestimmende Faktoren einzuführen. Die Anwendung der allgemeinen Konzeption von PARSONS auf den Bereich Sozialisation ist ein solcher Versuch. Sozialisation als Prozeß der Selektion von Eigenschaften in Reaktion auf spätere typische Belastungssituationen in einem differenzierten Sozialsystem - so wie dies hier früher vorgeschlagen wurde - ist eine andere, wenngleich von PARSONS beeinflußte Konzeption.

Mit dieser Perspektive ist auch die Frage nach dem Zusammenhang zwischen Sozialisation und Gesellschaft anders als heute üblich gestellt: Die sozialisierten Personen sind unterschiedlich gut vorbereitet, in Situationen bestimmter Struktur kompetent, in solchen anderer Struktur weniger kompetent zu handeln und zu reagieren. Umgekehrt mag sich ein Sozialsystem für Personen mit bestimmten und häufiger werdenden Eigenschaften (etwa hohe Autonomie und Initiative) als ungeeignet erweisen. Dann erweist sich meist das System als resistent (Folge für die Individuen: schlechte Chancen, Marginalität, Desorganisation, Auswanderung), aber nicht immer. Ein Beispiel ist die Ersetzung der ständisch-merkantilistischen Sozialordnung im 19. Jahrhundert und die Verdrängung des Adels als Typ durch das Bürgertum als Typ. Meist verlaufen in Sozialsystemen, in denen Wandel institutionalisiert ist, heute diese Prozesse ungefähr synchron. Wandel als Änderung von Situationen bedeutet dann geänderte Lebenschancen für unterschiedlich sozialisierte Personen, wie umgekehrt die Geschwindigkeit des Wandels mit abhängt von der Verfügbarkeit kompetenter Personen. Wenn intern differenzierte Sozialsysteme sich evolutorisch verändern, dann verändern sich auch die Situationen in verschiedenen Lebensbereichen unterschiedlich schnell. In solchen Sozialsystemen haben eine Fülle verschiedener Persönlichkeitstypen die Chance zu kompetentem Reagieren, wenngleich sich die Chancen immer wieder verschieben. Dieser Wandel der Chancen beeinflußt als Rückmeldung die Sozialisationsmuster. In dieser Interaktion - vom Sozialsystem zur Sozialisation und von der Sozialisation zum Sozialsystem - lassen sich für die Soziologie Befunde und Begriffe über den Zusammenhang zwischen Sozialisation und Gesellschaft am angemessensten organisieren.

7. Institution

1. Unterschiede im Verständnis von "Institution"

1.

In einer früheren Zeit der Soziologie, als es in Lehrbüchern noch keine Abschnitte über "Sozialisation" oder "Rolle" gab und noch vor der Entfaltung des Gruppenbegriffs, waren Institution und Sozialstruktur (oder soziale Morphologie) zentrale Themen. Zum Teil wurde Soziologie gleichgesetzt mit der Analyse von Institutionen und von institutionalisierten Vorgängen. Die Soziologie konzentrierte sich dabei auf die Untersuchung von Lebensbereichen, die durch Regelsysteme auf einen überindividuellen Sinn hin geordnet wurden (z.B. Familie, Recht, Religion oder Gemeinde). Im deutschen Sprachbereich hat MAX WEBER in seinen religionssoziologischen Schriften diesen Ansatz exemplarisch entwickelt.

Insbesondere für Ethnologen war auffällig, wie sehr in schriftlosen Kulturen das Verhalten standardisiert ist, und zwar jeweils bezogen auf einen Lebensbereich, der als Sinnzusammenhang gedeutet wird. Beispiele sind die Unterschiede des Verhaltens auf der Jagd, im Vergleich zur Verschiedenheit des Verhaltens der gleichen Männer während einer religiösen Zeremonie oder in der Familie. Die Kenntnis der Regel- und der Deutungssysteme für solche einzelnen Bereiche des Alltags wie Familie, Religion oder Jagd ermöglichte - so die Ethnologen - die Erklärung einer Stammeskultur; Unterschiede im Verhalten einzelner Personen erscheinen dann als Variationen innerhalb einer Institution.

Es war kein explizites Programm, sondern eine Folge des Wechsels von Erklärungsobjekten, daß im 20. Jahrhundert die Soziologie stärker orientiert war an dem, was DAHRENDORF den "Fließsand des Subinstitutionellen" nannte. Bevorzugte Erklärungsobjekte wurden Verhaltensunterschiede zwischen Gruppen bzw. Kategorien von Personen auch innerhalb der gleichen institutionellen Bezüge. Inzwischen scheint sich dieser Trend umzukehren, und die Soziologie wird wieder stärker zu einer Lehre des Verhaltens in institutionellen Bezügen und von Institutionen selbst. Zum Teil ist dies das nicht weiter erklärungsbedürftige Abklingen einer jeweils vorherrschenden Betrachtungsweise; es gibt eben auch wissenschaftliche Moden.

Zwei andere Gründe dürften wichtiger sein: ein wissenschaftsinterner Grund und ein Wandel in den hochdifferenzierten Sozialsystemen selbst. Letzteres drückt sich u.a. in den wiederkehrenden Jugendbewegungen der Kinder aus bevorzugten Soziallagen aus.

Das Bürgertum hat Sozialisation als Schutz des Kindes vor den Anforderungen des Lebens als Erwachsener ausgebaut (vgl.PHILIPPE ARIÈS in: "Centuries of Childhood",N.Y.1965);zugleich erfaßt die unpersönliche Organisation des Lebens durch Bürokratien immer mehr Daseinsbereiche; der Widerspruch zwischen beiden Existenzformen sensibilisiert für die Bedeutung von Institutionen als überpersonellen Mächten ("das System"). Ähnlich HELMUT SCHELSKY ("Zur Standortbestimmung der Gegenwart",1960) in seiner Voraussage der Wirkung einer steigenden Bedeutung expliziter Organisationsformen der Daseinsfürsorge: "Wo zuerst diese Stabilisierung der industriellen Welt eintritt, wird die Euphorie der Freiheit als sozialer Machbarkeit auch zuerst verfliegen. Pessimismus und Resignation werden Zeichen dieses Stadiums sein." Oder auch "Kulturrevolution" als aktivistische Spielart eines "Ausflippens" aus der Realität.

Diese verbreitete Stimmung einer Art Institutionen-Dämmerung beeinflußt die Art, wie in der Soziologie Institutionen wieder zum Thema werden. Je weniger diese durch politisches Fiat unmittelbar zu steuern sind, um so suspekter erscheinen sie. Die andere Erfahrung, wie wenig eine politische Zielsetzung inhaltlich die Wirkungsweise der Institution bestimmt, wird weniger beachtet - obgleich das beim Anschauungsmaterial verschiedener programmatischer Änderungen von Sozialisationsinstanzen sehr nahe läge. Jedenfalls werden in der kulturellen Öffentlichkeit gegenwärtig Institutionen weithin als Widersacher des Individuums gesehen.

Der wissenschaftsinterne Grund für eine allmähliche Wiederbelebung des Interesses an Institutionen ist anderer Art, nämlich das Ungenügen einer individualistischen Betrachtung von Regelhaftigkeiten. Gewiß lassen sich die Regelhaftigkeiten des Verhaltens im Alltag mit dem Instrumentarium der Rollentheorie sehr differenziert analysieren. Es ist jedoch schwierig, Rollen als Teil einer Konfiguration, als Elemente eines Sozialsystems, zu deuten, ohne einen Bezug zu einer Begrifflichkeit wie "Institution" herzustellen.

Verschiedentlich wird versucht, diese Schwierigkeit zu überwinden, indem Institution von der Rollentheorie her definiert wird. So formulieren H.GERTH und C.W.MILLS (Character and Social Structure, London 1954, S.22-23): "Der Begriff der Rolle ... ist das Schlüsselwort ('key term') unserer Konzeption von Institution, wie Institution die Einheit ist, mit der wir unsere Begrifflichkeit von Sozialstruktur aufbauen." In dieser Betrachtungsweise wird Institution als Ansammlung von Rollen verstanden.

Dieser Akzent mag ein nützliches Korrektiv gegen eine früher vorherrschende Tendenz sein, die Wirkungsweise von Institutionen vor allem von ihrem Sinnbezug oder ihrer expliziten Zielsetzung her zu deuten - bis hin zu einem Verständnis des Handelns der Elemente einer Institution in Analogie zum Begriff des Organs in der Biologie. Auch angesichts solcher Mißverständnisse bleibt es nützlich, Institutionen als eine eigene Ebene der Realität zu behandeln, eben als überindividuelle Bezüge, in denen Rollen zu Konfigurationen angeordnet sind - weithin unabhängig von den konkreten Eigenschaften der Akteure. Dieser Gestalt oder Konfiguration von Rollen ist durchweg ein Sinn zugeordnet, ohne daß damit die Wirkungsweise der Institution als Element einer Sozialstruktur bestimmt wäre.

Während früher ein Akzent auf Sinnbezügen oder Zwecksetzungen überindividueller Art so selbstverständlich erschien, daß Institutionen oft als homogene Kollektive behandelt wurden, ist heute im vorwissenschaftlichen und auch im sozialwissenschaftlichen Problemverständnis ein solcher Ansatz sehr fremd geworden. Überindividuell und überzeitlich verbindliche Sinnbezüge für Kollektive und für individuelles Verhalten sind gegenwärtig nicht gerade "in". Wenn in Erklärungen überindividuelle oder überzeitliche Bezüge bemüht werden, dann ist es gewöhnlich gleich ein ganzes Sozialsystem, das den individuellen Akteuren gegenübergestellt wird. Dies ist nichts anderes als die Verkehrung und doch Beibehaltung des individualistischen Ansatzes, wie er in einem vordergründigen Verständnis von Rollentheorie zum Ausdruck kommt, indem "... Gesellschaft gesehen wird als eine Ansammlung von Individuen, die miteinander nur durch das komplexe Rollensystem verbunden sind ..." (so kritisch T.B.BOTTOMORE: Sociology,2.Aufl.,London 1971, S.114-115).

In allen differenzierten Gesellschaften sind jedoch die Individuen über Zwischeninstanzen und durchweg nur teilweise mit einem Gesamtsystem (selbst als Akteur verstanden) verbunden; in allen differenzierten Gesellschaften können eine Vielzahl von Prozessen nicht angemessen als Veränderungen im Rollenverhalten erfaßt werden. Gerade in hochdifferenzierten Gesellschaften verselbständigt sich das Verhalten von Instanzen gegenüber den Eigenschaften der ihnen zugeordneten Akteure. In eben diesen Gesellschaften sind wichtige Prozesse des Wandels und der Beharrung am zweckmäßigsten zu erfassen, wenn eine Begrifflichkeit für Zwischeninstanzen vorhanden ist, die diese weder auf Akteure reduziert (so eher H.GERTH, C.W.MILLS, oder S.F.NADEL), noch als Kollektive reifiziert. "Institution" und damit verwandte Begriffe sind geeignet, die Zwischeninstanzen - technisch: "intermediäre Instanzen" - begrifflich abzubilden.

2.

Entsprechend dem unterschiedlichen ideengeschichtlichen Zusammenhang, in dem der Begriff der Institution verwendet wurde, und angesichts der Verschiedenheit der Erklärungsobjekte - von schriftlosen Stammessystemen über sich industrialisierende Gesellschaften bis hin zu hochdifferenzierten Sozialsystemen - werden mit dem Terminus "Institution" unterschiedliche Bedeutungen verbunden. Es ist auch hier sinnlos, nach der "richtigsten" Definition zu fragen; sinnvoll ist die Frage nach dem, was die verschiedenen Begriffsbestimmungen ermöglichen.

Allgemein finden sich die breitesten Definitionen, also Abgrenzungen, die besonders viele verschiedene Sachverhalte einem Begriff zuordnen, unter Ethnologen. Exemplarisch ist die Definition von L.T.HOBHOUSE (kürzeste Fassung!):"Institutionen sind anerkannte ("recognized") und etablierte Routinen ("usages"), welche die Beziehungen von Menschen bestimmen." Diese Definition schließt mithin alle normativ gedeuteten Regelmäßigkeiten (im Sinne von statistischer Häufigkeit) des Verhaltens ein. Dann sind die Verhaltensweisen in Notfällen ebenso eine Institution ("Nothilfe") wie der Bereich des Religiösen oder die Rechtsprechung.

Noch weiter ist die Definition von W.G.SUMNER: "Eine Institution besteht aus einem Begriff ("concept") und einer Struktur" (in: Folkways, S.53). Mit "Begriff" sind solch verschiedene Dinge gemeint wie eine Idee, eine Doktrin, ein Glaube oder ein Interesse; und "Struktur" als zweites Element der Definition umfaßt eine Organisation zwischen Menschen, aber auch die materiellen Substrate, die mit dem "Begriff" verbunden sind. In dieser Kombination von "ideellen" Faktoren mit materiellen Artefakten folgt SUMNER einer Tradition der angelsächsischen Ethnologen, die ja auch beim Begriff der "Kultur" die Gegenstände eines Kultursystems mit einbeziehen.

Einflußreich ist die zugleich weite und enge Definition von R.McIVER und C.H.PAGE gewesen (in:"Society",S.15):"Institutionen sollen sein die anerkannten ("established") Formen oder Bedingungen der Verlaufseigenschaften ("procedure"), die charakteristisch für Handeln in Gruppen sind." Anders formuliert: Institution wird der modus operandi in den jeweiligen Gesellungsformen der Menschen genannt (so auch M.GINSBERG). Als Beispiele werden für die Familie erwähnt: Die Institution des Haushalts, der Erbschaft und der Eheschließung. Diese Beispiele verweisen auf eine Entscheidung bei der Abgrenzung von Institution: Soll in erster Linie gemeint sein ein Lebensbereich wie Familie, oder sollen die einzelnen Regelsysteme gemeint sein (wie Erbschaft), die von Relevanz für verschiedene Lebensbereiche sind? Insoweit beim Institutionsbegriff die Tradition des Staatsrechtsdenkens (z.B. F.C. von SAVIGNY) mitschwingt, wird eher an die Regelsysteme gedacht.

Zu den weiten Definitionen gehört auch die Begriffsbestimmung von PETER L. BERGER: "Eine Institution ist ein klar umrissener Komplex sozialen Handelns". Unklar an dieser Definition ist die Bezeichnung "klar"; sie wird klar, wenn damit Explizitheit gemeint ist. Und in Hinblick auf die Eigenschaft "Ausdrücklichkeit von Regeln und Sinnbezügen" von "Komplexen des sozialen Handelns" oder von "Systemen" unterscheiden sich in erster Linie viele Begriffsbestimmungen.

Lange hat eine Tendenz vorgeherrscht, die Explizitheit von Regelsystemen, bis hin zur Forderung einer formellen Ordnung, zum Kriterium von Institutionen zu machen. Ein Beispiel hierfür ist die Begriffsbestimmung von W.E.MÜHLMANN: "Institutionen nennen wir eine jeweils kulturell geltende, einen Sinnzusammenhang bildende, durch Sitte und Recht öffentlich garantierte Ordnungsgestalt, in der sich das Zusammenleben von Menschen darbietet". Diese Definition bezieht sich vor allem auf völkerkundliche Analysen und behandelt die Institution als ein Regelsystem mit kultureller Bedeutung und rechtlicher (bzw. Rechts-gleicher) Fixierung. Die bedeutsamste Einschränkung beinhaltet die Wendung "öffentlich garantiert", da dies die Existenz einer öffentlichen Autorität zusätzlich zu anderen Formen der Kontrolle von Verhalten unterstellt. Obgleich MÜHLMANN selbst Ethnologe ist, dürfte jedoch seine Definition gerade auf einfachere Sozialsysteme nur beschränkt anzuwenden sein - je einfacher diese sind, um so weniger. Andererseits paßt diese Definition auch nicht gut auf die "privaten" Bereiche in hochdifferenzierten Sozialsystemen, die in diesen Systemen eine bedeutsame Ergänzungsfunktion haben.

Allgemein ist den in der "klassischen" Tradition der Soziologie entwickelten Definitionen die Bindung der Regelsysteme an einen Sinnzusammenhang. Dies wird bei L.ROSENMAYR (Ist die moderne Familie eine "Problemfamilie", Wien 1973, S.4) noch verstärkt und zugleich eingeengt: "Unter Institution verstehen wir ein organisiertes System von Individuen und Rollen, worin bestimmte Positionen und Rollen nach bestimmten Kriterien und Standards definiert und verteilt sind. Eine Institution ist ferner eine Organisation, worin die Vermittlung von Werten und Normen langfristig und kontinuierlich einen zentralen Bereich einnehmen." Und an anderer Stelle grenzt ROSENMAYR einen Produktionsbetrieb gegenüber dem Begriff der Institution ab, da in einem solchen Betrieb zwar Werte und Normen vermittelt würden, diese aber nicht die Zweckbestimmung des Betriebes (dessen Produktionsgut) ausmachen. Offensichtlich wird hiermit "Institution" den Lebensbereichen zugeordnet, für die in anderem Zusammenhang (Kapitel 3) der Begriff der Primärgruppen geprägt wurde. An dieser Auffassung ist der Bezug auf Rollen charakteristisch für die heutigen Ansätze von Soziologen, die Ausrichtung auf "primäre" Institutionen jedoch eher kennzeichnend für die Ethnologen.

Auch bei der für die heutige Soziologie repräsentativsten Begriffsbestimmung, der von T.PARSONS (in: "The Social System", Glencoe 1951,S.39), wird Institution unter Bezug auf den Rollenbegriff definiert. Auch hier (anders als z.B. bei GERTH, NADEL oder MILLS) wird eine Verbindung der Rollenkonfigurationen zu Sinnbezügen bzw. Werten als Charakteristikum angesehen. Diese werden jedoch im Hinblick auf den Charakter eines Sozialsystems spezifiziert. Nach PARSONS soll demnach unter Institution verstanden werden ein Komplex institutionalisierter (d.h.verfestigter) Rollen-Integrate (alternativ: Status-Beziehungen), "die von strategischer, struktureller Bedeutung für das System sind". Mit der Wendung "ein Komplex" wird wieder einmal der Charakter von Institutionen als Systeme von Regelungen betont (genauer: als eine "Gestalt"). Die wichtigste Besonderheit dieser Definition ist der Verweis auf die "strategische Bedeutung" der hier gemeinten Regelsysteme für ein Sozialsystem.

Der Vorteil einer solchen Einengung kann darin gesehen werden, daß Institutionen in einem spezifischeren Sinne abgehoben werden von der sonstigen Fülle ritualisierter Verhaltensweisen. Und eine solche Abgrenzung hat dann ihren Sinn, wenn es dem Sozialwissenschaftler darum geht, diejenigen Elemente zu betonen, durch die Sozialsysteme eine von den Personen abgehobene Kontinuität erhalten. Eine große Zahl von Regelmäßigkeiten in Sozialsystemen wandelt sich relativ rasch in der Form von Konformitätsmoden, während andere Regelsysteme eine große Resistenz selbst gegen Zwangseinwirkungen aufweisen. Diese spezifischen Regelsysteme, die als die konstitutiven Elemente eines Sozialsystems angesehen werden können, werden bei einem solchen Ansatz als "Institutionen" im eigentlichen Sinne abgehoben von anderem ritualisierten Verhalten.

3.

Aus der Wiedergabe der verschiedenen Definitionen und insbesondere aus den Erörterungen dazu, sollten nicht nur die Unterschiede im Verständnis von "Institution" deutlich werden. Vor allem sollte anschaulich geworden sein, welche Entscheidungen bei einer Begriffsbestimmung von Institution zu bedenken sind:

(1) Welcher Akzent soll auf die Explizitheit von Begründungen und Regeln gelegt werden? Es entspricht der Tradition des europäischen Staatsrechts, einen Grad an Explizitheit und Systematisierung zu fordern, der einer formellen rechtlichen Regelung entspricht oder nahekommt. Andererseits sind mit einer solchen Einschränkung diejenigen Regelsysteme nicht gut zu er-

fassen, welche die Kontinuität allgemeiner Werte und Verhaltensweisen im Alltag sichern.

Wir meinen: Ein weniger eingeengter Begriff von Institution erlaubt es, ihn auf sehr unterschiedliche Sozialsysteme anzuwenden. Die Unterschiede im Charakter der Institutionen können durch spezifische Begriffe - wie formelle Organisation oder Recht - erfaßt werden. Des weiteren ist ein Begriff nützlich, der auch weniger ausdrückliche Begründungen und Regeln einschließt, wenn Regelkomplexe mit Sinndeutung als eine allgemeine Voraussetzung aller Sozialsysteme angesehen werden.

(2) Sollen - ungeachtet der Entscheidung unter (1) - nur besonders bedeutsame Verhaltenssysteme abgegrenzt werden (wie z.B. bei PARSONS), oder Regelsysteme allgemein? Daß Bedeutsamkeit und Explizitheit im Sinne von Rechtsordnung zusammenfallen, wird manchmal in Europa vermutet (z.B. DAHRENDORF in: "Über den Ursprung der Ungleichheit unter den Menschen", Tübingen 1961), ist aber empirisch nicht haltbar. Zwar dürfte eine Korrelation bestehen, aber ein sachlich zwingender Zusammenhang liegt nicht vor.

Wir meinen: Um zwischen Regelsystemen unterscheiden zu können, die als Konformitätsmoden Schwankungen unterliegen, und solchen, die eine langfristige Kontinuität von Sozialsystemen begründen, ist eine Abgrenzung in Anlehnung an PARSONS vorteilhaft, in der die Bedeutsamkeit des Regelsystems berücksichtigt wird.

(3) Welcher Stellenwert soll der Sinndeutung von Regelsystemen beigemessen werden? Dies ist nach der unter (2) erwähnten Entscheidung wohl die wichtigste und kontroverseste Frage. Nicht nur in Anlehnung an das Staatsrechtsdenken, sondern auch an MAX WEBER und TALCOTT PARSONS, sowie an das Institutionenverständnis der Ethnologen, liegt es nahe, diesen Aspekt der Sinndeutung als zentral anzusehen.

Ausschlaggebend für unsere eigene Präferenz war ein weiterer Gesichtspunkt: das Verständnis von Institution als Vehikel zur zielgerichteten Gestaltung in einem Sozialsystem - von scheinbaren "common-sense-Erklärungen", die als Selbstverständlichkeiten gelten, bis hin zur Rechtsordnung mit expliziten Zielen. Dieser Aspekt der Gestaltung wird in der Tradition der Staatsrechtslehre besonders betont (siehe z.B. die Vorstellung von F.K.HERMENS, durch Wahlrecht sei die Art politischer Auseinandersetzungen zu determinieren). Wahrscheinlich ist insbesondere von amerikanischen Soziologen das Element der Gestaltung elementarer Sachverhalte durch spezifische Institutionen unterschätzt worden. Andererseits wird in der Tradition des Staatsrechtsdenkens seit Aristoteles nicht so sehr die Bedeutung der Institutionen überschätzt, als vielmehr die Wichtigkeit der gemeinten Zielsetzung von Institutionen für deren tatsächliche Wirkung.

(4) Sollen die <u>materiellen Substrate</u> mit in den Begriff der Institution einbezogen werden? Dies ist eine Fragestellung, die vor allem in der Ethnologie wichtig ist.

Wir meinen: Die materiellen Substrate sind insoweit mit einzubeziehen, wie sie fest mit dem Regel- und Deutungssystem verbunden sind; ihre Existenz sollte aber nicht zur Voraussetzung für die Anwendung des Institutionenbegriffs gemacht werden.

Die Wahl einer Begriffsbestimmung ist (oder sollte) selbstverständlich abhängig sein von den Zwecken. Vorgeschlagen sei folgender Ausgangspunkt: In hochdifferenzierten Gesellschaften sind auch und vor allem die Regel- und Deutungssysteme differenziert; sie führen teilweise ein Eigenleben gegenüber anderen Aspekten des gleichen Sozialsystems; die Eigenart eines Sozialsystems folgt dann zum Teil aus der Art der Interaktion zwischen diesen Regel- und Deutungssystemen sowie spezifischen Instanzen. Ferner ist es zweckmäßig, die Unterschiedlichkeit zwischen Regel- und Deutungssystemen des Alltags, die als Selbstverständlichkeiten erlebt werden, und "Kunstinstanzen" wie denen des Parlamentarismus oder der Bürokratien, auch in den Begriffen differenziert abzubilden. Es empfiehlt sich dennoch, einen übergreifenden Begriff zu haben, denn auch für die "Kunstinstanzen" dürfte es eigentümlich sein, daß sie zwar in ihrer formalen Struktur von Sozialsystem zu Sozialsystem übertragbar sind - je expliziter Regeln und Sinndeutung, desto einfacher - sie aber oft im Institutionengeflecht eines jeden Sozialsystems einen anderen Stellenwert zu erhalten pflegen und tatsächlich anders funktionieren.

Fazit: Auch diese zuletzt erwähnten Überlegungen lassen einen weiten Institutionen-Begriff zweckmäßig erscheinen, der dann je nach Erklärungsobjekt durch spezifischere Begriffe (z.B. formale Organisation) zu ergänzen wäre. So sei folgende Definition vorgeschlagen:

Def.: Institution sei genannt ein Regelsystem für einen Komplex von ritualisierten Verläufen, das als System mit einer Sinndeutung verbunden ist, und dessen Änderung als Verletzung von wichtigen Selbstverständlichkeiten bewertet wird.

Mit der Wendung "falls dessen Änderung ..." wurde noch eine Einschränkung gegenüber den weitesten Fassungen des Institutionenbegriffs vorgenommen. Analog den Absichten von PARSONS - allerdings in Abweichung von seiner konkreten Definition -sollten aus der Fülle der zu einem jeweiligen Zeitpunkt existierenden Regelsysteme diejenigen abgetrennt werden, deren Änderung wirklichen Wandel und nicht bloße modische Oszillation bedeuten würde("... of strategic structural significance in the social system"; PARSONS). In unserer Begriffsbestimmung wurde zwar der Charakter einer Nominaldefinition beibehalten, die jedoch im Gegensatz zu PARSONS bereits Interpretationsregeln für eine Operationalisierung vorgibt (vgl. die Unterschiede zwischen der Wendung "Änderung als Verletzung von wichtigen Selbstverständlichkeiten bewertet wird" mit der Formulierung "of strategic structural significance in the social system").

2. Zugeordnete Begriffe

1.

Dem Begriff der Institution ist derjenige der "Institutionalisierung" zugeordnet - aber auf andere Weise als etwa die gegenseitige Zuordnung von Rolle und Status. Rolle und Status repräsentieren ein voll komplementäres Begriffspaar einmal für eine dynamische, zum anderen für eine statische Betrachtung des gleichen Sachverhaltes. "Institutionalisierung" bezeichnet lediglich den Vorgang, der zum Aufbau einer Institution führt.

Selbst diese Kennzeichnung ist noch zu weit, wird die Art berücksichtigt, wie dieser Begriff in der Forschungsliteratur tatsächlich benutzt wird. Mit Institutionalisierung wird im englischen Sprachbereich in erster Linie die Systematisierung von Verhaltensweisen zu einem Bedeutungskomplex des alltäglichen Verhaltens (z.B. einem Kult) gemeint.Das ist jedoch bloße Praxis, die aus den Akzenten der Forschung in der Vergangenheit folgt; eine prinzipielle Begründung hierfür gibt es nicht.

Wie Institutionalisierung abgegrenzt wird, unterscheidet sich auch nach der Art des Begriffs von Institution. R.KÖNIG betont den normativen Aspekt von Institutionen, und entsprechend versteht er Institutionalisierung als eine formellere Ausgestaltung von Normen, was gleichzeitig zur Erhöhung des Organisationsgrades dieser Normen beiträgt. Bei dieser Definition sind Normen für Verhaltensweisen das Objekt des Prozesses genannt Institutionalisierung.

In der folgenden ziemlich einflußreichen Definition von TALCOTT PARSONS ist der Umfang des Begriffes erweitert: Institutionalisierung ist die Internalisierung von Normen und Werten dergestalt, daß Konformität eine soziale Bedeutung hat und als solche positiv empfunden wird; sie ist Voraussetzung der positiven Bewertung des eigenen Verhaltens durch andere. Verkürzt kann nach PARSONS Institutionalisierung verstanden werden als die Etablierung einer vom Handelnden und von den anderen positiv bewerteten Konformität. Gerade an dieser Auffassung wird deutlich, daß es zwar einen Zusammenhang zwischen psychischen Verläufen und dem Prozeß der Institutionalisierung gibt, daß es jedoch statt einer Verwischung (wie bei PARSONS) vorteilhafter sein dürfte, hier zur Kennzeichnung jeweils zwei verschiedene Begriffe zu verwenden.

Statt einer Liste von Definitionen für "Institutionalisierung" seien hier aus solchen Definitionen die wichtigsten Kriterien bzw. Aspekte aufgeführt: (1) Verstärkung des Formalisierungsgrades von Regeln bis hin zur Ritualisierung; (2) Standardisierung der Bewertung von Verhalten; (3) erhöhte Explizitheit der Begründungen; (4) Systematisierung der Regeln, Begründungen und Bewertungen im Sinne der Widerspruchsfreiheit.

Im restriktivsten Verständnis von Institutionalisierung, wobei alle diese vier Kriterien kombiniert benutzt würden, käme die Bedeutung von Institutionalisierung der Entwicklung von gesatztem Recht zumindest sehr nahe. Das dürfte der kontinentalen Auffassung von Institutionen gut entsprechen. Wir entschieden uns jedoch bereits vorher, bei der Abgrenzung von Institution dem angelsächsischen Verständnis von Institution, das diesen Begriff in der Nähe von Brauch und Sitte ansiedelt, weitgehend zu folgen. So wird als Definition vorgeschlagen:

Def.: Institutionalisierung sei genannt die Durchsetzung einer Systematik für Verhaltensregeln mit standardisierter Bedeutung für einen allgemein als bedeutsam verstandenen Bereich.

Komplementär hierzu, und als operationale Definition, wird folgendes Kriterium dafür, ob der Zustand "institutionalisiert" gegeben ist, vorgeschlagen:

Def.: Ein Handeln (als Teil eines Verhaltenskomplexes) gilt dann als institutionalisiert, wenn es nicht mehr begründet, sondern nur noch benannt werden muß.

Diese Wendung soll ausdrücken, es sei kennzeichnend für das Verhalten in institutionalisierten Situationen, daß die Personen auf Etikettierungen für Verhalten reagieren, anstatt auf eine spezifisch bzw. individuell gemeinte Bedeutung oder Wirkung eines Handelns. Wird die Folge von Institutionalisierung so verstanden, dann sind auch die Prozesse, die mit Vorliebe von symbolischen Interaktionisten dargestellt werden, in ihrem Symbolwert besser einzuordnen. Schließlich wird durch eine solche Formulierung auf den "Entlastungscharakter" von Institutionen angespielt, auf den anschließend eingegangen wird.

"Internalisierung" als psychischer Mechanismus ist dann das Pendant zur "Institutionalisierung". Analog zur Institutionalisierung eines Bereichs von Verhalten als sozialer Prozeß wird bei der Internalisierung für ein Individuum ein Verhalten mit einer standardisierten Bedeutung versehen, die als Ausdruck der eigenen Wertung empfunden wird. In diesem Sinne ist es das Ergebnis der Internalisierung, daß die Verhaltensregeln (eines institutionalisierten Bereichs) eine personale Bedeutung (vgl. PARSONS!) erhalten.

Diese Auffassungen entsprechen der Konzeption von E.DURKHEIM über soziale Fakten (faits sociaux) als verfestigte Beziehungen zwischen Akteuren: "Wenn ich meine Pflichten als Bruder, Gatte oder Bürger erfülle, gehorche ich damit Pflichten, die außerhalb meiner Person und der Sphäre meines Willens im Recht und in der Sitte begründet sind. Selbst wenn sie mit meinen persönlichen Gefühlen in Einklang stehen und ich ihre Wirksamkeit im Innersten empfinde, so ist diese doch etwas Objektives. Denn nicht ich habe diese Pflichten geschaffen." (E.DURKHEIM: Die Regeln der soziologischen Methode, hg. von R.KÖNIG, Neuwied und Berlin 1965). Verschiedentlich bezeichnet DURKHEIM die Soziologie als die Wissenschaft von den sozialen Institutionen. Dies hat bei ihm die Bedeutung (etwa in seiner Auseinandersetzung mit G.TARDE), Soziologie von Psychologie abzugrenzen, da Soziologie ein nicht auf Individuen reduzierbares Erklärungsobjekt besitze.

2.

"Institution" ist mit dem noch allgemeineren Begriff der Struktur verbunden, aber in entscheidenden Punkten doch sehr verschieden. Mit Struktur wird heute in Feuilletons alles mögliche bezeichnet, bis hin zur Verwendung dieses Wortes als bedeutsam klingende Leerformel selbst in Aufsätzen von Soziologen. Der ursprüngliche Sinngehalt war jedoch eindeutig:

Def.: Struktur bezeichnet das Dauerhafte an einem Gefüge von Elementen.

Die sehr abstrakte Begriffsbestimmung entspricht der Verwendung des Terminus in den Naturwissenschaften, etwa in der Kristallographie. Diese abstrakte Fassung dürfte auch allgemein für Soziologen und Ethnologen annehmbar sein, obgleich in der tatsächlichen Verwendung des Begriffs erhebliche Unterschiede bestehen (vgl. RAYMOND BOUDON: A quoi sert la notion de 'structure'?, Paris 1968). Einige dieser Bedeutungen seien hier angeführt.

In allen Bedeutungen von "Struktur" will man von den konkreten Erscheinungen abheben und die Organisationsprinzipien eines Erklärungsobjektes ausdrücken. In der abstraktesten Verwendung werden jedoch durchaus nicht alle wichtigen dauerhaften Elemente und Beziehungen zwischen diesen abzubilden versucht, sondern lediglich strukturbestimmende Eigenschaften. Dabei wird unterstellt, daß eine Veränderung in diesen strukturbestimmenden Eigenschaften notwendige und hinreichende Bedingung für eine Veränderung im Charakter des zu kennzeichnenden Sachverhaltes ist. Anders formuliert: Jede Änderung bei den strukturbestimmenden Eigenschaften - aber nur bei diesen! - verändert die Struktur des zu erklärenden Sachverhaltes. Entsprechend muß der Beobachter eine Vorentscheidung fällen - eine Festlegung treffen, welche Elemente und welche Beziehungen zwischen ihnen er als (minimales) "Baugerüst" für den zu erklärenden Sachverhalt ansehen will. Das Gütekriterium für eine solche Vorentscheidung ist die spätere Richtigkeit von Aussagen;es kann nicht die völlige Übereinstimmung zwischen der vom Beobachter postulierten "Struktur" und einer Beschreibung eines Sachverhaltes sein.

In diesem Sinne entscheidet sich MARX dafür, die Produktionsverhältnisse und deren Beziehungen zu den jeweiligen Produktivkräften als "strukturbestimmend" sowohl für den Charakter eines Sozialsystems als auch für einen notwendigen Verlauf der Evolution von Sozialsystemen auszuwählen; hier und heute so wichtige Eigenschaften von Sozialsystemen wie deren Normengefüge, Familienordnung, Religion oder Verfassungssystem sollen "Überbau", d.h. Ableitungen aus den strukturbestimmenden Eigenschaften sein. Wird Struktur in diesem Sinne verstanden, dann ist es zunächst (!) kein Einwand, auf die offenbar wichtigen Unterschiede zwischen solchen Sozialsystemen wie Japan, den USA oder Italien zu verweisen; solche Unterschiede sind ja nicht Erklärungsobjekt. Entscheidend ist dann allerdings, welchen Erklärungswert für beobachtbare Sachverhalte die Aussagen besitzen, die aus diesem Ansatz folgen. Ist er gering, und/oder lassen sich die gleichen Aussagen mit weniger Zusatzannahmen aus anderen Ansätzen ableiten, dann war die Vorentscheidung eben unzweckmäßig.(Vgl. die fortwährenden Zusatzannahmen des Marxismus bei der Erklärung des Zerfalls von Staaten, bei Sprachkonflikten, Kolonialismus oder Nationalismus).

Es ist in der Soziologie üblich, von der Struktur moderner Industriegesellschaften zu sprechen. Auch dabei werden die konkreten Unterschiede zwischen den USA, Japan, Italien und der Bundesrepublik als jeweilige Besonderheiten des gleichen Typs von Sozialsystem ausgeklammert. Dies geschieht jedoch nicht durch eine Vorentscheidung für eine "letztlich" strukturbestimmende Eigenschaft, obgleich dies in der Wortwahl (Industrie) durchaus mitschwingt. Industrielle Produktionsweise, ein hoher Grad an sozialer Differenzierung, Pluralismus der Wertvorstellungen und Lebensweisen, Urbanisierung und Privatisierung sind einige der für Industriegesellschaften als kennzeichnend angesehenen Merkmale. Es bleibt jedoch eine offene empirische Frage, welche Art von kausaler Abhängigkeit - falls überhaupt - zwischen den erwähnten Faktoren besteht.(Daß jedenfalls die Einführung industrieller Produktionsweise nicht schon ein Sozialsystem des Typs "moderne Industriegesellschaft" zur Folge haben muß, zeigen einige Entwicklungsländer; wie es umgekehrt für diese modernen Industriegesellschaften kennzeichnend ist, daß ihre Effizienz selbst im Bereich der industriellen Produktion wesentlich von nicht-industriellen Bereichen bestimmt wird.) In analoger Weise spricht man von der Struktur der heutigen Kernfamilie, ungeachtet der manifesten Unterschiede zwischen den einzelnen Familien. Struktur ist hier zunächst der kleinste gemeinsame Nenner, gedeutet als Notwendigkeit.

Dies ist die vorwiegende Verwendung von "Struktur" in der Soziologie. Die folgende Definition von sozialer Struktur von T.B.BOTTOMORE (a.a.O.,S.115) dürfte dafür repräsentativ sein: "Soziale Struktur (ist) der Komplex der bedeutendsten Institutionen und Gruppen in einer Gesellschaft". Im Gegensatz zu "Institution" sind hier die Sinnvorstellungen der Akteure kein Bezugspunkt; entscheidend sind vielmehr die theoretischen Auffassungen des Beobachters. Je nach Orientierung liegt dabei in der tatsächlichen Anwendung des Begriffes der Akzent stärker auf den empirisch als kleinster gemeinsamer Nenner auszumachenden Elementen oder auf einer Auswahl solcher Eigenschaften, die gemeinsam den Unterschied des Erklärungsobjektes gegenüber anderen Erklärungsobjekten bestimmen sollen.

Soziologische Analyse als Strukturanalyse wird in der Soziologie gewöhnlich auf E.DURKHEIM zurückgeführt. DURKHEIM erklärte die überpersönlichen Aspekte des Verhaltens zum eigentlichen Erklärungsgegenstand der Soziologie. Die überpersönlichen Aspekte des Verhaltens waren nach seiner Vorstellung Ausdruck der Struktur einer Gesellschaft, insofern sie für das Überleben des Sozialsystems nützliche Wirkungen oder Ausdruck einer Störung des Systems bedeuten. (Von diesem Ansatz geht T.PARSONS aus, aber dessen Vorstellungen von Struktur sind zu komplex und auch in ihren Akzenten zu wechselnd, als daß sie hier erörtert werden könnten).

Der Strukturalismus, als dessen Begründer CLAUDE LÉVI-STRAUSS gilt (Strukturale Anthropologie, Frankfurt 1967), geht zwar von DURKHEIM aus, verwendet aber den Begriff der Struktur wieder in anderer Weise. Der Strukturalismus will die für menschliche Gesellschaften universalen Elemente bestimmen - und zwar nicht nur, wie bisher die Ethnologie, als bloße empirische Universalien (vgl.G.P.MURDOCK: Social Structure, New York 1949), sondern als notwendige und hinreichende Bedingungen sozialer Existenz. Diese werden von LÉVI-STRAUSS in den Organisationsformen des Denkens lokalisiert, wie sie sich in Mythologie und Sprache ausdrücken. In der Betonung von Sprache (nicht in den interessanteren mythologischen Untersuchungen) als dem entscheidenden Strukturelement hat der Strukturalismus sehr stark auf die Soziolinguistik eingewirkt. In seiner neo-marxistischen Variante, die in der Bundesrepublik die verbreitetste ist, wird allerdings der Strukturalismus von LÉVI-STRAUSS auf den Kopf gestellt: LÉVI-STRAUSS ist wohl am ehesten als psychologischer Reduktionist zu kennzeichnen, der Sozialstruktur aus Denkformen ableitet (übrigens eine Umkehrung der Auffassungen von DURKHEIM). Demgegenüber sieht die neo-marxistische Variante der Soziolinguistik in der Sprache eine direkte Spiegelung der Sozialstruktur und versteht die Sprachanalyse als eine Strukturanalyse der Gesellschaft (vgl. W.LEPENIES: Der französische Strukturalismus - Methode und Ideologie, Soziale Welt, Jg.19, 1968). Jedenfalls ist in der Nach-DURKHEIM-Schule in Frankreich die Grenzlinie zwischen Erfahrungswissenschaft und spekulativer Philosophie bald überschritten worden (siehe als Beispiel MARCEL MAUSS und seine "phénomènes sociaux totaux").

"Struktur" und damit unmittelbar verwandte Begriffe sind mit besonders schwierigen Gebieten soziologischer Theorie verbunden. Es empfiehlt sich darum eine ziemliche Zurückhaltung bei der Verwendung eines solchen Begriffes, bis man selbst verschiedene theoretische Grundpositionen der Soziologie (z.B. Reduktionismus etwa im Sinne von G.HOMANS; formale Soziologie im Anschluß an G.SIMMEL; Austauschtheorien wie die von P.BLAU; Systemtheorie beispielsweise wie bei N.LUHMANN; strukturell-funktionale Theorie in ihren verschiedenen Varianten von RADCLIFFE-BROWN, über KINGSLEY DAVIS zu TALCOTT PARSONS) überdacht und einen eigenen Ansatz gewählt hat (vgl. auch R.MAYNTZ: Strukturell-funktionale Theorie, in Bernsdorf: Wörterbuch der Soziologie, 2.Aufl. Frankfurt 1969).

In einer Hinsicht ist allerdings die Verwendung des Begriffs auch zu Beginn der Beschäftigung mit Soziologie nützlich:Wenn allgemein bezeichnet werden soll, daß eine Erklärung bewußt abhebt von der konkreten Erscheinung eines zu erklärenden Sachverhaltes. Wie immer Struktur im einzelnen angewandt wird, so wird doch durchweg damit eine Erklärungsweise angezeigt, die bewußt a-historisch ist. So würde eine strukturelle Erklärung der sogenannten Studentenrevolte zwischen 1965 und 1970 (je nach Land) die Aussagen der Protestierenden nur als Rohmaterial benutzen, jedoch nicht als Diagnose von Sachverhalten und/oder Aussagen über Antriebskräfte für das eigene Handeln. Demgegenüber würden solche Faktoren wie Widersprüche zwischen den Normen im Erziehungssystem und in der Gesamtgesellschaft, die Ausgestaltung und Verlängerung des Schutzraumes Jugend, sowie die Notwendigkeit von Jugendlichen, Proteste mit dem Anspruch auf Stellvertretung zu begründen, in den Erklärungen hervorgehoben. Oder in einer Analyse von Familienkonflikten würde wiederum das Problemempfinden der Familienmitglieder als bloßes Rohmaterial benutzt; Konflikte würden nicht aus den Eigenschaften der Akteure, sondern aus den Umständen abgeleitet, unter denen die Akteure miteinander leben - also aus überpersönlichen Eigenschaften. Ob diese Konflikte dann in erster Linie ausgetragen würden als Streitigkeiten über den Ausschließlichkeitsanspruch auf Aufmerksamkeit und Zuneigung oder als Streit über die jeweilige Verwandtschaft oder als Streit über Nahrung, wäre bei einer strukturellen Ableitung zweitrangig.

Eine solche Erklärungsweise hat viel mit der marxistischen Art der "Ideologiekritik" gemein, wie überhaupt strukturelle

Analysen dem Typ nach marxistischen Ansätzen gleichen. Der entscheidende Unterschied besteht darin, daß keine Einengung der Vorstellung über bedeutsame Strukturfaktoren durch Vorentscheidung auf ein einziges Faktorenbündel erfolgt.

Die häufigste Art der Verwendung von - oder Bezugnahme auf - "Struktur" in der soziologischen Forschung ist theoretisch weniger anspruchsvoll als die verschiedenen abstrakten Fassungen des Begriffs. Wenn Elemente dessen, was insgesamt eine Struktur ausmacht, eben als Elemente eines Ganzen gekennzeichnet werden sollen, so spricht man von ihnen als Teil einer Struktur. Öfters wird sogar "Struktur" nicht einmal ausdrücklich angesprochen. Ein Beispiel:

"In einer Gruppe, die als abweichend angesehen wird, ist - ungeachtet des Selbstverständnisses dieser Gruppe - der Konformitätsdruck größer als in einer Gruppe mit sonst vergleichbarer Zusammensetzung von Mitgliedern. Interner Konformitätsdruck erfüllt hier die Funktion von Normen mit einklagbaren Sanktionen."
Im ersten Satz wird ein empirisch beobachtbarer Sachverhalt als eine Regelmäßigkeit lediglich festgestellt. Erklärt wird diese dann (im Sinne des strukturell-funktionalistischen Ansatzes) im zweiten Satz hinsichtlich der Wirkung ("Funktion") für die Gruppe. Diese wird hier nur als Struktur angesprochen, indem ausdrücklich von den konkreten Eigenschaften - wie Selbstverständlichkeiten - abstrahiert wird. Zudem wird unterstellt, daß die erklärte Regelmäßigkeit Teil einer Gruppe als dauerhaftem Gebilde ("Struktur") ist.

In dieser Art der Verwendung von - oder Bezugnahme auf - Struktur ist nicht die Struktur als solche Thema, sondern die Bedeutung einzelner Elemente. Hier sollen Sachverhalte nicht als isolierte Erscheinungen gedeutet ("erklärt") werden, sondern in ihrem Charakter als Teil eines Zusammenhangs. (Solche Erklärungen sind allerdings öfters empirisch schwierig zu belegen.)

Rein sprachlich scheint der Begriff Strukturierung (bzw."strukturiert" als Zustand) eine ähnlich enge Beziehung zu Struktur zu besitzen, wie dies für "Institutionalisierung" hinsichtlich der Verwandtschaft mit "Institution" gilt. Wäre dies so, so würde "Strukturierung" den Prozeß der Ausbildung oder Veränderung von Strukturen bezeichnen. Bei der tatsächlichen Anwendung in der soziologischen Alltagssprache bezeichnet jedoch Strukturierung oft lediglich, daß eine Situation oder ein Verhaltenskomplex nach expliziten Kategorien und Regeln organisiert (= strukturiert) wird. Nicht selten nennt man sogar die Beziehungen zwischen Arzt und Patient "strukturiert". Oder man spricht davon, daß zwischen zwei bisher Fremden durch gegenseitige Vorstellung unter Verwendung von Kategorien ("ich komme aus Freiburg in Baden und bin Rechtsanwalt") die Situation "strukturiert" wird.

Wer auf einen sprachlich stimmigen Begriffsapparat Wert legt, wird diesen Sprachgebrauch nicht für gut befinden können; in Abwesenheit eines ähnlich allgemeinen Wortes ist die Bezeichnung dennoch nützlich. Bei diesem allgemeinen bzw. unspezifischen Sprachgebrauch kann dann eine jede Institution als ex definitione strukturiert bezeichnet werden. Und wiederum ex definitione ergibt sich: Je strukturierter eine Situation oder ein Verhaltenskomplex ist, umso eher wird das Verhalten als Interaktion von Kategorien und als Ausdruck von Strukturen, abgehoben von sonstigen Merkmalen der Akteure, zu deuten sein.

3.

Häufig wird mit der Behandlung des Themas Institution die Erläuterung der Begriffe Recht und Norm verbunden. Es wurde bereits darauf hingewiesen, daß es der spezifischen Denktradition der kontinentalen Staatsrechtslehre entspricht, die Bezeichnung Institution gleichzusetzen mit formell verfaßten Ordnungszusammenhängen. Selbst wenn dies - wie hier - als nicht zweckmäßig zurückgewiesen wird, bleibt die Tendenz, Institution zu identifizieren mit einem System von Normen. Geschieht dies, dann ist die Nützlichkeit eines besonderen Begriffs für Institution nicht mehr eindeutig. Eine solche Nützlichkeit besteht jedoch zweifellos, wenn beim Verständnis von Institution der Akzent auf den Aspekt des Deutungszusammenhangs bzw. Sinnbezugs gelegt wird. Wird die spezifische Nützlichkeit des Begriffs der Institution in der Kombination von

Kategorien von Akteuren, von normativ bestimmter Regelhaftigkeit, Gestaltcharakter dieser Regelhaftigkeiten und Deutungskomplexe gesehen, dann ist eben Norm ein wesentlicher Aspekt - nicht mehr. Mit einer solchen Abgrenzung gegenüber Norm wird es beispielsweise faßbar, wenn ein Normensystem seine Bedeutung wechselt - und dies ist ein nicht eben seltenes Vorkommnis im Prozeß sozialen Wandels.

Heute wird in der praktischen Anwendung der Begriff der Institution eingeschränkter verwandt. Wird der Akzent auf die Explizitheit und Organisiertheit der Regelsysteme gelegt, so ist Institution schon nahezu gleichbedeutend mit Organisation; es fehlt im wesentlichen als weiteres Element die Zuordnung eines spezifischen Zwecks und ein Zurücknehmen des Nachdrucks auf Sinndeutung zugunsten der Vorstellung von Zwecken. Wenn auch Gebilde mit sehr expliziten und systematisierten Regeln plus spezifischen Zwecken charakteristisch für hoch differenzierte Gesellschaften sind, so empfiehlt es sich jedoch, auch bei einer Analyse solcher Gebilde noch über den Begriff der Institution zu verfügen. Mit "Institution" wird nämlich in doppelter Weise von solchen Begriffen wie Organisation oder Assoziation abgehoben: (1) Während Organisationen und Assoziationen "konstruiert" werden, also den Charakter von Kunstgebilden haben, entstehen Institutionen oder werden irgendwann irgendwie tradiert (siehe das Definiens Deutungssystem); (2) Entsprechend dem Kontrakt-Charakter der Beziehungen in Organisationen und Assoziationen kann von Mitgliedschaft gesprochen werden, während man einer Institution zugerechnet wird (R.KÖNIG spricht sogar davon, es sei kennzeichnend für eine Institution, daß man ihr unterworfen ist; "Soziologie", a.a.O.,S.146).

Selbstverständlich reicht es für die Analyse von Gebilden in hochdifferenzierten Gesellschaften nicht aus, durchweg mit dem Begriff der Institution zu arbeiten. Andererseits wäre es unzweckmäßig, den von einem bestimmten Gesellschaftstyp abgehobenen Begriff der Institution nun so zu spezifizieren, daß er seine allgemeine Anwendbarkeit für Gesellschaftsvergleich und

Analyse des sozialen Wandels einbüßte. Damit wird es für diese hoch differenzierten Gesellschaften notwendig, über einen zusätzlichen, differenzierten Begriffsapparat zu verfügen.

3. Ansätze zu einer Institutionenlehre

Auch wissenschaftliche Disziplinen haben ihre Moden, die sich unter anderem in der unterschiedlichen Betonung von zentralen Begriffen ausdrücken. Auf die Hervorhebung der Gruppe in den dreißiger Jahren folgte Ende der fünfziger, Anfang der sechziger Jahre die Akzentverlagerung zum Begriff der Rolle. Gegenwärtig gibt es in der Feuilleton-Soziologie eine Konjunktur des Begriffs Sozialisation, während in verschiedenen Sozialwissenschaften abseits von der Bühne des Feuilletons eine Wiederbelebung des Interesses an institutionellen Aspekten zu beobachten ist. Diese Veränderung ist in solchen Disziplinen wie der Nationalökonomie gegenwärtig vielleicht sogar auffälliger als in der Soziologie, wo zumindest in Europa Institutionen immer ein wichtiges Nebenthema blieben.

1.

Ein zentrales Thema sind Institutionen für die sogenannte funktionalistische Richtung der Ethnologie. In bewußter Abgrenzung von anderen Richtungen der Ethnologie (wie z.B. der Kulturkreislehre) betonen Vertreter dieser Richtung (zuerst in der britischen Soziologie) die strukturelle Geschlossenheit (heute würde man eher sagen: den Systemcharakter) der von ihnen untersuchten Einheiten (Stämme, Völker, einfache Herrschaftsorganisationen). Damit liegt bei ihnen auch der Akzent auf denjenigen Aspekten einer Wirklichkeit, die ablösbar sind von den Eigenschaften der zu einem bestimmten Zeitpunkt vorhandenen Individuen. "Eine Nation, ein Stamm, ein Clan, eine Körperschaft wie die Académie Francaise oder die römische Kirche kann fortbestehen als eine Anordnung von Personen, auch wenn ihre Angehörigen, die Einheiten, aus denen sie sich zusammensetzen,von Zeit zu Zeit wechseln" (RADCLIFFE BROWN). Die Verwandtschaft dieser Vorstellungen zu denen von E.DURKHEIM und der Nach-DURKHEIM-Schule sind offensichtlich. Das "Eigentliche" eines Sozialsystems bilden dann diejenigen Aspekte, die ungeachtet der Sammlung von Eigenschaften der zu einem Zeitpunkt vorfindbaren Individuen von Dauer sind. Individuen sind für eine solche Betrachtung vornehmlich als Konkretisationen von latenten Strukturen und von Institutionen bedeutsam.

Insbesondere der Ethnologe B.MALINOWSKI spezifiziert eine Anzahl <u>fundamentaler</u> <u>Bedürfnisse</u> von sozialen Strukturen. Institutionen sind dauerhafte Arrangements, um solche fundamentalen Bedürfnisse zu befriedigen. Durch die Organisation von Fertigkeiten, Geräten, Werten in institutionellen Bezügen entsteht erst ein Sozialsystem in dem Sinne, daß es als Kontinuität jenseits der Identität eines spezifischen, hic et nunc gegebenen Personenbestandes angesehen werden kann. Je nach der Klassifikation fundamentaler Bedürfnisse ergibt sich dann ein Katalog von "Basis-Institutionen", die als Minimalausstattung einer Kultur verstanden werden.

Ein Beispiel für die Übernahme dieser Vorstellungen in die Soziologie im engeren Sinne sind J.W.BENNETT und M.M.TUMIN (Social Life - Structure and Function,N.Y.1949,S.195 et pass.). Hiernach sind "fundamentale Bedürfnisse" eines Sozialsystems (1) die Aufrechterhaltung der physischen Existenz auf adäquatem biologischem Niveau; (2) die Reproduktion des Mitgliederbestandes; (3) die Sozialisation neuer Mitglieder; (4) die Produktion und Verteilung von Gütern; (5) die Aufrechterhaltung von Ordnung; (6) die Bewahrung von Bedeutungszusammenhängen und von Motivation. "Diese Voraussetzungen beschreiben Aktivitäten, die allen Gesellschaften gemein sind. Für alles menschliche Verhalten kann gezeigt werden, daß es die Funktion hat, einem, mehreren oder allen dieser Zwecke zu dienen." (Eine andere Variante findet sich bei D.ABERLE, A.COHEN, A.DAVIS, M.LEVY und F.SUTTON, The Functional Prerequisites of

Society, in: Ethics, Jg.60 (2), 1950).

Es ist gewiß eine widerspruchslosere bzw. kürzere Liste von fundamentalen Bedürfnissen denkbar, und die Behauptung, alles (!) menschliche Verhalten sei in Hinblick auf fundamentale Bedürfnisse funktional, ist eine unzulässige Reifikation eines Erklärungsmodells bzw. eines theoretischen Regulativs. Dennoch hat sich ein solcher Bezug auf "fundamentale Bedürfnisse" in der Feldforschung und bei der Organisation von Befunden als nützlich erwiesen. Diesem theoretischen Regulativ entspricht es, wenn ein Teil der funktionalistischen Ethnologen sogenannten kulturellen Universalien nachspürt (z.B. G.P.MURDOCK). Es ist inzwischen wahrscheinlich, daß es tatsächlich eine institutionelle Mindestausstattung von Kulturen gibt - aber unseres Erachtens ist es ebenso wahrscheinlich, daß diese Mindestausstattung für die Soziologie nicht der relevanteste Teil bei der Analyse von Sozialsystemen ist.

T.PARSONS gilt als derjenige strukturell-funktionalistische Soziologe, der durch E.DURKHEIM besonders stark beeinflußt wurde; er selbst versteht sich auch so. Dennoch dürfte er entweder DURKHEIM in den Akzenten uminterpretiert haben, oder er ist doch direkt durch die Richtung MALINOWSKIs zumindest in seinen Auffassungen über Sozialsysteme stärker beeinflußt; wahrscheinlich trifft beides zu. Jedenfalls basiert seine Vorstellung vom Sozialsystem ebenfalls auf der Vorstellung _funktionaler Erfordernisse_ (functional prerequisites, wie PARSONS fundamentale Bedürfnisse nennt). Institutionen sehr unterschiedlicher Explizitheit und Differenzierung dienen dann dazu, diese funktionalen Erfordernisse zu organisieren. In den Beziehungen eines Systems zur Außenwelt ist das die Funktion der Umweltbewältigung ("adaptive function"), und intern ist das die Funktion der Integration. Diese beiden Funktionen stehen in einem Spannungsverhältnis zueinander,so daß sich beispielsweise aus veränderten Außenanforderungen neue Probleme der Integration für das Binnensystem ergeben.

PARSONS wird öfters (z.B. von R.DAHRENDORF)als Statiker und als konservativ bezeichnet; die letztere - übrigens irrige - Kennzeichnung ist wissenschaftlich belanglos, während die erstere Kennzeichnung mißverständlich ist. Es ist richtig, daß sich die elementaren Funktionen nach PARSONS letztlich auf die Funktion der Aufrechterhaltung des Systems (system maintenance) reduzieren lassen. Da aber zugleich bei PARSONS ein Akzent auf den wechselnden Außenanforderungen an das System liegt, wird dieses als permanent in Bewegung befindlich verstanden.

Die spezifische Erweiterung des Funktionalismus in der Nachfolge MALINOWSKIs kann bei PARSONS darin gesehen werden, daß seine Konzeption des Sozialsystems einen Zwang zu zunehmender Explizitheit und Spezialisierung von Institutionen einschließt. Dem ist unseres Erachtens eine evolutionistische Entwicklungsreihe, gekennzeichnet durch fortschreitende <u>Ausdifferenzierung</u> von Institutionen (und Funktionen), implizit (PARSONS würde dies angesichts seiner literarischen Auseinandersetzung mit SPENCER allerdings kaum akzeptieren!). Auf einer "Basis" funktional diffuser (d.h. nicht auf eine Sinngebung bzw. Zweckrichtung, sondern auf mehrere gleichzeitig ausgerichteter) Institutionen differenzieren sich aufgrund der Notwendigkeit erhöhter Anforderungen an die Angehörigen eines Sozialsystems für verschiedene Funktionen spezifischere Institutionen aus. Die diffuseren Institutionen sind dabei stärker auf die Vermittlung von Normen und Deutungen ausgerichtet, die spezifischeren auf die Tradierung und Organisation von Fertigkeiten. Falls wir die Implikationen bei PARSONS richtig interpretieren (und die Implikationen sind meist das Wichtigste!), wird damit inhaltlich ausgesagt, daß das Funktionieren der spezifischeren Institutionen die Wirksamkeit der diffusen Institutionen zur Voraussetzung hat, die spezifischen Institutionen jedoch für den Wirkungsgrad des Systems insgesamt entscheidend sind.

Für die bisher zitierten Autoren dieses 3. Abschnittes wird gewöhnlich die Sammelbezeichnung strukturell-funktionalistisch benutzt. Insofern ihnen gemeinsam ist, daß sie Erscheinungen in Hinblick auf die Funktion im Rahmen einer verdinglichten Struktur deuten, ist die Verwendung dieser Sammelbezeichnung vertretbar. Die Verschiedenheiten unter ihnen bleiben allerdings beträchtlich. Dennoch läßt sich zusätzlich zu den bereits erwähnten generellen Aussagen aus den Beiträgen der strukturell-funktionalistischen Richtung eine rudimentäre Institutionenlehre ableiten.

Entwicklung ist hiernach gleichbedeutend mit der fortwährenden Ausgliederung (Ausdifferenzierung) von spezifischen Funktionen aus einer Institution mit diffuser Zweckbestimmung. Ein Beispiel ist die teilweise Ausgliederung der Funktion 'Erziehung' sowie der 'Fürsorge in Notfällen' aus der diffusen Institution Familie, und die Übertragung dieser Funktionen an spezifische Institutionen wie Schule und Sozialfürsorge. Ein weiteres Beispiel ist die Ausgliederung von politischer Willensbildung aus dem Verwandtschaftsverband und den Gemeinden an spezifische politische Institutionen wie Gemeinderat und Parteien. Dabei scheint zu gelten (und dies wird als inhaltliche Aussage behauptet), daß beim Zusammenbruch von spezifischen Institutionen eine Regeneration von funktional diffusen Institutionen erfolgt; diese erfüllen dann wieder Funktionen, die vordem ausdifferenziert waren. Ferner soll gelten: Bei einer allmählichen Reduzierung eines Sozialsystems auf bloßes physisches Überleben (d.h. die "Basis-Funktionen") wird die kollektivistische Orientierung zunehmend stärker. In diesem Falle ist es für die Sozialforschung relativ wenig wichtig, Motive und Verhaltensweisen von Einzelpersonen zu berücksichtigen. Umgekehrt gilt dann: Je weiter ein Sozialsystem vom bloßen Subsistenzniveau entfernt ist, umso bedeutsamer wird die Berücksichtigung von individuellen Motiven und Variationen im Verhalten innerhalb eines Sozialsystems.

2.

Von völlig anderen Voraussetzungen geht die Institutionenlehre ARNOLD GEHLENs aus (vgl. Der Mensch, 8.Aufl.,1966; ferner F.JONAS: Die Institutionenlehre Arnold Gehlens, Tübingen 1966). Grundannahme ist eine inhaltlich-anthropologische Konzeption: Der Mensch als instinkt-unsicheres Lebewesen. Bei Tieren werde Verhalten durch Instinkte bestimmt, wogegen beim Menschen - je weitergehend seine Domestizierung fortgeschritten sei, umso mehr - Verhalten unsicher werde: gäbe es nicht die Institutionen! Nach GEHLEN ermöglichen Institutionen, daß Verhalten "reflexionsfrei" und stetig wird, daß also damit auf einer "höheren Ebene" (so F.JONAS: Geschichte der Soziologie, Reinbek 1968,Band IV, S.221) eine Wiederherstellung der verlorenen tierischen Instinktsicherheit erfolge. In diesem Sinne versteht GEHLEN Institutionen als "Entlastung". Institutionen als - in der Sprache der strukturell-funktionalistischen Soziologie - funktionales Äquivalent der Instinkte: eine Konzeption, die durchaus mit der Rollentheorie vereinbar wäre. Im Grunde geht auch NIKLAS LUHMANN von ähnlichen Annahmen aus und behandelt Institutionen bzw. Systeme als Entlastungsinstanzen für die Individuen (Vertrauen - ein Mechanismus der Reduktion sozialer Komplexität, Stuttgart 1968; Zweckbegriff und Systemrationalität, Frankfurt 1973).

Ein Schlüsselbegriff ist bei diesem Ansatz die Vorstellung von der "Reflexionsfreiheit", d.h. die Automatik des Verhaltens. Dies ist als Normalfall des Verhaltens mit Sicherheit Voraussetzung eines jeden Sozialsystems, denn Dauerreflexion à la Neo-Marxismus ist ebensowenig vorstellbar, wie sie praktisch mit einem Minimum an gegenseitiger Verhaltenssicherheit zu vereinbaren wäre; Dauerreflexion ist höchstens eine Maxime für praxisferne Gelehrte. Andererseits ist allgemeine "Reflexionsfreiheit" sicherlich dysfunktional für Innovation und sozialen Wandel allgemein. Wenn Institutionen als funktionales Äquivalent für Instinkte verstanden werden, dann ist auch zu bedenken, daß Instinkte lediglich die Reproduktion von Verhaltensweisen leisten, nicht jedoch die (passive oder aktive) Anpassung an veränderte Bedingungen.

Dem versucht GEHLEN teilweise Rechnung zu tragen, denn diese Institutionen stellt er sich, wenn nicht als vernunftbegabt, so doch als "weisheitsbegabt" vor; dies bleibt allerdings eine letztlich metaphysische Behauptung. "Es ist Zeit für einen Gegen-Rousseau, für eine Philosophie des Pessimismus und des Lebensernstes. 'Zurück zur Natur' heißt für Rousseau: Die Kultur entstellt den Menschen, der Naturzustand zeigt ihn in voller Naivität, Gerechtigkeit und Beseelung. Dagegen und umgekehrt scheint es uns heute, daß der Naturzustand im Menschen das Chaos ist, das Medusenhaupt, bei dessen Anblick man erstarrt. Die Kultur ist das Unwahrscheinliche, nämlich das Recht, die Gesittung, die Disziplin, die Hegemonie des Moralischen. Aber die zu reich, zu differenziert gewordene Kultur bringt eine Entlastung mit sich, die zu weit getrieben ist und die der Mensch nicht erträgt."(ARNOLD GEHLEN: Anthropologische Forschung, Hamburg 1961).

Dies ist offenbar die Formulierung eines Philosophen und als solche für Soziologen nicht relevant. Jedoch ist darin eine relevante Theorie enthalten: Institutionen sind als Entlastung des instinkt-unsicheren Lebewesens Mensch von Grundentscheidungen zunächst konstitutiv für die spezifisch menschliche Existenzform; geht die Entlastung "zu weit", so werden nach GEHLEN die Menschen wieder zur Natürlichkeit freigesetzt. Anders formuliert: Es entsteht maximale Wahlfreiheit. Daraus läßt sich dann folgende evolutorische Reihe konstruieren: Durch Institutionen wird menschliches Verhalten so automatisch ("eingewöhnte Sicherheit"), daß die "Logik der Institutionen" das Verhalten bestimmt; bei weitergehender Ausbildung der Institutionen wird die Entlastung so groß, daß die Menschen sich in ihren Verhaltensweisen gegenüber den institutionellen Zwecken verselbständigen.

Bei A.GEHLEN ist diese Betrachtung mit einer besonderen Ethik verbunden: Der Mensch habe die Pflicht, sich von den Institutionen konsumieren zu lassen. Als "Neo-Preussentum" interessiert dies hier nicht, und erst recht nicht als möglicher Versuch GEHLENs, damit eine Art nicht-biologischer Gattungslehre (Institutionen = Konkretisationen der Gattungszwecke) zu begründen. Als Beschreibung verstanden ist die Konzeption von GEHLEN wahrscheinlich empirisch zum Teil richtig: Bei einer nur elementar differenzierten Ausstattung eines Sozialsystems mit Institutionen ist die Identifikation von Individuen mit den Institutionen besonders eng. In diesem Falle hat bei einer Analyse von Sozialstrukturen die Charakterisierung der Institutionen Vorrang, und demgegenüber kann eine Interpretation der Institutionen von den Motiven der Personen bzw. deren Persönlichkeitseigenschaft her sogar irreführend werden (so deutet dies auch FRIEDRICH JONAS: Geschichte der Soziologie,Reinbek 1968, Band IV, Anhang Teil II). Kennzeichnend ist, daß von GEHLEN und JONAS in diesem Zusammenhang nur elementare Institutionen wie Religion oder Familie erwähnt werden.

Mit weitergehender institutioneller Differenzierung wird von den hinzukommenden Institutionen ein immer geringerer Ausschnitt des menschlichen Verhaltens erfaßt, oder bei umfassender Organisation des Verhaltens wird (z.B. Klöster, Militär, Internate) von diesen hinzutretenden Institutionen nur ein Teil der Bevölkerung organisiert. Schließlich kommt es zu Widersprüchen zwischen Institutionen: etwa zwischen Kirche und Staat oder Wirtschaftsordnung und Familie. Mit Widerspruch ist für die Individuen die Notwendigkeit von Entscheidung verbunden - und damit ist das Individuum zum Wählen freigesetzt. Würde man strikt GEHLEN folgen, so müßte dies als Belastung verstanden werden; dieser Widerspruch hat jedoch zugleich - und dies sieht auch GEHLEN so - einen Entlastungscharakter. Bei solchen Widersprüchen mögen sich die Akteure für eine der Institutionen entscheiden. Oft werden sie sich jedoch zurückziehen und den Institutionen das Management der Widersprüche überlassen. Jedenfalls kann mit diesem Ansatz die geringere Loyalität gegenüber funktional spezifischen Institutionen erklärt werden, die für hochdifferenzierte Sozialsysteme kennzeichnend zu sein scheint (vgl.hierzu O.HIRSCHMANN: Exit, Voice and Loyalty, 1972).

Von hier ab lassen sich die Überlegungen dann mit den früheren Ausführungen über Rollentheorie verbinden. Die institutionelle Differenzierung ist so gesehen die Widerspiegelung der Rollendifferenzierung - wie umgekehrt die Rollendifferenzierung eine Reaktion auf die strukturelle Notwendigkeit ist, über einen breiteren Fächer "automatisierter" Ablaufmuster zu verfügen. Mit der Spezialisierung von Institutionen werden diese zunehmend nur von einem besonderen Personal getragen (etwa Lehrer bei der Ausdifferenzierung der Schule aus der funktional diffusen Sozialisationsinstanz Familie), das nur partiell und punktuell an ein allgemeines Publikum appelliert. Dieser Situation entspricht eine Distanz des Publikums zu den betreffenden Institutionen, die im Zusammenhang mit der Darlegung von Rollentheorie als Rollendistanz bezeichnet wurde.

Diese Distanz mag GEHLEN als eine Konsumhaltung gegenüber den Institutionen erscheinen, während umgekehrt von den Individuen die Ansprüche einer Institution, der gegenüber große innere Distanz besteht, als Institutionendruck erlebt werden. Damit sollte ersichtlich sein: Institutionendruck, verbreitete Malaise gegenüber der "Uneigentlichkeit" institutionellen Verhaltens, sind nicht etwa Indiz für eine besonders starke Verhaltensnormierung durch Institutionen, sondern umgekehrt ein Ausdruck der nur noch begrenzten Legitimität institutioneller Ansprüche. Das in hoch differenzierten Gesellschaften häufige Gefühl des Institutionendrucks ist spiegelverkehrte Empfindung einer neuen Realität, ist nicht Ausdruck von Zwang, sondern von teilweiser Freisetzung zu Wahlverhalten.

Wir meinen, daß die Ausführung der Vorstellung über die Entlastungsfunktion von Institutionen im Sinne der "reflexionsfreien" Handlungsabläufe gut verknüpft werden kann mit den vorerwähnten Grundpositionen einer strukturell-funktionalistischen Institutionenlehre. Wenngleich dies eine Umkehrung der ethischen Absichten von GEHLEN sein dürfte, so wird auf diese

Weise gleichwohl ableitbar: (1) der Identifikationsgrad mit Institutionen bzw. die subjektive Reaktion auf das jeweilige Institutionengeflecht; (2) die unterschiedlichen Wirkungen von Institutionen für die Individuen, je nachdem, ob lediglich ein Aspekt der Person durch eine allgemeine Institution organisiert wird, ob lediglich ein Teil einer Bevölkerung durch eine Institution angesprochen wird oder ob diese Institutionen durch ein spezielles Personal organisiert werden.

3.

Ungenügend entwickelt ist die Lehre von der Eigengesetzlichkeit von Institutionen und deren Grenzen. Sowohl die strukturell-funktionalistische Institutionenlehre, wie erst recht GEHLEN und JONAS tendieren dazu, in Institutionen so etwas wie den Ausdruck einer den Individuen überlegenen Vernunft zu sehen. Das ist vom jeweiligen Ansatz her verständlich, aber weder denknotwendig noch empirisch gerechtfertigt. Ferner tendieren Sozialwissenschaftler der erwähnten Richtungen dazu, Institutionen als feste, ja unwandelbare Größen zu behandeln. Auch dies ist weder denknotwendig, noch empirisch sinnvoll.Im Gegenteil: bei hoher Differenzierung verselbständigen sich Institutionen gegenüber den gemeinten Zielsetzungen (z.B. gegenüber ihrer eigenen Rethorik) und entwickeln eine Eigendynamik; Beispiele sind Parteien und Gewerkschaften. Die Rückbindung der Institutionen an ihr Publikum bedeutet dann für die Dynamik dieser Institutionen weniger, als die Reaktionen anderer Institutionen. Quantitativ kleine Gruppen können bei fehlenden Gegenreaktionen anderer Institutionen einen ungeheuer wirksamen "Transmissions-Effekt" (LENIN) erzielen. Ferner wäre nachzuweisen, daß soziale Bewegungen bzw. Impulse von Individuen ohne institutionelle Umsetzung lediglich Veto-Effekte, jedoch keine strukturellen Wirkungen haben. In dieser Richtung wäre unseres Erachtens eine Institutionenlehre für hoch differenzierte Gesellschaften weiter zu entwickeln.

Als weiterer Ansatz für eine Institutionenlehre ist eine kybernetische Perspektive zu erwähnen (z.B. PAUL MOTT: The Organization of Society, 1965). "Wenn die Bevölkerung eines Sozialsystems arithmetisch ansteigt, steigt die Zahl möglicher Arten von Interaktionen geometrisch an. ...Wenn die Bevölkerung eines Sozialsystems ansteigt, müssen einige der möglichen Interaktionen ausgeschaltet und die Sozialorganisation strukturiert werden." Dieser Ansatz hebt völlig von der sonstigen Bindung einer Institutionenlehre an Deutungssysteme ab. Institutionen werden hiernach zwingend notwendig, um überhaupt voraussagbare Interaktionen möglich zu machen. Anders formuliert: Durch Reduktion der "Personenzahl" eines Sozialsystems auf Institutionen als "Gliedzahlen" (K.DUNKMANN), in denen Individualeinheiten dann eben als austauschbare Elemente fungieren, werden strukturierte Verläufe erzwungen. Dieser Ansatz ist geeignet, eine objektive Begründung für die Tatsache des Entstehens von Institutionen zu geben; und dies ist angesichts der Tendenz zur Mystifizierung des Entstehens institutioneller Regelungen als Ausdruck von "Kultur" oder menschlicher Schwäche (GEHLEN) nützlich. Von da ab besitzt der Ansatz bisher keinen weiteren Erklärungswert.

Nicht verbunden, aber doch verbindbar mit diesen drei Ansätzen ist die Schauweise, die Institutionalismus genannt wird. Ihre bedeutsamste Ausprägung erfuhr sie in der amerikanischen Nationalökonomie, und hierbei ist für Soziologen die Kapitalismus-Analyse von THORSTEIN VEBLEN besonders aufschlußreich gewesen (vgl. The Theory of Business Enterprise, New York 1904). Ein Analogon dazu findet sich für Europa in Schriften von Vertretern der "historischen Schule" der Nationalökonomie. Diese Schauweisen wurden als Alternative zur klassischen Richtung der Modell-Nationalökonomie ausgebildet.

Bekanntlich versuchen die Nationalökonomen der klassischen Schule, und seither fast alle dominanten Richtungen der Nationalökonomie, Modelle wirtschaftlicher Abläufe ohne modifizierende Raum-Zeit-Koordinaten zu entwickeln. Die Konstrukte etwa der Grenznutzenschule MENGERs gelten hiernach ebenso in einer hoch entwickelten Industriegesellschaft, wie in Handelsbetrieben oberitalienischer Städte der Renaissance; die Theoreme von WALRAS oder von PARETO oder von WICKSELL oder der Wachstumstheorie sollen universell gelten (kritisch hierzu MOSES I.FINLEY: The Ancient Economy, Berkeley 1973). Insoweit diese Theoreme als Tautologien widerspruchsfrei konstruiert sind, geht es aber bei ihrer Kritik durch den Institutionalismus (bzw. durch Autoren der historischen Schule) nicht um die Geltung, sondern um die Relevanz zur Abbildung bzw. Erklärung von wirtschaftlichen Abläufen in konkreten Gesellschaften. Institutionalismus bzw. historische Schule betonen hier die spezifische Ausprägung von Wirtschaftsabläufen je nach "Entwicklungsstufe", Gesellschaftstyp oder Wirtschaftsweise. In diesem Sinne ist auch die Monographie von MAX WEBER über den Zusammenhang zwischen protestantischer (genauer: calvinistischer) Ethik und dem Frühkapitalismus zu verstehen. Nach WEBER ist nämlich das Movens dieser Entwicklung die "innerweltliche Askese" (bzw. als ihr wirtschaftlich relevanter Aspekt die nicht-konsumptive Verwendung von Profit) - ein außerwirtschaftlicher, "institutioneller" Faktor.

Auf diese Weise wird "Institutionalismus" gewöhnlich verstanden, nämlich als die Konstruktion von Typen einer Wirtschaftsweise oder von Typen der Gesellschaft (vgl. die Stufenlehre der älteren historischen Schule der Nationalökonomie). Allgemeine Faktoren und spezifische Verläufe werden dabei jeweils auf bestimmte Raum-Zeit-Koordinaten bezogen; Erklärungen gelten jeweils spezifisch für einen so umschriebenen Raum. Das ist sicherlich nicht nur nützlich, sondern notwendig insbesondere für makrosoziologische Betrachtungen.

Interessanter als Theorietyp scheint uns im Zusammenhang einer Erörterung von Grundbegriffen eine Variante dieses Ansatzes, die mit dem Konstrukt einer <u>institutionellen Vermittlung</u> von Motiven bzw. Individualeigenschaften arbeitet. Die Untersuchung von ROBERT K. MERTON über die Institutionalisierung von Wissenschaft am Fall der englischen Royal Society im Jahre

1660 mag als Paradigma dienen (vgl.: Social Theory and Social Structure, revised ed.,New York 1967, S.607-627).

Wissenschaft wurde zur damaligen Zeit an vielen Höfen als "Gelehrsamkeit" gefördert, nicht zuletzt als Prestige-Symbol analog dem Wettbewerb um poetae laureatae. Hohe Beamte und Teile des Hochadels in England begannen jedoch in den Wissenschaften ein Mittel zur Förderung ihrer Gruppeninteressen zu sehen. Mit dem Erwerb von Handelsstützpunkten in für damalige Verhältnisse sehr weit entfernten Orten und im Widerstreit mit anderen Staaten, die ebenfalls den Handelskolonialismus ausbauen wollten, waren Hilfen für die Seefahrt von großer praktischer Bedeutung. Alles, was zur Verbesserung der Navigation und der Prognose der Gezeiten für englische Häfen beitragen konnte, wurde mit Interesse verfolgt. Mit eben diesen Versprechungen begründeten die Mitglieder der Royal Society ihre Wünsche nach Förderung von Projekten wie der Errichtung des Greenwich Observatory. Die Arbeiten solcher Forscher wie NEWTON, HALLEY, BOYLE, HUYGHENS oder FLAMSTEED waren charakterisiert durch die Kombination allgemeiner theoretischer Interessen mit praktischen Anwendungen. Während zunächst die Unterstützung solcher wissenschaftlicher Unternehmungen recht begrenzt war (FLAMSTEED als erster "königlicher Astronom" und Direktor des neuen Greenwich Observatory erhielt ein Jahresgehalt von 100 Pfund in der Erwartung, daß er daraus die notwendigen Instrumente finanzieren würde), setzte sich schließlich bei dem erwähnten Publikum die Auffassung durch, Wissenschaft sei generell ein nützliches Unternehmen. Und eben dies kann als Kriterium für Institutionalisierung gelten: Es muß nicht mehr der konkrete Nutzen einer einzelnen Forschung nachgewiesen werden; die Benennung als "wissenschaftlich wichtig" reicht aus.

Auf eine solche Situation läßt sich der Begriff der institutionellen Vermittlung von Motiven anwenden. Die Motive der einzelnen Wissenschaftler mögen vom Wunsch nach persönlichem Ruhm über Einkommensmaximierung und soziale Eitelkeit bis zum abstrakten Interesse an neuem Wissen reichen. Diese Wünsche bzw.

Motive sind jedoch durch die Vorstellungen beim "relevanten Publikum" über beachtenswertes Wissen in ihrer Ausdrucksform mit gesteuert (vgl. E.K.SCHEUCH: Sozialforschung und sozialer Wandel, Kölner Zeitschrift für Soziologie 1965). Die für die damaligen Wissenschaftler relevanten Teile des englischen Hofes beeinflußten durch ihre Vorstellungen über den Rang von Wissensgebieten die Themenwahl, und die Usancen in einer institutionalisierten Wissenschaft bestimmten, was zu einem Zeitpunkt als legitime Art der Bearbeitung eines Themas galt. Insoweit Wissenschaft zu einem gegebenen Zeitpunkt und an einem bestimmten Ort eine Institution ist, in der individuelle Motive durch individuelle Leistungen ausgedrückt werden können, wird die Ausdrucksform der Motivationen durch diese beiden vermittelnden Instanzen mediatisiert; andere Ausdrucksformen sind dann eben sozial weniger erfolgreich.

Umgekehrt werden nach der Institutionalisierung einer Wissenschaft die punktuellen Wünsche bzw. Interessen von Außenstehenden ebenfalls mediatisiert. So geht aus dem Tagebuch des Sekretärs der Royal Society (nach R.K.MERTON) hervor, wie mächtige Personen Einzelwünsche durchzusetzen versuchten, und wie der Sekretär den größeren Teil dieser Wünsche abblockte oder modifizierte. Ungeachtet einzelner Fälle, in denen Handlungen direkt und spezifisch mit einem speziellen Motiv verbunden sind, erlangen eben nach der Institutionalisierung die Institutionen (wie die Institution Wissenschaft) eine Eigendynamik und können als eigene Ebene der Realität betrachtet werden.

Ist die politische Mitwirkung aller Bürger als allgemeines Wahlrecht institutionalisiert und ist ein bestimmtes Parteiensystem gegeben, dann werden eben politische Grundeinstellungen nur durch diese Institutionen vermittelt wirksam. Beispielsweise konnte für die Jahre 1969-1971 gezeigt werden (H.D.KLINGEMANN und F.U.PAPPI, Politischer Radikalismus,München 1973), daß die Verteilung der Grundeinstellungen auf einem Kontinuum von "links" nach "rechts" bei Wählern in der

Bundesrepublik Deutschland, Frankreich und Italien sehr ähnlich war. Ein Rückschluß von den Wahlergebnissen für Parteien auf die Grundeinstellungen der Wähler, wobei die erklärten Inhalte der Parteiprogramme mit den Einstellungen der Wähler gleichgesetzt wurden, führt dagegen zu völlig anderen Eindrücken. Für Wähler der NPD konnte gezeigt werden, daß ein Rückschluß vom Wahlverhalten auf eine durchweg vorherrschende Grundeinstellung bei den einzelnen Wählern völlig irrige Aussagen zur Folge hatte (E.K.SCHEUCH: Rückschlüsse vom Wahlergebnis auf die Wählermotive, in E.K.SCHEUCH (Hg.): Materialien zum Phänomen des Rechtsradikalismus, Köln 1969). Es sollte bekannt sein, daß verschiedene Wahlsysteme (angelsächsisches Mehrheitswahlrecht, romanisches Mehrheitswahlrecht, Verhältniswahlrecht) zu völlig verschiedenen "Übersetzungen" von Motivationen bzw. Grundeinstellungen bei Wählern in Sitze und Stimmen im Parlament führen (E.K.SCHEUCH: Zur Irrelevanz des Wählerwillens, in: Verfassung und Verfassungswirklichkeit, Jahrbuch 1966, Köln/Opladen 1966, S.63-83). Umgekehrt lassen diese verschiedenen Wahlsysteme verschiedene Regierungsweisen wahrscheinlich werden - und dies wiederum hat Rückwirkungen auf die Wähler sowie Wirkungen auf das politische System.

Die Bedeutung von Institutionen in diesem Verständnis kann zunächst darin gesehen werden, daß durch sie Vermittlungsprozesse von input-Faktoren (etwa Motiven) geformt werden. Dieser Akzent der Analyse wäre zentral für die Mikroanalyse. Für die Makroanalyse wäre in diesem Zusammenhang die Betrachtung der institutionell verselbständigten Verläufe in Reaktion auf andere Institutionen und auf ein übergeordnetes System charakteristisch.

Mit diesem Verständnis kann jetzt ein Bezug zum allgemeineren Ansatz des Institutionalismus und der historischen Schule aufgezeigt werden. Gegen diese Schauweisen wurde oft eingewandt, daß sie lediglich zu historisch-singulären Sätzen führten - ein überwiegend gerechtfertigter Einwand. Dies muß jedoch nicht der Fall sein, wenn nämlich die konkret spezifizierten

Raum-Zeit-Koordinaten für eine Analyse als besondere Formen allgemeiner Übersetzungsprozesse (bzw. von Mediatisierungs-Vorgängen) bzw. als singuläre Konstellation für die Wirksamkeit genereller Faktoren verstanden werden.

Es ist zwar dogmengeschichtlich verständlich, wenn in Fächern wie der Nationalökonomie ein Gegensatz zwischen institutionalistischer Schauweise und allgemeiner ökonomischer Analyse behauptet wird, als ob es sich um verschiedene ökonomische Theorien handeln würde. So verstanden wie hier, handelt es sich jedoch um komplementäre Vorgehensweisen - analog dem Unterschied zwischen Grundlagenwissenschaften und angewandten Wissenschaften in einigen Bereichen der "klassischen" Naturwissenschaften. In einem Fall geht es um die Isolierung von Gesetzmäßigkeiten; im anderen Falle wird eine historische Situation durch Rückgriff auf allgemeine Gesetzmäßigkeiten "erklärt", wobei diese Situation als "Übersetzungstyp" für die Wirkungsweise dieser allgemeinen Faktoren in gegenseitiger Kombination begriffen werden mag. Wir meinen, daß von MAX WEBER etwas anderes auch nicht getan wurde - wird nämlich die Schrift über die protestantische Ethik im Zusammenhang mit den Schriften zur Religionssoziologie insgesamt gelesen (z.B. der Monographie über das antike Judentum).

In diesem Verständnis erhalten Institutionen eine Schlüsselfunktion zwischen Mikroanalyse und Makroanalyse. Dies geschieht aber gerade nicht auf die Weise, die in verschiedenen einführenden Lehrbüchern der Soziologie in deutscher Sprache versucht wird: durch eine Taxonomie von Institutionen (z.B. Ranggruppen, Interessenvertretungen, Funktionsgruppen, autonome Gruppen - wie bei F.FÜRSTENBERG). Abgesehen von den Einwänden gegen die konkreten Versuche ist generell zu bedenken, daß eine solche Taxonomie die Vorstellung einer bestimmten evolutorischen Reihe von Gesellschaftstypen, oder von unwandelbaren und bekannten Zwecken "der" Gesellschaft voraussetzt. Demgegenüber werden bei den Kategorien der Institution, der institutionellen Vermittlung und der Institutionalisierung als

Teilen der allgemeinen Soziologie zwar die Universalität von Vermittlungsvorgängen (also eines Prozesses) und von Mediatisierungs-Effekten angenommen; der Begriffsapparat bleibt jedoch offen für die Analyse der unterschiedlichsten Formen der Ausprägung.

Ein konsequenter "Soziologismus" ("Institutionalismus" als Bezeichnung ist für einen andersartigen Ansatz bereits besetzt) würde die Institutionen als die eigentliche Erklärungsebene der Soziologie behandeln. Für ihn werden erst in institutionellen Bezügen die Akteure bedeutsam für das Funktionieren eines gegebenen Sozialsystems; und nur das, was am Verhalten institutionalisiert ist, ist für eine solche Soziologie bedeutsam.

Gewiß sind die persönlichen Eigenschaften von Parteiführern bedeutsam für den Erfolg einer bestimmten Partei zu einem gegebenen Zeitpunkt. Nicht dieser Erfolg oder Mißerfolg ist jedoch ein Erklärungsobjekt der Soziologie (sondern der Zeitgeschichte oder des Journalismus); diese persönlichen Eigenschaften sind "Privateigenschaften", und der Erfolg oder Mißerfolg ist ein bloßes Vorkommnis. Was ohne Bezug auf die konkreten Personen in ihrer Konkretheit und auf die Parteien abgehoben von einem spezifischen Zeitpunkt gilt, ist Teil soziologischer Deutung. Gegenstand der Soziologie ist nicht eine konkrete Stadt mit besonders günstiger Lage oder mit besonders rührigen Bürgern, sondern die Stadt als Siedlungstyp ungeachtet der konkreten Besonderheiten. Eine Diskussion dieser Stadt in Massenmedien würde nicht interessieren hinsichtlich der Richtigkeit der Aussagen, sondern in bezug auf die Auswahl der Aussagen aus der Fülle aller möglichen Kennzeichnung, eben als ein Ausdruck der Institutionalisierung von Kennzeichnungen - und damit als Ausdruck der Struktur von Vorstellungen über die Stadt als Institution.

Vielleicht ist die anschaulichste Metapher diejenige der "offiziellen" preussischen Vorstellung vom Amt, dem officium. Betrachtet aus der Perspektive des Amtes sind die Eigenschaften des einzelnen Inhabers bloße Tatsächlichkeiten, die weder die Bedeutung des Amtes noch seine Rechtfertigung kennzeichnen. Konsequentester Vertreter dieser Perspektive in der heutigen deutschen Soziologie dürfte RAINER LEPSIUS sein. Ein großer Teil der Ausführungen von MAX WEBER in "Wirtschaft und Gesellschaft" (weniger dagegen in den religionssoziologischen Schriften, in denen WEBER eher ein Vertreter des Institutionalismus im früher erwähnten Sinne war) kann als ein solcher soziologistischer Ansatz verstanden werden.

8. Soziale Norm und verwandte Begriffe

1. Dogmengeschichtlich wichtige Ansätze

1.

Die Regelhaftigkeit von Abläufen, zum Teil ungeachtet der Wünsche der Beteiligten, die teilweise Ablösbarkeit des Verhaltens von den besonderen Eigenschaften einer Person und der dennoch prekäre Charakter sozialer Ordnungen - all dies ist so offensichtlich, daß hieran die frühen Versuche zur Analyse von Gesellschaften als Sozialsystemen anknüpfen. "Rolle" oder "Institution" sind zwei sehr unterschiedliche und sehr stark abstrahierende Perspektiven, die ein Grundelement für die Analyse sozialer Ordnungen eingrenzen. Älter, und stärker das Selbstverständnis handelnder Personen widerspiegelnd, ist der Ansatz, der davon ausgeht, das Verhalten von Personen und den Zusammenhang innerhalb eines Sozialsystems als durch gemeinsame Werte und Sitten bestimmt zu verstehen. Insbesondere die englischen Empiristen sahen Gesellschaft als einen Moralverband. In dem Weiterwirken der Auffassungen insbesondere von JOHN LOCKE (von besonderer Bedeutung für das amerikanische Staatsdenken, wie auch MADISON oder HAMILTON), DAVID HUME (mit LOCKE von besonderer Bedeutung für die Enzyklopädisten) und ADAM SMITH (als Moralphilosoph) wurde die amerikanische und französische Soziologie bis heute nachhaltig beeinflußt - auch wenn dies den amerikanischen Soziologen durchweg nicht deutlich ist.

Nun ist die Bedeutung des englischen Wortes "morals" weiter, als die heutige Bedeutung von "Moral" im Deutschen, nämlich beinahe so weit wie "wertorientiertes Verhalten". Wenig und kaum bewußte Selbstverständlichkeiten - in der heutigen technischen Sprache: internalisierte Maxime - gehören ebenso dazu, wie explizite Ideale. Wiederum offensichtlich unterscheiden sich die "morals", d.h. die Standards, in verschiedenen Gesellschaften. Es lag nahe, in der Moral (verstanden im Sinne des englischen Wortes) einer Gesellschaft den geeignetsten Ansatzpunkt für die Bestimmung ihres besonderen Charakters zu sehen, wenn die Absicht der Vergleich zwischen verschiedenen Gesellschaften - ob historisch oder geographisch - war. Im 19. Jahrhundert wurde verschiedentlich die Bezeichnung "Moralwissenschaften" für das verwandt, was wir heute Sozialwissenschaften nennen. In seinem Essay "Über den Ursprung der Ungleichheit unter den Menschen" vertrat RALF DAHRENDORF noch Mitte der sechziger Jahre die Auffassung, daß das System der Wertungen das kennzeichnende Element eines Sozialsystems sei, und daß diese Wertungen ihren eindeutigsten Ausdruck im Rechtssystem fänden.

Von diesen Traditionen führt kein direkter Weg zu den heute verbreiteten Begriffen, mit denen die Wertorientierung von Verhalten sowie die Bedeutung von geteilten Überzeugungen und Selbstverständlichkeiten für ein Sozialsystem erfaßt werden sollen. Die indirekten Einflüsse sind allerdings erheblich, insbesondere für die Perspektive, unter der Handeln und Gesellschaft betrachtet werden. Zunächst erfolgte insbesondere in der sich verselbständigenden amerikanischen Soziologie eine zweifache Veränderung dieser sozialphilosophischen Traditionen: eine Veränderung der Begrifflichkeit für Wertorientierung im Sinne der Evolutionstheorien des 19. Jahrhunderts, und eine Akzentverlagerung im Verständnis des Erklärungsobjektes.

Die amerikanischen Begründer der Soziologie als Moralwissenschaft erweisen sich vornehmlich als an konkreten Normen und Kontrollen für Verhalten interessiert. Erst sehr viel später, vor allem bei TALCOTT PARSONS, wird herausgearbeitet, daß die Beziehung zwischen allgemeinen Werten und konkreten Normen und Kontrollen nicht eindeutig ist - und daß beide Dimensionen zweckmäßigerweise durch verschiedene Begrifflichkeiten zu erfassen sind.

2.

Bis in die frühen vierziger Jahre wirkten Begrifflichkeiten für Wertorientierungen fort, die eng mit diesem Bezug auf konkrete Regelungen und den Evolutionstheorien verbunden waren. Ihre für die Dogmengeschichte wirksamste Formulierung stammt von WILLIAM G.SUMNER. Er unterschied (u.a. in "The Science of Society", 1927) zwischen:
(1) Brauch (= folkways); (2) Sitte (= mores); (3) Recht (=nicht "laws", sondern "stateways").
Diese Dreiteilung ist in viele Lehrbücher eingegangen, wobei deren evolutionistische Begründung meist nicht übermittelt wird. Daraus folgt dann verschiedentlich eine Deutung, die von den Intentionen SUMNERs abweicht.
Es war im englischen Sprachbereich üblich, zwischen "customs" (Sitten) und "laws" (Recht) zu unterscheiden. Sie wurden zugleich verstanden als nebeneinander bestehend und einander zum Moralsystem einer Gesellschaft ergänzend. Mit seiner Differenzierung und der zum Teil ungewöhnlichen Wortwahl wollte SUMNER Begriffe für eine evolutionistische Theorie gewinnen. "Brauch", "Sitte", "Recht" - im Original folkways, mores, stateways - sollten eine Entwicklungsreihe von Regelungssystemen für Verhalten ausdrücken, nämlich von unreflektierten Maßstäben bis hin zu expliziten und systematisierten Ordnungen. SUMNER postuliert entsprechend: "from folkways to stateways", von der Art des Volkes zu der Art des Staates.

Def.: Unter Brauch wird in den Sozialwissenschaften, in weitgehender Übereinstimmung mit der Alltagssprache, das unbewußte, ja "bewußtlose" Nachahmen von Verhaltensmustern verstanden.
"Ein Brauch wird befolgt, bloß weil er in Übung ist, eine weitere Begründung gibt es nicht für ihn...". Der Brauch lebt "in stillschweigender Übereinkunft" (RENÉ KÖNIG, Soziologie, Fischer-Lexikon, S.258).

"Brauch" als Ausgangspunkt einer evolutorischen Reihe wird als übliches Regelungssystem elementaren Formen von Sozialsystemen zugeordnet; schriftlose Gesellschaften seien durch "Brauch" bestimmt. Im Brauch konstituiert sich dann die augen-

fällige Verschiedenheit lokaler und sonstiger Gruppen mit geringer Ausprägung von interner Individualität. Somit hat der Brauch die "Funktion", die Integration von Gruppen zu verstärken, indem Eigenart gegenüber anderen Gruppen demonstriert wird.
In modernen Gesellschaften sind besondere Begrüßungsriten innerhalb einer Clique oder das Zeremoniell für die Kaffeepause in einer Abteilung eines Betriebes oder besondere Formen der Gesellung in Studentenverbindungen so zu deuten. Personen, die nicht Teil einer solchen Gruppe sind, wird damit das Gefühl vermittelt, Außenseiter zu sein. Einer allgemeineren Öffentlichkeit wird signalisiert, daß die durch Brauch abgegrenzten Angehörigen einer Gruppe als Einheit zu behandeln seien.

Eine besonders deutliche Ausprägung hatten Bräuche als Organisationselement des Alltags in der kleinräumigen Vielfalt der Agrargebiete Mitteleuropas. Doch auch in modernen Gesellschaften kommt es immer wieder zur Ausbildung von Bräuchen. Wenn einzelne Gruppen - etwa als Folge zunehmender weltanschaulicher Spannungen - kontrovers werden, dann sondern sich die marginal gewordenen Gruppen durch Bräuche ab (Kleidung, Diktion, Formen der Gesellung). Totalitäre Regime mit ihrem Anspruch, eine differenzierte Gesellschaft als Gemeinschaft zu organisieren, pflegen ein Brauchtum der Gemeinschaftlichkeit zu verordnen.

Diese letzteren Beispiele lassen die Zuordnung von Brauch zu elementaren Entwicklungsstufen von Sozialsystemen und den Akzent der Definitionen auf "Bewußtlosigkeit" problematisch werden. Die erwähnten Definitionen geben zweifellos den Sinngehalt des Begriffs dogmengeschichtlich richtig wieder. Soll er jedoch auch zur Kennzeichnung von Verhaltensweisen in modernen Gesellschaften dienen, so wäre eine gewisse Erweiterung empfehlenswert: etwa Brauch = Verhaltensnorm ohne Begründungen mit universalistischem Anspruch.

Verschiedentlich finden sich in der Literatur Versuche, den

Begriff "Brauch" anderen Taxonomien zuzuordnen. Das ist am ehesten für solche Taxonomien möglich, die selbst - explizit oder bloß faktisch - als Punkte auf einer evolutorischen Reihe konzipiert wurden. Eine besonders enge Verwandtschaft besteht zu dem Begriff des "Wesenswillens" bei FERDINAND TÖNNIES. Die Assoziationsform "Gemeinschaft" ist ja bei ihm bestimmt durch unbewußte Selbstverständlichkeiten. "Traditionales Handeln" (weitere Teile der Taxonomie: affektives, wertrationales und zweckrationales Handeln) bei MAX WEBER weist nur eine begrenzte Verwandtschaft auf, weil WEBER Handeln enger als Verhalten versteht, Brauch demgegenüber aber weitgehend nur Verhalten, bloßes Reagieren ist. Sehr viel wird durch solche Vergleiche schon deshalb nicht gewonnen, weil der Begriff Brauch seine Bedeutung zum Teil nur in der Nebenordnung zu den Begriffen Recht und Sitte erhält.

"Sitte" hat als Begriff in der Soziologie-Geschichte eine gegenüber dem alltäglichen Sprachgebrauch eingeschränkte Bedeutung. SUMNER benutzte ja nicht die Bezeichnung "custom" - was Brauch und Sitte eingeschlossen hätte, sondern das präzisere lateinische Wort "mores".

Def.: Unter Sitte wird eine bewußte Verhaltensvorschrift verstanden, die von der öffentlichen Meinung als Vorschrift akzeptiert wird.

Gegenüber dem gesatzten Recht ist Sitte abgegrenzt durch den Bezug auf die Instanz der öffentlichen Meinung. Wird Recht verletzt, so erfolgen Sanktionen durch eine spezielle formale Institution, den Staat, während Verletzungen der Sitte durch die "Öffentlichkeit" als einer unspezifischen Instanz sanktioniert werden. Sitte kann vom Brauch abgegrenzt werden durch das allgemeine Verständnis einer solchen Regelhaftigkeit als Regel. Einen diagnostischen Wert hat die Art der Begründung des geregelten Verhaltens: Beim Brauch würde die typische Begründung lauten, daß "man" sich eben hier so verhalte; mit Sitte ist die Begründung durch einen allgemeinen Maßstab verbunden.

Das Ordnungsprinzip der Sitte ist um so wirksamer, je kontinuierlicher, gefestigter und überschaubarer ein Sozialsystem ist. Sitte ist durchaus vereinbar mit sehr hohen Differenzierungsgraden eines Sozialsystems - etwa mit der ständischen Gliederung der mittelalterlichen Gesellschaft. Nimmt jedoch die Differenzierung lediglich die Form situationsspezifischer Regelungen an, ist also nicht mehr das Individuum primär als Kategorie (Adeliger, Bauer) gesamthaft das Objekt von Regeln, sondern ungeachtet seiner Kategorie als Teilnehmer an einer Situation (z.B. Konsument, Arbeitnehmer), so ist dies mit dem Ordnungsprinzip Sitte nicht mehr gut vereinbar. Als Pendant zu der Differenzierung nach situationsspezifischen Regelungen entsteht "Anonymität" für diejenigen Eigenschaften, die in einer Situation irrelevant sein sollen. Die Kontrollinstanz "öffentliche Meinung" ist um so unwirksamer, je mehr Individuen bestimmte Eigenschaften als "privat" vor der Sichtbarkeit durch unerwünschte Dritte schützen können. Mit diesen Erwägungen sollte deutlich werden, daß der Begriff Sitte besonders gut geeignet ist für Sozialsysteme wie das des mittelalterlichen Europa, in denen die Akteure gesamthaft als Kategorien organisiert sind. Mit zunehmender Urbanisierung, hoher Mobilität und einer anderen Art von Differenzierung entstehen Bedingungen, in denen die öffentliche Meinung als Kontrollinstanz nicht mehr die alte Bedeutung hat.

An die Stelle der öffentlichen Meinung tritt dann nach der Auffassung vieler Evolutionstheoretiker die Verhaltenskontrolle durch unpersönliche Instanzen. "Recht" als System formeller Regeln ist im Vergleich zu den vorerwähnten Regelungssystemen vor allem durch zwei Eigenschaften gekennzeichnet: in idealtypischer Ausformung ist Recht universalistisch und die Anwendung des Rechtes ist speziellen Instanzen zugewiesen. Mit der Wendung universalistisch ist gemeint, daß bei der Anwendung des Rechtes zunächst ein Tatbestand beurteilt wird; spezifische Eigenschaften eines Individuums werden lediglich hilfsweise herangezogen. Die Zuweisung an spezifische Instanzen bedeutet eine Einengung der Sanktionsrechte: öffentliche Meinung verurteilt in erster und letzter Instanz, ohne daß eindeutig ist, worauf sich das Urteil gründet; zur Sanktion ist dann ein jeder berechtigt.

Recht als formelles System von Geboten und Verboten, erlassen und garantiert durch staatliche Instanzen, ist in dieser Form nur von einigen Hochkulturen ausgebildet worden. Es scheint vor allem dann notwendig zu werden, wenn große Heterogenität innerhalb eines Herrschaftsverbandes existiert; Recht schafft dann allgemein gültige Verbindlichkeiten. In diesem Sinne ist etwa die Ausbildung eines Rechtskodex im Assyrischen Reich 2500 v.Chr. als Folge eines Überschichtungsvorganges gedeutet worden. Analoge Funktionen hatte das Recht im Imperium Romanum. Im letzteren Falle wird noch ein zweiter auslösender Umstand deutlich: durch Zentralisierung von Herrschaftsmitteln entstehen Voraussetzungen für eine Strukturpolitik; Recht wird ein Mittel zur Umformung bestehender Verhältnisse.

Dieser letztere Aspekt wird öfters etwas einseitig betont. In der Entstehungsgeschichte von Kodizes kommt tatsächlich der Systematisierung bereits bestehender Normen eine größere Bedeutung zu. Fast alle großen Kodizes beginnen mit einer Sammlung (einem "Aufschreiben") vorgefundener Normen, die dann widerspruchsärmer gemacht werden sollen und ergänzt werden. Durch diesen Bezug auf Sitte wird dem Recht eine Verbindlichkeit verliehen, die es als bloße Satzung von Normen nicht hätte. Einmal existent, eignet sich dann formalisiertes Recht zur manipulativen Weiterentwicklung im Sinne der Vorstellungen zentraler Instanzen. Recht gerät oft in Widerspruch zu Sitten, und der Staat erhebt dann den Anspruch, daß Recht eine Sitte breche. Ein dramatisches Beispiel aus der Frühzeit europäischer Rechtsordnungen ist der Widerspruch zwischen der Verpflichtung (Sitte) zur Rache und dem Anspruch staatlicher Instanzen auf das Gewaltmonopol. Die über lange Zeiträume hinweg existierenden Duelle blieben dann eine straffreie Form des Tötens aus Rache, wenn explizite Regeln eingehalten wurden.

In den evolutorischen Reihen erscheint das Recht als höchste

Stufe eines Rationalisierungsvorganges. Durch die Systematisierung formeller Regeln werde das Ergebnis einer rechtlichen Bewertung von Tatbeständen kalkulierbar. Dies entspricht der Bewertung des Vorganges zunehmender Bürokratisierung (MAX WEBER). Eine solche Auffassung wird durch die Rechtspraxis nur teilweise bestätigt. Zunächst ist zu bedenken, daß in den modernen Sozialsystemen ein kompliziertes Verfahrensrecht (Zivilprozeßordnung, Strafprozeßordnung) ausgebildet wurde, dessen Ergebnisse für Rechtslaien durchaus nicht gut kalkulierbar sind. Auch die Entwicklung von Spezialgerichtsbarkeiten (Finanzgerichtshöfe, Kammern für Arbeitsrecht, für Sozialgerichtsbarkeit) wirkt in gleicher Richtung. Andererseits sind Verstöße gegen Sitten für den Akteur durchaus auch kalkulierbar. Zweckmäßiger erscheint es deshalb, die Entwicklung von Rechtssystemen als Prozeß der Ausdifferenzierung von Spezialinstitutionen (vgl. Kapitel 7) zu verstehen. Durch diese Ausdifferenzierung werden Funktionen besser erfüllbar. Wichtiger ist es, daß mit der Ausdifferenzierung jeweils auch ein Zuwachs an Gestaltbarkeit aufgrund von Anordnung verbunden ist.

Ausdifferenzierung wird zweckmäßigerweise nicht als völlige Ausgliederung einer Funktion aus den bisherigen Instanzen verstanden. So ist mit der Ausdifferenzierung der Erziehungs- und Bildungsinstanzen die Sozialisationsfunktion keineswegs gänzlich aus der Familie ausgegliedert worden. Erst mit der Ausgliederung eines Teils der Sozialisation, und mit der Organisation dieses Teils in spezifischen Instanzen, wird Erziehungs- und Bildungspolitik praktikabel. Ähnlich sollte man sich auch die Koexistenz von Regelsystemen vorstellen. Selbst in den "modernsten" Sozialsystemen gibt es nebeneinander Regelungssysteme, die mit den Begriffen Brauch, Sitte und Recht zu bezeichnen wären. Sie bilden wahrscheinlich weniger eine Abfolge zunehmender "Rationalisierung", als vielmehr eine Folge zunehmender Gestaltbarkeit.

Die Verwendung der Begriffe Brauch, Sitte und Recht ist in der Soziologie heute nicht mehr verbreitet. Für eine Analyse entwickelter Sozialsysteme ist dieses Instrumentarium sowohl zu spezifisch als auch zu generell. Beispielsweise kommt in der tatsächlichen Anwendung von Rechtsordnungen dem sogenannten "Gewohnheitsrecht" eine große Bedeutung zu; es hat wenig Nutzen, hier differenzierte Überlegungen anzustellen, ob dieses Gewohnheitsrecht nun eher zu Sitten oder zu Rechtsordnungen zu zählen ist. Die herkömmliche Definition von Brauch ist zu sehr an den Selbstverständlichkeiten schriftloser Volksstämme orientiert und läßt es schwierig werden, der Bedeutung von äquivalenten Phänomenen in modernen Sozialsystemen gerecht zu werden. Die wichtigste Anwendungsform dieser Taxonomie ist wahrscheinlich der Objektbereich der Ethnologie. Allerdings eignet sich die Dreiteilung Brauch - Sitte - Recht darüber hinaus gut zur Erklärung abweichenden Verhaltens und von Kriminalität. Vielleicht benützt die heutige Soziologie das begriffliche Instrumentarium Brauch - Sitte - Recht weniger, als es angebracht wäre.

3.

In der neueren Soziologie wird statt solcher Taxonomien wie Brauch - Sitte - Recht durchweg der allgemeinere Begriff der <u>sozialen</u> <u>Norm</u> benutzt; er wird anschließend erörtert. Mit "Norm" wird die Linie der Akzentuierung konkreter Regeln fortgeführt. Dies läßt jedoch eine Lücke, beispielsweise bei der Untersuchung von Gruppenkonflikten oder institutionellen Analysen und generell bei makrosoziologischen Fragestellungen. Häufiger wird jetzt wieder die Begrifflichkeit "Wert" benutzt - eine Entwicklung, die insbesondere durch TALCOTT PARSONS gefördert wurde. Während bei PARSONS oder auch bei KLUCKHOHN der Begriff Wert einen gegenüber "Norm" eindeutigen Inhalt hat, welcher der frühen sozialphilosophischen Diskussion verwandt ist, wird der Begriff Wert sonst meist konkreter verstanden. Wahrscheinlich schlägt hier die für die amerikanische Soziologie dominante Orientierung an Moral als einer konkreten Verhaltenssteuerung wieder durch.

Von einiger Bedeutung wurde in den zwanziger und dreißiger Jahren die Auffassung von WILLIAM I.THOMAS und FLORIAN ZNANIECKI (The Polish Peasant in Europe and America, New York 1927, S.21-22). "Unter einem sozialen Wert verstehen wir einen jeden Sachverhalt, der einen für alle Mitglieder einer sozialen Gruppe zugänglichen empirischen Gehalt hat und eine Bedeutung aufweist,hinsichtlich derer er ein Objekt von Handeln werden kann." In diesem Verständnis von Wert liegt der Akzent auf der Wahrnehmung von Eigenschaften eines Sachverhalts als relevant hinsichtlich der Einstellungen der Wahrnehmenden.Erst in der Kombination von Einstellungen und Wahrnehmung des Gegenstandes ähnelt diese zunächst sehr fremd gewordene Konzeption den heutigen Vorstellungen über "Wert". In ihrer Betonung der Wahrnehmung von Eigenschaften eines Sachverhaltes selbst als entscheidendem Aspekt von Werten ist die Konzeption von THOMAS und ZNANIECKI verbunden mit dem Begriff der Wertorientierung bei PARSONS und KLUCKHOHN.
Repräsentativ für die heute vorherrschende Verwendung des Begriffs <u>Wert</u> ist die Definition von ROBIN M.WILLIAMS,

<u>Def.</u>: Wert sei die Besetzung eines Typs von Situation, eines Typs von Ereignis oder eines Typs von Objekt mit positiven Affekten.

Mit dieser Begriffsbestimmung wird ausgedrückt, daß es eben nicht um die Bewertung als singulärem Akt gehen soll, sondern um die Bewertung einer Ereignis-Klasse. Entsprechend versteht auch MICHAEL Mc RIFFERT Werte als Abstraktionen aus der Fülle konkreter Empfindungen. In diesem Sinne sind Werte Kriterien für Verhalten, aber nicht gleichbedeutend mit den konkreten Verhaltensnormen. Dennoch überdecken sich in diesem Verständnis die Bedeutung von Norm und Wert so sehr, daß die Nützlichkeit ihrer begrifflichen Unterscheidung nicht immer evident ist.

Dies gilt nicht für das Begriffsverständnis bei TALCOTT PARSONS (u.a. in: A Tentative Outline of American Values),sowie bei CLYDE KLUCKHOHN (u.a. in: Personality in Nature, Society and Culture, 1948). Werte sind bei PARSONS allgemeinste Prinzipien und keine eigentlichen Verhaltensregeln. Die Verbindung zwischen Werten und Verhalten wird durch den Begriff der "Wertorientierung" (value orientation) bezeichnet. "Es ist die Wertorientierung, die dem Handelnden die Richtung gibt, also die Gesamtheit aller Aspekte, die eine Person in einer gegebenen Situation aufgrund von Normen oder anderer Kriterien vor die Wahl zwischen verschiedenen Handlungsweisen stellen"(P.J.BOUMAN, Grundlagen der Soziologie, Stuttgart 1968, S.61).

So formuliert, ist dies gegenüber den Definitionen bei PARSONS und KLUCKHOHN selbst eine Vereinfachung. Wahrscheinlich unter dem Einfluß von KLUCKHOHN, versuchte PARSONS möglichst viel von der damals noch geltenden Bedeutung der Begriffe in einer wichtigen Richtung der Kulturanthropologie beizubehalten und gleichzeitig auf das zu beziehen, was er als Kernstück seines Ansatzes ansah, einer (wie er meint) Theorie des Handelns. "Ein Element eines gemeinsamen Symbolsystems, das (nämlich das Element) als Kriterium oder Standard für die Auswahl zwischen alternativen Orientierungen wirkt, welche in einer gegebenen Situation inhärent als Wahlmöglichkeiten vorhanden sind, kann als ein Wert bezeichnet werden" (T.PARSONS: The Social System, Glencoe 1951, S.12). (Das ist im englischsprachigen Original eher noch komplizierter formuliert als in dieser Übersetzung!).

Vielleicht läßt sich der Kern der Bedeutung von "Wert" bei PARSONS und KLUCKHOHN ungefähr mit der Wendung "letzte Werte" umschreiben. Normen sind demgegenüber spezifisch, nicht selten widersprüchlich und zwischen Menschen uneinheitlich. Werte haben integrativen Charakter, indem sie in Konfliktfällen hinsichtlich Normen den Akteuren einen Rückbezug auf Gemeinsamkeiten ermöglichen. Diese Gemeinsamkeiten haben nach dieser Auffassung - deren Verwandtschaft mit Moralphilosophien des 18. Jahrhunderts offensichtlich ist - konstitutiven Charakter für ein Sozialsystem, aber auch (im Sinne von Lebenszielen) für eine Person als System. In diesem Sinne bezeichnet KLUCKHOHN den Begriff Wert als Schlüssel zur Integration verschiedener Wissenschaften vom Menschen.

Eine solche Konzeption von "Wert" ist selbst angesichts des großen Prestiges von PARSONS in der amerikanischen Soziologie nicht allgemein akzeptiert worden. Die Unbestimmtheit der Beziehungen zwischen Wert und konkretem Handeln irritierte angesichts der andersartigen Traditionen. Aber gerade in dieser Unbestimmtheit liegt ein besonderer Nutzen der Konzeption von PARSONS und KLUCKHOHN für den Vergleich zwischen Systemen und insbesondere für die Analyse sozialen Wandels. Damit läßt sich nämlich begrifflich abbilden, daß Kulturen, Sozialsysteme und Personen eine langfristige Identität bei gleichzeitigem Wandel in konkreten Verhaltensweisen zeigen.

Bei PARSONS und anderen Sozialwissenschaftlern Anfang der 50er Jahre in Harvard (vgl. PARSONS, Towards a General Theory of Action, 1951) ist der hierfür entscheidende Begriff derjenige der Wertorientierung. Wertorientierung umschließt nach dieser Konzeption eine Kognition (d.i. die Wahrnehmung der sachlichen Eigenschaften eines Objekts und deren konzeptionelle Interpretation), die Reaktion auf die symbolische Repräsentation, Präferenzordnungen und konkrete Normen. Zu Systemen organisiert sind Wertorientierungen mit Symbolsystemen und Glaubensvorstellungen (belief systems) verbunden. In diesem Zwischenbereich zwischen konkreten Normen und Werten können sich so erhebliche Veränderungen ereignen, daß mit den konstanten Werten im Zeitverlauf sogar konträre Verhaltensweisen verbunden sind. Mit den Werten des Christentums erwies sich sowohl die Sklaverei als vereinbar, wie auch der moderne Sozialstaat; dies kann u.a. begrifflich so ausgedrückt werden, daß in der Wertorientierung die Kognition sich verändert, wer als Mitmensch definiert wurde. Mit "Kommunismus" als Staatsreligion ließ sich in einem sehr viel kürzeren Zeitablauf sowohl Stalinismus wie auch Gulasch-Kommunismus vereinbaren; begrifflich kann dies gedeutet werden als eine veränderte Interpretation der Symbolsysteme und wahrscheinlich auch der Glaubensvorstellungen hinsichtlich der Anspruchsbeziehungen zwischen dem Einzelnen und dem politischen System.

PARSONS neigt dazu, seine zunächst relativ einfachen Begrifflichkeiten ganz ungewöhnlich aufzufächern, und dies wird gerade bei der Begrifflichkeit für Wert und Wertorientierung deutlich. Dies dürfte mitverantwortlich dafür gewesen sein, daß dieser Teil seines Werkes verhältnismäßig wenig rezipiert wurde. Dabei dürfte der Nutzen zur Analyse von Wandel bisher nur höchst ungenügend ausgeschöpft worden sein, obgleich sich gerade mit diesem Ansatz manche dem alltäglichen Denken als Paradoxien erscheinenden Sachverhalte deuten lassen sollten.

Gegenwärtig ist die Verwendung der Begrifflichkeiten für "Wert" in der Soziologie sehr unsicher. Zentraler ist jedenfalls der Begriff der Norm. Dieser allerdings eignet sich nicht sehr gut, um angesichts der offenkundigen Vielfalt und Widersprüchlichkeit von Normen in hochdifferenzierten Sozialsystemen zu erklären, warum allgemein doch ein dominanter Kurs des Verhaltens resultiert.

2. Normen und Sanktionen

1.

Die Bezeichnung "soziale Norm" wird in der Soziologie relativ früh benutzt, u.a. bei EMILE DURKHEIM (Les règles de la méthode sociologique 1895, deutsch: Die Regeln der soziologischen Methode, 2.Aufl. Neuwied 1965). Allerdings hat das Verständnis dessen, was als Norm zu verstehen ist, im Laufe der Zeit gewechselt. Für DURKHEIM ist Norm ein moralischer Standard, und zwar als Teil eines Systems von Vorstellungen, die das "conscience collective" bilden. Das heute in der Soziologie vorherrschende Verständnis ist anderer Art und eng verbunden mit der Entwicklung der Rollentheorie. Vorwiegend wird hiernach unter Norm eine konkrete Verhaltenserwartung verstanden, die mit spezifischen kategorialen Eigenschaften der Akteure und mit den jeweiligen Situationen verbunden ist.

Hinzu kommen noch Bedeutungen des Wortes "Norm" in der Alltagssprache. Hier wird als Norm einmal das normalste Verhalten im

Sinne von Häufigkeit verstanden, und zum anderen auch normalstes Verhalten im moralischen Sinne. Diese Doppeldeutigkeit spiegelt eine Beziehung zwischen den beiden Aspekten einer Bewertung von Verhalten wider, die sich zugleich beeinflussen und doch nicht völlig aufeinander reduzieren lassen.

Das heute übliche und mit der Rollentheorie verbundene Verständnis von Norm meint standardisierte Erwartungen, die aus den sozialen Kategorien der Akteure in einer bestimmten Situation folgen. Je nach Situation können für den gleichen Akteur die "Normen" genannten Erwartungen wechseln, und in der gleichen Situation gelten für wechselnde Akteure andere Normen. Beispiel: In einem Café gelten für die dort sitzenden Damen und Herren und nochmals unterschieden nach Altersstufen verschiedene Erwartungen; und die gleichen Café-Besucher ändern dann auf standardisierte Weise ihre Art des Umgangs miteinander, wenn Sie sich dann auf der Straße in Gegenwart dritter Personen noch miteinander unterhalten. Auf diese Aspekthaftigkeit von Standards ist der heutige Normenbegriff zugeschnitten, während DURKHEIM Erwartungen von einer Allgemeinheit meinte, die zwischen "Werten" (i.S.v. PARSONS) und Normen i.e.S. zu lokalisieren ist.

So verstanden ist Norm ein stark abstrahierender Begriff, obgleich er auf sehr konkrete Regeln gezielt ist. Er umfaßt unterschiedslos bloße Konventionen, moralische Regeln und explizite Vorschriften; der Gegensatz etwa zwischen Verkehrsauffassungen und einer Formulierung eines Rechtstextes wird als Normenkonflikt auf der gleichen Ebene der Abstraktion abgebildet. Vereinfacht kann dieses Verständnis jetzt definiert werden:

Def.: Unter Norm sei verstanden eine bewertete Erwartung für eine Verhaltenskategorie.

Die Komplikationen des Begriffs sind bei dieser Definition in die Wendung "Verhaltenskategorie" verlegt. Mit dieser Bezeichnung sind sowohl Eigenschaften der Akteure wie auch solche der Situation gemeint. Unter Rückgriff auf die Begrifflichkeit für

Rollen läßt sich in diesem heute vorherrschenden Verständnis Norm kennzeichnen als die mit einem Rollenelement verknüpften Erwartungen, insoweit mit diesen Erwartungen an das Verhalten Bewertungen als "richtig" oder "falsch" verbunden sind.

Normen standardisieren Verhalten ungeachtet der individuellen Eigenschaften einer Person. Das bedeutet selbstverständlich nicht, daß Normen als Ersatz für die Beschreibung tatsächlichen Verhaltens genommen werden können. Normen sind ja lediglich bewertete Erwartungen, und damit bleibt offen, wie weit Erwartungen und tatsächliches Verhalten übereinstimmen. Es ist gerade für hochdifferenzierte Gesellschaften kennzeichnend, daß Variationsspielräume und Zonen "grauer Moral" als nicht unübliche Abweichungen von Erwartungen verbreitet sind. Ausdruck dieser Spielräume ist die Möglichkeit, individuelle Verhaltensstile ohne Normenverletzung auszubilden.Diese Spielräume dürften erst die Voraussetzung dafür sein, daß jetzt häufig Normen als eine Einschränkung der persönlichen Freiheit empfunden werden, und daß heute eine beachtliche Zahl von Autoren von der Klage über den repressiven Charakter moderner Gesellschaften lebt. In einfacheren und insbesondere schriftlosen Gesellschaften ist demgegenüber der Konformitätsdruck sehr viel größer und spart auch keine Privatbereiche aus, weil dort Personen gesamthaft durch Regelsysteme erfaßt sind. Dennoch konnte u.a. BRONISLAW MALINOWSKI (Crime and Custom in Savage Society, 1926) zeigen, daß Normen auch dort nicht zu einer völligen Standardisierung von Verhalten führen. Mit der Wertgeltung von Normen ist auch in diesen schriftlosen Gesellschaften eine kreative Variation zu beachten, die Ausbildung von Verhaltensstilen (vgl. hierzu WARD H.GOODENOUGH: Description and Comparison in Cultural Anthropology, Chicago 1970, bes. Kap.4).

Es ist gegenwärtig en vogue, in einem jeden dem spontanen Einfall entgegengesetzten Umstand etwas Feindliches zu sehen - so auch in Normen. Das ist mindestens infantil. "Soziale Normen sind eine anthropologische Voraussetzung für Handeln" (ALFRED BELLEBAUM, Soziologische Grundbegriffe, 1972, S.44).

Die Nähe dieser Vorstellung zum Verständnis von Institutionen als "Instinktersatz" ist offensichtlich. Dennoch sind Normen eben kein Instinkt, die durch sie präformierten Handlungsabläufe sind nicht völlig automatische Reaktionen auf einen Auslösemechanismus. Gerade dadurch ist die Anpassungsfähigkeit menschlicher Assoziationsweisen möglich. Normen werden verletzt, ändern sich, widersprechen einander - und in dieser nur partiellen Wirksamkeit von hier und heute akzeptierten Normen liegt ein Element der Dynamik.

Kann die Funktion von Normen für den Akteur selbst angenähert mit "Instinktersatz" gekennzeichnet werden, so läßt sich die Funktion für die Interaktionspartner mit "Reduktion von Komplexität" umschreiben (vgl. hierzu NIKLAS LUHMANN: Vertrauen, Stuttgart 1968). Normen verringern für die meisten Situationen die Zahl von Eigenschaften, die Interaktionspartner beachten müßten, auf die mit einigen Sozialkategorien verbundenen Standardisierungen. So verstanden erfaßt man mit dem Begriff Norm eine entscheidende Voraussetzung für ein jedes Sozialsystem.

Normen sollen Verhalten standardisieren. Das wird in Europa oft so verstanden, als ob ihr deutlichster Ausdruck und ihre hauptsächlichste Wirkungsweise mit den Anordnungen einer obrigkeitsstaatlichen Verwaltung gleichgesetzt werden könnte. Mißverständlich wirkt es auch, wenn KARL MANNHEIM und später HEINRICH POPITZ Bilder von Regeln und Einrichtungen des Straßenverkehrs benutzen, um die Wirkungsweise von Normen zu verdeutlichen. Wie jedoch bereits im Kapitel "Sozialisation" gezeigt wurde, ist nur ein Teil der Normen "äußerlich" zur Person. Überwiegend identifizieren sich jedoch die Akteure mit den Normen, selbst bei eigenem Abweichen. Es ist dabei nicht einmal erheblich, wenn im Verlaufe der Zeit die Begründungen für Normen wechseln. (Der psychologische Mechanismus dieser Konstanz von Verhaltensstandards bei wechselnden Begründungen wurde von GORDON ALLPORT mit der Konzeption der "funktionalen Autonomie der Motive" erklärt).

2.

Die nicht nur dogmengeschichtlich wichtigste, sondern auch systematischste Analyse sozialer Normen findet sich in dem Werk von EMILE DURKHEIM; hierbei sind die Regeln der soziologischen Methode und die Arbeit über Selbstmord besonders hervorzuheben. Seine Vorstellungen über den Zusammenhang zwischen Normen und Sanktionen und über die Wirkung tiefgreifenden sozialen Wandels sind fester Bestandteil soziologischer Lehrprogramme. Insbesondere in den USA meinen viele Soziologen, mit dem Begriff der Anomie eine zentrale Eigenschaft von Industriegesellschaften zu erfassen. Nicht immer jedoch sind uninterpretierte Übernahmen aus dem Werk DURKHEIMs unproblematisch, da er mit Normen etwas anderes meinte, als es in der heutigen Soziologie üblich ist.

Das zentrale Thema von DURKHEIM war die Krise der französischen Gesellschaft des 19. Jahrhunderts, die er als eine Bedrohung all der Kräfte verstand, die eine Gesellschaft zusammenhalten (siehe hierzu das Nachwort von RENE KÖNIG zu der Neuauflage von DURKHEIMs "Selbstmord", Neuwied 1973). Mit "Norm" wollte er entscheidende Bindungskräfte einer Gesellschaft erfassen und in der Analyse des Normenwandels den Charakter der Krise identifizieren.

Dabei war für DURKHEIM Normabweichung für sich noch kein Indiz für Krise, sondern zunächst ein normaler Aspekt eines "gesunden" Sozialsystems. Gewiß kann ohne hohe Normen-Konformität kein Sozialsystem existieren, aber bei vollständiger Normenkonformität verliert es seine Anpassungsfähigkeit. Die Art der Balance zwischen beiden Prinzipien scheint selbst eine Eigenart eines Sozialsystems zu sein. Dies ist die Begründung für die oft mißverstandenen und noch öfter unverstandenen Behauptungen DURKHEIMs, daß es eine für ein Sozialsystem normale Häufigkeit normenverletzenden Verhaltens gebe. In diesem Sinne formulierte GURVITCH, daß eine jede Norm die Möglichkeit ihrer Verletzung impliziere und daß damit "Norm" dialektisch zu verstehen sei.

Es ist konsequent, wenngleich provokant-paradox formuliert, wenn DURKHEIM das Verbrechen als einen integrierenden Bestandteil einer gesunden Gesellschaft bezeichnet. Wenn alle gegebenen Normen befolgt würden, entfielen mit den Abweichungen entsprechend auch die Normen. Normen sind nach DURKHEIM nämlich Widersprüche, Reglementierungen von Verhaltensneigungen, die sich in der Praxis nie völlig standardisieren lassen. DURKHEIM sagt: "Das Soziale hat den Charakter des Prekären. Im Vollzug verliert es den Charakter des Besonderen, wenn nicht die Abweichung da wäre; erst sie ruft die Gültigkeit der Normen in Erinnerung." Im Zuge dieser Überlegungen gelangt er folgerichtig zur Definition dessen, was er mit Anomie bezeichnet. Dies ist ein Zustand, in dem gleichzeitig viele Normen nicht mehr befolgt werden und damit der Fortbestand des Systems in Frage gestellt ist. Für das Individuum bedeutet dies Orientierungslosigkeit, und dies deutet DURKHEIM als eine unerträgliche Belastung.

Von diesen Festlegungen geht DURKHEIMs Erklärung des Normenwandels aus, ein zentrales Thema seiner Arbeiten. Ein Zustand, in dem viele Normen gleichzeitig an Verbindlichkeit verlieren, ist unerträglich. Dieser Zustand provoziert den Versuch, den alten Normen durch Sanktionen doch noch den früheren Grad an Verbindlichkeit wieder zu verschaffen. Aber auch für diejenigen, die nach den alten Maßstäben abweichend leben, ist bloße Abweichung nicht hinnehmbar; sie müssen ihr Verhalten als Gegennorm deuten. DURKHEIM formuliert dies auf provokante Weise in der rethorischen Frage: "Wie oft ist das Verbrechen nicht bloß eine Antizipation der zukünftigen Moral" (Beispiel: Sokrates) ? Verlieren nun viele Normen gleichzeitig an Bedeutung, und weist die Häufigkeit des Handelns nach der neuen Norm eine zunehmende Tendenz auf, so kann die Akzeptierung der neuen Maßstäbe die Anomie wieder aufheben. In diesem Konflikt erfährt der Inhalt dessen, was ethisch gut ist, einen Bedeutungswandel. Nicht die Zunahme des abweichenden Verhaltens ist damit konstitutiv für die Zerstörung der bisherigen Norm, sondern der Aufbau einer Gegennorm.

Normenkonflikte gehören zu den Konflikten mit der größten Wucht für die betroffenen Individuen. Dies ist unter Rückbesinnung auf die früheren Ausführungen über Normen als Instinktersatz verständlich. Für differenzierte Gesellschaften ist mit der Differenzierung auch eine Vielfalt und teilweise Gegensätzlichkeit von Normen verbunden. In der ständischen Gesellschaft des Mittelalters galten für verschiedene Soziallagen unterschiedliche Normen bei weitgehender Übereinstimmung im Wertsystem. Was als unehrenhaftes oder ehrenhaftes Verhalten galt, unterschied sich durchaus nach dem Stand des Akteurs. In diesem Sinne waren auch mittelalterliche Gesellschaften "pluralistisch". Es war jedoch ein in seinen Wirkungen voraussagbarer Pluralismus. Und eben dies gilt für die hochdifferenzierten Gesellschaften der Gegenwart nicht mehr durchgehend. Die Vorstellungen über Standards der Verläßlichkeit bei Verabredungen, über Verschwiegenheit, über tolerable Intensität einer Durchsetzung von Eigeninteressen, differieren zwischen Gruppen. An sich sind Berufsstände (DURKHEIM versteht sie explizit wie mittelalterliche Korporationen) die "natürlichen" Organisationseinheiten auch für moderne Gesellschaften - so DURKHEIM -, aber auch sie sind heute uneinheitlich nach Weltanschauungen und Lebensstil. Dieser Situation entspricht es, wenn die materiell-ethischen Normen zugunsten von Verfahrensregeln weniger stark betont werden. Verfallen auch diese Verfahrensregeln - etwa durch den Anspruch von Gruppen, solche Formalien bedeuteten gegenüber den anzustrebenden Inhalten nur wenig -, dann kommt es zu Konflikten besonderer Schärfe.

Eine weiterführende Lehre vom Normenwandel und von den Normenkonflikten kommt ohne eine Taxonomie von Normen nicht aus. Man könnte etwa unterscheiden nach der Stärke des Bezugs auf Werte, nach der Allgemeinheit des Geltungsanspruchs, nach der Interdependenz mit anderen Normen, nach dem Grad der Explizitheit, nach Institutionen, nach der Legitimitätsgrundlage und vielem mehr.Diese Unterscheidungen sollten nur den Charakter der Verdeutlichung haben, nicht selbst Vorschlag sein. Es gibt noch keine allgemeiner akzeptierten Klassifikationen. Je nach der Problemstellung einer Untersuchung läßt sich ad hoc der allgemeine Begriff der Norm durch Hinzufügungen in ein differenzierteres Instrumentarium umsetzen.

3.

Es gibt inzwischen eine nennenswerte empirische Tradition der Erforschung des Normenwandels im Gefolge von Normenkonflikten. Kennzeichnend hierfür ist jedoch ein anderes Verständnis von Norm und ein anderes Erklärungsobjekt als bei DURKHEIM. Norm wird in diesen vorwiegend sozialpsychologischen Untersuchungen als standardisierte Erwartung im Zusammenhang mit einem Rollenelement verstanden. Erklärungsobjekt sind durchweg Veränderungen innerhalb einer Gesellschaft und nicht die Veränderung der Gesellschaft als Globalsystem, und auch "Anomie" als Folge von Normenkonflikten wird sozialpsychologisch reduziert. In der sehr weit verbreiteten Anomie-Skala von LEO SROLE ist Anomie praktisch operationalisiert als generalisierte Unzufriedenheit mit dem sozialen Umfeld.

Der Zusammenhang zwischen Normen und der Häufigkeit von Abweichungen ist eines der wichtigsten Themen. Unter Rückgriff auf eine Anzahl sozialpsychologischer Untersuchungen behauptet MUZAFER SHERIF, daß Voraussetzung für die Ausbildung von Normen das rein faktische Vorherrschen eines Standards für Verhaltensweisen sei. Diese statistische Häufigkeit werde dann umgedeutet zu einer ethischen Norm. In diesem Moment fielen dann faktische Häufigkeit und ethische Wünschbarkeit eines Verhaltens zusammen. Entsprechend werde eine Norm zerbrechen, wenn die faktischen Abweichungen zu häufig würden. Weise die Abweichung ihrerseits Regelhaftigkeit auf, so werde die vormalige Abweichung zur neuen Norm.

Es ist wahrscheinlich richtig - obgleich nicht durch systematische Forschung belegt - daß die Legitimität einer Norm sehr häufig aus dem faktischen Vorherrschen eines Verhaltens, also aus der Normalität im statistischen Sinne, abgeleitet wird.

Die heftige Kontroverse nach dem Erscheinen des KINSEY-Reports war dadurch motiviert. Selbst wenn die Ergebnisse der Untersuchung zuträfen - so argumentierten Gegner der Veröffentlichung - und selbst wenn es sich wirklich um wertfreie Forschung handele, so seien die Ergebnisse in ihrer Wirkung doch geeignet, massive Rückwirkungen auf die Normen und damit wiederum auf das Verhalten zu haben. Der KINSEY-Report zeigte nämlich, daß Normen wie die Erwartung vorehelicher Abstinenz zumindest bei Frauen, oder die Norm der ehelichen Treue, von einer Mehrzahl der Amerikaner nicht eingehalten wurden; nachdem nun die Abweichler durch die Veröffentlichung informiert worden seien, daß ihr Verhalten, wenn schon nicht ethisch, dann doch üblich sei, würden die Abweichungen noch zunehmen.

An diesem Beispiel wird ein wichtiger Mechanismus für die Geltung von Normen deutlich: Das Nichtwissen um Normabweichungen. Es mag befremden, wenn Nichtwissen als ein Aspekt eines Regelsystems dargestellt wird. Die Chance des Nichtwissens ist aber eine Funktion des Sozialsystems selbst. Darüber hinaus gibt es spezifische Mechanismen, um Normverstöße übersehen zu können ("Viktorianismus") oder als verständliche Einzelfälle gegenüber der Anwendung der Norm zu isolieren (vgl. auch HEINRICH POPITZ: Über die Präventivwirkung des Nichtwissens, 1968). Solche Konstrukte und Umstände machen es möglich, daß erhebliche und andauernde Abweichungen zwischen Normen und tatsächlichem Verhalten existieren können, ohne eine Legitimitätskrise der Normen zu provozieren.

Aus dem Nachweis eines zweifellos wichtigen Effekts, der Veränderung von Normen durch Häufung abweichenden Verhaltens, leitet M.SHERIF zu Unrecht einen immer gültigen Zusammenhang ab. Daß dies nicht zutreffen kann, dafür gibt es ausreichend Gegenbeispiele, etwa aus Normen für das Familienleben oder aus dem Geschäftsleben. Wahrscheinlich sind drei Faktoren von Bedeutung, wenn über lange Zeit hinweg und allgemein bekannt das häufigste und das normativ erwünschte Verhalten auseinanderfallen, ohne zur Zerstörung der Norm zu führen: (1) handelt es sich um eine für das Zusammenleben sehr wichtige Norm, die

(2) einen Systembezug zu anderen Normen hat und (3) das Abweichen hat nicht den Charakter des Aufbaus einer Gegennorm. Über die Umstände zu Aspekt (3), also die Bedingungen, unter denen eine Abweichung zur neuen Norm wird, ist durch systematische Forschung eigentlich nur der Vorgang belegt, der von SHERIF verallgemeinert wurde.

4.

In der Rezeption des Normenbegriffs in Europa pflegt Norm als Teil des Begriffspaars "Norm und Sanktion" erörtert zu werden. Die Gleichrangigkeit in der Behandlung beider Begriffe ist problematisch. Als ob eine Norm nur und insoweit existiere, wie Konformität durch Sanktionen erzwungen wird! Per Implikation wird hierbei Norm mit Recht und Sanktion mit Strafe gleichgesetzt. Entsprechend wird dann so argumentiert, als ob bei Verletzung der jeweiligen Norm automatisch die entsprechende Sanktion ausgelöst würde, so wie ein Richter bei schwerem Einbruch eine andere Strafe als bei Einbruchdiebstahl verhängt. Zu Ende geführt gilt dann die Auslösung der Sanktion als Operationalisierung für die Existenz von Normen - ein Verständnis, das durchaus bei DURKHEIM nahegelegt wird.

Wie vorher ausgeführt, hat "Norm" die primäre Funktion, Verhaltenssicherheit herzustellen. Die in der deutschen Rezeption vorherrschende Imagination, normgerechtes Verhalten bedeute die Anpassung an "fremde" Werte, ist schon deshalb unangemessen, weil soziales Handeln - und darüber hinaus ein großer Teil allen Verhaltens - auch ohne Sanktionen wertorientiert ist. Zumindest als kulturelle Universalie (d.i. ein in allen bekannten Kultursystemen beobachteter Sachverhalt) läßt sich feststellen, daß rein privatistische Werte vermieden werden - es sei denn, mit einer Position sei als standardisierte Erwartung die Ausbildung einer "Individualität" verbunden (Beispiel: der Ordinarius der "klassischen" deutschen Universität). Sanktionen scheinen dann hauptsächlich zwei Funktionen zu haben: (1) Für den einzelnen Akteur: Die Kanalisierung von Spontanei-

tät zugunsten einer Gleichförmigkeit von Verhalten entsprechend seiner Zugehörigkeit zu einer Sozialkategorie;
(2)Für ein Sozialsystem: Die Gegensteuerung gegen ein Auseinanderentwickeln von Regelmäßigkeiten des Verhaltens.
Die Anwendung einer Sanktion kann - entsprechend der Konzeption von DURKHEIM - dann als Aktualisierung von Maßstäben gegenüber einem bloßen Verhalten gedeutet werden.

Def.: Unter Sanktionen versteht man Kategorien von Handlungen, die geeignet sind, ein Verhalten auf eine Norm hin zu verändern.

Zunächst wurde der Begriff Sanktion allerdings eingeschränkter verstanden, eher in Analogie zur Strafe; in dieser Bedeutung ist er auch Teil des Sprachgebrauchs in der Politik geblieben. Man dachte dabei auch durchweg an massive Formen der Einwirkung, wie Verbannung, Ächtung, Einschließung, körperliche Strafen, formelle öffentliche Mißbilligung. Bereits in der Ethnologie wurden mildere Formen der Einwirkung, wie Auslachen oder aus-dem-Wege-gehen, ebenfalls als Sanktionen verstanden. Speziell in der sozialpsychologisch orientierten amerikanischen Soziologie der dreißiger bis frühen fünfziger Jahre wurde dann praktisch jedes Verhalten anderer, das von einem Akteur als eine Mißbilligung gedeutet werden mußte, als Sanktion bezeichnet. Sanktion wurde nicht mehr als eine Kategorie von Reaktion auf eine Abweichung aufgefaßt, sondern nur noch als einzelne Einwirkung. Und nach dieser doppelten Erweiterung des Begriffs lag es dann nahe, neben solchen Einwirkungen, die von einem Akteur als unangenehm empfunden werden, auch diejenigen Reaktionsweisen als Sanktionen zu bezeichnen, die als eine Ermutigung wirkten. Fortan wurde von vielen Autoren zwischen positiven und negativen Sanktionen unterschieden. Mit einer Ausnahme - nämlich der Beschränkung auf Kategorien von Verhalten - berücksichtigt die zu Anfang dieses Absatzes angeführte Definition diese Erweiterung des Begriffes.

Es ist sinnlos, eine solche Erweiterung als "falsch" gegenüber dem "eigentlichen" Verständnis von Sanktion zu qualifizieren; sinnvoll ist lediglich die Frage nach der Brauchbarkeit einer solchen Erweiterung. Das ist bisher nicht Gegenstand von Reflexionen gewesen, und dies wiederum ist wissenssoziologisch bedeutsam. Die Erweiterung des Sanktionsbegriffs spiegelt die Wandlungen wider, die sich als "progressive education" durchsetzten. Die massiveren Formen der Einwirkung wurden zugunsten von Techniken abgebaut, die aus unfreundlicher Perspektive als manipulativ gekennzeichnet werden können. Erziehung als Technologie wurde verstanden als eine kombinierte Verwendung positiver und negativer Einwirkungen, wobei das Ziel vor allem durch das Herbeiführen einer Übereinstimmung von erwünschtem Verhalten mit positiven Gefühlen erreicht werden sollte; nur als Ausnahme sollte Konditionierung durch Verbindung eines unerwünschten Verhaltens mit negativen Gefühlen erfolgen. (Ohne engere Beziehung zur "progressive education" wurde gleichzeitig in der Lernpsychologie die "stimulus-response"-Richtung ausgebildet, die weitgehend mit der Konditionierung durch negative Sanktionen arbeitete - allerdings bei Ratten und Meerschweinchen). Nebeneffekt und zugleich Voraussetzung für die Wirksamkeit dieser Konditionierung ist die Ausbildung hoher Sensibilität in interpersonellen Beziehungen. Ist ein Kind der amerikanischen Mittel- und Ober-Mittelschicht erfolgreich sensibilisiert worden, dann haben mildere und indirektere Formen der Einwirkung die gleiche Wucht, wie etwa bei Kindern aus Unterschichten schwere körperliche Strafen.

Für eine Erweiterung des Sanktionenbegriffs - das sollte durch diesen Exkurs deutlich werden - spricht die Tatsache, daß die gleichen Verhaltensweisen in verschiedenen kulturellen Zusammenhängen durchaus unterschiedlich wirken - und umgekehrt, daß unterschiedliche Einwirkungen in verschiedenen Kulturen gleiche Wirkungen haben. Besteht eine hohe interpersonelle Sensibilisierung, so kann eine lediglich kühle Reaktion auf einen Akteur diesen ebenso schwer treffen, wie in einer anderen Kultur grobe Schimpfworte, die ihm beim Gang durch Dorfstraßen nachgerufen werden. Massive Sanktionen, die in vorindustriellen Sozialsystemen voll akzeptiert sind, kommen in modernen

Industriegesellschaften überhaupt nicht mehr vor. "Scarlet letters" für Ehebrecherinnen oder erzwungene Büßerkleidungen oder das Abschneiden von Ohren oder Händen oder Pranger oder Jahre der erzwungenen Fronarbeit sind aber vernünftigerweise nicht mehr als grobes Äquivalent für differenziertere Techniken der Verhaltenssteuerung wie Abbrechen von Freundschaft, Entlassung, Scheidung zu deuten; sie sind eine andere Sache. Gewiß mag heute ein Nachbar unter der Kühle seiner Mitmenschen so stark leiden, daß er krank wird; Verstoßung aus einer Dorfgemeinschaft - sowohl im Germanien des Tacitus wie auch in der Frühzeit der USA eine als normal angesehene Form der Sanktion - war jedoch ungeachtet der verschiedenen Sensibilität von Akteuren in jedem Fall zunächst einmal eine existenzzerstörende Sanktion. Es gibt mithin Gründe, Sanktionen zwar kulturspezifisch zu deuten, aber im Kulturvergleich die Spannweite von Sanktionen als eine wichtige Variable zu berücksichtigen. Für moderne Sozialsysteme scheint aus solchen Vergleichen zu folgen, daß der Sanktionsbegriff noch in einer weiteren Hinsicht überdacht werden muß.

In der "klassischen" Auffassung von Norm und Sanktion löst ein von der Norm abweichendes Verhalten die Sanktion aus. Dauer und Schwere der Sanktion bestimmen sich nach der Stärke der Affekte, die durch die Abweichung provoziert werden und zusätzlich aufgrund der kulturspezifischen Standards dafür, welche Mittel zur Unterdrückung der Abweichung notwendig waren. Zum Teil ist auch bei uns das Strafrecht so konstruiert: Für Arten von Rechtsverletzungen gibt es "Tarife", die in sich wieder danach gestaffelt sind, ob es sich um einen hartnäckigen Rechtsbrecher handelt oder nicht. Sanktionen als Mittel, um den Frevel der Normverletzung zu sühnen (d.i. Strafe als Rache wie bei DURKHEIM), und als Mittel der Verhaltensunterdrückung: das ist jedoch auch in anderen Gesellschaften nicht der Normalfall - zumindest dann nicht, wenn der Sanktionsbegriff weit gefaßt wird. Die "klassische" Vorstellung ist nur dann in etwa haltbar, wenn ein "klassischer" Sanktionsbegriff verwandt wird, nicht jedoch bei Übernahme des durch die amerikanische Sozialpsychologie geprägten heutigen Sanktionsbegriffs.

An dieser Stelle sei vorgeschlagen, den weiteren Sanktionsbegriff zu verwenden - zum Teil einfach deshalb, weil sonst vom heutigen Sprachgebrauch in der Literatur zu weit abgewichen würde. Dann ist es jedoch zweckmäßig, den Sanktionsbegriff nun nicht weiter zu individualisieren im Sinne von Erziehungsmaßnahmen, sondern als Kategorie von Handlungen für Kategorien von Abweichungen zu verstehen. Mit einer solchen teilweisen Einengung wird es möglich, die Sanktionen selbst als einen Spezialfall von sozialer Norm zu verstehen. Entsprechend kann dann unterschieden werden nach <u>legitimen</u> (d.i. den Normen für Sanktionen entsprechenden) und <u>illegitimen</u> <u>Sanktionen</u>.

Das ist eine nützliche Unterscheidung zur Analyse von Gruppenkonflikten und sozialem Wandel. Teilweise ist heute nicht nur umstritten, welche Norm gelten soll, sondern auch, welche Sanktionen gegenüber der Normenverletzung noch legitim seien. (Gruppe 1: unser Verhalten ist richtig und Sanktionen sind damit illegitim; Gruppe 2: das war falsches Verhalten, aber die Art der Sanktion war illegitim; Gruppe 3: das Verhalten war falsch und erforderte die Sanktion). Wahrscheinlich erfolgt Wandel in den Normen - wenn es sich nicht um Überschichtungsvorgänge handelt - auch durch die Umdeutung einer bisher als Sanktion für einen Typ von Normabweichung akzeptierten Reaktion zu einer nun illegitimen Sanktion.

Eine letzte Komplikation ist notwendig, um ein für Wandlungsvorgänge in modernen Gesellschaften ausreichend differenziertes Instrumentarium zu gewinnen. "...Die Norm selbst ist die Mitte innerhalb einer Spannweite von Verhaltensweisen. Wenn wir sagen, daß jemand die Norm verletzt hat, dann drücken wir aus, daß sein Verhalten einen Schwellenwert als Grenze der normativ geregelten Verhaltensbreite überschritten hat" (STANTON WHEELER: "Deviant Behavior", in: N.J.SMELSER (Hg.), Sociology,New York 1967, S.606). Dieser Umdeutung der Norm von der Vorstellung eines einheitlichen Verhaltens bzw. einer spezialisierten Erwartung zu einem innerhalb tolerierter Spannbreiten variierenden Verhalten ist nun noch eine analoge Umdeutung von Sanktion hinzuzufügen. Sanktionen können damit verstanden werden als standardisierte Kosten, die einem Verhalten auferlegt werden. Sanktionen werden eben nicht durchweg so sehr gesteigert, bis die betreffende Normabweichung aufgegeben wird; Normabweichung wird aber so unangenehm gemacht, daß sie Ausnahme bleibt.

Am Beispiel der Norm, Gott zu verehren, soll die Nützlichkeit dieser Fassung der Begrifflichkeit für Normen und Sanktionen aufgezeigt werden. Während der klerikalen Kontrolle des Alltags im hohen Mittelalter war nicht lediglich der Glaube an Gott die Norm, sondern auch eine hoch spezifische Festlegung des Inhaltes und Ausdrucks für diesen Glauben; hier war die mit der Norm vereinbare Breite von Verhalten auf quasi einen Punkt hin eingeengt. Zur Zeit des ausgehenden 18. Jahrhunderts war ein Bekenntnis zum Atheismus abweichendes Verhalten, aber die Breite der Vorstellungen und der damit verbundenen Verhaltensweisen, die alle mit der verbleibenden Norm des Gottesglaubens vereinbar waren, hatte sich im Gefolge der Reformation dramatisch erweitert - bis hin zu einem vagen Pantheismus, für den ergriffenes Spazierengehen in der Natur ein Äquivalent für den Besuch der Messe war. Auch heute noch ist Gottesglauben die Norm und zugleich das häufigste Verhalten (vgl. "Was glauben die Deutschen", München 1969), aber die Inhalte sind fast nur noch negativ als Zurückweisung des Unglaubens definiert. Diesen Veränderungen in der Breite der mit der Norm noch vereinbaren Verhaltensweisen entsprach ein Wandel in den Sanktionen. Mit zunehmender Breite der normativ noch akzeptierten Verhaltensweisen wurden immer weitere Sanktionen für illegitim erklärt: Von der Verbrennung eines Ketzers, der eine andere als die legitime Form des Gottesdienstes praktizierte, über soziale Mißachtung für die Nichtbesucher des Gottesdienstes, bis heute zu milden Formen der Fremdheit gegenüber missionierenden Atheisten. Ein für das Sozialsystem sehr entscheidender sozialer Wandel vollzog sich hier ohne den Aufbau einer Gegennorm und ohne eine Dauer-Anomie.

Die differenzierte Begrifflichkeit für Norm und Sanktion vermag das nachzuzeichnen, die "klassische" Konzeption, wie auch die Konzeption der amerikanischen Sozialpsychologie, könnten dies nicht. All dies wäre weiter differenzierbar, wenn noch nach unterschiedlichen Normen für verschiedene soziale Gruppen getrennt würde. Änderungen in der Familie der europäischen Gesellschaften wären ein Erklärungsobjekt, und Änderungen der Staatsauffassungen wären ein weiteres, an denen mit diesem Instrumentarium sozialer Wandel als systemimmanenter Konflikt nachgezeichnet werden könnte.

3.Abweichendes Verhalten

Nicht nur die Existenz von Normen ist eines der wenigen kulturellen Universalien, sondern auch die Abweichung von den Normen der jeweiligen Kultur. Für hochdifferenzierte Gesellschaften mit einem expliziten Rechtssystem, das sich nicht deckt mit dem System der sozialen Normen, ergeben sich bei der begrifflichen Erfassung dieses Sachverhalts Probleme, die sich für einfache Gesellschaften nicht stellen. Die Verletzung von Rechtssätzen mag Kriminalität genannt werden - aber wie soll eine Verletzung von Normen bezeichnet werden, die nicht in die Rechtsordnung aufgenommen wurden? Wenn das System der Rechtssätze und das System der sozialen Normen zwei verschiedene Systeme sind, die bei aller Überdeckung doch einen unterschiedlichen Charakter als Regelungssysteme haben, dann werden eben zwei Bezeichnungen benötigt. "Abweichendes Verhalten" (deviance) ist die Bezeichnung, die heute allgemein in den Sozialwissenschaften für Abweichungen von sozialen Normen benutzt wird.

Das Schema (siehe nächste Seite) läßt anschaulich werden, wo Sanktionen als öffentliche Angelegenheit verstanden und meist auch durchgesetzt werden. Unterstützen sich jedoch die beiden Systeme nicht gegenseitig, so wird Ordnung prekär (z.B."Kavaliersdelikte").

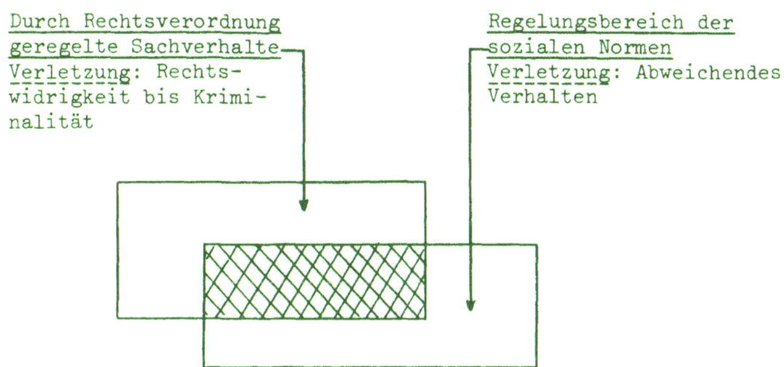

Dies ist eine Definition, die als repräsentativ für das Verständnis von abweichendem Verhalten angesehen werden kann (H. HIMMELWEIT: Deviant Behavior, in: J. GOULD und WILLIAM KOLB (Hg.), A Dictionary of the Social Sciences, Glencoe 1964, S.196):

Def.: Abweichend ist solches Verhalten, das den Standards nicht entspricht, die innerhalb einer Gruppe oder eines Systems sozial oder kulturell akzeptiert sind.

Die Literatur zum abweichenden Verhalten ist zum größten Teil der Versuch einer Erklärung des Entstehens von Abweichung; die Funktionen bzw. Dysfunktionen abweichenden Verhaltens innerhalb eines Sozialsystems werden seltener zum Thema. Die erhebliche Zahl von Theorien, mit denen das Entstehen abweichenden Verhaltens erklärt werden soll, lassen sich im wesentlichen zwei Perspektiven zuordnen: (1) Theorien, welche die Ursache für Abweichung beim einzelnen Individuum sehen (bioanthropologische Theorien, vgl. z.B. die These von der "Veranlagung zur Kriminalität"; psychodynamische Theorien, vgl. z.B. Angst- oder Aggressionstheorien in der FREUD'schen Argumentation); (2) Theorien, welche die Ursachen abweichenden

Verhaltens in "gesellschaftlichen Gegebenheiten" sehen: Die Menschen werden durch ihre Umwelt in unterschiedlichem Maße zu abweichendem Verhalten angeregt oder sogar gezwungen.

In letzterem Sinne hat EMILE DURKHEIM schon früh von "Anomie" gesprochen. Andere Autoren gehen davon aus, daß Individuen durch die Zugehörigkeit bzw. "Nähe" zu bestimmten gesellschaftlichen Subgruppen abweichendes Verhalten erlernen und übernehmen (siehe die Überlegungen zu "gefährdeten" Kindern in Problem-Wohngebieten, Slums). Die Subkultur eines Slums mag Regeln ausbilden, welche denen der dominanten Kultur widersprechen; eine Person, die den Regeln des Slums angepaßt ist, wird "abweichend", gerade weil sie angepaßt ist. Gegen die meisten dieser Erklärungsversuche läßt sich einwenden, daß sie jeweils ein Teilphänomen als Erklärungsfaktor verabsolutieren. Selbstverständlich ist zu beobachten, daß es milieugeschädigte Jugendliche gibt, daß es Lernprozesse und Sozialisation in abweichende Gruppen gibt, daß es soziale Zwänge gibt, die ein - gemessen an bisher gültigen Normen - abweichendes Verhalten bedingen bzw. dieses für den Betroffenen "ökonomischer" erscheinen lassen. Doch dies sind eher Randphänomene.

Im Rahmen soziologischer Ansätze existieren hauptsächlich zwei Denkrichtungen, die Ausgangspunkte einer generellen Theorie abweichenden Verhaltens sein könnten. Dies ist zum einen die Richtung, die dem Denkansatz DURKHEIMs verpflichtet ist, und zum anderen die Richtung der "Chicago-Schule".

DURKHEIM ging davon aus, daß Variationen im abweichenden Verhalten in und zwischen Gesellschaften von der sozialen Struktur abhängen. Das Funktionieren des Systems sah er vom Grad der sozialen Integration abhängig. Solange den gesellschaftlichen Zielen entsprechende Mittel zur Realisierung gegenüberstünden, funktioniere das System. Treten hier jedoch gravierende Diskrepanzen auf, so führen sie nach DURKHEIM zur "Anomie", einem Zustand des Zerfalls bestehender Werte, Ordnungen und Orientierungsmöglichkeiten. Dieser Grundgedanke

DURKHEIMs wurde von ROBERT MERTON weiter ausgeführt. MERTON postuliert, daß sowohl die Ziele wie die Mittel für sich getrennt variabel sind, und daß eine fehlende Verbindung zwischen Zielen und adäquaten Mitteln zu Spannung und Anomie führt. Nach MERTON läßt sich nun eine Systematik der Reaktion auf solche Spannungen entwickeln, welche logisch für die Ziele und Mittel jeweils ein Akzeptieren oder ein Zurückweisen bedeuten kann. Dies läßt sich in folgendem Schema darstellen: (vgl. R.K.MERTON, Social Theory and Social Structure, Glencoe 1961, S.140):

Typologie der Arten individueller Anpassung:

Arten der Anpassung	kulturelle Ziele	institutionalisierte Mittel
1. Konformität	+	+
2. Innovation	+	-
3. Ritualismus	-	+
4. Desinteresse (Rückzug)	-	-
5. Rebellion	±	±

In der Kombination der Alternativen kommt MERTON zu folgender "Typenbildung": Werden die vorgegebenen kulturellen Ziele und die zu ihrer Erreichung institutionalisierten Mittel akzeptiert, so ist als Rollenverhalten in spezifischen Situationen "Konformität" zu erwarten; werden die konventionellen Mittel abgelehnt, trotzdem die Ziele noch bejaht werden, so ist ein "innovatorisches" Rollenverhalten wahrscheinlich. Auch bei der Ablehnung existierender kultureller Ziele sind zwei Verhaltensweisen denkbar: Werden "aus Tradition" noch die entsprechenden institutionalisierten Mittel eingesetzt, dann ist "Ritualismus" als Art der Anpassung zu erwarten, d.h., daß diese Mittel noch "ohne innere Überzeugung" angewandt werden. Ein Ablehnen sowohl der Ziele wie der Mittel hat "generelles Desinteresse" und Rückzug aus den sonst noch geltenden Bezügen zur Folge. Schließlich ist auch noch der fünfte, "gemischte" Fall denkbar, bei dem Ambivalenz gegenüber Zielen wie Mitteln vorherrscht. Hierbei sieht MERTON als Konsequenz die Reaktion der "Rebellion".

Im Gegensatz zu dieser Denkrichtung wird von der "Chicago-Schule" die Abweichung als kulturell bestimmte Verhaltensweise eigener Art, als "Subkultur", verstanden. Als eine der grundlegenden ersten Arbeiten in dieser Richtung ist die Studie von FREDERICK M. THRASHER, The Gang (2.Aufl. Chicago 1936, zuerst 1927), anzusehen. In dieser Tradition wurde besonders der sozial-psychologische Prozeß der Sozialisation in abweichende kulturelle Verhaltensmuster untersucht. "Abweichendes Verhalten" ist diesem Denkansatz entsprechend eine soziale Rolle, die "gelernt" wird. Generell betont die Chicago-Richtung die graduelle Entwicklung des abweichenden Verhaltens in einem ausgedehnten "Lern"- und Interaktionsprozeß (siehe z.B. JAMES F. SHORT, Jr. und FRED STRODTBECK, Group Process and Gang Delinquency, Chicago 1965).

Der umfassendste Versuch einer Konzeptualisierung "abweichenden Verhaltens", der bisher vorgelegt wurde, stammt von TALCOTT PARSONS; dieser Versuch integriert zudem die Theorie des abweichenden Verhaltens in eine generellere Theorie sozialer Systeme. PARSONS geht davon aus, daß der Handelnde in einem grundlegenden Zwiespalt steht gegenüber der geltenden Norm: in seinem Verhalten wird entweder das Bedürfnis nach Konformität oder nach Abweichung dominieren. Das Verhalten kann auf Aktivität oder Passivität hin angelegt sein, und schließlich kann es noch gegen konkrete Interaktionspartner oder gegen die abstrakte Norm selbst gerichtet sein. Die Typologie abweichenden Verhaltens nach PARSONS ist von diesen drei Alternativen bestimmt (s. TALCOTT PARSONS, The Social System, Glencoe 1951, S.259; siehe auch F. SACK, Abweichendes Verhalten, in: WILHELM BERNSDORF (Hg.), Wörterbuch der Soziologie, Bd.1, Fischer TB. 6131, Frankfurt 1973, S.16):

	Aktivität		Passivität	
Akzent auf:	sozialen Objekten	Normen	sozialen Objekten	Normen
Dominanz des Bedürfnisses nach Konformität	zwanghaftes normgerechtes Handeln		zwanghafte Fügsamkeit	
	Beherrschung der Interaktionspartner	gewaltsames Durchsetzen der Normen	Unterwerfung unter Interaktionspartner	pedantische Beachtung der Normen
Dominanz des Bedürfnisses nach Abweichung	Rebellion		Rückzug	
	Aggression gegen Interaktionspartner	Normverletzung	zwanghafte Unabhängigkeit	Ausweichen vor den Normen

Bei PARSONS lassen sich, teils implizit, auch einige Hinweise über Ursachen bzw. über die "wahrscheinlichsten" Formen abweichenden Verhaltens finden. Geht man von der analytischen Trennung von personalem, sozialem und kulturellem System aus, wie PARSONS es tut, so können Spannungen zwischen diesen drei Ebenen "geortet" und analysiert werden;diese gesellschaftlichen Spannungen können dann zum abweichenden Verhalten führen. PARSONS geht davon aus, daß gerade diejenigen Formen besonders häufig sind, bei denen ein "Weg des geringsten Widerstandes" möglich ist. Diesen sieht er einmal bei solchem Verhalten als gegeben, bei dem der Betreffende nur das normative Bezugsfeld wechselt (z.B. der Kranke "tauscht" die Zwänge des Alltags gegen das neue Erwartungsmuster des "fügsamen Patienten" ein; der Neuling in einer spezifischen Subkultur hat durch die hier spezifischen Bezüge neue Orientierungsmuster). Zum zweiten sieht PARSONS in heutigen, universalistisch ("pluralistisch") angelegten Gesellschaften eine größere Chance für solche Formen abweichenden Verhaltens, die keine Einzelaktivitäten sind, sondern die sich schon als Unterfall eines wenigstens gruppenspezifisch "üblichen" Musters darstellen.

Diese Deutung typischer Formen abweichenden Verhaltens in modernen Gesellschaften erscheint plausibel. Es dürfte zutreffen, daß abweichendes Verhalten in modernen Gesellschaften in vielen Bereichen anders behandelt wird als in Gesellschaftsformen mit geringerem Pluralitätscharakter, und daher in unterschiedlichem Maße zur Abweichung "einladende" Situationen bestehen. Es gibt Belege dafür, daß sich in heutigen Gesellschaften zunehmend häufiger Lebenslagen finden lassen, bei denen verschiedene Existenzformen mehr oder weniger "gleichberechtigt" nebeneinander existieren, wobei jede von der jeweils anderen relativ abweicht, ohne daß dies unbedingt Zwänge der Rückanpassung oder Neuanpassung an einen neuen, konkreten gemeinsamen Nenner auslöst.

Große Beachtung hat in den letzten Jahren die Etiketten-Theorie (labeling approach) des abweichenden Verhaltens gefunden. Die Ansätze gehen zurück bis in die späten dreißiger Jahre (FRANK TANNENBAUM: Crime and the Community, New York 1938), aber als Begründer im eigentlichen Sinne gilt meist HOWARD S. BECKER Jr. (Outsiders - Studies in the Sociology of Deviance, New York 1963). BECKER formulierte: "Abweichend ist jemand, dem mit Erfolg ein solches Etikett angehangen wurde; abweichendes Verhalten ist solches Verhalten, das als abweichend etikettiert wird." Dazu wäre zunächst zu sagen: Na und? Auch sonst wird Verhalten etikettiert, und zwar entsprechend den als gültig akzeptierten Normen. Ginge es wirklich um abweichendes Verhalten, so könnte von hier aus die Etikettentheorie als aufgeregte Formulierung einer Banalität vergessen werden. Bei dieser Theorie wird zwar "abweichend" gesagt, jedoch "Kriminalität" gemeint. Und jetzt ist im Sinne der sozialen Bedeutsamkeit die Aussage von BECKER keine Banalität mehr. Kriminalität wird ja als schuldhaftes Verhalten verstanden, und zwar schuldhaft aufgrund des Charakters der Handlung. Die Etikettentheorie sagt nun, daß nicht die Handlung, sondern die Benennung sie zur kriminellen Handlung mache. "Kriminell" sei ein Verhaltensmuster, wenn es so etikettiert werde, und mit der Etikettierung eines Verhaltens als kriminell bewirke man beim Täter, daß er erst jetzt sich auch als Krimineller verstehe; erst durch die Etikettierung wurde er "kriminalisiert".

In der Ausführung bedienen sich dann die Anhänger der Etikettierungstheorie der Figuren des "symbolischen Interaktionismus" (siehe hierzu Kapitel 9,Abschnitt 4). Dies scheint uns jedoch gegenüber den einfachen Grundannahmen als Beiwerk, das an der Problematik des Ansatzes nichts ändert. Problem 1: Der Täter wird als lediglich passiv gesehen; er wird, was ihm vom zugeordneten Etikett suggeriert wird. Insbesondere dann, wenn Rechtssätze und soziale Normen voneinander abweichen, ist zudem die Prägekraft von Etiketten geringer. Problem 2: Selbstverständlich ist nicht identisch, was in verschiedenen Sozialsystemen als kriminell gilt! Selbstmord ist mal verboten, mal eine unter Umständen gebotene Tat. Aus der Variation von Rechtsnormen folgt aber doch nicht, daß sie nach Belieben variieren.Damit reduzierte sich die im Ansatz polemische Etikettierungstheorie auf den Vorwurf, daß die Etiketten für Handlungen nicht zwingend aus dem Akt als solchem, sondern aus der Bewertung des Aktes in einem gegebenen Sozialsystem folgten. So ist es. Offensichtlich ist für die Fans der Gegenkultur - wie HOWARD S. BECKER Jr. - die Tatsache der Gesellschaft schon sehr ärgerlich.

Bei einer "dynamischen" Analyse abweichenden Verhaltens ist nun nicht nur zu untersuchen, welche Ursachen zu bestimmten Formen abweichenden Verhaltens führen, sondern auch, welche Wirkungen für das Sozialsystem vom abweichenden Verhalten ausgehen. Bisher konnte es den Anschein haben, daß unter abweichendem Verhalten ausschließlich solches Verhalten zu verstehen ist, das für die Gesellschaft "schädlich" sei. Jedoch die Tatsache, daß z.B. in dem Konzept ROBERT MERTONs auch der Begriff der Innovation Platz gefunden hat, sollte eine solche Sicht revidieren helfen. An diesem Beispiel wird deutlich: Neben Überlegungen zu den Dysfunktionen lassen sich sehr wohl auch Überlegungen bezüglich der Funktionen abweichenden Verhaltens anstellen. So kann das abweichende Verhalten der Anpassung an bestimmte Individuen und an gewandelte "Sachzwänge" dienen, es kann Spannungen zwischen den verschiedenen Handlungssystemen mildern, und es kann schließlich auch den sozialen Wandel (Innovation!)vorbereiten. Im Sinne der Argumentation DURKHEIMs schließlich kann es dazu führen, daß der Zustand der Anomie überwunden wird, und das Gesellschaftssystem zu einem neuen, ausgewogenen Gleichgewichtszustand sozialer Integration hin transformiert werden kann.

9. Soziales Handeln und Interaktion

1. Elementare Einheiten des Verhaltens als Grundkategorien

1.

Unter den verschiedenen Ansätzen, eine allgemeine Soziologie von einem elementaren Phänomen oder einem grundlegenden Begriff her zu entwickeln - z.B. Gruppe oder Rolle -, haben in der theoretischen Literatur des 20. Jahrhunderts solche Ansätze ein besonderes Interesse gefunden, die eine elementare Einheit des Verhaltens zur Grundlage machten. Das war theoriegeschichtlich zunächst die Kategorie "soziale Beziehung", dann die Konzeption des "sozialen Handelns" und schließlich die irgendwo zwischen diesen beiden erwähnten Ansätzen anzusiedelnden Vorstellungen über "Interaktion" als Einheit der Analyse. In zwei Fällen wurde eine systematische Theorie entwickelt: Aufbauend auf den essayistischen Anregungen GEORG SIMMELs konstruierte LEOPOLD von WIESE seine Beziehungslehre (System der allgemeinen Soziologie, 2.Aufl.,München 1933); und ausgehend von Theoriefragmenten MAX WEBERs entwickelte TALCOTT PARSONS einen wesentlichen Teil seines Werkes, die allgemeine Theorie des Handelns (T.PARSONS und E.A.SHILS: Toward a General Theory of Action, Cambridge 1954). Eine solch eindeutige Systematisierung haben die verschiedenen Interaktionstheorien noch nicht gefunden, trotz einiger zum Zeitpunkt ihres Erscheinens sehr beachteter Bücher von PETER M.BLAU (Exchange and Power in Social Life, 1964) und von GEORGE C.HOMANS (Social Behavior, New York 1961; bzw. Elementarformen sozialen Verhaltens, N.Y.1968).

So bedeutsam diese Ansätze für die Theoriediskussion in der Soziologie wurden, für die Anwendung der Soziologie auf verschiedene Lebensbereiche und die alltäglichen Diskurse zwischen hauptberuflichen Soziologen sind sie weniger wichtig, als die in den bisherigen Kapiteln erörterten Begrifflichkeiten. Diese Aussage dürfte zunächst viele Soziologen befremden, denn im Selbstverständnis insbesondere der von der amerikanischen Soziologie beeinflußten Soziologen sind diese Werke der reinste Ausdruck des Bemühens um eine allgemeine Theorie. Dies trifft zu, und entsprechend hatten und haben diese Ansätze für die wahrscheinliche Weiterentwicklung des Faches einen hohen Stellenwert. Hier kann jedoch nicht mehr als ein erstes Problemverständnis vermittelt werden; eine breite Erörterung würde den Rahmen dieser Grundlegung sprengen.

Den verschiedenen hier anschließend zu erwähnenden Ansätzen ist gemeinsam, daß die Grundeinheiten als Prozesse, als Verläufe verstanden werden. Und da in allen Fällen als Theorie eine "allgemeine Soziologie" gemeint ist, wird die jeweilige Grundeinheit als von Raum-und-Zeit-Koordinaten abgehoben definiert. Dies ist für eine solche Art von Theorie notwendig. Es ist auch weniger die mehr oder weniger große Folgerichtigkeit, mit der die Ansätze ausgeführt werden, welche sie zum Gegenstand von Kontroversen werden läßt. Fraglich ist in erster Linie, welchen Erklärungswert eine von Raum-und-Zeit-Koordinaten abhebende Soziologie dann hat, wenn sie nicht als Selbstzweck konstruiert ist. Vielleicht ist es kennzeichnend für das Objekt der Soziologie, daß allgemein wirkende Faktoren dennoch erst in spezifischer Kombination innerhalb eines besonderen Kontextes irgendetwas mit nennenswerter Stärke zu erklären geeignet sind. Sollte dies zutreffen, dann bestünde die Bedeutung solch hoch abstrakter und formalisierter "reiner Soziologie" vor allem darin, Werkzeuge für die besonderen Soziologien zu liefern und nicht so sehr darin, Theorie mit inhaltlichen Sätzen zu sein.

2.

Die <u>Beziehungslehre</u> von LEOPOLD von WIESE scheint gegenwärtig nur noch von dogmengeschichtlicher Bedeutung zu sein. Versuche, sie in umformulierter Fassung für das Fach insgesamt verständlicher werden zu lassen - der wichtigste Versuch ist der

von HOWARD S.BECKER gewesen -, schlugen fehl. Und doch handelt es sich um den bisher systematischsten Entwurf einer allgemeinen Soziologie, ungleich systematischer als der von TALCOTT PARSONS - allerdings auch ungleich inhaltsleerer.
Die Beziehungslehre von WIESEs geht wesentlich auf Anregungen SIMMELs zurück (das teilweise andere Selbstverständnis von WIESEs ändert daran nichts). GEORG SIMMEL wollte eine "reine Soziologie" begründen, deren Objekt die Formen - und eben nicht die Inhalte - der Vergesellschaftung seien (vgl. seine "Soziologie", 1908). Formen der Vergesellschaftung werden rückführbar auf die Art der Beziehungen zwischen konkreten Personen. Ein Beispiel ist SIMMELs Verständnis der "Rolle" des Fremden als durch eine Balance zwischen Nähe und Ferne zu seinen Interaktionspartnern gekennzeichnet. SIMMEL betont, daß das Formale eine eigene Wirkkraft im Zusammenleben habe; so soll - ungeachtet der Kultur oder der Art der Beteiligten - die bloße Zahl der Gruppenmitglieder einen bestimmenden Einfluß auf die Gruppenverläufe haben.
Von WIESE versteht als Grundeinheit seiner Analyse die Art der Beziehung zwischen konkreten Personen; es geht wohlgemerkt nicht um die Personen und deren Eigenschaften, sondern alleine um die Beziehungen zwischen ihnen. Es wird in den Darstellungen von WIESEs gegenüber seiner breit ausgeführten Morphologie von Formen der Beziehung nicht ausreichend deutlich, daß er die Beziehungen einmal nach ihrer Richtung und dann nach der Distanz zwischen den Partnern kennzeichnet. Dabei hat die Eigenschaft "Richtung" den Vorrang.

Übersicht über das Kategoriensystem von WIESEs

Prozesse 1. Ordnung (= unmittelbare Beziehungen zw. Personen

A-Prozesse (Zueinander)	B-Prozesse (Auseinander)	M-Prozesse (Mischprozesse)
Annäherung	Opposition	Primäre M-Prozesse
Anpassung	Lockerung	= Konkurrenz
Angleichung	Abhebung	
Vereinigung	Konflikt	Sekundäre M-Prozesse
	Lösung	= Dreiecksbeziehung
	Isolierung	

Von WIESE hätte an einer solchen tabellarischen Darstellung sicherlich keinen Gefallen gefunden, da er mit seinem Begriffsapparat eher Komplexität abbilden, als strukturelle Vereinfachung leisten wollte. Es wird in dieser - übrigens gegenüber der Neigung von WIESEs, mit immer feineren Unterteilungen zu arbeiten, durchaus vereinfachten - Darstellung aber das an sich einfache Ordnungsprinzip deutlich: Zunächst wird nach Richtung der Beziehung unterschieden und dann innerhalb einer Richtung nach den Intimitätsstufen der Assoziationen.

"Prozesse 2. Ordnung" heißen dann Vorgänge in und zwischen Gebilden. "Soziale Gebilde sind Anhäufungen von sich - bisweilen milliardenfach - wiederholenden sozialen Prozessen", ist die Behauptung, mit der von WIESE die Eignung von Prozessen 1. Ordnung für eine Analyse von Sozialsystemen begründet ("Die Grundgedanken der Lehre von den sozialen Prozessen und sozialen Gebilden",in: Aus der Werkstatt des Sozialforschers, Frankfurt 1948, S.13). Diese reduktionistische Grundhaltung teilt von WIESE mit SIMMEL bei der Erklärung von Gebilden. Bei der Untersuchung konkreter Verläufe berief sich von WIESE jedoch auf seine "Analyseformel": P = H : S, die eine Art Kontextanalyse ausdrückt. Das soll im Klartext bedeuten, ein sozialer Prozess (P) sei die Folge von Haltung (H; d.i. "die nach außen wirkende Artung der beteiligten Personen") und Situation (S; "die von außen auf den Menschen einwirkenden Kräfte").
Die Problematik einer solchen "formalen Soziologie" - die von SIMMEL für die Formenlehre der Gesellungen bevorzugte Wendung - ist nicht nur ihre offensichtliche inhaltliche Unbestimmtheit. Das teilt dieser Ansatz auch mit Begriffssystemen wie dem von PARSONS. Nur ist bei von WIESE noch unklarer, nach welchen Regeln oder Kategorien ein konkreter Sachverhalt oder Vorgang den Kategorien des Begriffssystems zuzuordnen wäre. "Soziometrie" könnte als eine Operationalisierung der Prozesse 1. Ordnung verstanden werden, aber von WIESE war aus nicht nachvollziehbaren Gründen ambivalent gegen Quantifizierung, ja gegen klare Definitionen. Darüber hinaus behauptet der Vater der Soziometrie, JACOB L.MORENO, er könne seine Messung

zu einer Strukturbeschreibung der Weltgesellschaft aggregieren (vgl. "Who Shall Survive?",Washington 1934), also auch die Prozesse 2. Ordnung von WIESEs abbilden. Allerdings kann nur ein Reduktionist glauben, daß auf diese Weise, also durch einfaches Aggregieren von Mikroprozessen, eine Strukturanalyse möglich wird. Attraktiv war an dem Entwurf von WIESEs die Hinführung zur unmittelbaren Beobachtung von Prozessen zwischen Einzelpersonen, aber es blieb unklar, wie von dort fortzuschreiten war zu einer Analyse höherer Ordnung.

Das System von WIESEs wurde zunächst gegen Ende der zwanziger Jahre in Deutschland und dann in den dreißiger Jahren in den USA sehr ernst genommen. Damals sprach man in Deutschland jedenfalls mehr über von WIESE als von MAX WEBER. Und an sich besaß dieses Begriffssystem eine wichtige Voraussetzung für ein Überleben als Lehrstoff: Wie die 12 Kategorien von ROBERT BALES läßt sich das Schema gut auswendig lernen. Dem wirkte allerdings von WIESE selbst kräftig entgegen, indem er möglichst komplexe Beschreibungen propagierte. Von WIESE mag dies zwar nicht akzeptiert haben, aber in Kombination mit der von ihm überaus geschätzten "Analyseformel" eignet sich das Schema als Form der Inhaltsanalyse von Belletristik. Es ist wahrscheinlich, daß die Zeitumstände mitverantwortlich für das weitgehende Verblassen des Systems gewesen sind. Eine Erinnerung daran mag geeignet sein, die Bedeutung formaler Aspekte von Gesellung stärker zu akzentuieren, als dies gegenwärtig geschieht.

Die "Beziehung" als Grundeinheit bei von WIESE eignete sich für eine formale Soziologie, die auf morphologische Aussagen zielte. Dem lag die Annahme zugrunde, daß abstrakte Gesellungsprinzipien hinter aller manifesten Verschiedenheit der konkreten Erscheinungen die Qualität des Sozialen begründen - gewissermaßen architektonische Grundfiguren, mit denen sich die unterschiedlichsten Gebäude konstruieren ließen. Zum Zeitpunkt eines Vorherrschens des Evolutionismus - man vergleiche nur das etwa gleichzeitig formulierte, von TÖNNIES evolutionistisch gemeinte Gegensatzpaar "Gemeinschaft - Gesellschaft" oder die Reihe SUMNERs "from folkways to stateways" - hatte eine formale Soziologie noch eine zusätzliche Bedeutung: die Zurückweisung jeden Historismus.

3.

Ein konsequenter Reduktionist ist GEORGE C.HOMANS (vgl. "Was ist Sozialwissenschaft?",1969) - d.h. ein Vertreter der Auffassung, daß alle komplexeren Sachverhalte restlos auf einfachere Phänomene reduzierbar sind, womit dann auch Soziologie auf Sätze der Psychologie hin auflösbar wäre. Von einer solchen Vorentscheidung aus ist es konsequent, eine "kleinste Einheit" als Gegenstand der Beobachtung abzugrenzen, ein "Element". Dies ist bei HOMANS das Reagieren eines Menschen auf Stimuli.

So wird dies gewöhnlich formuliert, aber dabei wird HOMANS wohl zu wörtlich genommen. HOMANS orientiert sich an der Stimulus-Response-Lerntheorie, deren vornehmste Beobachtungsobjekte Tiere sind (vgl. "Elementarformen sozialen Verhaltens", 1968). Belohnung und Bestrafung sind in diesen Experimenten der Stimulus-Response-Psychologie die Einwirkungsmittel, die nach Häufigkeit und Stärke variierend zum Verstärken oder Zurückdrängen des inhaltlich unterschiedlichsten Verhaltens dienen. Dabei ist unterstellt, daß grundsätzlich die Ergebnisse zwischen verschiedenen Tierarten und von Tieren auf Menschen übertragbar sind - nicht in jedem Fall und oft nicht ohne Modifikation, aber doch grundsätzlich. Von dieser Stabilität der Grundbedingungen von Verhalten jeder Kreatur über die verschiedensten Gattungen hinweg geht HOMANS eigentlich aus.

Ob nun Ratte oder Katze oder Mensch: Es wird ein spezifischer Nutzen gesucht und ein Schaden möglichst vermieden, und um dieses Vorteils willen erweisen sich inhaltlich die Verhaltensweisen als disponibel. Diese Orientierung der Personen an Nutzenmaximierung bzw. Schadensvermeidung als einer anthropologischen Grundkonstanten, abgehoben von wechselnden Inhalten, ist in etwa vergleichbar mit den morphologischen Konstanten der formalen Soziologie.

Als Ergebnis der Verhaltensuntersuchungen weitgehend an Tieren formuliert HOMANS 5 Thesen, die "elementares soziales Verhalten" kennzeichnen (vgl. hierzu auch H.J.HUMMELL: Psychologische Ansätze zu einer Theorie sozialen Verhaltens, in: R.KÖNIG (Hg.),Handbuch der empirischen Sozialforschung, Bd.II,1969):

(1) Verstärkungsprinzip (success proposition). Je häufiger eine Aktivität belohnt wird, um so größer ist die Wahrscheinlichkeit einer Wiederholung der Aktivität.

(2) Motivationsprinzip (value proposition). Je wertvoller die Belohnung war, um so eher wird die früher belohnte Aktivität wiederholt.

(3) Sättigungsprinzip (deprivation - satiation proposition). Je häufiger eine bestimmte Aktivität einer Person belohnt wurde, um so weniger ist eine gegebene Einheit der Belohnung noch wert.

(4) Generalisierungsprinzip (stimulus proposition). Wenn in der Vergangenheit ein Stimulus mit der Belohnung einer Aktivität gemeinsam vorkam, dann wird diese Aktivität um so eher wieder vorkommen, je ähnlicher ein gegenwärtiger Stimulus dem damaligen ist.

(5) Frustrations-Aggressions-These. (a) Wenn eine erwartete Belohnung ausblieb, oder eine unerwartete Bestrafung erfolgte, dann folgt Frustration. (b) Frustrierte Personen empfinden Aggression als Belohnung.

Die fünfte dieser Thesen paßt nicht gut in die Systematik und ist auch - obgleich in einführenden sozialwissenschaftlichen Texten als Binsenweisheit aufgeführt - inhaltlich problematisch. Wahrscheinlich soll durch sie der Bezug zwischen individualpsychologischen Mechanismen und sozialem Verhalten hergestellt werden. Das ist - selbst wenn diese alte Frustrations-Aggressions-These nicht Leerformel bliebe und inhaltlich stimmen würde - für einen solchen Zweck viel zu punktuell.

Die Thesen 1 - 4 können als durch Tierversuche gut belegt angesehen werden, und bis zum Beweis des Gegenteils würden wir

für sie die Übertragbarkeit und wahrscheinliche Universalität der Gültigkeit unterstellen. Auf den Nachweis dieser Übertragbarkeit verwendet HOMANS selbst viel Mühe, ohne daß seine Ergebnisse wirklich überzeugen. Das dürfte am Ansatz dieser Bemühungen liegen. HOMANS wählt Befunde der Kleingruppentheorie und versucht, sie alle in seine Thesen zu übersetzen. Nun unterstellten wir selbst Übertragbarkeit und Universalität der Thesen; daraus folgt aber nicht, daß umgekehrt alles Verhalten sich auf solche Thesen reduzieren läßt. Das ist nur bei der philosophischen Vorentscheidung von HOMANS für AUGUSTE COMTEs positivistische Ontologie konsequent und zugleich ein Test für diese Auffassung. Von einem nicht-reduktionistischen Standpunkt aus muß man in der teilweise enttäuschenden Beweisführung noch kein Argument gegen die Nützlichkeit dieser Thesen und der Perspektive der partiellen Ablösung von Antriebskräften von konkreten Inhalten sehen.
Es finden sich bei HOMANS selbst weitere Theoriestücke, durch die eine Verbindung der Elementarsätze mit der Beobachtungsebene der Kleingruppenforschung herstellbar sein dürfte. Die Thesen sind ja zunächst für einzelne Akteure formuliert; sollen sie das Verhalten in einer Gruppensituation kennzeichnen, in der mehrere Personen gleichzeitig über mehrere Dinge miteinander interagieren, so muß Nutzen oder Profit als Steuerungsinstrument umformuliert werden. Existenz und Stärke des Nutzens ist im sozialen Kontext als Nettowert, als Balance zwischen Nutzen und Kosten, zu fassen. Dies geschieht später bei HOMANS.

Wenn Nutzen als Nettowert verstanden wird, so ist noch zu bestimmen, wie die Austauschrelationen bei verschiedenen Nutzenschätzungen sich zu einer sozialen Beziehung austarieren.Dies soll aufgrund der"Regel der ausgleichenden Gerechtigkeit" (eine nicht ganz glückliche Übersetzung von "distributive justice") möglich sein. Und dies ist die Regel selbst: "Eine Person in einer Austauschbeziehung mit einer anderen Person wird erwarten, daß der Nutzen eines jeden proportional zu den Kosten eines jeden sein soll"(HOMANS:Social Behavior.Its Elementary Forms,N.Y.1961). Die Regel schließt noch einige weitere Spezifizierungen mit ein, die aber hier nicht zentral sind (für eine kritische Wertung siehe F.J.STENDENBACH: Soziale Interaktion und Lernprozesse, Köln 1963). Der verbreitetste Kritikpunkt an dieser "Regel" ist deren inhaltliche Unbestimmtheit. Das ist als Kritik nicht so durchschlagend, wie dies offenbar weithin in der Fachliteratur akzeptiert wird, falls nämlich tatsächlich einmal der Nachweis gelingen sollte, daß Vorstellungen über Äquivalenz ein universelles Sentiment sind - wenn auch mit völlig verschiedenen, Raum-Zeit-spezifischen Inhalten.

Es sei jetzt einmal unterstellt (- in Wirklichkeit bezweifeln wir dies -), daß aufgrund des Ansatzes von HOMANS eine "allgemeine Theorie" von Interaktionen auf der Beobachtungsebene Kleingruppenforschung entwickelt werden kann. Eine weiterführende Arbeit hat ANDRZEJ MALEWSKI (Verhalten und Interaktion, Tübingen 1967) vorgelegt, und ein ähnlicher Ansatz wurde früher von JOHN W.THIBAUT und HAROLD H.KELLEY (The Social Psychology of Groups, New York 1959) veröffentlicht. Ohne eine Vorentscheidung für den Reduktionismus ist es nach wie vor unwahrscheinlich, daß sich soziale Gebilde interaktionistisch erklären lassen (vgl. hierzu auch P.SOROKINs Ironisierung der Kleingruppenforschung in "Fads and Foibles in Modern Sociology and Related Sciences", Chicago 1956).

HOMANS als Soziologe ist ein Beleg für die bisher nicht geleistete Integration dieser Elementar-Sätze in die Sozialwissenschaften. G.C.HOMANS I als Vertreter einer eigenwilligen Mischung von Aussagen und Philosophien COMTEs, CLARK HULLs und B.F.SKINNERs hat auch keine offensichtlichen Berührungspunkte mit G.C.HOMANS II, einem superben historischen Soziologen(vgl. den Essay-Band "Sentiment and Activities",1962).

2. Soziales Handeln als Grundkategorie

1.

Noch in der 5. Auflage seiner "Soziologie - Geschichte und Hauptprobleme" kennzeichnete der damalige Nestor der deutschen Soziologie, LEOPOLD von WIESE, MAX WEBER "als Autor der speziellen Soziologie und als Sozialhistoriker ..."(Berlin 1954, S.129); und wenig später (S.134) charakterisiert er MAX WEBERs Grundbegriffe als "einige logische Hilfsbegriffe und Kategorien aus seinem hinterlassenen und Torso gebliebenen Hauptwerke 'Wirtschaft und Gesellschaft' ...". Die erste der beiden Wendungen gibt wieder, daß tatsächlich MAX WEBER in Europa lange Zeit hindurch nicht primär als Theoretiker gesehen wurde, sondern als Wirtschafts- und Sozialhistoriker, als politischer Soziologe, und nicht zuletzt als Empiriker.

Gerade diese Aspekte des Gesamtwerks von MAX WEBER sind bei seiner Rezeption in den USA zum Teil völlig ausgeblendet worden. Dagegen sind dort, vor allem durch die Schriften und Übersetzungen von TALCOTT PARSONS und HANS GERTH, die zunächst in Europa weniger beachteten Grundbegriffe und seine methodologischen Beiträge hervorgehoben worden und haben stilbildend in der theoretischen Diskussion gewirkt. Auf dem Umweg über die Aufnahme der amerikanischen Soziologie nach dem 2. Weltkrieg wurde auch WEBER nach Deutschland "zurückgeholt", allerdings in der amerikanischen Version des Verständnisses. Dies hatte zur Folge, daß sehr verschiedene Arten des Verständnisses von MAX WEBER nebeneinander existieren (siehe auch "MAX WEBER und die Soziologie heute", Tübingen 1965). Hinzu kommen noch Irreführungen durch die Diffamierung von WEBER, mit der sich kleine Träger großer Namen einen Skandalerfolg verschaffen. Daß dies heute möglich ist, das ist allerdings ein Beleg für die inzwischen zentrale Bedeutung WEBERs in den Sozialwissenschaften auch in der Bundesrepublik.

Diese Stellung WEBERs als "Klassiker" ist gerade beim angemessenen Verständnis der Grundbegriffe nicht unproblematisch. Von WIESE hat ja recht, daß diese ein Torso blieben. Sie sind zudem ein Systematisierungsversuch nach dem Erscheinen der entscheidenden Monographien, vielleicht eine unausgeführte Wende im Denken von WEBER. Angesichts dieses vorläufigen Charakters der Grundbegriffe, der Tatsache, daß WEBER einige von ihnen in seinen anderen Arbeiten nicht benutzt - und dies gilt gerade für "soziales Handeln"(!) - liegen Überinterpretationen nahe.

Zur Zeit des Hauptschaffens von WEBER war die Verwendung des Begriffs "soziales Handeln" oder "Handeln" nicht unüblich (vgl. HELMUT GIRNDT: Das soziale Handeln als Grundkategorie erfahrungswissenschaftlicher Soziologie, Tübingen 1967, speziell S.64 ff.). Durchweg wird dieser Begriff jedoch nicht problematisiert, nicht gegenüber der alltäglichen Bedeutung als wissenschaftlicher Begriff abgegrenzt. Eine damals wichtige Ausnahme war FRANZ OPPENHEIMER (System der Soziologie, 1910), der Handeln als Unterfall der Kategorie "menschliches Betragen oder Verhalten" versteht; Handeln habe eine besondere Zielrichtung, sei gewolltes Verhalten. Eine Lehre vom Handeln kann nach ihm ein wichtiger Teil der Soziologie sein, nicht jedoch Grundlage der soziologischen Theorie. Diese gründet auf dem allgemeinen Begriff "sozialer Prozeß", der wiederum allgemein "menschliches Betragen oder Verhalten" umfaßt. Auch MAX WEBER versteht "Handeln" enger als "Verhalten". Im Gegensatz zu OPPENHEIMER soll gerade auf dieser Einschränkung eines unspezifischen Begriffs eine wissenschaftliche Disziplin aufbauen.

Die relativ wenigen Seiten, auf denen MAX WEBER in "Wirtschaft und Gesellschaft" seine Konzeption von Handeln und von Soziologie darlegt, gehören zu den am häufigsten zitierten Quellen, sind Ausgangspunkt ganzer Richtungen geworden und bleiben doch für sich gelesen mehrdeutig. Die Tatsache, daß der wichtigste Theoretiker der heutigen Soziologie, TALCOTT PARSONS, sich ausdrücklich auf WEBER beruft, hat eher zur Verunklarung beigetragen, da PARSONS unseres Erachtens WEBER sehr stark umdeutet. Dies ist nun der Text der "klassischen" Definition

WEBERs:

"'Handeln' soll dabei ein menschliches Verhalten (einerlei ob äußeres oder innerliches Tun, Unterlassen oder Dulden) heißen, wenn und insofern als der oder die Handelnden mit ihm einen subjektiven Sinn verbinden. 'Soziales Handeln' aber soll ein solches Handeln heißen, welches seinen von dem oder den Handelnden gemeinten Sinn nach auf das Verhalten anderer bezogen wird und darauf in seinem Ablauf orientiert ist."(§1, Wirtschaft und Gesellschaft).

Wie an anderen Stellen auch, so verwendet Weber hier als Technik der Definition eine schrittweise Einengung. Zunächst wird das Handeln gegenüber dem Verhalten abgegrenzt - scheinbar nicht unähnlich der Abgrenzung auch bei seinen Zeitgenossen. Daraufhin wird "soziales Handeln" als Unterfall von "Handeln" eingegrenzt. In schematischer Vereinfachung lassen sich die wichtigsten Entscheidungen bei diesem Vorgang des Definierens wie folgt verdeutlichen:

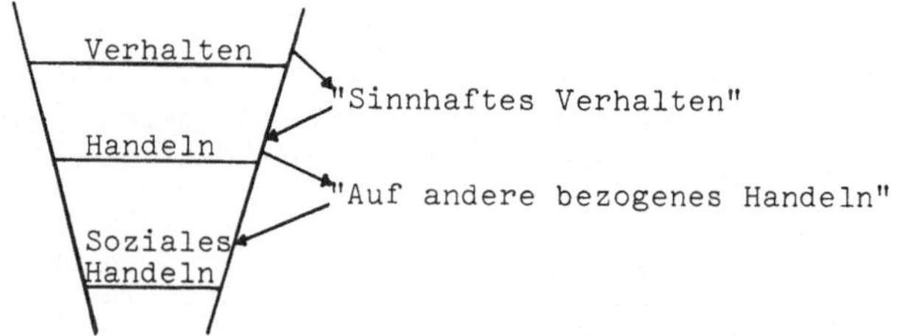

Die folgenreichste Eingrenzung ist die Bindung der Kategorie "Handeln" an das Kriterium "Sinn". Die Erläuterungen WEBERs (Punkt 1-5) bleiben mehrdeutig, weil sie vornehmlich eine Auffächerung des Begriffs "Sinn" bieten - etwa in der Unterscheidung zwischen einem "historischen", d.h. tatsächlich zu beobachtenden, und einem begrifflich konstruierten Sinn. Die Begründung für diese Bindung an das Kriterium Sinn wird nicht so deutlich, und man könnte vollends verwirrt werden durch die folgende Passage (Punkt 11, Absatz 3):

"Das reale Handeln verläuft in der großen Masse seiner Fälle in dumpfer Halbbewußtheit oder Unbewußtheit seines 'gemeinten Sinns'. Der Handelnde ... handelt in der Mehrzahl der Fälle triebhaft oder gewohnheitsmäßig. Nur gelegentlich, und bei massenhaft gleichartigem Handeln oft nur von einzelnen, wird ein (sei es rationaler, sei es irrationaler) Sinn des Handelns in das Bewußtsein gehoben. Wirklich effektiv ... sinnhaftes Handeln ist in der Realität stets nur ein Grenzfall."

Diese Beschreibung dürfte unkontrovers sein. Um so verblüffender ist zunächst, daß WEBER seine Grundeinheit der Analyse an einen Grenzfall bindet und sich nicht - wie bei seinen Zeitgenossen üblich - für eine Kategorie "soziales Verhalten" entscheidet.

Die Intention dieser Bindung von Handeln an Sinn und von Soziologie an Handeln ist nicht so sehr aus der Definition von sozialem Handeln und aus ihren Erläuterungen zu erschließen. Die Definition selbst ist Folge einer vorgängigen Programmatik WEBERs für Soziologie. Diese Programmatik ist in dem der Definition von Handeln vorausgehenden Satz (§1, Wirtschaft und Gesellschaft) wie folgt formuliert:

"Soziologie ... soll heißen: eine Wissenschaft, welche soziales Handeln deutend verstehen und dadurch in seinem Ablauf und seinen Wirkungen ursächlich erklären will."

Zunächst haben wir mit dem Zitieren dieses Satzes noch keine Klärung erreicht, sondern eher eine zweite Verunklarung: Soziologie wird auf eine Orientierung festgelegt, auf das "deutende Verstehen". Und was das sein soll, ist zunächst mindestens so unklar wie die Kategorie "Sinn". "Verstehen" im Sinne der Phänomenologie, als Projektion der Gefühle des Betrachters in das Objekt seiner Betrachtung, kann WEBER nicht gemeint haben, denn er weist dem "Verstehen" die Funktion einer "ursächlichen" Erklärung zu.

Bei dieser Sachlage tatsächlicher Unklarheiten ist eine der wesentlichen Voraussetzungen für Unsterblichkeit in den Kulturwissenschaften gegeben: viel Spielraum für Exegesen. Mit den Erläuterungen WEBERs zu seinen Definitionen lassen sich unterschiedliche Exegesen gut begründen. Es kann nicht die Aufgabe dieses Textes sein, die verschiedenen Exegesen zu er-

örtern. Dennoch soll eine Deutung der Absichten von WEBER und seinen methodischen Konsequenzen versucht werden, die sich einerseits eng an den Text hält und andererseits die tatsächliche Vorgehensweise in seinen sozialhistorischen Untersuchungen berücksichtigt.
Seine Vorstellungen über ursächliche Erklärung durch "deutendes Verstehen" erklärt MAX WEBER unter anderem an dem "Greshamschen Gesetz" (einer Regel der "klassischen" Nationalökonomie über die Instabilität des Bi-Metallismus: Wenn nebeneinander zwei Geldmittel mit nominal gleichem aber real ungleichem Wert im Umlauf sind, so treibt das geringerwertige Geldmittel das wertvollere aus dem Verkehr). WEBER verweist darauf, daß hier nicht etwa zuerst dieser Lehrsatz existiert habe, der dann an der Erfahrung geprüft worden sei, sondern zuerst hätten umfangreiche Beobachtungsreihen darüber vorgelegen, wie die von den Wirtschaftssubjekten höher bewerteten Geldmittel aus dem Verkehr gezogen (= gehortet) wurden. Diese statistische Regelmäßigkeit sei dann als Gesetz so formuliert worden, daß aus bloßem Verhalten eine "rational evidente Deutung menschlichen Handelns bei gegebenen Bedingungen" wurde - und zwar ein zweckrationales Verhalten. Etwas später im gleichen Absatz folgt eine Wendung, aus der WEBERs Grundentscheidung ablesbar wird: "Ohne diese gelungene Deutung wäre unser kausales Bedürfnis offenkundig unbefriedigt." WEBER fügt dann hinzu, daß ungeachtet aller Evidenzerlebnisse einer solchen Deutung das Konstrukt selbstverständlich sinnlos geblieben wäre, ließe sich der behauptete Mechanismus nicht empirisch nachweisen.

WEBER meint offensichtlich "Verstehen" nicht als Ersatz für Beobachten, sondern als Prinzip bei der Konstruktion von Erklärungen für nachweisbare Abläufe. Der Nachweis irgendwelcher Regelhaftigkeit sei eben keine Erklärung. Funktionale Erklärungen reichten für die Soziologie nicht aus, und im Gegensatz zu Naturwissenschaften sei eine solche Beschränkung auch nicht notwendig (§1, Wirtschaft und Gesellschaft,Punkt 9,Absatz 3):

"Aber an diesem Punkt (Nachweis von Regelhaftigkeiten) beginnt erst die Arbeit der Soziologie ...Wir sind ja bei 'sozialen Gebilden' (im Gegensatz zu "Organismen") in der Lage: über die bloße Feststellung von funktionellen Zusammenhängen und Regeln ("Gesetzen") hinaus etwas aller 'Naturwissenschaft'... ewig Unzugängliches zu leisten: eben das 'Verstehen' des Verhaltens der beteiligten Einzelnen, während wir das Verhalten z.B. von Zellen nicht 'verstehen', sondern nur funktionell erfassen und dann nach den Regeln seines Ablaufs feststellen können."

Die Behauptung einer "Mehrleistung der deutenden gegenüber der beobachtenden Erklärung" ist selbstverständlich unter wissenschaftlichen Gesichtspunkten problematisch, von WEBERs philosophischer Herkunft aus jedoch konsequent. Hier soll jedoch nicht eine in den verschiedenen Positionen ausdiskutierte wissenschaftstheoretische Diskussion wieder aufgegriffen werden (Historismusstreit; Einheitswissenschaft), sondern lediglich verdeutlicht werden, welches Deutungsprinzip WEBER als konstitutiv für Soziologie in dem von ihm verstandenen Sinne ansieht. Aus dieser Entscheidung für ein Deutungsprinzip folgt seine Definition von Soziologie, und als Konsequenz daraus die Eingrenzung der Einheit soziales Handeln. Von diesem Deutungsprinzip her ist auch das Kriterium "Sinn" zu interpretieren.

2.

In Übereinstimmung mit den vorherrschenden sozialphilosophischen Richtungen ging WEBER davon aus, daß eine Diskontinuität zwischen Naturphänomenen und menschlicher Existenz vorliegt. "Sinnhaftigkeit ist das Spezifikum menschlichen Seins gegenüber allem anderen nicht-menschlichen Sein" (HELMUT GIRNDT: Das soziale Handeln als Grundkategorie erfahrungswissenschaftlicher Soziologie, Tübingen 1967, S.23). Naturphänomene könnten angemessen durch Rückgriff auf Regeln über Kausalität erklärt werden; beim Menschen müsse eine dem besonderen Charakter des Erklärungsobjektes entsprechende Deutung von Beobachtungen diese Sinnbezogenheit des Verhaltens berücksichtigen.

Menschliches Handeln sei durch einen "Handlungsentwurf" bestimmt (vgl. H.GIRNDT, a.a.O., S.37). (Diese Formulierung interpretiert die Kategorie "Sinn" allerdings zu voluntaristisch). Selbstverständlich sagt der Handlungsentwurf noch nichts über das tatsächliche Ergebnis, aber das Handlungsergebnis ist sehr wohl vom Handlungsentwurf her analysierbar, unter anderem als Resultante von Handlungsentwurf und den Bedingungen des Handelns.

Das ist offensichtlich ein völlig anderer Ansatz als derjenige von G.C.HOMANS, der vorher stellvertretend für eine behavioristische Sozialwissenschaft vorgestellt wurde. Übereinstimmend mit den anderen bisher in diesem Kapitel erwähnten Ansätzen ist jedoch die Entscheidung für die Handlungen konkreter Individuen als Grundeinheit der Analyse, der Aufbau einer Disziplin auf einem "Elementarteilchen". So auch WEBER: "Handeln im Sinn sinnhaft verständlicher Orientierung des eignen Verhaltens gibt es für uns stets nur als Verhalten von einer oder mehreren <u>einzelnen</u> Personen." (Wirtschaft und Gesellschaft,§1, Ziffer 9,1.Abs.).

Dennoch ist damit Handeln kein "privater" Akt, denn sowohl "Sinn" als auch die Randbedingungen für den Akteur sind bedingt durch den Charakter eines Sozialsystems. Für eine Soziologie, die als Besonderheit ihres Erklärungsobjektes die Intentionalität von menschlichem Verhalten thematisiert, wäre es jedoch inkonsequent, "das Einzelindividuum z.B. als eine Vergesellschaftung von 'Zellen' ... oder sein 'psychisches' Leben als durch ... Einzelelemente konstituiert aufzufassen" (Wirtschaft und Gesellschaft, §1, Nr.9,Abs.2). Kollektiven kann ein "Sinn" im Sinne von Intentionen nicht zugeordnet werden, ohne sie als "Individuum zweiter Ordnung" zu konzeptualisieren - eine Problematik bei DURKHEIM.

"Sinn" wird bei WEBER auf verschiedene Weise verstanden (Wirtschaft und Gesellschaft, §1, Nr.1,1.Abs.):

(1) Sinn als der tatsächlich bei einem Handelnden gegebene Sinn;

(2) Sinn als der tatsächlich bei einer Masse von Fällen durchschnittlich oder annähernd gemeinte Sinn;

(3) Bei einem begrifflich konstruierten reinen Typus - oder von dem als Typus gedachten Handelnden - subjektiv gemeinter Sinn.

"Sinn" in den beiden ersten Bedeutungen findet sich auch bei anderen Autoren, und vornehmlich in diesen Bedeutungen wurde WEBER von manchen Kommentatoren verstanden. "Sinn" in der dritten der hier erwähnten Bedeutungen scheint uns dagegen charakteristischer für WEBER in seinen empirischen Arbeiten. Hier wird Sinn als Idealtyp verstanden, als ein vom Betrachter konstruierter Sinn. Hierzu wieder WEBER (Wirtschaft und Gesellschaft, §1,Nr.3,Abs.2):
"Für die typenbildende wissenschaftliche Betrachtung werden nun alle irrationalen, affektuell bedingten Sinnzusammenhänge des Sichverhaltens, die das Handeln beeinflussen, am übersehbarsten als 'Ablenkungen' von einem konstruierten rein zweckrationalen Verlauf desselben erforscht und dargestellt". WEBER verdeutlicht dies - bezeichnenderweise - wieder an einem wirtschaftlichen Sachverhalt, einer Börsenpanik. Hier solle zuerst festgestellt werden, wie das Börsengeschäft ohne Beeinflussung durch irrationale Affekte verlaufen wäre; diese irrationalen Elemente werden dann als "Störungen" des idealtypischen Verlaufs berücksichtigt.

Ein naheliegender Einwand gegen die Fruchtbarkeit einer solchen idealtypischen Konstruktion ist der Verweis auf den geringen Bewußtseinsgrad des meisten Verhaltens. Sozialsysteme sind ja nur funktionsfähig, indem die Masse der Handlungen unreflektiert verläuft. Und hat nicht WEBER selbst (in einer früher zitierten Passage) betont, das reale Handeln verlaufe meist in "dumpfer Halbbewußtheit" oder "Unbewußtheit"? Darauf die Antwort von WEBER: "Aber das darf nicht hindern, daß die Soziologie ihre Begriffe durch Klassifikation des möglichen "gemeinten Sinns" bildet, also so, als ob das Handeln tatsächlich bewußt sinnorientiert verliefe." (Wirtschaft und Gesellschaft, §1,Nr.11,Abs.3). Und daran schließt noch die wissen-

schaftstheoretisch-programmatische Passage an: "Man hat eben methodisch sehr oft die Wahl zwischen unklaren oder klaren, aber dann irrealen und "idealtypischen" Termini. In diesem Falle sind aber die letzteren wissenschaftlich vorzuziehen." (Vgl. den Aufsatz von WEBER in "Archiv für Sozialwissenschaft", Bd.XIX).
Diese wissenschaftstheoretisch-programmatische Grundentscheidung könnte als rationalistisches Vorurteil verstanden werden. Hierauf antwortete WEBER selbst, daß diese Auffassung von "Sinn" als Idealtypus nicht einen Glauben an das tatsächliche Vorherrschen des Rationalen ausdrücke, sondern ein methodisches Prinzip. Dessen Rechtfertigung wird deutlicher in den konkreten historischen Untersuchungen. Hier wird "Sinn" in dem jeweiligen historischen Bezug neu bestimmt, der selbst keineswegs rationalistisch gedeutet wird. Sinnhaftes Handeln ist eben im Feudalismus etwas inhaltlich anderes als unter den Bedingungen des antiken Judentums. In der Anwendung auf historische Sachverhalte wird gerade die Vielfalt der Intentionalitäten deutlich, und ihr jeweiliger konkreter Gehalt dient mit zur Bestimmung des besonderen Charakters einer Form der Vergesellschaftung.

Die Kategorie "Sinn" bei WEBER bleibt - abstrakt erörtert, oder nur aufgrund des Textes von "Wirtschaft und Gesellschaft" interpretiert - vieldeutig und schwierig. Wenn WEBER die Möglichkeit einer sinnhaften Deutung traditionalen oder religiös-mystischen Handelns erörtert, dann ist es nicht unmittelbar einsichtig, daß hierfür wirklich die gleiche Begrifflichkeit nützlich ist, wie für die Deutung einer militärischen Entscheidung im Verlauf des Feldzuges von 1866. Durch zwei Verweise mag die in den Texten selbst nicht ausreichende Begründung für dieses Vorgehen verständlicher werden: die ideengeschichtliche Konstellation von WEBERs Arbeiten und WEBERs Strategie bei der Entwicklung einer Begrifflichkeit für andere Phänomene.

REINHARD BENDIX verweist darauf, daß WEBER in diesem Zusammenhang - wie sonst auch - von der deutschen Rechtstheorie beeinflußt gewesen sei. Dort gehe es auch darum, einer Handlung einen Sinn zuzurechnen - sei es aufgrund der Aussage des Täters über sich selbst oder als Inferenz des Richters -, ehe eine Strafe zugemessen werden kann (REINHARD BENDIX: Max Weber Das Werk, München 1964, S.350-366). Diese juristische Zuordnung eines Sinns zu einem Handeln mag im Einzelfalle eine bloße Fiktion sein; und doch ist sie nicht willkürlich, sondern folgt typologisch aus den Umständen der Tat. Zugleich wollte WEBER einer wichtigen Denktradition in den Sozialwissenschaften entgegentreten: der Reduktion menschlichen Verhaltens auf materielle - biologische, psychische oder ökonomische - Determinanten. Für WEBER besitzt menschliches Verhalten eben eine nicht auf materielle Determinanten reduzierbare Dimension. Nach den Vorstellungen über diese Besonderheit wurde die Kategorie des Sinns entworfen.

Die Ausgrenzung eines spezifischen Begriffs "Handeln" aus dem Begriff Verhalten, der unbestimmt gelassen wird, entspricht dem Vorgehen bei der Definition von "Herrschaft". Wieder entwickelt WEBER den ihn eigentlich interessierenden Begriff "Herrschaft", indem er von einem unbestimmt belassenen Begriff ausgeht, dem der "Macht". Macht wird, wie Verhalten, als "soziologisch amorph" behandelt; Herrschaft ist dann, wie Handeln, die Domestizierung von etwas Amorphem, etwas Gestaltetes. Soziale Existenz ist generell für WEBER eine Gestaltung aus amorphen Antriebskräften. Die Kategorie des Sinns zielt auf diese ort- und zeitspezifischen Formprinzipien! So verstanden ist es nicht notwendig, daß der Handelnde sie als Zwecke des Verhaltens bewußt meint, sondern daß in seinem Handeln als Kategorie die jeweiligen Formkräfte identifizierbar sind - und zwar idealtypisch.

Bei der Darstellung der Aussagen von MAX WEBER über soziales Handeln werden meist andere Aspekte hervorgehoben, wie die Kategorie Verstehen als methodischer Grundsatz, oder das Verständnis, auch ein Unterlassen oder Dulden sei in seinem Sinne ein Handeln; oder die Abgrenzung dessen, was als "sozial" gelten soll. All dies ist weniger schwierig, weniger problematisch und weniger zentral als die Kategorie "Sinn". Während die Rezeption von WEBER durch PARSONS, und dadurch in der amerikanischen Soziologie allgemeiner, durch das - angemessene oder nicht - Verständnis des Handlungsbegriffes bestimmt ist, wird in der deutschen Literatur über die Kategorie "Sinn" durchweg rasch hinweggegangen. Das Verständnis von WEBER bleibt damit oft vordergründig. Vielleicht kann diese schwierige Position von WEBER zwischen Reduktionismus und Rationalismus (so BENDIX) tatsächlich weitgehend ausgeklammert bleiben, wenn es um das Verständnis seiner empirisch-historischen Arbeiten geht. Für das Verständnis des Handlungsbegriffs ist ein solches Ausklammern jedoch nicht möglich.

Nach diesen Ausführungen über "Sinn" sind andere Begriffe im Zusammenhang mit der Definition von sozialem Handeln einfacher zu deuten. "Verstehen" als methodischer Grundsatz ist dann nicht gleichbedeutend mit dem Wort der Alltagssprache, sondern eine Erklärung des Sinns einer Handlung vermittels einer Deutung. Sofern das Dulden oder Unterlassen einer an sich möglichen Handlung ein gemeintes Tun ist, also einen Sinn besitzt, bereitet es keine Schwierigkeit, Nicht-Verhalten als ein Handeln zu begreifen. Soziales Handeln als eine besondere Kategorie kann von bloßem sozialen Verhalten - gleichförmiges Reagieren auf Regeln, Zusammenstoß zweier Radfahrer - dadurch begrifflich getrennt werden, daß dieses soziale Handeln seinem Sinn nach auf andere Personen bezogen ist.

Schwierig bleibt, inwieweit diese Begrifflichkeit mit einer erfahrungswissenschaftlichen Soziologie vereinbar ist. Dies ist keine grundsätzliche Schwierigkeit, denn WEBER weist Evidenzerlebnisse als Begründung - wie sie für die Phänomenologie üblich sind - ausdrücklich als Beweis zurück. Der Nachweis einer angemessenen Zurechnung von Sinn zu einem Verhalten muß auch nach WEBER den üblichen erfahrungswissenschaftlichen Kriterien entsprechen. Hier handelt es sich ja nicht um Beweis-, sondern um Deutungsregeln. Was jedoch im Prinzip nicht problematisch ist, bleibt in der tatsächlichen Forschung schwierig. Am wenigsten trifft diese Einschränkung noch auf die Forschungsobjekte zu, die WEBER bevorzugt behandelte: Herrschaftsformen, Bürokratie, Staat, Religions- und Sozialordnungen im historischen Vergleich.

3.

Insbesondere für Vergleiche von Sozialordnungen haben die von MAX WEBER in §2 von "Wirtschaft und Gesellschaft", aber auch mit Variationen in einigen seiner Aufsätze vorgestellten Arten sozialen Handelns eine größere Bedeutung erlangt, als sein Begriff des Handelns. Diese Typologie steht in keinem unmittelbaren systematischen Zusammenhang mit anderen Grundbegriffen wie soziales Handeln oder soziale Beziehung, und sie ist als Typologie auch nicht völlig konsistent. WEBER selbst betont, daß er die Rechtfertigung für diese Typologie allein in ihrer Brauchbarkeit sehe. Obgleich zwischen den beiden systematisch aufeinander bezogenen Grundbegriffen "Handeln" und "soziale Beziehung" plaziert, haben die "Arten sozialen Handelns" einen anderen Charakter: "Handeln" und "soziale Beziehung" sind aus der Programmatik einer "verstehenden" Soziologie abgeleitete und diese Programmatik konkretisierende Begriffe; "Arten des sozialen Handelns" sind aus historischen Vergleichen entwickelte und pragmatisch gerechtfertigte Begriffe. Dies sind die vier Arten von Handlungsorientierung:

(1) Traditionales Handeln = ein durch eingelebte Gewohnheit bestimmtes Handeln

(2) Affektuelles Handeln = ein durch aktuelle Affekte und Gefühlslagen bestimmtes Handeln

(3) Wertrationales Handeln = ein Handeln, bestimmt durch bewußten Glauben an den unbedingten Eigenwert eines Verhaltens, unabhängig vom Erfolg

(4) Zweckrationales Handeln = ein Handeln, bestimmt durch Benutzung von Gegenständen und Erwartungen anderer Menschen als Mittel für selbstgewählte Zwecke

Diese Reihe von vier Arten des Handelns kann auch als eine zweidimensionale Typologie verstanden werden: Traditionales, wertrationales und zweckrationales Handeln bilden eine Reihe zunehmender Problematisierung von Selbstverständlichkeiten, sind aber jeweils für Außenstehende - so ihnen die Parameter des Handelnden bekannt sind - im Prinzip kalkulierbar.

Affektuelles Handeln, falls nicht Affekthandeln als solches institutionalisiert ist, durchbricht eigentlich die Sozialordnung. WEBER selbst sagt, daß es oft jenseits der Grenze verlaufe, von der ab noch von "sinnhaftem" Verhalten gesprochen werden kann (Wirtschaft und Gesellschaft, §2, Ziffer 2). Eine Analogie zu den Typen der Herrschaft ist wiederum als Interpretationshilfe sinnvoll: die charismatische Herrschaft wird dort verstanden als ein auf den verschiedenen Stufen der Herrschaft jeweils mögliches Zerbrechen "normaler" Ordnungen von legitimer Herrschaft. Auch nach WEBER kann Sozialordnung als ein prekäres Gebilde verstanden werden, das durch Affekte aufgehoben wird - allerdings immer nur vorübergehend. Weder ist eine charismatische Führerschaft als langdauernde Herrschaftsform möglich, noch ein soziales Gebilde, dessen vorherrschende Handlungsorientierung affektuell ist. Dies kann gewiß als eine rationalistische Grundhaltung von WEBER gekennzeichnet werden, hat aber immerhin für sich, für Langzeitanalysen empirisch zuzutreffen.

"Traditional", "wertrational" und "zweckrational" kann als eine evolutorische Reihe zunehmender Rationalität gedeutet werden, und zwar von Rationalität im Sinne der Entzauberung von Gewißheiten. Das ist wahrscheinlich nicht die interessanteste Möglichkeit der idealtypischen Verwendung. Im Vergleich einerseits von traditionalem zu wertrationalem, andererseits von wertrationalem zu zweckrationalem Handeln kann Wandel von Legitimitätsordnungen gekennzeichnet werden. Ferner eignen sich diese Idealtypen, als Gegensatzpaare benutzt, um Konflikte zwischen Bereichen eines Sozialsystems zu bezeichnen, etwa zwischen Religion und Wirtschaft.

Die Gegensätzlichkeit "Wertrationalität" und "Zweckrationalität" ist verwandt mit dem Gegensatzpaar "Gesinnungsethik" und "Verantwortungsethik" - zwei Orientierungen, die WEBER sehr beschäftigt haben. WEBER als politischer Mensch war ein entschiedener Kritiker der Gesinnungsethik:

"Man mag einem überzeugten gesinnungsethischen Syndikalisten noch so überzeugend darlegen, daß die Folgen seines Tuns die Steigerung der Chancen der Reaktion, gesteigerte Bedrückung seiner Klasse, Hemmung ihres Aufstiegs sein werden, - und es wird auf ihn gar keinen Eindruck machen. Wenn die Folgen einer aus reiner Gesinnung fließenden Handlung üble sind, so gilt ihm nicht der Handelnde, sondern die Welt dafür verantwortlich, die Dummheit der anderen Menschen oder - der Wille des Gottes, der sie schuf." ("Der Beruf zur Politik", in: MAX WEBER, Soziologie, Weltgeschichtliche Analysen, Politik, Stuttgart 1964, S.175).

Dennoch ist der Begriff "Zweckrationalität" weiter als "Verantwortungsethik", und zudem haben diese Handlungsorientierungen einen anderen Stellenwert bei der Analyse von historischen Sozialordnungen. Mit den Verweisen auf WEBERs Bewertung solcher Kategorien in aktueller politischer Analyse sollte auf den - trotz klarer Definitionen - schillernden Charakter dieser Kategorien verwiesen sein. Unbezweifelbar ist ihre Nützlichkeit bei vergleichenden Analysen und bei der Darstellung von konflikthaftem Wandel. Insofern diese Arbeitsgebiete von WEBER bisher in der amerikanischen Rezeption WEBERs weniger wichtig gewesen sind, ist zwar diese Vierfach-Typologie oft zitiert worden, ist jedoch für einen angemessenen Zugang zu der Art, wie TALCOTT PARSONS WEBER interpretiert und weiterführt, tunlichst zu vergessen.

3. Der Versuch einer "allgemeinen Handlungstheorie" bei TALCOTT PARSONS

1.

Das Werk von TALCOTT PARSONS ist zweifelsfrei der bekannteste, wahrscheinlich auch der bedeutendste, zeitgenössische Beitrag zu einer allgemeinen Soziologie. Der Ausgangspunkt und Kern seiner Theorien ist eine Theorie des Handelns, und sie ist zugleich der bisher konsequenteste Versuch, eine generelle Theorie - eigentlich: ein Begriffssystem! - auf der Grundlage einer elementaren Einheit aufzubauen. Zugleich will TALCOTT PARSONS seine Theorie als ein Zusammenfügen zentraler Gedanken von "Klassikern" wie DURKHEIM, PARETO, WEBER, TÖNNIES, MARSHALL, SCHUMPETER, MALINOWSKI und LINTON verstanden wissen. All dies wäre Grund genug, PARSONS in einem jeden Lehrbuch einen zentralen Platz einzuräumen. Gewiß gehört PARSONS auch zu den am meisten zitierten Autoren, aber seine Konstrukte erweisen sich als so sperrig, daß sie meist nicht wirklich in die Erörterung von Grundbegriffen integriert sind, sondern meist nur angeführt werden.

PARSONS gilt als außerordentlich schwer verständlich und ist es auch - allerdings aus anderen als den gewöhnlich genannten Gründen. Es ist wahr, daß insbesondere in seinen Büchern die Argumentation sehr abstrakt und der Satzbau kompliziert ist. Das ist jedoch nicht die Hauptschwierigkeit; Stilisten wie ROBERT MERTON und oft auch GEORGE HOMANS sind nun mal in der Soziologie selten, und Leser soziologischer Zeitschriften sind demgemäß abgehärtet. Drei andere Gründe, die erst durch längere Bekanntschaft mit dem Autor selbst einsichtig werden, sind für die Schwierigkeit des Verständnisses und die Häufigkeit von Fehldeutungen wichtiger:

(1) PARSONS bevorzugt nicht nur eine teutonische Syntax, die mit Englisch schlecht vereinbar ist, sondern ist vor allem häufig inkonsequent und ungeschickt in der Wahl seiner Termini. Er findet einfach nicht das 'mot juste' für das, was er

sagen möchte. Ein Beispiel für eine ungeschickte Wahl von Worten ist der Terminus "principle of emergence" für solche auf einer Systemebene zu beobachtenden Eigenschaften, welche sich nicht auf die Wirkung von Elementen niedrigeren Abstraktionsniveaus reduzieren lassen. Das entspricht weitgehend dem, was PAUL LAZARSFELD "Globaleigenschaft" (global property) nennt, und wenngleich auch dieser Terminus das gemeinte Phänomen nicht anschaulich genug bezeichnen mag, so würde sich doch bei "emergence" zunächst niemand das denken, was PARSONS selbst im Sinne hatte ("emergence" = hervortreten, hervorgehen, zum Vorschein kommen, entstehen, emporkommen i.S.v. überraschend; englisches Bedeutungsumfeld = appear, come out, escape, egress, emergency). Hinzu kommen als Hindernis für ein Verständnis, was MAX BLACK "barbarische Neologismen" nennt (MAX BLACK in BLACK (Hg.): The Social Theories of Talcott Parsons, Englewood Cliffs 1961, S.286). Schließlich ist der Wechsel von Bezeichnungen für die gleiche Sache irreführend - wenn etwa bei den "Orientierungs-Alternativen" (pattern variables, übrigens ebenfalls eine im Englischen eher verwirrende Bezeichnung) einmal das Gegensatzpaar "quality - performance" und dann an anderen Stellen für genau die gleiche Bedeutung das Gegensatzpaar "ascription - achievement" gebraucht wird (analog heißt es meist "universalism - particularism", aber gelegentlich auch "transcendence - immanence"). Diese sprachlichen Hindernisse dürften mitverantwortlich für die Fehldeutungen im Deutschen sein, denn Text-Exegese führt beim Sprachgebrauch von PARSONS nicht sehr weit.

(2) PARSONS neigt dazu, einen zunächst einfachen Ansatz in ein Filigran von Begriffen aufzulösen. Dies folgt weitgehend aus seinem Programm, eine möglichst große Vielfalt theoretischer Ansätze in der Soziologie, der Ethnologie, der Ökonomie, der Politologie und der Psychologie zu einer allgemeinen sozialwissenschaftlichen Theorie zu integrieren. Vom Programm her ist ein solcher Versuch zu begrüßen, denn es ist sicherlich eine Schwäche speziell der Soziologie, daß es sehr viele "Gründer" von Richtungen und sehr wenige Weiterentwicklungen

schon bestehender Ansätze gibt; ohne eine solche Kontinuität wird es gewiß keine entwickelte allgemeine Soziologie geben. PARSONS erste große wissenschaftliche Arbeit war eine unveröffentlichte Monographie über Berührungspunkte im Denken von MARSHALL, PARETO, WEBER und DURKHEIM ("Recent European Writers"), und auch sein erstes Buch - eine der bedeutendsten Schriften der Soziologie! - hatte zum Thema die Konvergenz des Denkens insbesondere bei PARETO, DURKHEIM und WEBER (The Structure of Social Action, New York 1937, 2.Aufl. 1949). Es mag durchaus persönliche und polemische Gründe für diese Betonung von Gemeinsamkeiten gegeben haben, denn bei PARSONS' Intimfeind in Harvard, PITIRIM S.SOROKIN in "Contemporary Sociological Theories" - dem Standardwerk der damaligen Zeit - wurden PARETO, DURKHEIM und WEBER als drei alternative Denkansätze behandelt (wahrscheinlich hatte dabei SOROKIN gegenüber PARSONS recht). Die Neigung und Fähigkeit zur Synthese ist jedoch das Leitmotiv im Lebenswerk von PARSONS geblieben. Diese Integration wurde aber häufig nur durch recht konstruierte Auffächerungen der Begriffe erreicht. Ein Beispiel dürfte die Formulierung des Begriffs "Wert" (value) bei PARSONS sein, um die von CLYDE KLUCKHOHN repräsentierte Richtung der Kulturanthropologie in seinen Ansatz einzubeziehen. Das als Hauptwerk der von PARSONS entwickelten allgemeinen Soziologie angesehene Buch "Towards a General Theory of Action" (TALCOTT PARSONS und EDWARD A.SHILS (Hg.), Cambridge 1954, insbesondere Teil 2) ist ein eklatantes Beispiel. So empfiehlt es sich für ein angemessenes Verständnis von PARSONS öfters, nicht die von ihm selbst als klarsten Ausdruck seiner Position angegebenen Quellen als Bezug zu nehmen, sondern die ersten Formulierungen eines Ansatzes. Und öfters dürfte es sich auch nicht empfehlen, alle späteren Differenzierungen des Begriffsapparates nachzuvollziehen; sie sind nicht selten Ort-und-Zeit-spezifische reflexhafte Synthesen auf Einwürfe hin.

(3) PARSONS versteht seine Schriften als konsequente Entfaltung einer einmal bezogenen Grundposition. Nun ist es selbstverständlich, daß ein so bedeutender Gelehrter in einer über

vierzigjährigen Schaffenszeit nicht nur die Themen, sondern auch die Perspektive wechselt. Beispielsweise ist der Begriff "unit act" (= Handlungsakt) in der "Structure of Social Action" als Element der Analyse von hervorragender Bedeutung, während in der späteren Publikation "Towards a General Theory of Action" davon nicht mehr viel die Rede ist, und der Akzent eher auf dem Akteur und seinem Umfeld als Elementareinheit der Theorie liegt. Wieder einige Jahre später verschiebt sich der Akzent vom Akteur weg, hin zum Funktionieren von Systemen als Selbststeuerungsmechanismen (vgl. TALCOTT PARSONS und NEIL J.SMELSER: "Economy and Society", London 1956). Aber nicht nur die Akzente wechseln, sondern auch die grundlegenden Perspektiven. ROBERT DUBIN argumentiert("Parsons' Actor: Continuities in Social Theory", American Sociological Review, Bd.25,Nr.4,August 1960), daß die ursprüngliche Konzeption des sozialen Handelns unter Betonung sozial-psychologischer Konstrukte anderer Art ist als die spätere Konzeption des Handelns als Teil eines kybernetisch verstandenen Systems. Wir meinen, daß die voluntaristische Grundhaltung des frühen PARSONS in Gegensatz steht zu der Betonung biologischer Analogien der späteren Systemtheorie. So sagt er von sich, daß die Begegnung mit EMERSON und CANNON "...meine Überzeugung von der grundsätzlichen Kontinuität zwischen den Lebenssystemen der organischen Welt und denen der menschlichen soziokulturellen Welt befestigte."(T.PARSONS: On Building Social System Theory, Daedalus, Herbst 1970, S.831). Es ist keine Frage, daß PARSONS ein ungewöhnlich kontinuierliches Gesamtwerk vorgelegt hat; es trifft aber auch zu, daß PARSONS ex post Veränderungen in seinem Denken weginterpretiert.

Nicht zuletzt: Während MAX WEBER ein Meister im Definieren war, sind Definitionen nicht gerade die Stärke von TALCOTT PARSONS.

PARSONS wird unseres Erachtens verständlicher, wenn zunächst nicht seine Darlegungen nachvollzogen werden, sondern wenn vorweg herausgearbeitet wird, was er eigentlich will. Die

Grundgedanken sind gewöhnlich einfach und von großer Tragfähigkeit. In der eher intuitiven Wahl fruchtbarer Problemstellungen sehen wir eine entscheidende Stärke von PARSONS. Um so bedauerlicher ist es, daß sie in den Texten eher versteckt werden, weil PARSONS die Konsistenz seines Begriffs-Filigrans für seinen größten Beitrag hält. Vier solcher Grundfragen seien hier unterschieden:
PARSONS I(social action): Menschliches Verhalten kann nicht angemessen als Reflex auf Stimuli verstanden werden, sondern als Wahlakt innerhalb vorgegebener Bedingungen; was macht der Mensch aus diesen Möglichkeiten?

PARSONS II (pattern variables): Mit welchen Handlungsalternativen ist ein jeglicher Handelnder im Verhältnis zu seinen Partnern konfrontiert - und zwar als Dilemma?

PARSONS III (system theory): Mit welchen Grundproblemen ("functional imperatives" bei PARSONS) muß ein jedes System fertig werden, wenn es als System in einem Umfeld überleben will? Wenn dies zwei Grundprobleme im Wechselspiel interner Organisation und Bewältigung der Umfeld-Probleme sind: wie funktioniert diese Selbststeuerung, wenn zudem diese Systeme keine Einheit, sondern in sich differenziert sind?

PARSONS IV (universal media of exchange): Gewiß erleben Menschen ihre Existenz als eine Abfolge konkreter Beziehungen, die als ein jeweiliger Tausch verstanden werden können. Gibt es nicht vielleicht doch latente allgemeine "Generalnenner", aufgrund derer Sozialbeziehungen als angemessener Ausgleich bewertet werden? Oder in Begriffen der Nationalökonomie formuliert: Wenngleich der Alltag den Anschein bloßen Naturaltausches hat, gibt es nicht doch Analogien zum universalen Tauschmittel Geld als Generalnenner, wodurch Sozialsysteme gesteuert werden?

Es ist wahrscheinlich, daß PARSONS eine solche Formulierung seiner Anliegen nicht für einen angemessenen Schlüssel zu seinen verschiedenen Werken halten würde. Die hier gewählten Problemstellungen selbst sind es nicht, die seinen Widerspruch herausfordern müßten, wohl aber die Formulierung als vier verschiedene, getrennte Fragestellungen an soziale Existenz. Wie erwähnt, deutet er immer neu seine Werke als eine folgerichtige Ausführung eines einmal auf einer Konzeption des Handelns begründeten Bezugssystems. Diese Formulierung als vier Problemstellungen steht damit im bewußten Widerspruch zu Äusserungen von PARSONS. Wir halten sie nicht nur für didaktisch nützlich, sondern auch für richtiger als einige von PARSONS' Erklärungen über sich selbst.

Und noch ein weiterer, teilweiser Widerspruch zu den Selbstdeutungen von PARSONS sei hervorgehoben. PARSONS spricht häufig von einer Theorie des Handelns. Wir halten mit GEORGE HOMANS dafür, daß es zwar in der Ausführung der Ansätze von PARSONS theoretische Sätze gibt, daß aber die "Allgemeine Theorie des Handelns" bis einschließlich PARSONS III ein Bezugsrahmen ist, der eine Festlegung von Perspektiven (analog dem Begriff des Handelns bei WEBER) darstellt, und daß es sich ferner um eine (vielleicht zu detailliert) ausgebaute Begrifflichkeit handelt. Eine Theorie ist dies ihrem Charakter nach jedoch nicht.

Schließlich sollen diese Problemformulierungen helfen, eingefahrene Deutungsschemata - insbesondere in der deutschsprachigen Rezeption von PARSONS - zu umgehen. Dabei empfiehlt es sich nicht nur, die neueren grobschlächtig-ideologischen Diffamierungen schlicht zu vergessen. Nicht viel weniger irreführend sind die vielfach übernommenen Interpretationen von PARSONS durch DAHRENDORF gewesen - von seinem Mißverständnis der sogenannten Handlungstheorie bei PARSONS bis hin zur Deutung des Systembegriffs (AGIL - Schema) als einer statischen Konzeption.

PARSONS III und IV sind nicht Gegenstand dieses Bandes. Die als Problemstellungen von PARSONS I und II formulierten Fragen seien jetzt anschließend in der Art des Werkes von PARSONS erörtert.

2.

PARSONS gibt an, seine Konzeption des "sozialen Handelns" aus seiner frühen Auseinandersetzung mit drei europäischen Denktraditionen abgeleitet zu haben: (1) dem Utilitarismus der klassischen (englischen) Nationalökonomie, (2) dem Positivismus i.e.S. und (3) dem Idealismus. In seinem ersten Hauptwerk "The Structure of Social Action" glaubt er eine Synthese dieser drei Ansätze geleistet zu haben, obgleich der in diesem Buch entwickelte Handlungsbegriff doch vor allem von der Auseinandersetzung mit dem Utilitarismus her zu deuten ist.

Allen positivistischen Ansätzen im eigentlichen Sinne (also nicht in der unsinnigen Ausdehnung der Bedeutung dieses Wortes im Gefolge des neomarxistischen Feuilletonismus) ist gemeinsam, daß belebte und unbelebte Natur gleicherweise als streng determiniert verstanden werden. Wird auch menschliches Verhalten als Teil dieses geschlossenen und streng determinierten Systems gedeutet, so entfällt die Notwendigkeit für einen Begriff wie Handeln; es genügt der Begriff Verhalten (behavior). Verhalten ist im Positivismus blosse Reaktion auf zureichende Anstöße und wird seinerseits zum Anstoß für weitere Reaktionen. Diese Auffassung widerspricht nach PARSONS unserem Wissen über menschliches Verhalten: auf gleiche Anstöße reagieren verschiedene Personen unterschiedlich, und obgleich menschliches Verhalten sicherlich durch Determinanten mitbestimmt wird, kann es nur unter Grenzbedingungen zureichend als bloßer Reflex gedeutet werden. Gelänge es etwa, das Umfeld einer Person komplett als Aufzählung einzelner Elemente zu beschreiben, so wäre weder zureichend voraussagbar, warum diese Person unter den Handlungsalternativen A statt B wählte, noch erklärbar, welche Bedeutung diese Wahl als Verhaltensakt für die Beteiligten hätte.

Nach PARSONS betont der deutsche Idealismus (den PARSONS allerdings sehr weit abgrenzt) zu Recht, daß menschliches Verhalten von Sinnvorstellungen geleitet wird. Diese Sinnvorstellungen der Einzelnen sind durchaus nicht reduzierbar auf von anderen geteilte Vorstellungen von Sinn, ja mögen anderen als sinnwidrig erscheinen; es kommt zunächst jedoch nicht auf "Sinn" in einer objektiven Bedeutung an, sondern auf "Sinn" als handlungsleitenden Bezugspunkt. Gerade diese Gerichtetheit menschlichen Verhaltens ist der spezifische Erklärungsbereich der Soziologie. "Sinn" (Normen, Ideale, Werte, Ziele) ist dabei nicht bloßer Reflex auf raum-zeitspezifische Bedingungen, sondern weist eine Eigendynamik auf. Wäre es anders, so müßte auch der Versuch einer allgemeinen Soziologie aussichtslos bleiben; es gäbe dann nur historisch-spezifische Soziologien. Andererseits weist PARSONS die idealistische Vorstellung einer menschlichen Existenz, die allein oder auch nur vornehmlich "geistigen" Beweggründen folge, zurück. Essentiell sei auch der Mensch selbstverständlich Teil der Natur. Am Essay MAX WEBERs über die Bedeutung des Calvinismus (Prädestinationsglaube, innerweltliche Askese) für die Entstehung des Kapitalismus wird für PARSONS gezeigt, wie menschliches Verhalten zugleich als determiniert und als an Idealen orientiert verstanden werden kann, nämlich als Interdependenz. (Es sei dahingestellt, ob nicht gerade dieser Essay von WEBER als Fall des von PARSONS zurückgewiesenen Historismus zu deuten ist).

Die Auffassung des wirtschaftlichen Handelns in der klassischen (englischen) Nationalökonomie bleibt jedoch der eigentliche Bezug für die Konzeption des sozialen Handelns bei PARSONS. Diese klassische Nationalökonomie ist bezeichnenderweise keine empirische Disziplin, die etwa mit statistischen Erfahrungsregeln über menschliches Verhalten arbeitet, sondern Modellökonomie. In der Konstruktion des "homo öconomicus" ist impliziert, daß dessen Handeln sowohl als Wahlakt zu verstehen und doch voraussagbar ist. Dies ist selbstverständlich ein Konstrukt von extremer Höhe der Abstraktion, allerdings nicht nur - wie PARSONS hervorhebt -, weil der eine Handlungsbezug "Gewinnmaximierung" absolut gesetzt wird, sondern weil darüber hinaus beim Handelnden das gleiche Maß an Kenntnis der Bedingungen und Folgen unterstellt wird, wie beim Analytiker;

daß vom Zeitverlauf abstrahiert wird, versteht sich bei der klassischen Ökonomie ohnehin. Selbst bei den klassischen Ökonomen, wie z.B. bei DAVID RICARDO, und erst recht bei den institutionellen Ökonomen werden zusätzliche Bedingungen und Motivationen eingeführt, aber das Postulat rationaler Wahl im Sinne einer überindividuellen Rationalität kann vom Ansatz her nicht aufgegeben werden.

Nach PARSONS liegt darin eine ernsthafte und zu überwindende Beschränkung, denn auch ein vom rationalen Zweck-Mittel-Kalkül abweichendes Verhalten der Einzelnen ist damit noch keineswegs willkürlich, sondern lediglich an anderen Kriterien orientiert. Ferner vermag mit der Konstruktion eines isolierten homo öconomicus als letzter Einheit der Analyse nicht erklärt werden, wie es zu einer Wirtschaftsordnung kommt - es sei denn unter Rückgriff auf solch fragwürdige Konstruktionen wie der einer "ordre naturel". Wiederum sei dahingestellt, ob PARSONS insbesondere ADAM SMITH kongenial deutet. Wichtiger ist hier die Schlußfolgerung, die PARSONS aus dieser Kritik ableitet: die Handlungsziele sind nach ihm nicht rein individualistisch zu verstehen, sondern als Teil eines Kollektivs institutionalisierter Werte und Normen. In dieser gemeinsamen Wertorientierung und nicht in der Automatik eines Regelkreises von "checks-and-balances" sieht PARSONS das konstitutive Element für soziale Ordnung. PARSONS steht damit den englischen Moralphilosophen des 18. Jahrhunderts eigentlich näher als (wie er meint) der klassischen Ökonomie des 19. Jahrhunderts.

Grundeinheit der soziologischen Analyse ist nach PARSONS - scheinbar identisch mit MAX WEBER - <u>soziales Handeln</u> als ein voluntaristisch vom Akteur gesteuertes Verhalten. Demgemäß bezeichnet PARSONS auch zunächst seine Theorie als eine voluntaristische Theorie des Handelns (voluntaristic theory of action). Leider gibt es später Textstellen, in denen diese eindeutige Konzeption im Verlauf des bei PARSONS andauernden Prozesses, zugleich immer neue Elemente in seine Theorie zu integrieren und diese dennoch als nahtlose Entwicklung vorzuführen, wieder zurückgenommen wird. So werden von ihm in einem späteren Aufsatz, der als Deutungshilfe für die Handlungstheorie gemeint ist, ausdrücklich Handeln oder Verhalten als austauschbare Begriffe bezeichnet (T. PARSONS: "Some Highlights of the General Theory of Action", in R. YOUNG: Approaches to the Study of Politics, Evanston 1958). Ungeachtet solcher gelegentlichen Umdeutungen durch PARSONS selbst sei hervorgehoben, daß er - wie auch WEBER - seinen Handlungsbegriff durch Abgrenzung vom Begriff des Verhaltens gewinnt; daß er in der Zielgerichtetheit des Verhaltens das Unterscheidungsmerkmal gegenüber bloßem Verhalten sieht; und daß er dieses Handeln insofern als sozialen Akt versteht, wie er die Ziele als Teil eines von den Akteuren internalisierten Wertsystems deuten kann.

Dies scheint sich zunächst von der Konzeption MAX WEBERs nicht zu unterscheiden. Träfe dies wirklich zu, dann bestünde der besondere Beitrag von PARSONS darin, die bei WEBER nur als Ansatz vorhandene Begrifflichkeit zur Analyse von Handeln durch die Spezifizierung des Handlungsraumes so weitergeführt zu haben, daß sie für differential-diagnostische Analysen innerhalb eines Sozialsystems brauchbar wird. Die Ausführungen bei WEBER reichen dafür nicht aus, sind auch wohl für eine vergleichende Analyse historischer Systeme gemeint. "Sinn" ist vornehmlich zu deuten als eine idealtypisch für ein Sozialsystem charakteristische Finalität für Handeln. Die Kategorie "Ziel" - und eben nicht "Sinn" - bei PARSONS ist sehr viel konkreter und zugleich allgemeiner konzipiert, nämlich als ein zu erreichender oder zu verwirklichender konkreter Inhalt als Folge einer Wahlhandlung. Zielgerichtetheit (goal orientation, goal directedness) des Handelns bei PARSONS und Sinnbezogenheit des Handelns bei WEBER sind gewiß verwandte Konzeptionen - identisch aber nur auf der Ebene der Banalität, daß Menschen bei ihren Handlungen irgendetwas im Sinn zu haben pflegen, und daß Soziologen dies bei ihren Deutungen der äußeren Abläufe berücksichtigen sollten.

Es sei daran erinnert, daß PARSONS seinen Begriff des Handelns als Verallgemeinerung des Handlungsbegriffs in der klassischen Ökonomie entwickelte. Daraus folgt, daß Handeln gleich Wählen zu verstehen ist. Ohne eine - wie immer eingeschränkte - Möglichkeit der Entscheidung zwischen mehr als einer Verhaltensweise ist dieser Handlungsbegriff nicht sinnvoll anwendbar. Diese Auswahl unter Handlungsalternativen erfolgt in Hinblick auf ein Ziel, einen erwünschten Zweck. PARSONS umschreibt diese Kategorie "Ziel" ("goal", manchmal "ends") gelegentlich als die Vorstellungen des Akteurs über die Situation nach erfolgtem Handeln, falls diese Situation vom Akteur als gut oder schlecht bewertet wird. Bei diesem Begriff des Handelns liegt der Akzent nicht auf der Wahl zwischen Zielen, sondern auf der Wahl von Verhalten. Die Ziele erscheinen in dieser Konzeption meist als vorgegeben, als Teile der sozio-kulturellen Umwelt (socio cultural environment) des Akteurs. Durch Sozialisation und Konformitätszwänge soll bewirkt werden, daß die vom Einzelnen als "Akteur" verstandenen individuellen Ziele keine wirkliche Privatsache sind, sondern Ausdruck eines kollektiven Wertsystems.

In der ersten Fassung von PARSONS' voluntaristischer Theorie des Handelns (vgl. The Structure of Social Action) ist die kleinste Einheit der Analyse - analog zur "sozialen Beziehung" bei von WIESE, oder zum sozialen Handeln bei WEBER - der Handlungsakt (unit act). Er kann etwas vereinfacht verstanden werden als Folge der Faktoren:

Akteur + Ziele + Normen + Situation = Handlungsakt

"Akteur" ist die Bezeichnung von PARSONS für eine Person als Handelnder; die Kategorie Ziel wurde bereits erörtert. Normen sind in diesem Begriffssystem die konkreten Handlungsvorschriften, die Aussagen über "erlaubt" oder "unerlaubt" für die jeweils gewählte Alternative des Handelns. Komplizierter ist die Kategorie "Situation".

PARSONS versteht die Situation des Handelnden als eine subjektive Deutung eines objektiven Sachverhaltes. Verstünde er Situation nur objektiv im Sinne eines Analytikers, so könnte er den in der Realität zu beobachtenden erheblichen Unterschieden in der Deutung der gleichen Situation durch verschiedene Akteure nicht Rechnung tragen. In der amerikanischen Soziologie in der Zeit zwischen den beiden Weltkriegen bestand an sich eine vorherrschende Tendenz, Situationen subjektiv zu deuten. Die Formulierung von W.I.THOMAS "wenn Menschen Situationen als wirklich definieren, dann sind sie in ihren Folgen wirklich" ist charakteristisch für diese Perspektive. Sie ist zur Erklärung von Verhalten nützlicher als eine vom Analytiker postulierte "objektive" Situation; zumindest dann, wenn ein Sozialsystem Handlungsalternativen offen läßt. Dennoch ist ein bloßes Anpassen an die Betrachtungsweise von Akteuren für eine jede Theorie unbefriedigend, die Handeln in einem Sozialsystem erklären und damit durch dessen strukturelle, d.h. überindividuelle Eigenschaften bedingt kausal ableiten will.

Wie früher ausgeführt, betont PARSONS die Bedeutung voluntaristischer Nutzungen sozialer Gegebenheiten, hält aber am Primat der objektiven Randbedingungen für Verhalten fest. Daraus ergibt sich folgerichtig, daß Situation sowohl subjektiv wie auch objektiv zu deuten ist. Mit einer solchen Formulierung wäre noch nicht viel für eine Erklärung ausgesagt, würde nicht von PARSONS die Beziehung zwischen beiden näher spezifiziert. Diese Vorstellung läßt sich durch folgendes Schaubild verdeutlichen:

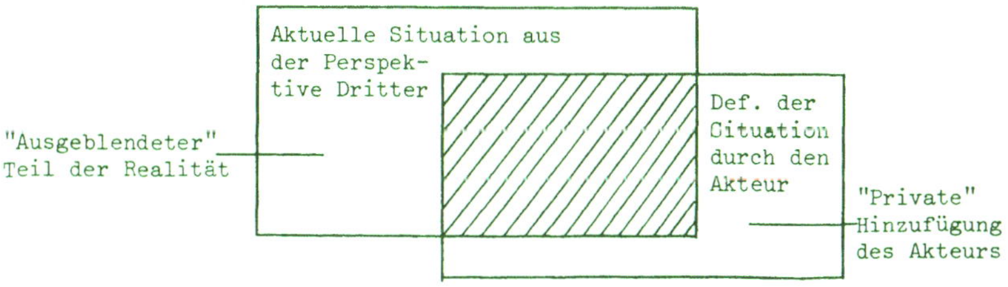

Damit soll ausgedrückt sein, daß charakteristischerweise der

Akteur bei seiner Definition der Situation einen Teil der objektiven Gegebenheiten ignoriert und ihr andererseits Elemente hinzufügt. PARSONS spricht sogar von der "Konstruktion des kognitiven Raumes" (construction of the cognitive map) als Synonym für "Definition der Situation" - eine Formulierung, die den voluntaristischen Charakter seines Handlungsbegriffs sehr deutlich macht.

Die Aussage, daß die Wahrnehmung einer Situation durch Akteure und Dritte voneinander abweichen, und daß ein Teil dieser Abweichung im Ausblenden eines Teils der Realität durch den Handelnden besteht, wäre für sich genommen nichts Neues. Und daß zudem Handelnde in eine Situation zusätzlich solche Bedeutungen hineinlegen, die Dritte nicht nachvollziehen, wäre es auch nicht. Allerdings wird von PARSONS dieses Hinzufügen von Bedeutungen (als Teil der Konstruktion des kognitiven Raumes) spezifiziert. Diese Hinzufügungen sollen wesentlich darin bestehen, daß der Akteur eine gegenwärtige Situation unter der Perspektive vergangener ähnlicher Situationen wahrnimmt und in diesem Maße Eigenschaften anderer Situationen auf die aktuelle überträgt.

Geschieht dies kontinuierlich, und führen ähnlich wahrgenommene Situationen zu identischen Wahlhandlungen, so spricht PARSONS von einem Handlungssystem (action system). Die Verbindung dieser Handlungssysteme eines Akteurs zu einem Stil des Verhaltens kann als PARSONS' Vorstellung von Persönlichkeit als System verstanden werden (eine genauere Deutung bringt EDUARD DEVEREUX in MAX BLACK: The Social Theories of Parsons,1961, bes.S.19 ff).

Handeln als Wählen hat als Begrifflichkeit eine rationalistische Komponente - und doch betont PARSONS die Notwendigkeit, Handeln aus der Perspektive des jeweiligen Akteurs zu deuten, aus eben seiner Konstruktion des kognitiven Raumes; irrationales Verhalten im Sinne von Reflexen oder Triebhaftigkeit wäre ex definitione nicht mehr innerhalb der Begrifflichkeit seiner Handlungstheorie zu deuten. Dies wäre eine sehr starke

Einengung in der Anwendung seiner Begrifflichkeit, würde PARSONS nicht eine weite Konzeption von Rationalität verwenden. PARSONS würde Handeln als (voluntaristisches, zielgerichtetes) Wählen deuten, selbst wenn die Wahrnehmung der Situation durch den Akteur extrem verzerrt wäre. Voraussetzung ist für ihn lediglich, daß der Akteur sich irgendwie ein Bild der Situation konstruiert und sein Handeln hiernach auswählt.

Handeln bedeutet Wahl zwischen Handlungsalternativen, es findet in Situationen statt, es ist zielgerichtet, die Wahlen werden durch Normen kanalisiert,und der einzelne Handlungsakt (unit act) wird vorgeprägt durch vergangene Handlungsakte - all dies sind wichtige Elemente der Begrifflichkeit von PARSONS. Noch fehlen jedoch Aussagen über die dynamischen Kräfte beim Handeln, und ohne diese sind weder Prognosen möglich, noch eine zureichende Analyse von Handlungen in ihrer Bedeutung für den Akteur.

PARSONS zergliedert die Situation des Akteurs im Akt der Wahl nach drei Dimensionen: Ein jeder Wahlakt erfordere (1) eine <u>Erkenntnis</u> (im Original: <u>cognition</u>) der Situation; (2) eine <u>Bewertung</u> von Handlungsalternativen; und habe (3) eine <u>kathektische</u> Bedeutung für den Handelnden. Auf die Bedeutung der Erkenntnis der Situation (die an anderer Stelle verwandte Formulierung "Konstruktion" dürfte übrigens die Vorstellungen von PARSONS genauer wiedergeben!) für das Handeln als Wahlakt wurde schon eingegangen. Die Bewertung von Handlungsalternativen ist eine Folge sowohl der Normen wie auch der vorausgegangenen Handlungsakte, falls die aktuelle Wahl als Teil eines Handlungssystems zu verstehen ist; falls letzteres zutrifft, ergibt sich aus der Erkenntnis der Situation deren Aufforderungscharakter für Wahlakte (siehe weiter unten). Die Kategorie "Kathexis" hat PARSONS aus der Tiefenpsychologie übernommen, und sie bedeutet bei ihm soviel wie "Entlastung" oder Befreiung vom Handlungsdruck durch Identifizierung mit einem Objekt. Es sind Zweifel begründbar, ob die Wortwahl sehr glücklich ist, aber die gemeinte Sache ist sehr viel weniger geheimnisvoll als die vielen gerade um diesen Begriff gemachten Worte: für den Akteur hat die Wahl eine personale Bedeutung, indem er eine Identifikation mit seiner Wahl aufbaut. Das ist gewiß ziemlich weit entfernt von dem Begriff der Wahl in der klassischen Ökonomie, dürfte aber der tatsächlichen Bedeutung von Wahlakten näher kommen als eine Vorstellung von Wahl als bloßes Kalkül. Erkenntnis, Bewertung und Kathexis sind nach PARSONS die Grundkategorien der Orientierung (standards of orientation) des Akteurs beim Handeln.

Handeln ist nun vorstellbar als Wählen zwischen Alternativen - dieses Grundpostulat bedeutet natürlich nicht, daß PARSONS ein freies Wählen im Sinne hat. Damit die Kategorie des Handelns noch anwendbar ist, muß lediglich die Existenz von Handlungsalternativen aus der Sicht des Akteurs gegeben sein, wie beschränkt diese auch immer sein mögen. Die Handlungstheorie soll dann in der Lage sein nachzuvollziehen, warum der Akteur A wählte statt B. Da PARSONS seine Handlungstheorie sowohl gegenüber einem deterministischen wie auch gegenüber einem idealistischen Ansatz abgrenzt, soll die Handlungstheorie die Grenzen der Wahlfreiheit ebenso begrifflich erfassen, wie die Wahlfreiheit in ihrer personalen Bedeutung erklären. In der Ausführung werden dann eigentlich stärker die Grenzen der Wahlfreiheit nachgezeichnet.

Bedeutsam ist in diesem Zusammenhang der Begriff der Antriebsneigung (need disposition). Damit ist eine stabile Beziehung zwischen einem Zielobjekt (goal object) und einem Wahlakt gemeint. Ist eine solche Beziehung in der Vergangenheit aufgebaut worden, dann übt die Wahrnehmung des Zielobjektes eine Auslösefunktion für die Handlung aus. Offensichtlich ist die "Antriebsneigung" die psychologische Formulierung des an anderer Stelle als Handlungssystem bezeichneten Mechanismus. Mit diesen Begriffen wird der weitgehend reaktive Charakter sozialen Verhaltens sicherlich angemessener wiedergegeben als mit der Begrifflichkeit des Wahlaktes (unit act). Der Preis: Läßt sich ein mit Antriebsneigung und als Handlungssystem bezeichnetes

Verhalten unter eine voluntaristische Handlungstheorie subsumieren?

Im weiteren Ausbau seiner Theorie verlagert sich das Interesse von PARSONS weg vom Handlungsakt und den Handlungssystemen hin zum Akteur. Dabei liegt dann der Nachdruck auf den Beziehungen des Organismus zu den Objekten seiner Umwelt und zu den anderen Akteuren (insbesondere in: Towards a General Theory of Action, 1951). In diesem Zusammenhang gewinnt der Begriff des Systems eine zentrale Bedeutung. Damit meint PARSONS eine Beziehung von einiger Dauer zwischen Akteuren mit verschiedenen Status und Rollen, deren Beziehungen zueinander einem Ordnungsschema (patterned relationships) folgen, und die gegenüber anderen Akteuren eine abgegrenzte Einheit bilden. Diese Außenabgrenzung (boundary maintenance) ist nach PARSONS ein ebenso entscheidendes Element eines Systems wie dessen interner Ordnungscharakter. Wird noch berücksichtigt, daß PARSONS diese Eigenschaften eines Systems: interne Organisation im Sinne der kontinuierlichen Wiederherstellung eines Equilibriums und Behauptung der Identität gegenüber der Außenwelt als "fundamentale" Anforderungen formuliert, so wird deutlich, daß sein Systembegriff nicht derjenige der Ökonomie, sondern derjenige der Biologie ist. Das muß aber in diesem Zusammenhang nicht weiter interessieren und ist von größerer Bedeutung für die früher mit PARSONS III bezeichnete Problemstellung, der hier nicht weiter nachgegangen wird.

Mit der Verlagerung des Akzents auf den Akteur erreicht PARSONS, daß seine Analyse des Handelns verbunden werden kann mit einer Analyse von Systemen. Was zunächst als ein extremer Fall von Mikrosoziologie erscheint, wird so zu einem begrifflichen Apparat zur Analyse verschiedener Ebenen eines Sozialsystems. "Akteur" muß in dieser Weiterführung der Begrifflichkeit nicht das Individuum sein, sondern jede abgrenzbare, handelnde Einheit. Dies wird erreicht, indem das Individuum selbst als System konzipiert wird. Dagegen läßt sich unter anderem einwenden, ob dies nicht lediglich ein metaphorisches Gleichmachen ist - aber in diesem Zusammenhang ist lediglich bedeutsam, daß anders als bei den anderen in diesem Kapitel erörterten Theoretikern eine Verbindung zwischen Mikro- und Makroanalyse wirklich ausgearbeitet wird.

Jeder dieser Systemebenen wird eine eigene Realität zuerkannt, sie wird also anders als etwa bei von WIESE nicht als bloße Aggregierung elementarer Einheiten vorgestellt. Die Personen (als Systeme) sind gewiß die Elemente des Sozialsystems, und dennoch ist das Sozialsystem als Realität nicht restlos auflösbar in Verhaltensweisen der Individuen. Diese eigene Realität wird von PARSONS mit der merkwürdigen Bezeichnung "principle of emergence" gekennzeichnet; statt einer Übersetzung dieser unzweckmäßigen Bezeichnung sei dies Eigenwert der Systemebene genannt. Andererseits vermeidet PARSONS, eine Systemebene höheren Abstraktionsniveaus, wie gelegentlich DURKHEIM, als Realität sui generis losgelöst von den Individuen zu behandeln. Die Verläufe etwa auf der Ebene des Sozialsystems sind nicht deutbar, ohne die Art der Persönlichkeitssysteme der Individuen dieses Sozialsystems zu berücksichtigen. Analog ist das Kultursystem als Konfiguration von symbolisch bedeutsamen Objekten mit dem Sozialsystem rückverbunden.
ROBIN M.WILLIAMS faßt die Annahmen der Handlungstheorien von PARSONS wie folgt zusammen (BLACK, op.cit.S.93 ff.):

(1) Ein großer Teil allen menschlichen Verhaltens ist zielgerichtet;
(2) Diese zielgerichteten Handlungen sind strukturiert genug, um sie als Systemelemente zu deuten;
(3) Im Gegensatz zum Verhalten bei Tieren sind Menschen fähig, Erfahrungen zu verallgemeinern und dadurch ihr Verhalten zu strukturieren, weshalb ihr Handeln nicht als bloße Reaktion auf einen aktuellen Stimulus gedeutet werden kann;
(4) Handeln wird mitgesteuert durch Orientierung an Werten;
(5) Handlungssysteme (action systems) sind Kompromisse zwischen konfligierenden Orientierungen bezüglich organischer, Persönlichkeits-,sozialer und kultureller Bedingungen, mit denen ein Akteur nun einmal leben muß - und deshalb

gibt es in der Realität keine voll integrierten Systeme.

In dieser Formulierung wird deutlicher als bei PARSONS selbst, daß seine Handlungslehre auch inhaltliche Elemente einschließt und kein völlig leeres Kategoriensystem ist. Dennoch ist es keine Handlungstheorie im eigentlichen Sinne, sondern ein Bezugsrahmen zur Analyse von Handeln. Die empirischen Einschlüsse bestimmen, welcher Teil des beobachtbaren Verhaltens im Sinne dieses Bezugssystems analysierbar ist. Insofern ist der Charakter dieser Handlungslehre identisch mit dem der Modellökonomie - allerdings mit dem wichtigen Unterschied, daß die Elemente dieses Bezugssystems eher additiv sind und kein Kategorien<u>system</u> im Sinne der Modellökonomie bilden. Die Wiederholung mancher amerikanischer Kritiken durch RALF DAHRENDORF, PARSONS bleibe empirische Aussagen schuldig, trifft nicht die Absichten von PARSONS. PARSONS hat ein Paradigma für einen (voluntaristischen) Teil menschlichen Verhaltens im Sinne und entwirft hierfür ein Kategoriensystem. Qualitätskriterium für ein solches System können nicht daraus abzuleitende empirische Sätze sein, sondern seine Eignung, die zur Erklärung von Handeln wichtigen Dimensionen zu bestimmen.

Von seinen Schülern wird das Kategoriensystem von PARSONS - das hier nur auszugsweise vorgestellt wurde - weitgehend als bloßes Sprachsystem benutzt, als Übersetzung von Termini der Alltagssprache in "Soziologisch". Das kann sich dann so anhören: Die Zielgerichtetheit des Akteurs wird bei fehlender Spezifität der Normen, falls der Handlungsraum von Ego nicht als Teil eines Handlungssystems gedeutet wird, durch den Widerspruch zwischen kognitiver und kathektischer Orientierung inhibiert; oder auf Deutsch: Steht der Handelnde vor einer neuen Situation, so kann er sich oft im Widerspruch zwischen Denken und Fühlen nicht entscheiden. Solche Sprachübungen - die mit den Originaltermini von PARSONS noch viel grauslicher klingen - werden verständlicherweise oft ironisiert. "Parsonianisch" als bloße Übersetzung von Alltäglichkeiten in Jargon entspricht allerdings nicht den Absichten von PARSONS. Er will ja mit seiner Begrifflichkeit einige seines Erachtens entscheidende Dimensionen hervorheben. Ein hoher Grad an Künstlichkeit ist dabei schon deshalb unvermeidbar, wenn die gleiche Begrifflichkeit für Analysen sehr verschiedener Systemebenen gelten soll. Es ist eine andere Frage, ob der Nutzen die Nachteile einer so gekünstelt-abstrakten Begrifflichkeit aufwiegt.

3.

Von allen Theoriestücken und Begrifflichkeiten, die PARSONS entwickelte, haben die "pattern variables" die allgemeinste Verbreitung und die größte Wirkung für die Forschung gehabt. Gewöhnlich werden diese "pattern variables" wie folgt übersetzt (so Fischer Lexikon "Soziologie", S.96):

Affektive (Affectivity)	-	Affektiv neutrale Orientierung (Affective Neutrality)
Partikularistische (Particularism)	-	Universalistische Orientierung (Universalism)
Orientierung an vorgegebenen (zugeschriebenen) Eigenschaften (Ascription)(Quality)	-	Orientierung an erworbenen (Leistung) Eigenschaften (Achievement)(Performance)
Diffuse Orientierung (Diffuseness)	-	Orientierung an spezifischen Eigenschaften (Specificity)

Hinzu kommen öfters noch:

Kollektivbezug (Collectivity-orientation)	-	Selbstbezug (Self-orientation)

... und gelegentlich:

Langfristige Orientierung (long run)	-	kurzfristige Orientierung (short run)

Diese "pattern variables" definiert PARSONS wie folgt:

Def.: "Eine Handlungsalternative (pattern variable) ist eine Dichotomie, bei der sich der Akteur für eine Seite des Gegensatzpaares entscheiden muß, bevor die Bedeutung einer Situation für ihn bestimmt wird, und bevor er deshalb hinsichtlich dieser Situation handlungsfähig wird." (TALCOTT PARSONS und EDWARD SHILS (Hg.): Toward a General Theory of Action, Cambridge 1954, S.77).

Die Wortwahl "pattern variable" ist wieder einmal nicht eben glücklich; was damit suggeriert werden soll, daß nämlich nach diesen Dimensionen Handeln strukturiert (patterned) wird, ist zunächst an der Wortkombination nicht abzulesen. Handlungsalternativen drückt u.E. direkter aus, was gemeint ist.

Die Handlungsalternativen entstanden über einen längeren Zeitraum hinweg, und dementsprechend gibt es Unterschiede in den Aussagen - aber geringere als für andere Elemente des Begriffssystems von PARSONS. (Zusätzlich zu der erwähnten Quelle siehe PARSONS: "Pattern Variables revisited", American Sociological Review, August 1960). Dennoch konnten die Interpretationen nicht zureichend standardisiert werden, und insbesondere bei der Rezeption im Deutschen ist es zu direkten Mißverständnissen gekommen. So wird hier zwar zu Recht darauf hingewiesen, daß die Alternativen aus einer Aufspaltung des Gegensatzpaares Gemeinschaft - Gesellschaft bei FERDINAND TÖNNIES entstanden; es wird aber nicht hinzugefügt, daß diese Aufspaltung den Zweck hat, den eindimensionalen Gegensatz von TÖNNIES durch eine mehrdimensionale Typologie zu überwinden.

PARSONS hat seine Schriften verschiedentlich durch autobiographische Aufsätze zu erklären versucht (vgl. TALCOTT PARSONS: "A Short Account of My Intellectual Development, Alpha Kappa Delta, Winter 1959, S.3-12). Diese sind (vornehmlich wegen des Mühens um eine ex post - Kontinuität) nicht immer hilfreich, aber für die Deutung der Handlungsalternativen gibt es einen nützlichen autobiographischen Aufsatz (TALCOTT PARSONS: "On Building Social Systems Theory: A Personal History", Daedalus, Herbst 1970). Hiernach entstand die Konzeption der Handlungsalternativen aus dem Versuch einer Analyse akademischer Berufe ("professions"). PARSONS suchte damals nach Begrifflichkeiten, um den besonderen Charakter dieser Berufe innerhalb eines Sozialsystems zu kennzeichnen, das er durch Selbstinteresse gekennzeichnet verstand. Im Unterschied zu anderen Berufstätigkeiten sollte insbesondere der Arztberuf - das eigentliche Modell für PARSONS' Lehre von den Berufen, was ebenfalls bei der Rezeption seiner Schriften im Deutschen selten bedacht wird - durch "Desinteresse" gekennzeichnet sein, durch Orientierung lediglich am Wohl des Patienten, ungeachtet eigener Wünsche und der Interessen gesellschaftlicher Instanzen. Mit dem Gegensatz "kapitalistische" - "sozialistische" Orientierung war diese Einstellung nicht zu fassen. Wie sollte mit diesem Gegensatz die altruistische Orientierung am Patienten ungeachtet der Bedürfnisse des Kollektivs erfaßt werden? PARSONS vermutete, daß sich hierzu die Alternative "Gemeinschaft - Gesellschaft" eher eigne, wobei die Einstellung des Arztes als eine "gemeinschaftliche" Haltung in einem als "Gesellschaft" verstandenen System angesehen werden könnte.

Das ist ein Mißverständnis, denn "Gemeinschaft" und "Gesellschaft" sind bei TÖNNIES durch zwei Typen von Handeln gekennzeichnet: "Wesenswillen" und "Kürwillen", wobei ärztliches Handeln sicherlich nichts mit Wesenswillen zu tun hat. Das Mißverständnis dürfte durch MAX WEBERs Auflösung der Dichotomie von TÖNNIES zu prozeßhaft verstandenen "gemeinschaftlichen" und "gesellschaftlichen" Arten des Handelns befördert worden sein, denn PARSONS dürfte TÖNNIES via MAX WEBER rezipiert haben.

"Die wissenschaftliche Komponente der Medizin, der universalistische Charakter des Wissens, das auf die Probleme der Krankheit angewandt wird, ausgestattet mit einer extensiven Kombination von Eigenschaften eines modernen Sozialsystems, würden TÖNNIES und seine zahlreichen Anhänger als "Gesellschaft" einzuordnen haben. Daraus ergab sich die offensichtliche Schlußfolgerung, daß die Dichotomie von TÖNNIES nicht als Unterschiede einer einzelnen Variablen benutzt werden sollte, sondern als Resultante einer Mehrzahl unabhängiger (!) Variablen. Sollten diese wirklich unabhängig sein, dann gäbe es nicht lediglich zwei Grundtypen sozialer Beziehungen (!), sondern eine erheblich größere Familie solcher Typen. Mein Vorschlag war, daß die freien akademischen Berufe innerhalb dieser Familie von Typen zu lokalisieren seien, aber weder als Gemeinschaft noch als Gesellschaft."(a.a.O.,S.843). Die bezeichnendste Wendung dieser Passage ist das Verständnis von Gemeinschaft und Gesellschaft als "Grundtypen sozialer Beziehungen", also die Umdeutung einer Typologie für Sozialsysteme zu Typen von Interaktionen.

Die Umsetzung dieser Konzeption in die uns bekannten einzelnen Handlungsalternativen erfolgte dann in Zusammenarbeit zwischen PARSONS und EDUARD SHILS. Zunächst noch orientiert an den akademischen Berufen wählten PARSONS und SHILS die Alternativen "affektive versus affektiv neutrale Orientierung", sowie "partikuläre versus universalistische Orientierung", um sowohl das "Desinteresse" als Handlungsbezug, wie auch den Universalismus des anzuwendenden Wissens in einem analytischen Schema zu fassen. Die erste dieser beiden Alternativen soll ein allgemein menschliches Dilemma (so bezeichnen PARSONS und SHILS dies in "Towards a General Theory ...", S.80) kennzeichnen: In einer Situation dem Impuls nach Bedürfnisbefriedigung nachzugeben oder Selbstdisziplin zu üben. Das zweite Gegensatzpaar soll das Dilemma einer Wahl ausdrücken zwischen der Behandlung eines Objektes aufgrund der besonderen, unverwechselbaren Beziehung, die in einer gegebenen Situation zwischen Akteur und Objekt besteht, oder nach Normen, die über diese Situation und den besonderen Charakter einer Beziehung hinausweisen. Insbesondere die erste dieser Alternativen ist in Hinblick auf FREUDs Vorstellung über die Beziehungen zwischen "es" (id) und "ich" (ego) konzipiert.

Verwandt mit diesem Gegensatzpaar erscheint die Alternative: diffuse versus spezifische Orientierung. Soll der Akteur - so PARSONS - auf ein Objekt oder ein Gegenüber in der Konkretheit seiner vielen Eigenschaften reagieren oder von diesen abstrahierend nur auf diejenige Eigenschaft, "um die es geht"?

Bei dem Gegensatzpaar partikularistisch versus universalistisch liegt der Akzent auf der situationsspezifischen und personell-spezifischen Art der Beziehungen zwischen Akteur und Objekt, - bzw. der Abstraktion von diesen Besonderheiten; demgegenüber ist für das Gegensatzpaar spezifisch-diffus die Spannweite der Aufmerksamkeit bestimmend, mit der Eigenschaften an den Objekten berücksichtigt werden. Die Binde vor den Augen der Figur der Justitia kann als Metapher für eine Handlungsorientierung verstanden werden, bei der von allen nicht zur Sache des Verfahrens gehörenden Eigenschaften der Beteiligten abgesehen wird.

Das Gegensatzpaar: vorgegebene versus erworbene Eigenschaften - für das PARSONS nicht immer die gleichen Bezeichnungen benutzt - meint eine Entscheidung zwischen der Orientierung des Verhaltens am Objekt, so wie es sozial definiert ist - oder der Behandlung eines Akteurs aufgrund seines Verhaltens hier und jetzt. Für dieses Gegensatzpaar ist der Bezug zum Sozialsystem besonders offensichtlich, da die entsprechenden Regeln meist gesamtgesellschaftlich vorgegeben sind. In allen Sozialsystemen werden die Individuen in bezug auf einige Eigenschaften ungeachtet ihres konkreten Verhaltens bzw. der Leistung behandelt, in bezug auf andere Eigenschaften aber nach Verhalten und Leistung. Dennoch sind in Sozialsystemen wie den Industriegesellschaften die Normen meist widersprüchlich genug, um auch diese Dimension der Objekt-Modalitäten (so PARSONS' Formulierung) zu einer Handlungsalternative werden zu lassen.

In "Towards a General Theory of Action" nennen PARSONS und SHILS noch das Dilemma der Wahl zwischen privaten oder kollektiven Interessen - besser vielleicht als Gegensatz zwischen individueller versus überindividueller Bestimmung von Interessen ausgedrückt, die durch Handeln verwirklicht werden sollen. Eine solche Alternative lag angesichts der ursprünglichen Problemstellung nahe, nämlich der Kennzeichnung eines an altruistische Standards gebundenen Berufs in einem sonst durch das Prinzip des Selbstinteresses bestimmten Sozialsystem. Wahrscheinlich ist jedoch die Orientierung, die durch dieses Gegensatzpaar erfaßt werden soll, durch eine Kombination der vier anderen Handlungsalternativen einzukreisen. Dies ist sicherlich der Fall für die kaum benutzte Dichotomie "langfristig-kurzfristig", die überwiegend ein Aspekt von "affektiv-affektiv neutral" ist.

MAX BLACK (The Social Theories of TALCOTT PARSONS, 1961,S.285-286) übersetzt die Ausführungen von PARSONS und SHILS in das folgende - allerdings vereinfachte und allein auf Individuen als Akteure bezogene - Schema (hier aus Gründen der Eindeutigkeit etwas verändert wiedergegeben!):

Ein Akteur muß wählen ...

1) Ob er unmittelbare Bedürfnisbefriedigung will	ODER	ob er seine Antriebe selbst disziplinieren soll in Hinblick auf längerfristige Erwägungen
AFFEKTIV	versus	AFFEKTIV NEUTRAL
2) Ob er sich an der Besonderheit einer Beziehung des Objektes zu ihm selbst in einer Situation orientieren soll	ODER	ob er ein Objekt oder eine andere Person als unter eine allgemeine Regel für Beziehungen einzuordnen behandeln soll
PARTIKULÄR	versus	UNIVERSALISTISCH
3) Ob er auf die Konkretheit der Kombination von Eigenschaften an einer Person reagiert	ODER	ob er lediglich auf einige der ("zur Sache gehörigen") Eigenschaften der Person achtet
DIFFUS	versus	SPEZIFISCH
4) Ob er auf ein Objekt oder eine Person hinsichtlich der vorgegebenen Eigenschaften anspricht	ODER	ob er sich an dem konkreten Verhalten bzw. der Leistung einer Person orientiert - als was sonst diese aufgrund ihrer sozialen Merkmale immer auch gelten mag
VORGEGEBENE EIGENSCHAFTEN	versus	ERWORBENE EIGENSCHAFTEN

Verschiedentlich wird kritisch eingewandt, diese Alternativen seien doch in der Realität kein Entweder-Oder, sondern Endpunkte von Kontinua; man sei doch nicht entweder affektiv oder affektiv neutral, sondern etwas mehr oder weniger von einem dieser Extreme entfernt. Für die isolierte Betrachtung jeder einzelnen der Handlungsalternativen trifft dies zu, verfehlt aber als Einwand, daß PARSONS die Handlungsalternativen als mehrdimensionalen Eigenschaftsraum konzipierte. Gewiß nennt die linke Seite der oben aufgeführten Tabelle die wichtigsten Kennzeichnungen von "Gemeinschaft" im Sinne von TÖNNIES, während die rechte Seite dem Begriff der "Gesellschaft" zuzuordnen ist; aber durch die Auflösung in einzelne Dimensionen soll eben die Vielfalt der Orientierungen des Handelns als Kombination von Bezügen abbildbar werden. Entsprechend sind mit dieser Taxonomie 16 (bei 4 Handlungsalternativen) bzw. 32 (bei 5 Handlungsalternativen) Typen von Handlungsorientierungen konstruierbar.

Die Handlungsalternativen sind damit ein sehr flexibles Instrumentarium zur Kennzeichnung von Interaktionen, Rollen, Sozialsystemen und Wertsystemen. Beispielsweise kann die Rolle des Arztes als "affektiv neutral", "universalistisch", an "erworbenen Eigenschaften" und "kollektivistisch" orientiert gekennzeichnet werden, wobei die Unterscheidung zwischen dem Spezialisten und dem Hausarzt in der Betonung "spezifischer" statt "diffuser" Eigenschaften zu sehen ist. (Ein besonders differenziertes Beispiel für die Anwendung der Handlungsalternativen, die Analyse der ärztlichen Praxis, findet sich in TALCOTT PARSONS: The Social System, London 1952, Kapitel X). Als Instrument zur Klassifizierung von Handlungen und Beziehungen sind die Handlungsalternativen der Teil der Begrifflichkeit von PARSONS geworden, der die weiteste Verbreitung gefunden hat.

PARSONS scheint die Popularität dieses Teils seiner Begrifflichkeit mit ziemlicher Ambivalenz zu sehen. Er argumentiert, die Handlungsalternativen seien der theoretische Kern von

"Toward a General Theory of Action" (in: On Building System Theory, a.a.O., S.843). "Diese Handlungsalternativen sind mit Handlungstheorie als Bezugsrahmen (action frame of reference) auf vier Ebenen verschränkt. Zunächst sind Handlungsalternativen konkrete Entscheidungen, welche jeder Akteur (implizit oder explizit) treffen muß, bevor er handeln kann. Auf der Persönlichkeitsebene sind die Handlungsalternativen gewohnheitsmäßig verfestigte Dispositionen des Handelns ... Drittens sind die Handlungsalternativen auf der Ebene der Kollektivität Aspekte der Rollendefinition ... Viertens stellen die Handlungsalternativen auf der Ebene des Kultursystems Aspekte der Wertmuster dar."(Towards a General Theory of Action, a.a.O., S.78).

Die Analogie der Stellung dieser Handlungsalternativen im Werk von PARSONS zu WEBERs Arten des Handelns (zweckrational, wertrational, affektuell, traditional) ist offensichtlich. Tatsächlich können die Handlungsalternativen - ebenso wie WEBERs Taxonomie - benutzt werden, ohne den kompletten theoretischen Ansatz des Autors zu akzeptieren. Und wie die Arten des Handelns bei WEBER nicht zwingend aus dem Handlungsbegriff folgen, sondern eher den Charakter einer ad hoc-Erfindung haben, so auch die Handlungsalternativen von TALCOTT PARSONS. Daß der Autor anderer Ansicht ist, ist sicherlich verständlich. Wir brauchen ihm hier jedoch nicht zu folgen. Wir sollten ihm sogar nicht folgen, wenn PARSONS die Verschränkung der Handlungsalternativen mit seinem sonstigen Begriffssystem als Teil einer allgemeinen Theorie des Handelns fordert, in der verschiedene "Ebenen" - Persönlichkeit, Sozialsystem, Kultursystem, sowie als Folge psychologische, soziologische und sozialphilosophische Begriffe - miteinander zu einer Vollständigkeit ambitionierenden Taxonomie verbunden werden. Eine solche allgemeine Theorie des Handelns ist nämlich eine logische Unmöglichkeit. (Vgl. THEODORE N. FERDINAND: "On the Impossibility of a Complete General Theory of Behavior", American Sociologist, November 1969, S.330 ff.).
(PARSONS III und IV sind Gegenstand von Band 2).

4. Symbolischer Interaktionismus und phänomenologische Soziologien

1.

Seit Mitte der sechziger Jahre hat eine Art von phänomenologischer Soziologie, deren Anschauungsobjekt nahezu ausschließlich das individuelle Handeln ist, zunehmend Anhänger gewonnen. Für die verschiedenen Spielarten werden unterschiedliche und wechselnde Namen verwandt: Die größte Zahl dieser Sozialwissenschaftler akzeptiert für sich die Bezeichnung _symbolischer Interaktionismus_; für andere Gruppen von Autoren werden Kennzeichnungen wie _reflexive Soziologie_, _dramaturgische Soziologie_, _Ethnomethodologie_ und - für den eingeschränkten Erklärungsbereich des abweichenden Verhaltens - _labeling theory_ benutzt. Diese Bezeichnungen grenzen die recht unterschiedlichen Erklärungsprogramme der Gruppen und Einzelautoren verschieden gut ab, aber es hat keinen Sinn, in einer Situation bis auf weiteres rasch wechselnder Richtungen von außen eine Systematisierung und Standardisierung von Bedeutungen versuchen zu wollen. Vielfalt und Wechsel der Bezeichnungen und Akzente deuten zudem darauf hin, daß die Zusammengehörigkeit dieser unterschiedlichen Ansätze sich vornehmlich in der Gegnerschaft zur "Establishment-Soziologie" des strukturell-funktionalistischen Ansatzes konstituiert und sehr viel weniger in einer inhaltlichen Übereinstimmung in Grundfragen.

In diesen Spielarten einer Mikro-Phänomenologie wird durchweg Handeln noch exklusiver als in den vorher erörterten Ansätzen dieses Kapitels zum Thema. Einige Autoren (vgl. CHAD GORDON und KENNETH GERGEN,(Hg.): The Self in Social Interaction, New York 1968; CHAD GORDON: Systemic Senses of Self, in: Sociological Inquiry, Bd.38, S.161-178) bauen durchaus auf PARSONS auf - in einer nicht immer deutlichen Weise übrigens auch ERVING GOFFMAN. Dennoch kann diese Strömung nicht nur und wahrscheinlich nicht einmal in erster Linie als Handlungslehre verstanden werden. Hier sei vorgeschlagen, vier verschiedene

Akzente zu unterscheiden:

(1) Eine subjektivistische Handlungslehre;
(2) ein alternatives Paradigma zum Verständnis des Akteurs als konstitutiver Einheit eines Sozialsystems;
(3) eine sich als relevant verstehende Soziologie - wobei unter "relevant" eine Mischung von Aha-Erlebnis beim Leser und der Identifizierung von existentiellen Problemen "des Menschen unserer Zeit" verstanden wird;
(4) eine Wiederbelebung des alten Themas "Individuum versus Gesellschaft" mit dem Akzent, das hier und heute existierende Sozialsystem als Zumutung zu kennzeichnen und dieses Gefühl der Zumutung in politische Aktion überzuleiten.

Wie alle Unterscheidungen für Richtungen, die weitgehend als Reflex auf Zeitumstände zu deuten sind, die also nicht als Ausführung von Wissenschaftsprogrammen i.e.S. verstanden werden können, kann diese wie andere mögliche Unterscheidungen nicht zureichend die einzelnen Autoren kennzeichnen. Dafür herrscht auch noch zu sehr die Neigung vor, daß möglichst viele Autoren Begründer eigener Richtungen sein möchten. Wie bei Sektenbildungen sonst werden dabei Unterschiede oft über die Maßen betont.

Aus dieser Kennzeichnung der Situation und dem Versuch einer Gliederung der verschiedenen Akzente lassen sich für diese Kurzdarstellung zwei Folgerungen ableiten: (a) Es kann nicht um die Nachzeichnung aller Verschiedenheiten gehen, welche Autoren dieser Zeitströmung der Soziologie zwischen sich hervorheben; (b) Gegenstand der Kurzdarstellung sollten in erster Linie die als subjektivistische Handlungslehre und alternatives Paradigma bezeichneten Akzente sein, da die beiden anderen Akzente eher den Charakter von Weltanschauungslehren haben. Dies gilt insbesondere für Spielarten, die ein ins Politische überführtes Gefühl der Zumutung von Gesellschaft als eine Form von Marxismus ausgeben. Letzteres kann als eine angelsächsische Variante von Neo-Marxismus verstanden werden, wenn man nicht vorzieht, den Frankfurter Neo-Marxismus als eine lokaldeutsche Version eines radikal-individualistischen Frühsozialismus zu deuten. Eine Auseinandersetzung mit solchen Weltanschauungen kann nicht Thema einer systematischen Grundlegung der Soziologie als Erfahrungswissenschaft sein.

Von heute aus gesehen, kündigte sich diese Strömung einer Mikro-Phänomenologie schon in den fünfziger Jahren an. Damals wurde in den USA in Universitäten organisierte Soziologie durch den Behaviorismus (weitgehend beeinflußt durch die Stimulus-Response-Richtung der Lernpsychologie CLARK HULLS) und die strukturell-funktionale Richtung (eigentlich zu Unrecht "Theorie" genannt) beherrscht. Dies war die große Zeit der Wissenschaftslehren in Anlehnung an den Neopositivismus und der Neuerungen in den quantifizierenden Technologien der Forschung. Kritiker dieser Art akademischer Soziologie fassen sie unter der Bezeichnung "Positivismus" zusammen, obgleich diese Komponenten teilweise in erheblicher Spannung zueinander existierten. (Übrigens gehört schon ein gehöriges Maß an schlichter Unkenntnis dazu, mit Ausnahme des S-R-Behaviorismus die anderen Komponenten "positivistisch" zu nennen). Anfang der sechziger Jahre waren dann wissenschaftstheoretische Erörterung und Technologien der Datensammlung für die akademische Soziologie zweitrangig gegenüber Verfahren der Datenanalyse (speziell nach Einführung der EDV mit Programmpaketen, esoterischen Techniken wie Pfadanalyse) geworden. Unter den konkurrierenden Theorietypen hatte sich die strukturell-funktionalistische Richtung in einer stark von PARSONS beeinflußten Form durchgesetzt. Dies war der Höhepunkt einer Soziologie für Fachsoziologen - und sie war selbst für diese nicht sehr kurzweilig und jedenfalls recht unanschaulich.

Gegen diese Fachsoziologie erschienen Veröffentlichungen, die eine Rückbindung der Soziologie an die Lebenswelt der Individuen forderten. (Die Ausdrücke <u>Lebenswelt</u> durchaus in der Bedeutung von HUSSERL oder <u>Umwelt</u> im Verständnis von UEXKÜLL, werden erst später in die phänomenologische Soziologie aufgenommen; die damaligen Umschreibungen meinen aber die mit diesen Begriffen indizierten Sachverhalte). In diesen Schriften wurde die Bedeutung der subjektiven Lebensräume von Individuen, der Konstruktion von eigener Sinnhaftigkeit individueller Existenz, als Bezugspunkt für soziologische Analysen betont. Dies ist zwar auch ein Aspekt des von PARSONS entwickelten Bezugssystems für die Deutung von Handeln, wird in Schriften wie denen HAROLD GARFINKELs ("Conditions of Successful Degradation Ceremonies", in: American Journal of Sociology,1956), ABRAHAM A. MASLOWs (Self-Actualizing People,in: MASLOW: Motivation and Personality, New York 1954), oder RALPH TURNER (Role-Taking, Role Standpoint, and Reference Group Behavior, in: American Journal of Sociology, 1956) zum eigentlichen Ansatzpunkt; dabei wird durchaus der konventionelle Begriffsapparat der Sozialwissenschaft noch beibehalten.

In den sechziger Jahren folgen rasch aufeinander Publikationen, die ausdrücklich als Alternativprogramm oder zumindest doch als Radikalkritik zur "Establishment"-Soziologie vorgestellt werden. Mindestens jedes zweite Jahr wird damals in den USA die Entdeckung einer "neuen" Soziologie behauptet, findet vorübergehend großes Interesse, um dann von der nächsten "neuen" Soziologie abgelöst zu werden. Wichtige Publikationen dieser Art werden vorgelegt von M. STEIN und A. VIDICH (Sociology on Trial, Englewood Cliffs 1963) - eine Kritik nicht zuletzt der kodifizierten Art der Empirie -, I.L.HOROWITZ (The New Sociology, London 1964), A.W. GOULDNER (Anti-Minotaur: The Myth of Value-free Sociology, in: Social Problems, 1962), SHELDON L. MESSINGER (Life as Theater, in: Sociometry, 1962), H. GARFINKEL (Studies in Ethnomethodology, Englewood Cliffs 1967), sowie ST.M. LYMAN und M.B. SCOTT (A Sociology of the Absurd, New York 1970). Der erste durchschlagende publizistische Erfolg - gleichzeitig bei jüngeren Soziologen wie auch in einer kulturellen Öffentlichkeit - war ERVING GOFFMANs: The Presentation of Self in Everyday Life (New York 1959, deutsch: Wir alle spielen Theater, München 1969). Dieser Erfolg von GOFFMAN, der gegenüber der Abfolge der "neuen" Alternativprogramme für Sozialwissenschaft immer eine Distanz gewahrt hat, ebnete dennoch diesen Publikationen den Weg. Bei GOFFMAN ereignete sich zuerst, was auf Autoren dann eine große Anziehungskraft ausübte: Die Möglichkeit des Ausbrechens aus dem professionellen Ghetto der damaligen akademischen Soziologie durch ein neues Publikum für soziologische Schriften.

Die Kritik dieser Autoren an der akademischen Soziologie hat einen übereinstimmenden Tenor; er entspricht der Anklage, die in den 20er Jahren von der Phänomenologie gegen die damalige akademische Philosophie vorgebracht wurde. Die dominante Soziologie habe sich mit ihren künstlichen Kategoriensystemen, in der Abstraktion ihrer Sätze und in der Standardisierung ihrer Verfahren der Datensammlung (Fragebögen und Tests) sowie der Datenanalyse (speziell nach Einführung der EDV mit Programmpaketen) von der Konkretheit der sozialen Existenz allzuweit entfernt. Diese akademische Soziologie studiere ihre eigenen Forschungsartefakte, statt die soziale Realität. "Zur Sache selbst" hieß damals das Programm der Phänomenologie gegen die akademische Philosophie. Und genau analog - wenngleich dieser historische Vorlauf den "neuen" Soziologen oft unbekannt war - beanspruchten die "neuen" Soziologien, die Realität ungeachtet einer Selbstkastrierung durch methodologische Vorschriften zu erfassen. "Relevanz" der Aussagen hatte den Vorrang vor den Regeln des Wissenschaftsbetriebs als akademische Institution.

Dies war bei aller Entschiedenheit der Kritik noch nicht das, was später als "radikale Soziologie" zum Tagesthema in den Hörsälen und Seminaren wurde. Zwar ist allen diesen Ansätzen gemein, daß Qualitätskriterium die Interessantheit der Aussage und nicht die Korrektheit der Vorgehensweise (im Sinne der methodologischen Konventionen) sein soll, aber die Problemstellungen lassen sich noch als die Fortführung einer das Handeln thematisierenden Soziologie verstehen. Auch die Aussagen weichen nicht durchweg von denen ab, die von "akademischen" Soziologen mit anderen Vorgehensweisen ebenfalls aufgestellt werden; die Schriften von PETER BERGER und THOMAS LUCKMANN sind hierfür ein Beleg (The Social Construction of Reality, New York 1966).

Dann aber widerfuhr dieser Gegensoziologie das Mißgeschick, von der Kulturrevolution in der zweiten Hälfte der sechziger Jahre vereinnahmt zu werden. Noch einseitiger und parteiischer als etwa im Feuilleton der ZEIT, wurden in dem NEW YORK REVIEW OF BOOKS Programmunterschiede zwischen Sozialwissenschaftlern als manichäischer Weltanschauungskampf stilisiert, für den es gelte, den Kräften des Lichts (="radikale" Soziologie bzw. emanzipatorische Soziologie) gegen die Kräfte der Finsternis (="Establishment"-Soziologie; "Positivismus" im Verständnis des Kulturjournalismus) zum Sieg zu verhelfen. Nicht nur in der Bundesrepublik, sondern auch in anderen westlichen Ländern, wurde fortan fast jedes Gelegenheitsprodukt gedruckt und befördert, das die rechtgläubige emanzipatorische Sache zu fördern schien.

Es ist nicht Sache einer Grundlegung, jeweils die letzten Eintagsfliegen zum Lehrstoff zu präparieren, zumal die Feuilletons dann längst eine neue Mode empfehlen. Durch diese kurzlebigen und unter normalen Umständen auch kaum gedruckten Bändchen und Bände ist aber kaum entwirrbar geworden, welches nun der diskutable Kern dessen ist, was zwar meist symbolischer Interaktionismus genannt wird, jedoch besser allgemeiner als "phänomenologische Soziologien" bezeichnet würde. "Relevanz" im Sinne der jeweiligen couture der Kulturintelligenz und Eignung für politischen Aktivismus sind eher Ausschließungskriterien. Damit wird in dieser Kurzdarstellung der Akzent der Auswahl stark abweichen müssen von dem, was gegenwärtig in einem jeweiligen Publikations-Jahrgang als Novität und Besonderheit gewürdigt wird.

2.

Kennzeichnend für die verschiedenen Spielarten der phänomenologischen Soziologie ist die Annahme, daß die soziale Realität eben keine Realität im naturwissenschaftlichen Verständnis dieser Bezeichnung ist. Realität, so wie sie für das Handeln des Individuums bedeutsam ist, wird hiernach angemessener als Konstrukt der Menschen verstanden - eine Vorstellung, die sich auch bei PARSONS findet. Entsprechend den Unterschieden zwischen Personen existieren dann in einem Sozialsystem verschiedene "Realitäten". Ziel der Soziologie soll es sein, das Handeln der Personen aus den jeweils für sie relevanten Lebenswelten heraus zu verstehen.

Dieser Ansatz steht gewiß im Widerspruch zu behavioristischen Richtungen. Auch ein Marxist im Sinne des Parteimarxismus müßte eine solche subjektivistische Orientierung zurückweisen, weil hier bloße Epiphänomene statt der Analyse "objektiver Bewegungsgesetze" zum Thema erklärt würden; weshalb es schon sehr merkwürdig ist, wenn viele dieser Autoren die "Schockvokabel" Marxismus für sich verwenden. Sonst bedeutet ein solches Programm jedoch noch keinen Widerspruch zu vielen anderen Strömungen und Traditionen der Soziologie insbesondere in den USA. Selbst in einer Naturwissenschaft wie der Biologie wird zur Erklärung tierischen Verhaltens ein Unterschied zwischen objektiver Umgebung (d.h. eines ungeachtet der Spezies zu kennzeichnenden Lebensraumes) und einer Umwelt (d.i. der Lebensraum insofern, wie er für die betreffende Spezies relevante Eigenschaften aufweist) für nützlich erachtet. Zu einer eigenen Richtung, für die sich die Bezeichnung "symbolischer Interaktionismus" eignet, wird dieser Ansatz erst durch zwei weitere Annahmen.

Die erste dieser kennzeichnenden Setzungen ist das Verständnis der "Lebenswelt" (d.i. der Realität, wie sie vom Individuum als für sich relevant erlebt wird) als einer durch Symbole vermittelten Realität. "Symbol" bedeutet dabei irgendeine Sache (Objekt, Idee, Gestik, usw.), die für den Handelnden einen über ihre sachlichen Eigenschaften und ihre punktuelle Bedeutung hinausweisenden Sinn hat. Ein Symbol steht für einen weiteren Sinnzusammenhang, verbindet Unmittelbares mit dem Kultursystem (i.S.v. PARSONS). So verweist die Verwendung einer "privaten" Variante eines Vornamens auf einen ganzen Sinnzusammenhang: eine von den sonstigen Beziehungen des Gegenüber abgehobene gegenseitige Zuerkennung des Rechtes, die Privatsphäre nicht als Grenze respektieren zu müssen (in der Terminologie von PARSONS: die Beziehung ist sowohl partikularistisch wie diffus). Indem der Analytiker Objekte, Ideen, Gestik oder Zeichen als Symbole deutet, vermag er den Sinnzusammenhang zu erfassen, an dem der Handelnde sein Verhalten ausrichtet.

In der Zielsetzung ist das nicht einmal sehr verschieden vom PARSONSschen Paradigma für Situation als Komponente des Handelns, wohl aber in der Hervorhebung eines Aspektes von Situation: der Deutung von Elementen einer Situation als Symbole. Der Sinn, den der Handelnde mit seinem Verhalten verbindet, wird hier von der Verwirklichung eines Ziels verlagert auf die Interaktion mit Symbolen. Diese verstanden als Chiffren für Sinn erhalten Aufforderungscharakter. Indem ich Verhalten mit Symbolen in Übereinstimmung bringe, erhält dieses als Handeln seinen Sinn. Während in der ursprünglichen Fassung seines Handlungsparadigmas PARSONS Wahlakte - speziell die Wahl von Mitteln zur Erreichung eines Ziels - dann als sinnhaft deuten würde, wenn sie als "unit act" zur Verwirklichung des Ziels als zweckmäßig erscheinen, trägt jetzt das Handeln seine Bedeutung in sich, sofern es an der symbolischen Repräsentanz von Sinn ausgerichtet ist.

Nun hat selbstverständlich Handeln auch vom gemeinten Sinn abweichende Wirkungen, etwa als Widerlegung von Erwartungen hinsichtlich des Gegenüber. In einem lerntheoretischen Ansatz würde dies als Ausbleiben von Belohnungen bzw. Eintreffen negativer Sanktionen verstanden werden, wodurch dann diese Konditionierung das Verhältnis zwischen Stimulus und Handlungsbereitschaft verändern würde. Wird in der Lerntheorie des Typus Stimulus-Response unterstellt, daß das Verhalten durch die positiven oder negativen Empfindungen gesteuert wird, die sich als Folge einer Handlung ergeben, so wird nach den verschiedenen Spielarten des symbolischen Interaktionismus diese Steuerung durch Selbstbeobachtung bewirkt. Der Handelnde beobachtet hiernach sein Verhalten auf zweifache Weise und deutet es zugleich ("reflektiert"): als Hineinhorchen in sich selbst und als Beobachtung einer Wirkung des eigenen Verhaltens beim Gegenüber. Üblicherweise wird in der Soziologie Handeln als durch Normen gesteuert verstanden, durch Normen, die zu einem gegebenen Zeitpunkt objektive Vorgaben sind. Die Deutung von Regeln und Sachen als Symbole hat auch in der Soziologie von PARSONS ihren Platz, aber nur als ein Element der Situation: Symbole haben hier die Funktion, Affekte zu kommunizieren (vgl. The Social System, a.a.O., S.384 ff). In den verschiedenen Spielarten des symbolischen Interaktionismus werden dagegen auch Normen von ihrer üblichen Deutung als Verhaltensvorgaben zu Sinnbezügen. Der symbolische Interaktionismus sieht den Handelnden als einen über Normen reflektierenden Akteur; er reagiert nicht auf sie, sondern wählt sein Verhalten in Hinblick auf den Sinngehalt der Normen für sich selbst in einer gegebenen Situation. Der Handelnde wird insofern zum Objekt der Analyse, wie er als über sich selbst reflektierendes Subjekt gedeutet werden kann. (Dies wird weiter unten noch genauer erörtert).

Das dritte Kennzeichen der symbolischen Interaktionisten dürfte der Akzent auf der Situation als Sinneinheit bei der Deutung von Handeln sein. Vielleicht wird dies durch Beispiele aus der Ethnologie deutlicher: Als Teil einer Zeremonie der Eheschließung eines Hirtenstammes wird von einer Sippe der anderen Sippe Großvieh übergeben; zugleich schreitet die Braut in die entgegengesetzte Richtung; Europäern muß dieser Vorgang als Kauf erscheinen, ist es aber für die beteiligten Sippen nicht, weil das Großvieh lediglich als Sicherheit "in

Kaution" gegeben wird. Die Zeremonie des Potlatch der Indianer Britisch Columbiens, bei der sich Würdenträger im Wegwerfen von Wertgegenständen (Kupferplatten, Decken) gegenseitig überbieten, erscheint Außenstehenden als unvernünftig; für die Beteiligten handelt es sich um eine friedliche Form der Entscheidung eines Rangstreites. Im Zusammenhang mit einer Heiratszeremonie hat die Übergabe von Vieh eine von anderen Situationen abweichende Bedeutung, und außerhalb einer Potlatch-Zeremonie wäre auch bei diesen Indianern das Wegwerfen von Wertgegenständen unvernünftig. Erst die Situation konstituiert den Sinn, den ein Verhaltensakt für die Beteiligten hat. "Wegwerfen" hat als Verhalten keinen festen Sinn und kann nicht zureichend als Akt behavioristisch gedeutet werden; der Sinn des Aktes ergibt sich hiernach aus der Konstellation von Personen, Verhalten und anderen Sachverhalten in einer Situation.

An sich ist es allerdings nicht zwingend, die Situation als Sinneinheit so zu betonen, wie dies im symbolischen Interaktionismus geschieht. Sicherlich ist es ein wichtiges Korrektiv zu der sonst in der Soziologie häufigen Praxis, Akte in ihrer "wörtlich genommenen" Bedeutung isoliert zu behandeln. Der Ansatz von PARSONS war ebenfalls ein solches Korrektiv, das aber flexibler als der Ansatz des symbolischen Interaktionismus ist. Akte erhalten eine für die Beteiligten spezifische Bedeutung ja nicht nur im Zusammenhang einer Situation, sondern auch als Moment in einem Lebenslauf. Entsprechend deutet PARSONS den einzelnen Akt als Teil eines Handlungssystems (action system), als in seiner Bedeutung geprägt durch vorausgegangene Handlungen und die Erfahrungen mit diesen. Die Konzentration auf aktuelle Situationen folgt bei den symbolischen Interaktionisten aus dem Verständnis des Handelnden als Manipulator eines aktuellen Vorgangs.

Dies war bei den Philosophen und Sozialwissenschaftlern, auf die sich die heutigen symbolischen Interaktionisten berufen, teilweise anders. Die wichtigste Figur der intellektuellen

Ahnenreihe, in der auch noch WILLIAM JAMES, EDMUND HUSSERL, ERNST CASSIRER und ALFRED SCHÜTZ von besonderer Bedeutung sind, war zweifellos GEORGE H. MEAD. Wie andere Phänomenologen auch - z.B. HUSSERL und SCHÜTZ - ist bei ihm die Quellenlage etwas undurchsichtig, da er wesentliche Teile seines gesamten Schaffens nicht selbst publizierte; aber vielleicht ist ein großer Spielraum für Exegeten (wie bei MARX) eine gute Voraussetzung für Nachruhm. Innerhalb dieses Spielraums wird jedoch unter den inzwischen über 70 erfaßten Publikationen "Mind, Self and Society" (eine von CH. MORRIS 1934 in Chicago herausgegebene Aufsatzsammlung; deutsch: Geist, Identität und Gesellschaft, Frankfurt 1968) als der wichtigste Beitrag von MEAD angesehen. MEAD kann durchaus als Phänomenologe verstanden werden, fügt diesen Lehren aber eine für den symbolischen Interaktionismus zentrale Konzeption hinzu.

Die Phänomenologie ist bekanntlich generell anti-empiristisch - "empiristisch" verstanden im Sinne der englischen Philosophie des 17. Jahrhunderts, deren Weltbild auf so verschlungene Weise die "Establishment"-Soziologie bestimmt. Die unmittelbaren Sinneseindrücke verstellen nach diesem Ansatz eher den Zugang zur Wesenswelt, deren Enthüllung das Ziel der Phänomenologie bei HUSSERL und SCHELER ist. Dieser Zweifel an der Bedeutung der Sinneswelt ist auch für die Phänomenologen in den USA kennzeichnend, die aus diesem Zweifel ihre ontologische Aussagen ableiten. Grundlegend für die menschliche Existenz ist demnach das Fehlen einer direkten Abhängigkeit zwischen physischer Umgebung und den Reaktionen des Menschen, weil Menschen eben bewußte Kreaturen sind. Symbole - durch Beilegung eines Sinns gedeutete Zeichen - vermitteln zwischen physischer Umgebung und dem Menschen. Der Mensch sei ein "symbolisches Tier" - besser vielleicht: eine in einer Symbolwelt existierende Kreatur - formuliert ERNST CASSIRER (Essay on Man, New Haven 1941). Als weitere Hinzufügung aus dem Ambiente der amerikanischen Philosophie wird diese Symbolwelt als Umwelt i.e.S. des Menschen, als dessen Schöpfung, verstanden. Die für den Menschen relevante Realität ist mithin nicht die der Naturwissenschaften, sondern die von ihm geschaffene Symbolwelt, also ein Konstrukt und nicht ein unveränderliches Datum. Nun muß nur noch hinzugefügt werden, daß bei der für die USA charakteristischen Richtung Symbole nicht bloße Deutungen von Zeichen sind, sondern Deutungen intentionaler Art. Damit gälte dann:

Def.: Symbole sind Zuordnungen von Sinn zu Zeichen mit einem Aufforderungscharakter für Handeln.

Diese ganze Problematisierung der sichtbaren Welt, dieses Verständnis des Menschen als Schöpfer seiner Welt durch eigenes Bewußtsein wird von MEAD übernommen. Seine für die Entwicklung des symbolischen Interaktionismus wichtigste Hinzufügung ist die Konzeption von Handeln als reflexivem Vorgang, als eine Gleichzeitigkeit von Handeln und Deutung dieses Handelns. Als Begrifflichkeit hierfür schlägt MEAD eine Trennung zwischen "I" and "Me" vor; er macht sich damit die zweifache Bezeichnung von "ich" im Englischen zunutze, die dort ein Alptraum für Schulkinder ist. In Anlehnung an den alltäglichen Sprachgebrauch soll "I" das Individuum als Handelnder bedeuten, und "Me" das gleiche Individuum als Beobachter der Wirkung seines Handelns. Das "I" erfährt im Akt des Handelns ("self-as-experiencer"),das "Me" wird vom Gegenüber erfahren ("self-as-experienced"). Bei MEAD liegt der eigentliche Akzent auf der Klärung der Stellung des "Me" im Prozeß der Reflexion. Diese Stellung kann wahrscheinlich am besten in Anlehnung an die Konzeption des Spiegel-Ich verstanden werden (looking-glass self; vgl. CHARLES COOLEY: Human Nature and the Social Order, New York 1902): Die Idee, daß Teil der eigenen Person deren Spiegelung in den Augen anderer wird. Auch bei MEAD sieht sich das Individuum mit den Augen seines Gegenübers und wird damit Individuum i.e.S. und soziales Selbst zugleich. Dieser doppelte Reflexionsprozess - also sich selbst "mit eigenen Augen" und "mit anderen Augen" zu betrachten - soll Handeln als bewußtes Verhalten kennzeichnen.

Auch und gerade beim heutigen symbolischen Interaktionismus

werden diese Annahmen über die Besonderheit der Existenz des Menschen als eines durch sein Bewußtsein geleiteten Individuums weitergeführt zur Annahme, daß dieses Bewußtsein selbst "handelt". Der Mensch ist nicht nur eine in einer Symbolwelt lebende, an Sinnkriterien orientierte und reflektierende Kreatur. Dieses Bewußtsein gibt ihm die Möglichkeit, die ohnehin ja von Menschen erschaffene Umwelt oder Lebenswelt gemäß seinen Intentionen manipulativ zu beeinflussen. Diese Manipulation kann sich jeweils nur in konkreten Situationen äußern - und deshalb wird die Situation zum charakteristischen Anschauungsobjekt der symbolischen Interaktionisten.

Von hier ab wird der symbolische Interaktionismus sehr uneinheitlich (vgl. HEINZ STEINERT, Hg.: Symbolische Interaktion, Stuttgart 1973, Einleitung). Und von hier aus ist auch der Weg nicht weit zu den verschiedenen modischen Spielarten von Überbau-Marxismus. Wird beispielsweise aus dem Komplex von Aussagen der symbolischen Interaktionisten die Annahme herausgelöst und einseitig thematisiert, daß die vorgefundene Welt eine nach den Intentionen anderer Personen erschaffene Welt ist, so kann dies zu einer Anleitung primitiviert werden, durch Veränderung des Bewußtseins ("emanzipatorisches Bewußtsein") eine bessere Welt herbeizuführen. Wird einseitig akzentuiert, daß Kommunikation Teil des Symbolsystems ist, durch das Wahrnehmung des Gegenüber nur vermittelt möglich ist, insbesondere gefiltert durch das nicht-neutrale Medium Sprache, so kann Kommunikation zur Elementareinheit und konstitutiv für das Sozialsystem hochstilisiert werden.

Vor allem aber ist in der Phänomenologie und erst recht in dem symbolischen Interaktionismus die Bedeutung von "Sinn" uneinheitlich. Es gibt gewiß Definitionen repräsentativer Autoren des symbolischen Interaktionismus, beispielsweise von GEORGE H. MEAD selbst (Mind, Self and Society, Chicago 1934, S.75f): "Sinn (im Original "Meaning") entsteht und ist lokalisiert im Beziehungsfeld der Relationen zwischen den Gesten eines gegebenen menschlichen Organismus und dem anschließenden Verhalten dieses Organismus, wie es sich anderen menschlichen Organismen durch diese Gesten darstellt. Falls diese

Gestik dem anderen Organismus das anschließende (daraus folgende) Verhalten des gegebenen Organismus richtig signalisiert, dann hat die Gestik einen Sinn." Im gleichen Sinne, aber sowohl präziser wie knapper und allgemeiner, definieren A.R. LINDESMITH und A.L. STRAUSS (Social Psychology, New York 1949, S.54):

Der Sinn eines Objektes oder eines Wortes wird bestimmt durch die Reaktionen, die darauf erfolgen; das bedeutet: Sinn ist eine Relation und nicht eine Wesenseigenschaft.

Im späteren und eigentlichen Interaktionismus wird Sinn zwar weiter als relativ verstanden, als eine Beilegung, aber nicht mehr durchweg an den Reaktionen auf sinnhafte Zeichen (Symbole) festgemacht. Mit der Aufgabe eines solchen objektiven Bezugs werden sehr verschiedene Deutungen möglich. Bei der zentralen Bedeutung dieses Begriffs lassen sich in Anbetracht dieser Unklarheit recht verschiedene Lehren und Modelle alle als symbolischer Interaktionismus ausgeben. Angesichts eines Morasts an philosophischen Unklarheiten empfiehlt sich im Rahmen einer Grundlegung von hier ab Abstinenz.

Der symbolische Interaktionismus, so wie er hier vorgestellt wurde, ist keine eigentliche Theorie, sondern der Entwurf eines Bezugsrahmens zur Deutung von Interaktionen. Der Bezugsrahmen beruht auf einem Paradigma für Verhalten, das nicht selbst empirisch prüfbar ist. Dies ist für ein Paradigma üblich. Qualitätskriterium ist die Breite der Anwendbarkeit, aber diese ist in diesem Fall nicht überprüfbar, weil die Unbestimmtheit vieler Formulierungen den Ansatz weitgehend gegen das Scheitern von Versuchen einer Anwendung immunisiert. Die symbolischen Interaktionisten würden dies nicht als problematisch empfinden, da für sie die Konventionen der Forschungslehre nicht verbindlich sind. Ihr Ansatz erscheint ihnen gerechtfertigt, wenn hiermit die Abbildung sozialer Wirklichkeit in bedeutungsreicherer Weise möglich ist als mit anderen Ansätzen.

Abschließend sei noch eine vereinfachte Zusammenfassung der wichtigsten Elemente des symbolischen Interaktionismus in seiner Hauptform als Paradigma zur Deutung von Verhalten vorgestellt:

Annahme: Der Mensch lebt nicht wie andere Kreaturen in einer natürlichen, sondern primär in einer symbolischen Umwelt. Sein Handeln orientiert sich entsprechend an Symbolen. Ein Symbol ist ein Zeichen, dem ein Sinn zugeordnet ist. In dieser Bedeutung ist Handeln als sinnbezogenes Verhalten Objekt einer Sozialwissenschaft, welche den besonderen Charakter menschlicher Erfahrungen nachzeichnen will ("humanistische Soziologie").

Annahme: Mit Hilfe von Symbolen kann ein Individuum für ein Gegenüber andere als die ihn selbst stimulierenden Reize setzen; die Symbole sind manipulativer Verwendung zugänglich. Diese manipulative Nutzung der Symbolwelt setzt einen doppelten Reflexionsprozeß voraus: Das Individuum reflektiert sein eigenes Handeln in seiner Bedeutung für sich selbst und zugleich die Wirkung seines Handelns beim Gegenüber in dem Sinne, daß er sich selbst mit den Augen des anderen zu sehen vermag. Anschaulich kann der Ansatz in vier Schritten dargestellt werden:

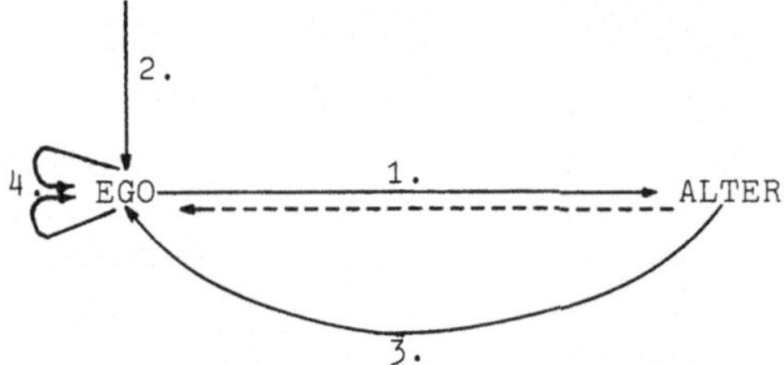

Die Erklärungsschritte:

1. Ego "verhält sich" gegenüber Alter,
2. Ego "schaut sich dabei selbst auf den Kopf",
3. Ego sieht sich mit den Augen des anderen,
4. Die beiden Reflexionen wirken auf die Person zurück.

Annahme: Das Wissen um die Bedeutung bzw. um den Sinn von Symbolen wird durch Lernen und reflektierte Erfahrung erworben. Indem neben die reflektierte Erfahrung das Lernen vermittels

Kommunikation tritt, gibt es neben der personalen Bedeutung der Symbole soziale, als allgemein verbindlich verstandene Bedeutungen. Dieses Wissen um die geteilten Bedeutungen erlaubt das Voraussagen der Wirkung eigenen Verhaltens und des Verhaltens anderer abgehoben von der eigenen Lebenserfahrung. Den Medien der Kommunikation kommt eine umso größere Bedeutung zu, je vielfältiger ein Sozialsystem ist und je weniger durch eigene Lebenserfahrung die Vielfalt eines Sozialsystems erfahrbar wird.

3.

Die vorherrschende Bedeutung des symbolischen Interaktionismus ist die eines Paradigma für Handeln als reflektiertes Verhalten. Daneben läßt sich aus den grundlegenden Denkfiguren bzw. Annahmen auch eine (subjektivistische) Handlungslehre ableiten. Die wichtigste Ausführung dieser Möglichkeit wurde im Verlauf von über 10 Jahren nach und nach von ERVING GOFFMAN vorgelegt.

Diese Aussage widerspricht dem vorherrschenden Verständnis von GOFFMAN als einem impressionistischen Künstler der "Hinterfragung" alltäglichen Verhaltens. Tatsächlich stellte sich GOFFMAN auch mit seinem ersten Buch "The Presentation of Self in Everyday Life" als Autor vor, der das Verhalten im Alltag als Theaterspiel entlarvt. Die hierbei verwandte Begrifflichkeit der "Vorderbühne" (Verhalten, um sich manipulativ an die Erwartungen des gegenüber anzupassen) und "Hinterbühne" (auf der sich die von der selbstauferlegten Fremdzensur befreite Person auslebt) fand rasch Verbreitung. Angesichts der Faszination einer "Entlarvung" des Verhaltens als Theaterspiel wurde dabei oft verzerrt verstanden, daß mit "Vorderbühne" die Situation des seinen Tribut an die Gesellschaft bringenden Menschen gemeint sei, mit "Hinterbühne" aber der Ort des befreiten, eigentlichen Menschen. GOFFMAN selbst verstand beide Darbietungsformen des Akteurs jedoch symbiotisch. Als Beispiel sei auf das Verhalten der Kellner eines Luxusrestaurants verwiesen: Im Gästeraum als Vorderbühne ist der Kellner gehalten, anspruchsvolle Gäste zufrieden zu stellen, ohne seine Gefühle bei beanstandenswertem Verhalten des Gastes zu zeigen; auf der Hinterbühne der Küche, geschützt vor den Beobachtungen der Gäste, kann er einem ungezügelt aggressiven Verhalten gegen die Gäste freien Lauf lassen. Diese Aggressionen sind jedoch nicht das Verhalten des "eigentlichen Menschen", sondern sind die andere Ausdrucksform der gleichen Sache: der sozialen Ordnung als Versagung, wobei Versagung eben die Voraussetzung für soziale Ordnung ist. Keine der beiden Ausdrucksformen von Verhalten ist "eigentlich", sondern beide sind sozial, weil erst mit den so gegensätzlich scheinenden Formen eine Balance zwischen den Notwendigkeiten einer Sozialordnung und den Bedürfnissen des Individuums entsteht.

In der Folgezeit trat GOFFMAN mit Monographien hervor, die besonders Grenzfälle von Verhaltenssituationen zum Thema hatten (z.B. "Asylums", New York 1961, deutsch: "Asyle", Frankfurt 1972; "Encounters", Indianapolis 1961; "Behavior in Public Places", New York 1963, deutsch: "Verhalten in sozialen Situationen",Düsseldorf 1971; "Stigma", Englewood Cliffs 1963, deutsch:"Stigma",Frankfurt 1967; "Interaction Ritual", New York 1967, deutsch: "Interaktionsrituale", Frankfurt 1972; "Strategic Interaction", Philadelphia 1969). GOFFMAN wurde verstanden - und konnte auch so gedeutet werden - als Analytiker von Manipulationstechniken und als Impressionist der Techniken der Selbstdarstellung. "Impression management" - frei übersetzt: Darstellungstechniken - war tatsächlich immer wieder ein Aspekt, unter dem er Verhalten analysierte. Diese Einseitigkeit trug ihm auch viel Spott ein als Vertreter einer Richtung der Sozialwissenschaften, welche die Probleme von karrierebewußten Akademikern und Außenseitern zu Menschheitsproblemen mache. Nahm man GOFFMAN wörtlich, so hatten seine Beschreibungen nicht selten einen touch von disneylandhafter Konstruiertheit und konnten beim Leser die Frage auslösen, warum er sich für die Stammessitten und die daraus folgenden Spannungen des südlichen Kalifornien interessieren solle.

In Wirklichkeit war und blieb GOFFMAN ungeachtet des Gegenkultur-Aromas vieler Passagen ein sehr viel konventionellerer Soziologe, als es den Anschein hatte. So verwendet er die Begrifflichkeit der Rollentheorie und leitet aus dieser weitere Begriffe ab, wie den Begriff der Rollendistanz für eine gewissermaßen augenzwinkernde Distanzierung vom eigenen Verhalten (für eine Anwendung dieses und verwandter Begriffe siehe RENATE MAYNTZ: Role Distance, Role Identification and Amoral Role Behavior, in: Archive Europeenne de Sociologie, Band 11, 1971). Erst in den neuesten Veröffentlichungen wird deutlicher, daß dazu GOFFMAN eine Verhaltenslehre entwickelt, die mit makrosozialen Annahmen verbunden ist (Relations in Public - Microstudies of the Public Order, New York 1971).

In Übernahme einer "klassischen" Vorstellung der akademischen Soziologie versteht GOFFMAN soziale Ordnung als immer gefährdet, soziale Existenz als prekär: "Immer mehr verstehen wir die Verletzlichkeit des öffentlichen Lebens, und sei es nur, weil wir sensibler werden für die Gebiete und Feinheiten des gegenseitigen Vertrauens, das im öffentlichen Bereich unterstellt werden muß. Sicherlich können Bedingungen entstehen, welche die Freizügigkeit untergraben, mit der sich normalerweise Individuen in ihrer Umwelt bewegen. ... Auf militante Weise kultivierte Antagonismen zwischen bedeutenden, gemischt lebenden Kategorien von Menschen - jung und alt, Männern und Frauen, Weiß und Schwarz, verarmt und wohlhabend - können Menschen im Bereich der Öffentlichkeit veranlassen, der nebenan verhungernden Person zu mißtrauen und zu fürchten, daß ihnen mißtraut wird. Die Formen von höflicher Gleichgültigkeit, von Menschen, die einander der Etikette entsprechend respektieren, aber gleichzeitig nur ihren eigenen Privatsachen nachgehen, mögen aufrechterhalten werden, aber hinter dieser normalen Fassade können Individuen permanent angespannt sein, fluchtbereit oder bereit, notfalls zu kämpfen. Und an Stelle der

Gleichgültigkeit mag dann Angst treten - bis unsere Straßen umdefiniert werden als natürlicherweise gefährliche Plätze, und bis ein hohes Maß an Risiko als Routine empfunden wird." Solche Abschnitte hat es ja tatsächlich immer in der Geschichte gegeben - sei es im 12. Jahrhundert in Mitteleuropa, oder sei es während längerer Abschnitte im römischen Kaiserreich oder der Geschichte Chinas. Es läßt sich durchaus mit Gründen die Auffassung vertreten, daß das heutige Maß an öffentlicher Ordnung eher die Ausnahme als die Regel für Sozialsysteme ist.

Auf der Mikroebene ist die analoge Bedrohung des Individuums sein Verlust an Gesicht. GOFFMAN spricht von der Heiligkeit ("sacredness") des Individuums als Persona, als eine sich darstellende Person. Die minutiösen Nachzeichnungen der Mittel, diesen Eindruck der Person einer Außenwelt gegenüber aufrecht zu erhalten, sind nicht Ausdruck eines Zynismus. Ohne Respekt, der auf die Einhaltung gegenseitiger Routinen hin gewährt wird, ist menschliche Existenz nicht möglich; ohne Respektierung der Fassade zerbricht eine Person. In einem hoch differenzierten Sozialsystem muß es zu dauernden Verletzungen des Respekts dieser Sozialperson kommen, aber dann gibt es nahezu automatische Mechanismen der Entschuldigung, mit der sich der Verletzende von einer Handlung distanzieren kann. "Diese stellen das Selbst wieder her, das durch schuldhaftes Handeln entheiligt wurde, und stellen damit die Gültigkeit der Norm wieder her, die durch die Verletzung in Frage gestellt wurde." In einem Aufsatz über "Relations in Public" bezeichnet denn auch STANFORD M. LYMAN das Weltbild GOFFMANs, das dessen Verhaltenslehre zugrunde liegt, als Prophezeiung der dauernden Möglichkeit des Untergangs (Civilization - Contents, Discontents, Malcontents; Contemporary Sociology, 1973, S.360 ff). Die Beziehungen zwischen Personen und zwischen deren Verhalten auf der Vorderbühne und Hinterbühne sind damit ein fortwährendes Bemühen um ein dauernd gefährdetes Equilibrium mit dem Ziel, den Respekt vor der Sozialperson als Grundlage des Selbstrespekts zu bewahren oder wiederherzustellen.

4.

Die Fülle der vom symbolischen Interaktionismus ausgehenden oder mit diesem verbundenen Ansätze ist zu groß, die Ausprägung als eigene Richtungen zu schwach, um der Verschiedenheit der Bezeichnungen entsprechend eine halbwegs vollständige Übersicht zu erreichen. Sie ist wohl auch nicht notwendig, da es sich um kurzfristige Ausdrucksformen einer doch längerfristig wirkenden Alternative zur "akademischen" Soziologie handeln dürfte.

Einige Bedeutung hat gegenwärtig die Ethnomethodologie erlangt. Ihr Ansatz ist an einem Beispiel LESLIE WHITEs einfach nachzuvollziehen: Ist eine chinesische Vase ein Kunstgegenstand, oder ein Gebrauchsstück, oder ein Handelsobjekt, oder ein gerichtliches Beweisstück, oder ein wissenschaftlicher Fund? Offensichtlich ist der Sinngehalt des gleichen Gegenstandes nicht nur je nach Zusammenhang verschieden, sondern auch nach der Art des Betrachters. Sollte nun der Zugang zum Sinngehalt einer Situation so sehr von der vorherigen Vertrautheit mit der Situation abhängen, wie es in manchen Schriften von symbolischen Interaktionisten den Anschein hat, sollte der Zugang zum Sinn so sehr auf die selbst im Sinnzusammenhang Lebenden begrenzt bleiben, sollte mithin die soziale Ordnung des Beobachters bzw. Analytikers unüberwindbare Grenzen im Nachvollziehen des Sinns eines Vorganges zur Folge haben, dann gibt es keine allgemeine Sozialwissenschaft, sondern nur noch Sozialwissenschaften spezifisch für die jeweilige Kategorie von Analytikern. Wird jetzt "Analytiker" ethnisch verstanden, dann ist dies der Kern der Ethnomethodologie: nämlich die Behauptung, daß nur die Angehörigen einer ethnischen Gruppe diese zureichend verstehen könnten.

Diese Auffassung wird mit zunehmender Lautstärke von Sozialwissenschaftlern - oder doch von solchen, die sich so nennen - der "Dritten Welt" vertreten. In öfters kompliziertem und ideologiereichem Jargon wird hier eine irrige Weisheit des Alltags wiederholt: Nur ein Dieb kann einen Dieb, nur ein Heiliger einen Heiligen verstehen. Das trifft für Verstehen als vollständige Übereinstimmung der Nachempfindungen vielleicht gelegentlich zu. Für Wissenschaft als aspekthaftes Erklären ist ein solcher Einwand irrelevant. Nur wenn Wissenschaft zur Deckung gebracht werden soll mit normalem Verhalten, wenn also Wissenschaft selbst als besondere Veranstaltung aufgegeben wird, kann über eine solche Behauptung geredet werden. Im Falle der Ethnomethodologie läßt sich diese Auffassung sicherlich als Verteidigungsideologie solcher Sozialwissenschaftler deuten, die sich in freier Konkurrenz der Majorität unterlegen fühlen und deshalb aus ihren angeborenen Eigenschaften einen bevorzugten Zugang zur Wahrheit ableiten. Zugleich soll den Konkurrenten der Zugang zu einem Stück Wirklichkeit versperrt werden, das als eigenes Reservat abgegrenzt wird.

An dieser Übersteigerung des symbolischen Interaktionismus wird eine prinzipielle Problematik dieses Ansatzes deutlich. Es ist gewiß verständlich, wenn die akademische Soziologie gefragt wird, ob sie nicht Artefakte eigener Konstruktion statt Wirklichkeit untersuche. Es ist aber prinzipiell unzulässig, als Qualitätskriterium für Wissenschaft im verfaßten Sinne die Übereinstimmung von wissenschaftlicher Deutung und lebensweltlichem Fühlen zu fordern. Es mag noch diskutabel sein, ob die Konventionen der Forschung immer als Grenze des Vorgehens zu respektieren seien; es ist nicht diskutabel, methodische Regeln prinzipiell zurückzuweisen, wenn es dem Schreiber nur gelinge, "interessante" (im Sinne von Plausibilität) Aussagen zu formulieren. Dann muß man sich schon zu der Konsequenz bekennen, daß Wissenschaft dem zu erklärenden Sachverhalt soziale Existenz grundsätzlich nicht gerecht werden könne. In diesem Falle wäre dann eben Literatur und bildende Kunst ein angemessenerer Ausdruck - und fänden die rigoroseren Vertreter des symbolischen Interaktionismus sich zu einem solchen Eingeständnis bereit, dann könnten wir die Lebenswelt durch literarisch vergnüglichere Texte als die letztlich doch recht hölzernen Ausführungen selbst von ERVING GOFFMAN erschließen.

Der symbolische Interaktionismus ist in seinen kulturrevolutionären Ausdrucksformen wissenschaftsfeindlich - und als wissenschaftsfeindlich macht er sich selbst überflüssig. Nicht zuletzt führt er sich selbst ad absurdum, indem er die Forderung nach möglichst genauer Rekonstruktion der Lebenswelten in einem Jargon ausführt, der noch unzivilisierter als die Durchschnittsprodukte der abgelehnten "Establishment"-Soziologie ist. Selbstverständlich ist es nicht angemessen, eine wissenschaftliche Richtung an ihren extremen Ausdrucksformen zu beurteilen. Im vorliegenden Falle zeigen diese Extremformen jedoch deutlicher eine generelle Problematik aller Phänomenologie: als Korrektiv sind die verschiedenen Versionen des programmatischen "zur Sache selbst" einsehbar; nicht mehr als Korrektiv sondern als selbständiges Programm erweist sich dieses Selbstverständnis als nicht tragfähig für eine Wissenschaftsrichtung. Die "Sache selbst" ist kein Erkenntnisgegenstand, für den Wissenschaftler bevorzugte Einsichten beanspruchen können. Es ist eben nicht "die Sache", sondern die Art ihrer Behandlung, die eine eigene Qualität von Erkenntnis der Wissenschaft begründen.

Häufiger ist die Kritik des symbolischen Interaktionismus, der selbst mit einem ideologiekritischen Anspruch verbunden ist, als Ideologie strictu sensu (d.h. im Sinne THEODOR GEIGERs als theoretische Verkleidung eines Gefühls). Im symbolischen Interaktionismus wird nach Auswahl der Anschauungsobjekte und Art ihrer Deutung die Gefühlslage einer Bevölkerungsgruppe - der bereits erwähnten karrierebewußten Akademiker insbesondere in freiberuflicher Situation - als allgemeines Menschheitsproblem vorgestellt. Die Durchsetzungstechniken dieser Personen werden dann zu Grundformen menschlichen Verhaltens erklärt, während in Wirklichkeit Bücher wie die von GOFFMAN als ethnographischer Bericht einer merkwürdigen Soziallage zu lesen seien. Nur hier sei es typisch, daß angesichts der dauernden Beschäftigung mit Darbietungstechniken die Frage nach der Identität der eigenen Person nicht mehr zu beantworten sei; hier werde angesichts der Sensibilisierung und Betonung von Form der Sinn von Sachen und Verhalten zur Projektion des Individuums; gerade hier werde dann die Person zur Spiegelung dieser Person in den Augen anderer; in dieser Soziallage werde der Selbstrespekt ablösbar vom Individuum als Person und von Situation zu Situation zur immer wieder neu zu behauptenden Eigenschaft. Die Betonung von Kommunikation zeige an, daß die Selbstverständlichkeiten sozialer Existenz durch Überreflexion zerstört seien. Anstelle der Antriebskräfte als Movens für Handeln sei bezeichnenderweise das Bedürfnis nach gutem Eindruck in den Augen anderer getreten. Symbolischer Interaktionismus zumindest in seinen neueren Formen kann so als Theoretisierung einer intellektualisierten Dekadenz gedeutet werden.

Es läßt sich allerdings einwenden, ob der symbolische Interaktionismus nicht mehr ist: die Thematisierung einer allgemeineren Entwicklung an zugegebenermaßen sehr raum-und-zeitspezifischen Gruppen. Das Individuum als Handelnder in einem Sozialsystem, das große Freiheitsspielräume zu gewähren scheine und doch Freiheit durch ein dichtes Netz von Zwirnsfäden statt durch sichtbare Ketten begrenze, ist ja ein Zeitthema, ist nicht auf symbolischen Interaktionismus beschränkt. Und die Vereinzelung des Individuums ebenso wie die Sinnfrage und die Problematisierung der sinnlichen Welt seien zentrale Themen auch der Künste dieser Zeit. Allerdings ist mit diesen Hinweisen nicht mehr ausgesagt, als eine Übereinstimmung zwischen dem Problemverständnis des symbolischen Interaktionismus und vorherrschenden Strömungen innerhalb der Kulturintelligenz der Industriegesellschaften - übrigens in West und Ost. Dieser Hinweis ist gewiß geeignet, das Interesse einer intellektuellen Öffentlichkeit am symbolischen Interaktionismus und seinen sich anders verkleidenden Formen zu erklären, aber Übereinstimmung zwischen Problemverständnis der Soziologie und intellektuellen Strömungen kann ja kein Qualitätskriterium für Wissenschaft sein. Es zeigt sich nur wieder einmal, wie wenig sich die Soziologen als verselbständigte Profession mit dieser Verselbständigung abzufinden vermögen. So verstanden wird am symbolischen Interaktionismus ein innerer Widerspruch in der Soziologie deutlich: der gleiche Anspruch auf Wissenschaftlichkeit und auf eine zentrale Stellung in der jeweiligen intellektuellen Diskussion einer Zeit.

Die akademische Soziologie hat tatsächlich in solchen Richtungen wie dem Behaviorismus von HOMANS die Bedeutung des Sinnzusammenhangs von Verhaltensakten und Situationen zu wenig berücksichtigt. Hier ist der symbolische Interaktionismus ein wichtiges Korrektiv, ist er in der Lage, in einer Mikroanalyse Handeln angemessener zu deuten. Dennoch wird gerade hier die Problematik besonders deutlich, die sich aus der Wahl des Handelns als elementarer Einheit für die Soziologie ergibt. Wird Handeln zum zentralen Anschauungsobjekt und wird die Begrifflichkeit auf das Nachzeichnen des Handlungsraumes von Akteuren ausgerichtet, so wird von hier aus der Zugang zur Analyse eines Sozialsystems als einer überindividuellen Realität schwierig. Daß ein solcher Übergang nicht unmöglich ist, wird an dem Werk von TALCOTT PARSONS belegt. Im symbolischen Interaktionismus wird jedoch die Realität jenseits der Interaktionssituation zur bloßen allgemeinen Umwelt und tendenziell zu einer "schwarzen Kiste". Der Preis für die differenzierte Begrifflichkeit für eine Deutung des Handelns in Mikrobezügen, die Ausrichtung an der Selbstbehauptung des Akteurs in einem Sozialsystem, ist dann der Rückfall in eine alte Problematik: die Wiederbelebung des Vorverständnisses "Individuum versus Gesellschaft". Von hier bis zur Erklärung sozialer Existenz als einer Verhinderung von Eigentlichkeit ist nur ein Schritt, der gerade in der Bundesrepublik oft getan wird. Wird die Begrifflichkeit nach dem Kriterium einer Rekonstruktion der Lebenswelt entwickelt, dann wird eben unschwer auch das in der Lebenswelt charakteristische Verständnis von sozialer Existenz lediglich reproduziert.

Der symbolische Interaktionismus ist teilweise sehr erfolgreich in der Analyse von Mikro-Bezügen. Darüber hinaus hat er nur als Widerspruch zur "akademischen" Soziologie, insbesondere zur strukturell-funktionalistischen Richtung, einen Sinn. Dieser geht verloren, wenn das Vorverständnis des symbolischen Interaktionismus zum allgemeinen Paradigma für Soziologie wird. In der Kritik an dieser Richtung kann aber deutlich werden, daß die Soziologie als Analyse von konkreten Verhaltensakten bisher noch nicht klären konnte, welches Verständnis menschlichen Verhaltens für sie tragfähiger ist: der von HOMANS repräsentierte Ansatz, Verhalten als allgemeinsten Erklärungsgegenstand anzusehen, oder wie PARSONS Handeln als einen Sonderfall von Verhalten.

Literaturverzeichnis und Anleitung zum weiteren Studium

Im folgenden wird weitere Literatur erwähnt, die der interessierte Leser zum Weiterstudium heranziehen kann. Die Titel sind nach mehreren Gesichtspunkten ausgewählt:

Zum ersten werden Titel vorgestellt, die den Charakter allgemeiner Einführungen tragen. Da diese in sehr unterschiedlichem Ausmaß die thematischen Schwerpunkte berücksichtigen, auf die in diesem Buch eingegangen wurde, empfiehlt es sich, von Mal zu Mal zu prüfen, inwieweit sie als ausführlichere Darstellung ergänzend heranzuziehen sind. Es handelt sich hierbei häufig um "Reader", die "Lesebuchcharakter" tragen. Sie ermöglichen öfters einen relativ leichten Zugang zu den Themenkreisen, was jedoch häufig die Gefahr einer zu sehr von der Fachdiskussion entfernten Darstellung mit sich bringt. Man sollte sie daher vornehmlich als Ausgangspunkt einer Orientierung oder zur weiteren Abrundung spezifischer Themen heranziehen.

Des weiteren werden Handbücher der Soziologie, Handwörterbücher, "Dictionaries" und Fachlexika aufgeführt. Ihre Lektüre ist sinnvoll, wenn man knappe Definitionen über Standardbegriffe nachschlagen möchte, über deren Gebrauch im Wissenschaftsbereich in etwa Einigkeit besteht. Allerdings wird in diesen Kurzdarstellungen auf die Problematisierung der Begriffe in Theorie und Forschung meist nicht ausreichend eingegangen. Gelegentlich begnügen sich die Autoren mit einer historischen Darstellung der Begriffsentwicklung und -verwendung.

Zum dritten wird zu jedem Kapitel dieses Textes gesondert weiterführende Literatur angegeben. Soweit hier häufiger auf Abschnitte in allgemein einführenden Titeln Bezug genommen wird, wird nur noch die Abkürzung der Titel referiert, die schon in Abschnitt (1) des Literaturverzeichnisses mit dem Gesamttitel aufgeführt wurde, beziehungsweise die diesem Titel zugeordnete Nummer des Verzeichnisses.

(1) Allgemeine Einführungen

Bahrdt,H.P., Wege zur Soziologie, München 1966 (entstanden aus erweiterten Fernsehvorlesungen, darin auch eine gute Anleitung zum Literaturstudium von Dreitzel).

Barley,D., Grundzüge und Probleme der Soziologie, 3.Aufl., Neuwied 1968.

Bellebaum,A., Soziologische Grundbegriffe, Stuttgart 1972

Berger,P.L., Einladung zur Soziologie, Olten und Freiburg im Breisgau 1969.

Berger,P.L. und B.Berger, Individuum & Co., Soziologie beginnt beim Nachbarn, Stuttgart 1974

Bierstedt,R., A Design for Sociology: Scope, Objectives, and Methods, Philadelphia 1969.

Bodzenta,E.(Hg.), Soziologie und Soziologiestudium, Wien / New York 1966.

Bouman,P.J., Grundlagen der Soziologie, Stuttgart 1968.

Broom,L., and Ph.Selznick, Sociology, A Text with Adapted Readings, Fourth Edition, New York 1969, im folgenden abgekürzt mit B+S.

Chinoy,E., Society. An Introduction to Sociology, New York 1967 (2.Aufl.), zuerst 1961.

Coser,L.A. and B.Rosenberg, Sociological Theory, A Book of Readings, 2.Aufl. New York 1967, im folgenden abgekürzt mit C+R.

Dahrendorf,R., Pfade aus Utopia, Arbeiten zur Theorie und Methode der Soziologie, München 1967 (keine eigentliche Einführung, eher strittige Zeitfragen, aktuelle Diskussionen und Diskrepanzen).

Eisermann,G.(Hg.), Soziologisches Lesebuch, Stuttgart 1969 (relativ eingeschränkte Themenauswahl).

Ders., Die Lehre von der Gesellschaft. Ein Lehrbuch der Soziologie, Stuttgart 1958; 2. völlig veränderte Auflage Stuttgart 1969.

Fichter,J., Grundbegriffe der Soziologie, Wien 1969.

Francis,E.K., Wissenschaftliche Grundlagen soziologischen Denkens, 2.Aufl. Bern/München 1965, zuerst 1957.

Fürstenberg,F., Soziologie, Sammlung Göschen, Berlin/New York 1971, Band 4000.

Gehlen,A., und H.Schelsky (Hg.), Soziologie, Ein Lehr- und Handbuch, 7.Aufl. Düsseldorf 1968, zuerst 1955.

Goode,W.J.(Hg.), The Dynamics of Modern Society, New York 1966.

Gouldner,A.W., and H.P.Gouldner, Modern Society, An Introduction to the Study of Human Interaction, New York 1963.

Green,A.W., Sociology, 4.Aufl. New York 1964.

Hartmann,H.(Hg.),Moderne Amerikanische Soziologie, Neuere Beiträge zur Soziologischen Theorie, 2.neubearb.Aufl. Stuttgart 1973.

Heintz,P., Einführung in die Soziologische Theorie, Stuttgart 1962.

Homans,G.C., Was ist Sozialwissenschaft? , Köln und Opladen 1969.

Horton,P.B. and Ch.L.Hunt, Sociology, New York 1964.

Inkeles,A., What is Sociology, Englewood Cliffs (N.J.) 1964.

Jager,H.de, A.C.Mok, Grundlegung der Soziologie, Köln 1972

Johnson,H.M., Sociology, A Systematic Introduction, New York 1960.

Jonas,F., Geschichte der Soziologie (4 Taschenbücher - weitgehend "Vorgeschichte"), Hamburg 1968/69.

Käsler,D., Wege in die soziologische Theorie (ausführl. Bibliographie), München 1974

König,R., Studien zur Soziologie, Frankfurt 1971.

Merton,R.K., Social Theory and Social Structure, revised and enlarged edition, London 1957, 9.Aufl. 1964.

Nisbet,R.A., The Sociological Tradition, New York 1966.

Popper,K.R., Die Logik der Sozialwissenschaften, in: Kölner Zeitschrift für Soziologie und Sozialpsychologie (im folgenden abgekürzt:"KZfSS"), 14.Jg., Köln und Opladen 1962,S.233 -248.

Rex,J., Grundprobleme der soziologischen Theorie, Freiburg 1970.

Rüegg,W., Soziologie, Fischer-Bücherei, Funk-Kolleg, Band 6, 2.Aufl. Frankfurt 1970 (mit Übungsaufgaben).

Smelser,N.J., Sociology, New York 1967.

Wallner,E.M., Soziologie, Einführung in die Grundbegriffe und Probleme, Heidelberg 1970.

Weber,M., Politik als Beruf, in: Gesammelte politische Schriften, 2.Aufl. Tübingen 1958, 4.Aufl. Berlin 1964.

Wössner,J., Soziologie, Einführung und Grundlegung, Wien/Köln /Graz 1970 (mit Prüfungsfragen).

(2) Nachschlagewerke und andere Quellen

Bernsdorf,W.(Hg.), Internationales Soziologenlexikon, Stuttgart 1959.

Bernsdorf,W.(Hg.), Wörterbuch der Soziologie, Fischer-Taschenbuch Bde.6131,6132,6133, Frankfurt 1972.

Fairchild,H.P.(Hg.), Dictionary of Sociology, New York 1944.

Faris,R.L.(Hg.), Handbook of Modern Sociology, Chicago 1964.

Fuchs,W.,R.Klima u.a.(Hg.), Lexikon der Soziologie, Opladen 1973.

Gould,J. und W.L.Kolb (Hg.), A Dictionary of Social Sciences, New York 1964.

Handwörterbuch der Sozialwissenschaften, zugleich Neuauflage des Handwörterbuchs der Staatswissenschaften, 12 Bde., Stuttgart/Tübingen/Göttingen 1956-1963.

Hartfiel,G., Wörterbuch der Soziologie, Stuttgart 1972.

International Encyclopedia of the Social Sciences, Neuauflage, New York 1968.

Koch,S.(Hg.), Psychology, A Study of Science, 5 Bde.,New York 1959; Bd.6 1963.

König,R.(Hg.), Handbuch der empirischen Sozialforschung, Bd.1, Stuttgart 1960, 2.Aufl. 1967; Bd.2 Stuttgart 1967.

König,R.(Hg.), Soziologie, Das Fischer Lexikon, Neubearbeitung, Frankfurt, Neuaufl. ab 1967.

Lindzey,G. and E.Aronson, The Handbook of Social Psychology, Bd. 1-4, Massachusetts 1969.

Mitchell,G.D.(Hg.), A Dictionary of Sociology, London 1968, 2.Aufl.

Parsons,T., Sociological Theory and Modern Society, New York 1967.

Seligman,E.R.A. and A.Johnson (Hg.), Encyclopedia of the Social Sciences, New York und London 1930-35.

Sociological Abstracts (Inhaltsangaben aller erscheinenden soziolog. Bücher und Artikel der Welt) New York 1952 ff.

Theodorson,G.A. and A.G.Theodorson, A Modern Dictionary of Sociology, London 1969.

Vierkandt,A., Handwörterbuch der Soziologie, Stuttgart 1959.

Weber,M., Methodologische Schriften, Frankfurt 1968.

Weber,M., Soziologische Grundbegriffe, 2.Aufl. Tübingen 1966.

Willems,A. und A.Cuvillier, Petit Dictionnaire de Sociologie, Paris 1960.

Ziegenfuß,W.(Hg.), Handbuch der Soziologie, 2 Bde. Stuttgart 1955-56.

(3) Spezielle Literatur zu elementaren Phänomenen

Zu 3: Die Gruppe als Objekt der Theorie und der Forschung

Anger,H., Theorienbildung und Modelldenken in der Kleingruppenforschung, in: KZfSS, Köln und Opladen 1962, S.4-18.

Anger,H. und R.Wegner, Artikel "Bezugsgruppen", in: E.Grochla (Hg.), Handwörterbuch der Organisation, Stuttgart 1969, Sp. 304-311.

Bales,R.F., Die Interaktionsanalyse: Ein Beobachtungsverfahren zur Untersuchung kleiner Gruppen, in: R.König (Hg.), Beobachtung und Experiment in der Sozialforschung, Köln 1962.

Bavelas,A., Communication Patterns in Task Groups, in: B+S, S.199-200.

Golembiewski,R.T., The Small Group, An Analysis of Research Concepts and Operations, Chicago und London 1962.

Hare,A.P.(Hg.), Handbook of Small Group Research, New York 1962.

Hare,A.P., E.F.Borgatta, R.F.Bales, Small Groups, Studies in Social Interaction, Revised Edition, New York 1966 (Reader).

Homans,G.C., Theorie der sozialen Gruppe, 2.Aufl., Köln und Opladen 1965.

König,R.(Hg.), Soziologie, Das Fischer-Lexikon, Artikel "Gruppe", Frankfurt 1967, S.112-119.

Lindzey,G., E.Aronson, Handbook of Social Psychology, Bd.4: Group Psychology and Phenomena of Interaction, Massachusetts 1969.

Merton,R.K. and A.Kitt, Reference Groups, in: C+R, S.276-284.

Mills,Th.M., Soziologie der Gruppe, in der Reihe: Grundfragen der Soziologie, hg. von D.Claessens, Bd.10, München 1969.

Roethlisberger,F. and W.Dickson, The Bank Wiring Room, in: B+S, S.130-133.

Sherif,M. and C.M.Sherif, Reference Groups, New York 1964.

Sherif,M., Reference Groups in Human Relations, in: C+R, S.270 -275, sowie in: M.Sherif und M.O.Wilson (Hg.), Group Relations at the Crossroads, New York 1953, S.203-209.

Shils,E., The Primary Group in Current Research, in: C+R, S. 336-349, sowie in: D.Lerner und H.D.Lasswell, The Policy Sciences, Stanford 1951.

Vierkandt,A., Die Gruppe, in: Eisermann,G., Soziologisches Lesebuch, Stuttgart 1969, S.134-152.

Whyte,W.F., Street Corner Society, Chicago und London 1965, 9.Auflage.

Whyte,W.F., Stress and Status in Street Corner Society, in: B+S, S.128-130.

Zander,A., Systematische Beobachtung kleiner Gruppen, in: R.König (Hg.), Beobachtung und Experiment in der Sozialforschung, Köln 1962.

Zu 4,5: Zum Konzept der sozialen Rolle

Banton,M., Roles, An Introduction to the Study of Social Relations, New York 1965, 2.Aufl. London 1968 (sehr stark aufgesplitterter Rollenbegriff).

Bruce,J.Biddle and E.J.Thomas (Hg.), Role Theory, Concepts and Research, New York 1966 (allgemeinste Übersicht).

Dahrendorf,R., Homo sociologicus. Ein Versuch zur Geschichte, Bedeutung und Kritik der sozialen Rolle, 11.Aufl. Opladen 1972.

Goode,W.J., Eine Theorie des Rollen-Stress, in: Hartmann,H. (Hg.), Moderne Amerikanische Soziologie, Stuttgart 1967,S. 269-288.

Gross,N., W.S.Mason, A.W.McEachern, Explorations in Role Analysis, New York 1958.

Linton,R., The Study of Man, New York 1964, zuerst 1936.

Linton,R., Rolle und Status, in: H.Hartmann (Hg.), Moderne Amerikanische Soziologie, Stuttgart 1973.

Linton,R., Status and Role, in: C+R, S.358-363.

Mayntz,R., Role Distance, Role Identification and Amoral Role Behavior, in: Europäisches Archiv für Soziologie, Band 11, 1971, S.368-378.

Merton,R.K., The Role Set: Problems in Sociological Theory, in: C+R, S.376-387; sowie in: Sociological Encyclopedia, 1968; deutsch: Der Rollen-Set: Probleme der soziologischen Theorie, in H.Hartmann,(Hg.), Moderne Amerikanische Soziologie, Stuttgart 1973.

Nadel,S.F., The Theory of Social Structure, London 1957, 2. Aufl. 1962, (sehr stark aufgesplitterter Rollenbegriff).

Neiman,L.J. and J.W.Hughes, The Problem of the Concept of Role, A Re-Survey of the Literature, in: Social Forces, XXX,1951.

Popitz,H., Der Begriff der sozialen Rolle als Element der soziologischen Theorie, in: Recht und Staat, Heft 331/332, Tübingen 1967.

Sarbin,Th.R., Role Theory, in: G.Lindzey, Handbook of Social Psychology, Bd.I., Cambridge, Mass. 1954.

Sieber,S.D., Toward a Theory of Role Accumulation, in:Am.Soc. Review, Vol.39/4, 1974, S.567-578

Tenbruck,F.H., Zur deutschen Rezeption der Rollentheorie, in: KZfSS,13, 1961, Heft 1, S.1-40.

Weinstock,A., Role Elements, A Link between Acculturation and Occupational Status, in: Journal of British Sociology, Bd. 14,1963, S.144-149.

Zu 6: Sozialisation und verwandte Begriffe

Barry III,H., I.L.Child and M.K.Bacon, Relation of Child Training to Subsistence Economy, in: American Anthropologist, 1959,Vol.61,S.51-63.

Broom und Selznick (B+S) (Hg.), Kapitel: Socialization and the Child, S.88-98; und Kapitel: Agencies of Socialization, S. 98-104.

Child,J.L., Artikel Socialization, in: G.Lindzey (Hg.), Handbook of Social Psychology, Cambridge, Mass. 1954, Vol.II. (Allg. Überblick über den Themenbereich).

Glueck,S. and E.Glueck, Unravelling Juvenile Delinquency,New York 1950.

Goode,W.J.(Hg.), The Dynamics of Modern Society, New York 1966, Kap.II, Socialization, S.191-204.

Kaplan,B.(Hg.), Studying Personality Cross-Culturally, Evanston,Ill. 1961, (Kultur und Persönlichkeit, Feldforschung, vergleichende Forschung, Theorie).

Mead,M., Male and Female, New York 1949; deutsch: Mann und Weib, rde Bd. 69/70, Reinbek 1958.

Miller,D.R. and G.E.Swanson, The Changing American Parent, New York 1958.

Parsons,T. and R.F.Bales, Family, Socialization and Interaction Process, New York, zuerst 1955.

Riesman,D., et al., The Lonely Crowd, New Haven, Conn. 1950, deutsch: Die einsame Masse, Reinbek bei Hamburg 1958; (Anwendung von Sozialisationserkenntnissen zur Erklärung des sozialen Wandels in komplexen Gesellschaften).

Scheuch,E.K. und M.B.Sussman, Gesellschaftliche Modernität und Modernität der Familie, in: G.Lüschen und E.Lupri(Hg.),Soziologie der Familie, Sonderheft 14/1970 der KZfSS, Opladen 1970, S.239-253.

Sears,R.R., E.E.Maccoby and H.Levin, Patterns of Child Rearing, Evanston, Ill. 1957.

Spiro,M.E., Children of the Kibbutz, Cambridge, Mass. 1958.

Wedge,P. and H.Prosser, Born to Fail?,London 1973

Whiting,J.W.M. und I.L.Child, Child Training and Personality, New Haven, Conn. 1953 (systematisch kulturvergleichende Methode).

Wrong,D., The Oversocialized Conception of Man in Modern Sociology, in: C+R, S.112-122; sowie in: American Sociological Review, XXVI, S.184-193.

Zu 7: Institutionalisierung und Institution:

Allport,F.A., Institutional Behavior, Chapel Hill, N.J. 1933.

Bierstedt,R., The Social Order, New York 1957.

Broom und Selznick (B+S), Artikel Institutionalization, S.215-218.

Chapin,F.S., Contemporary American Institutions, New York 1935.

Feibleman,J.K., The Institutions of Society, London 1956.

Goode,W.J.(Hg.), Teil 5: Social Institutions, New York 1966, S.301-359.

Hertzler,J.O., American Social Institutions, Boston 1961.

Judd,C.H., The Psychology of Social Institutions, New York 1920.

König,R.(Hg.), Das Fischer Lexikon, Soziologie, Artikel "Institution", Frankfurt 1967, S.142-148.

Rose,A.M.(Hg.), The Institutions of Advanced Societies, Minneapolis 1958.

Sumner,W.G. and A.G.Keller, The Science of Society, 4 Bde., New Haven, Conn. 1927, Bd.1.

Zu 7: Speziell zu "totalen Institutionen":

Becker,H.S. and B.Geer, Latent Culture: A Note on the Theory of Latent Social Roles, in: American Sociological Quarterly, 5, 1960, S.304-313.

Cressey,D.R., Prison Organizations, in: J.G.March (Hg.), Handbook of Organizations, Chicago 1965, S.1023-1070.

Goffman,E., Asylums, Essays on the Social Situation of Mental Patients and Other Inmates, Garden City,N.Y. 1961.

Lang,K., Military Organizations, in: J.G.March (Hg.), Handbook of Organizations, Chicago 1965, S.838-878.

Perrow,Ch., Hospitals, Technology, Structure and Goals, in: J.G.March (Hg.), Handbook of Organizations, Chicago 1965, S.910-971.

Rohde,J.J., Soziologie des Krankenhauses, Stuttgart 1962.

Schein,E.H.,mit I.Schneider und C.H.Barker, Coercive Persuasion. A Socio-Psychological Analysis of the "Brainwashing" of American Civilian Prisoners by Chinese Communists, New York 1961.

Street,D., R.D.Vinter and Ch.Perrow, Organization for Treatment, London 1966.

Zu 8: Soziale Norm und verwandte Begriffe

Durkheim,E., The Internalization of Social Control, in:C+R, S.95-100;

Geiger,Th., Vorstudien zu einer Soziologie des Rechts, Kopenhagen 1947; Neuauflage Neuwied und Berlin 1964.

Gibbs,J.P., Norms: The Problem of Definition and Classification, in: American Journal of Sociology, Bd.70,1964,S.586-594.

Gibbs,J.P., Sanctions, in: Social Problems, Bd.14,1966,S.147-159.

Gurvitch,G., Grundzüge der Soziologie des Rechts, Berlin 1960.

Hirsch,E.E., Das Recht im sozialen Ordnungsgefüge, Berlin 1966.

Hirsch,E.E., Rechtssoziologie, in: G.Eisermann (Hg.), Die Lehre von der Gesellschaft, 2.Aufl. 1969.

Hirsch,E.E. und M.Rehbinder (Hg.), Studien und Materialien zur Rechtssoziologie, Sonderheft 11 der KZfSS, Köln und Opladen 1967.

König,R., Das Recht im Zusammenhang der sozialen Normensysteme, in: E.E.Hirsch und M.Rehbinder (Hg.),..., S.36-53.

Lautmann,R., Wert und Norm, Begriffsanalysen für die Soziologie, Köln/Opladen 1969.

Mead,G.H., The Internalization of Social Control, in: C+R, S.101-104; sowie in: G.H.Mead, Mind, Self and Society, Chicago 1934, S.173-178.

Spittler,G., Probleme bei der Durchsetzung sozialer Normen,in: R.Lautmann, W.Maihofer und H.Schelsky (Hg), Die Funktion des Rechts in der modernen Gesellschaft, Jahrbuch für Rechtssoziologie und Rechtstheorie, Bd.1, Bielefeld 1970, S.203-225.

Rehbinder,M., Die Begründung der Rechtssoziologie durch E.Ehrlich, Berlin 1967.

Sawer,G., Law in Society, Oxford 1965.

Spittler,G., Probleme bei der Durchsetzung sozialer Normen,in: R.Lautmann, W.Maihofer und H.Schelsky (Hg.), Die Funktion des Rechts in der modernen Gesellschaft, Jahrbuch für Rechtssoziologie und Rechtstheorie, Bd.1, Bielefeld 1970, S.203-225.

Spittler,G., Norm und Sanktion; Untersuchungen zum Sanktionsmechanismus, Olten und Freiburg 1967.

Rother,M., Persönlichkeitsstruktur, Qualität von Sanktionen und abweichendes Verhalten; Ein Test des Erklärungsversuches von H.J.Eysenck, in: Kriminologisches Journal, Bd.2,1970, S.165-183.

Tittle,C., Crime Rates and Legal Sanctions, in: Social Problems, Bd.16,1969,S.409-423.

Parsons,T. and E.A.Shils, Toward a General Theory of Action, Cambridge, Mass. 1962.

Popitz,H., Soziale Normen, in: Archives Européennes de Sociologie,II, 1961, S.185-198.

Zu 8: Speziell zum "Abweichenden Verhalten":

Arnold,O.D.(Hg.), The Sociology of Subcultures, Berkeley 1970.

Becker,H.S., Outsiders, New York 1963.

Bersani,C.A.(Hg.), Crime and Delinquency, A Reader, New York 1970.

Buckner,H.T.(Hg.), Deviance, Reality and Change, New York 1971.

Chapman,D., Sociology and the Stereotype of the Criminal,New York und London 1968.

Cohen,A.K., "Deviant Behavior", in: International Encyclopedia of the Social Sciences, Bd.4, New York 1968,S.148-155.

Cohen,A.K., The Study of Social Disorganization and Deviant Behavior, in: C+R, S.604-614.

Dubin,R., Abweichendes Verhalten und Sozialstruktur, in:H.Hartmann (Hg.), op.cit., Stuttgart 1967, S.233-250

Göppinger,H., Kriminologie, Eine Einführung, München 1971.

Goode,W.J.(Hg.),op.cit. Kap.III, Deviance and Social Control, S.206-244, New York 1966.

Heintz,P. und R.König (Hg.), Soziologie der Jugendkriminalität, Sonderheft 2 der KZfSS, 3.Aufl. Köln und Opladen 1966, zuerst 1957.

Popitz,H., Über die Präventivwirkung des Nichtwissens. Dunkelziffer, Norm und Strafe, Tübingen 1968.

Sack,F. und R.König (Hg.), Kriminalsoziologie, Frankfurt/Main 1968.

Wheeler,S., Deviant Behavior, in: N.J.Smelser, Hg.,Sociology, An Introduction, New York/London/Sydney 1967.

Zu 9: Soziales Handeln und Interaktion

Atack,W.A.J., Calculated, Conditioned, and Normative Behaviour in Social Exchange: An Integration of Assumptions, in: Rev.canad.Soc.& Anth./10(3) 1973

Black,M.,(Hg.), The Social Theories of Talcott Parsons,Englewood Cliffs 1961.

Ferdinand,Th.N., On the Impossibility of a Complete General Theory of Behavior, in: American Sociologist, Nov.1969,S. 330 ff.

Girndt,H., Das soziale Handeln als Grundkategorie erfahrungswissenschaftlicher Soziologie, Tübingen 1967.

Haferkamp,H., Soziologie als Handlungstheorie, Düsseldorf 1972.

Homans,G.C., Social Behavior, New York 1961.

Hummell,H.J., Psychologische Ansätze zu einer Theorie sozialen Verhaltens, in: R.König (Hg.), Handbuch der empirischen Sozialforschung, Bd.II, 1969, S.1157 ff.

Luhmann,N., Sinn als Grundbegriff der Soziologie, in: J.Habermas, N.Luhmann, Theorie der Gesellschaft oder Sozialtechnologie, Frankfurt/Main 1971, S.25-100.

Malewski,A., Verhalten und Interaktion, Tübingen 1967.

Moreno,J., Who shall survive? Washington 1934

Parsons,T. and E.A.Shils, Toward a General Theory of Action, Cambridge 1954.

Weber,M., Wirtschaft und Gesellschaft, 2 Bde.,4.Aufl.,Studienausgabe, Köln und Berlin 1964, zuerst 1922.

Wiese,L.v., System der allgemeinen Soziologie, 2.Aufl.,München 1933.

Zu 9: Speziell zum "Symbolischen Interaktionismus":

Gergen,K.,(Hg.), The Self in Social Interaction, New York 1968.

Goffman,E., Wir alle spielen Theater, München 1969.

Ders.,Asyle, Frankfurt/Main 1972.

Ders., Encounters, Indianapolis 1961.

Ders., Stigma, Frankfurt/Main 1967.

Ders., Verhalten in sozialen Situationen, Düsseldorf 1971.

Ders., Interaktionsrituale, Frankfurt/Main 1972.

Ders., Interaktion: Spaß am Spiel, Rollendistanz, München 1973.

Gordon,Ch., Systemic Senses of Self, in: Sociological Inquiry, Bd. 38, S.161-178.

Gurwitsch,A., Das Bewußtseinsfeld, Berlin 1974.

Mauss,J. und B.Meltzer (Hg.), Symbolic Interaction, 2.Aufl. Boston 1972.

Mead,G.H., Geist, Identität und Gesellschaft, Frankfurt/Main 1968.

Natanson,M.,:Alfred Schütz on Social Reality and Social Science, in: Social Research, Bd.35, 1968.

Rohr-Dietschl,U., Zur Genese des Selbstbewußtseins, Berlin 1974.

Steinert,H.(Hg.), Symbolische Interaktion, Stuttgart 1973.

Sachregister

Dieses Register soll eine Suchhilfe für relevante Stichworte im weitesten Sinne darstellen. Neben den Begriffen, die ihren festen Platz und ihre eindeutige Definition in der soziologischen Theorie haben, wurden auch solche Begriffe aufgenommen, die aus inhaltlich/thematischer Sicht wichtige Erklärungsbereiche der Soziologie darstellen. Des weiteren wurden globale Begriffe durch weitere begriffliche Zusätze zugunsten einer schnelleren Orientierung stärker differenziert.

G

H

I

Namenregister

(Register der Autoren, auf die im Text Bezug genommen wird)

Studienskripten zur Soziologie

42 W. Sodeur, Empirische Verfahren zur Klassifikation
183 Seiten, DM 9,80

44 H.-D. Schneider, Kleingruppenforschung
351 Seiten, DM 15,80

Weitere Bände in Vorbereitung

Preisänderungen vorbehalten